W0060659

Faszination Mathematik

Prof. Dr. Guido Walz, Wissenschaftler, Dozent und Publizist, konzipierte und realisierte als Projektleiter und Chefredakteur das bei Spektrum Akademischer Verlag erschienene *Lexikon der Mathematik* in sechs Bänden. Der Experte für Numerische Mathematik und Approximationstheorie lehrt an der Universität Mannheim sowie an der Berufsakademie Baden-Württemberg und ist Autor zahlreicher wissenschaftlicher Veröffentlichungen, u.a. der Monographien *Spline-Funktionen im Komplexen* (1991) und *Asymptotics and Extrapolation* (1996) sowie von mehr als 40 Artikeln in wissenschaftlichen Fachzeitschriften.

Guido Walz (Hrsg.)

Faszination Mathematik

Mit Beiträgen von Sir Michael Atiyah,
H. S. MacDonald Coxeter u. a.

Spektrum Akademischer Verlag   Heidelberg · Berlin

Bibliografische Information der Deutschen Bibliothek
Die Deutsche Bibliothek verzeichnet diese Publikation in der Deutschen Nationalbibliografie; detaillierte bibliografische Daten sind im Internet über http://dnb.ddb.de abrufbar.

ISBN 3-8274-1419-9

© 2003 Spektrum Akademischer Verlag GmbH Heidelberg · Berlin

Redaktion: Guido Walz
Produktion: Katrin Frohberg
Umschlaggestaltung: Kurt Bitsch GmbH, Birkenau
Gesamtherstellung: Konrad Triltsch GmbH, Ochsenfurt

Titelfotos: Andreas Filler, Berlin; Bavaria, Gauting; Image Bank, München

Geleitwort

Bernd Wegner, Berlin

Mathematik spielt eine zwiespältige Rolle im Leben vieler Leute. In erster Linie ist sie mit einer meistens negativen Erfahrung aus der Schule verbunden, aber mit der Zeit wird jedem ihre Bedeutung in vielen Anwendungsbereichen sowie die Effektivität mathematischer Vorgehensweisen bei der Lösung von Problemen immer klarer. Als Basiswissenschaft für andere Wissenschaften und als Hilfsmittel zur Lösung und Bewältigung technischer Fragestellungen ist die Mathematik unverzichtbar geworden. Computer helfen einerseits bei der Lösung numerischer Probleme, wofür mathematisches Hintergrundwissen nötig ist. Andererseits erfordert der Umgang mit dem Computer selbst Arbeits- und Denkweisen, wie sie in der Mathematik üblich sind. Die Informatik ist deshalb mit der Mathematik eng verzahnt, und manch einer zieht in diesem Zusammenhang mehr Erfolgserlebnisse aus einer mathematischen Vorgehensweise, als er aus einer möglicherweise negativen Einstellung gegenüber der Mathematik zugestehen möchte.

Hierbei geht es nicht nur um die Bewältigung komplexer Fragestellungen. Auch einfache strukturelle Betrachtungen, die elegante Lösungen von leicht verständlichen Problemstellungen vermitteln, haben ihre Attraktivität. Ihre Schlagkraft ermuntert, mehr Zutrauen in die eigenen mathematischen Fertigkeiten zu entwickeln, und motiviert zu einer aktiven Auseinandersetzung mit der Mathematik. Mit der vorliegenden Sammlung von Artikeln werden all diese verschiedenen Aspekte der Mathematik angesprochen und dem Leser vermittelt. Dabei befinden sich exakte wissenschaftliche Darstellungen und Erklärungen für mathematisch nicht besonders vorgebildete Leser in einem gesunden Gleichgewicht. Ich hoffe, daß mit dieser Mischung neue Freunde für die Mathematik gewonnen werden und der in der Schule erworbene Respekt vor der Mathematik durch eine unverkrampfte Vertrautheit ersetzt werden kann.

Inhalt

Manche Menschen haben einen Gesichtskreis vom Radius
Null und nennen ihn ihren Standpunkt. *(David Hilbert)*

Vorwort

Die Idee, das vorliegende Buch herauszugeben, entstand bei den Arbeiten an dem inzwischen als Standard-Werk etablierten sechsbändigen *Lexikon der Mathematik*, erschienen ebenfalls bei Spektrum Akademischer Verlag. Es zeigte sich dabei nämlich sehr bald, dass sowohl Leser als auch Redaktion mit größtem Vergnügen vor allem in den Essays und Übersichtsartikeln stöberten und sich der *Faszination Mathematik* nicht widersetzen konnten.

Aufbauend auf dem dort erstellten Material haben wir die Texte des vorliegenden Bandes erstellt. Die Artikel wurde selbstverständlich gründlich überarbeitet, vor allem aktualisiert, zum Teil aber auch völlig neu geschrieben. Die Autoren, die an diesen Texten mitwirkten, sind:

Prof. Dr. Sir Michael Atiyah, Edinburgh
Prof. Dr. Hans-Jochen Bartels, Mannheim
PD Dr. Martin Bordemann, Freiburg
Dr. Andrea Breard, Paris
Prof. Dr. Rainer Brück, Dortmund
Prof. Dr. H. Scott MacDonald Coxeter, Toronto
Dr. Jörg Eisfeld, Gießen
Prof. Dr. Heike Faßbender, Braunschweig
Dr. Andreas Filler, Berlin
Prof. Dr. Robert Fittler, Berlin
PD Dr. Ernst-Günter Giessmann, Berlin
Dr. Hubert Gollek, Berlin
Prof. Dr. Barbara Grabowski, Saarbrücken
Prof. Dr. Wolfgang Hackbusch, Kiel
Prof. Dr. Dieter Hoffmann, Konstanz
Hans-Joachim Ilgauds, Leipzig
Dipl.-Math. Andreas Janßen, Stuttgart
Prof. Dr. Hubertus Th. Jongen, Aachen

PD Dr. Franz Lemmermeyer, Heidelberg
Prof. Dr. Burkhard Lenze, Dortmund
Prof. Dr. Klaus Meer, Odense (Dänemark)
Prof. Dr. Günter Meinardus, Mannheim
Prof. Dr. Günther Nürnberger, Mannheim
Dipl.-Math. Peter Philip, Berlin
Prof. Dr. Hans Jürgen Prömel, Berlin
Prof. Dr. Heinrich Rommelfanger, Frankfurt
Prof. Dr. Robert Schaback, Göttingen
PD Dr. Martin Schlichenmaier, Mannheim
Dr. Karl-Heinz Schlote, Altenburg
Dr. Christian Schmidt, Berlin
Dipl.-Math. Markus Sigg, Freiburg
Dr. Anusch Taraz, Berlin
Prof. Dr. Lutz Volkmann, Aachen
Dr. Johannes Wallner, Wien
Prof. Dr. Guido Walz, Mannheim
Prof. Dr. Ingo Wegener, Dortmund
Prof. Dr. Bernd Wegner, Berlin
Prof. Dr. Ilona Weinreich, Remagen
Prof. Dr. Dirk Werner, Berlin
PD Dr. Günther Wirsching, Eichstätt
Prof. Dr. Helmut Wolter, Berlin
PD Dr. Frank Zeilfelder, Mannheim

Die Grafik der „Kleinschen Flasche" auf dem Titelbild wurde von Dr. Andreas Filler, Berlin, erstellt.

Das vorliegende Werk gliedert sich in drei Hauptteile: Der erste Teil beginnt mit einem Beitrag über die historische Entwicklung der Mathematik, angefangen von der Frühzeit bis zum Ende des 19. Jahrhunderts. Das gerade abgelaufene 20. Jahrhundert wurde hier bewusst ausgeklammert, da sich die Mathematik hierin viel zu stark aufgefächert hat, als dass man sie in einem kurzen Beitrag darstellen könnte. (Im dritten Teil bringt einer der bedeutendsten zeitgenössischen Mathematiker, Sir Michael Atiyah, seine persönliche Sicht der Mathematik des 20. Jahrhunderts zum Ausdruck). Betrachtungen ausgewählter Autoren über einige individuelle mathematikhistorische Aspekte runden den ersten Teil ab.

Der zweite Teil unserer „Faszination Mathematik" präsentiert eine Sammlung von Übersichtsartikeln, in denen Ihnen Experten ihre jeweilige Teildisziplin der modernen Mathematik vorstellen – kompetent, kompakt und informativ.

Im dritten und letzten Teil finden Sie einige punktuell ausgewählte Essays über interessante Einzelthemen aus allen Bereichen der Mathematik. Hierzu gehört beispielsweise ein Beitrag über den immer wieder anzutreffenden „Satz des Pythagoras", oder auch der Aufsatz über die fast schon allgegenwärtige Zahl π. Weiterhin erfahren Sie hier, dass Mathematik und Humor keineswegs sich ausschließende Gegensätze sind, oder auch, was die Warteschlange im Supermarkt mit Mathematik zu tun hat.

Einen kurzen technischen Hinweis kann ich Ihnen nicht ersparen: An vielen Stellen dieses Buches wird man durch einen Verweispfeil auf ergänzende bzw. weiterführende Texte zum gerade betrachteten Thema verwiesen. Dabei zeigt ein nach *oben* gerichteter Pfeil ($\uparrow$) auf einen anderen Artikel, während der Pfeil nach *unten* ($\downarrow$) auf einen Unterabschnitt innerhalb des gleichen Artikels hinweist.

Zum Schluss noch eine Anmerkung zu meiner ganz persönlichen Intention, dieses Buch herauszugeben und einem möglichst großen Leserkreis zugänglich zu machen: Es ist mir schon seit langem ein großes Anliegen, dass man der Mathematik wieder - wie es über viele Jahrhunderte ja der Fall war - ohne jegliche Berührungsängste gegenübertritt und ihre zentrale Bedeutung für das tägliche Leben (an)erkennt; oder, um Hans Magnus Enzensberger aufzugreifen, dass die „Zugbrücke" wieder in Betrieb geht. Vor Mathematik muss man keine Angst haben!

Vielmehr ist es meine Überzeugung, dass die beiden Teilworte unseres Buchtitels keineswegs sich ausschließende Gegensätze sind, sondern dass „Mathe" ein hochinteressanter und kurzweiliger Lesestoff sein kann. Ich hoffe, dass dieses Buch dazu beiträgt, auch Sie davon zu überzeugen – falls das überhaupt noch notwendig ist.

Mein Dank für eine stets konstruktive und angenehme Zusammenarbeit geht an SPEKTRUM Akademischer Verlag, insbesondere Marion Winkenbach und Ihre Mitarbeiterinnen, sowie Dr. Andreas Rüdinger, der durch seine mitreißende Art und innovativen Ideen wesentlichen Anteil an der Entstehung dieses Büchleins hat.

Mannheim, im Dezember 2002
Guido Walz

Vom Kieselsteinrechnen bis zur CD-Rom-Recherche – Eine Entwicklungsgeschichte der Mathematik

In diesem ersten Hauptteil des vorliegenden dreiteiligen Werkes findet der Leser zunächst einen Abriß der mathematischen Entwicklung im Laufe der Menschheitsgeschichte, von ihren Anfängen bis zum Ende des 19. Jahrhunderts, um damit auch einen ersten Eindruck von der Vielfalt dieser Wissenschaft zu vermitteln.

Im 20. Jahrhundert hat sich die Mathematik so stark entwickelt und in Teildisziplinen aufgefächert, daß man ihr mit einer Darstellung im Rahmen eines kurzen Artikels nicht mehr gerecht werden könnte. Wie schon im Vorwort erläutert verweisen wir daher hierfür auf die Beiträge des zweiten Hauptteils. Schließlich findet der Leser im dritten Teil den Beitrag eines der bedeutendsten zeitgenössischen Mathematiker, Sir Michael Atiyah, über seine ganz persönliche Sicht der ↑ Mathematik im 20. Jahrhundert.

Ergänzt wird dieser erste Teil durch zwei Beiträge über die Entwicklung der Mathematik in denjenigen Kulturkreisen, die ihr neben dem europäischen sicherlich die meisten Impulse gaben, nämlich die arabischen Länder und China.

Schließlich findet man hier noch einige eher punktuell gesetzte Betrachtungen über interessante mathematikhistorische Aspekte: Einen Bericht über die sog. Polnische Schule der Funktionalanalysis, der u. a. so berühmte Mathematiker wie Banach, Steinhaus und Schauder angehörten, je einen Artikel über die Geschichte der Mengenlehre und die historischen Wurzeln einer sehr modernen mathematischen Teildisziplin, der Graphentheorie, sowie ein Beitrag des Chefredakteurs des Zentralblatts MATH, des sicherlich wichtigsten deutschsprachigen Informations- und Dokumentationsdienstes über die weltweit erscheinende Literatur in der Mathematik und ihrer Anwendungen.

Die Mathematik von den Anfängen bis zum Ende des 19. Jahrhunderts

H.-J. Ilgauds und K.-H. Schlote

Mathematik der Frühzeit

Über die Ursprünge des menschlichen mathematischen Denkens kann man sehr wenig gesicherte Aussagen machen, da es naturgemäß dazu keine Quellen gibt. Es ist versucht worden, aus dem Verhalten von Kleinkindern und aus anthropologischen Studien „wenig zivilisierter Völker" Rückschlüsse auf das mathematische Verständnis des Menschen der Frühzeit zu ziehen. Als einigermaßen gesichert kann angesehen werden: Das Zahlenverständnis unserer Vorfahren kann als „Zahlengefühl" bezeichnet werden, d. h., man konnte kleine natürliche Mengen wahrnehmen. Die Fähigkeit, solche Mengen zu „begreifen" war an die konkrete Menge selbst gebunden, „zwei Augen" war etwas grundsätzlich anderes als etwa „zwei Hände".

Der fehlende Zahlenbegriff schloß nicht aus, entscheiden zu können, ob zwei (auch größere) Mengen identisch sind oder nicht. Der entscheidende Schritt hin zum mathematischen Verständnis war das „Zählen". Es scheint sich aus der Aneinanderreihung von zwei „Zahlwörtern" für die Einheit und für das Paar entwickelt zu haben. In der Frühphase des mathematischen Denkens ist man wohl nicht über „Vier" hinausgekommen. Der fehlende Zahlbegriff und die fehlenden Bezeichnungen für größere Zahlen verhinderten paradoxerweise durchaus nicht das „Zählen" größerer Mengen, ebenso wenig das „Rechnen". Man hat nur die zu zählende Menge mit einer Vergleichsmenge (Kieselsteine, Kerben in Holz oder Knochen usw.) zu vergleichen. Es wurden Quantitäten verglichen, wobei es letztlich nicht mehr auf die Qualität der verglichenen Gegenstände ankam. Das war der Ursprung des abstrakten Zahlenbegriffs. Daneben (oder danach) mußten Verfahren entwickelt werden, um auch größere Zahlen als Vier konkret bezeichnen zu können. Diese Bezeichnungen haben sich wohl aus dem Zählen mit den Fingern (z. B. 10 = „alle Finger") oder dem ganzen Körper (z. B. 14 = „rechte Seite des Halses", Neuguinea) entwickelt. Der ständige Gebrauch solcher konkreter Zahlwörter schliff ihre gegenständliche Bedeutung ab.

Die Zahlwörter wurden Schritt für Schritt auf andere, schließlich auf alle Gegenstände übertragen. Damit wurde das Zahlwort zur Mengenbezeichnung. Um Zahlwörter behalten zu können, war eine symbolische Darstellung notwendig. Über konkrete Zahlzeichen (z. B. Kieselsteine) und mündliche Zahlzeichen (z. B. „vier" = die „Pfoten eines Tieres") kam man zu schriftlichen Zahlzeichen (Kerben, Bilder, „Ziffern"). Die Entwicklung der Zahlensysteme ist erst in historischer Zeit erfolgt.

Noch sehr viel verschwommener sind unsere Vorstellungen von der Entwicklung geometrischer Kenntnisse in der Frühzeit des Menschen. Man kannte in der Steinzeit einfachste Regeln für das Einhalten des rechten Winkels und das Erzeugen einer geraden Linie. Das Brennen und Bemalen von Töpferwaren, Flechtarbeiten, das Weben und später das Bearbeiten von Metallen, rituelle Malereien, Tänze förderten das Verständnis ebener und räumlicher Beziehungen. Felsmalereien weisen trotz ihrer teilweise hervorragenden künstlerischen Qualität auf die fehlenden Kenntnisse der Perspektive, Ornamente auf ein hochentwickeltes Verständnis für geometrische Muster hin.

Mathematik der Antike

Unter Mathematik der Antike wird die Mathematik im Bereich der griechisch-hellenistischen Antike zwischen 600 v. Chr. und etwa 500 n. Chr. verstanden, die zur gleichen Zeit in anderen Kulturzentren stattfindenden Entwicklungen bleiben außerhalb der Betrachtungen.

Üblicherweise unterteilt man die Mathematik der Antike in mehrere Abschnitte, die je nach der jeweiligen Betrachtungsweise unterschiedlich ausfallen. Die erste Periode wird häufig nach der hervorstechenden Rolle der ionischen Naturphilosophie als die ionische bezeichnet. Sie reicht von Ende des 7. Jahrhunderts v. Chr. bis zur Mitte des 5. Jahrhunderts v. Chr. Am Anfang stand die im Rahmen der ionischen Naturphilosophie herausgebildete Frage nach dem „Warum", dem letzten Grund für die beobachteten Erscheinungen, wobei bei der Beantwortung möglichst kein Rückgriff auf mystische Elemente erfolgte. Mathematische Kenntnisse waren noch völlig in die Philosophie integriert. Vertreter dieser ionischen Naturphilosophie, wie Thales von Milet, stellten diese Frage auch an mathematische Sachverhalte. Sie konstatierten einige mathematische Aussagen und formten erste Vorstellungen von Beweisen. Beweisen hatte dabei den elementaren Charakter des Aufzeigens,

Verdeutlichens. Eine andere philosophische Richtung, die eleatische Philosophie, stimulierte die Herausbildung wichtiger Grundvorstellungen für eine strenge, systematische Darstellung einer Theorie. Speziell wurde klar festgelegt, was unter einem Postulat, Axiom und einer Definition zu verstehen ist. In der philosophischen Argumentationsweise entstand auch die Struktur des indirekten Beweises. Im Zusammenspiel dieser Ansätze formten die Griechen aus einem umfangreichen, vor allem aus dem Vorderen Orient übernommenen mathematischen Erfahrungswissen eine logisch-deduktiv dargelegte Wissenschaft. Die Mathematik erlangte damit eine derartige Selbständigkeit und Strukturiertheit, daß man von der Etablierung der Mathematik als Wissenschaft spricht.

Obwohl die Leistungen der Mathematiker aus dieser ersten Periode nur aus Sekundärquellen bekannt sind, lassen sich eine ganze Reihe von Resultaten recht genau zuordnen. Ein frühes Beispiel für eine streng aufgebaute Theorie war die Lehre von „gerade" und „ungerade", die in der Schule des Pythagoras entstand und einfache Gesetze über gerade und ungerade Zahlen enthielt. Sie gipfelte in dem Satz, daß eine Zahl der Form $2^n(1 + 2 + 2^2 + \ldots + 2^n)$ vollkommen ist. Ausgehend von philosophischen, teilweise noch mystischen Ansichten sahen die Pythagoräer in der Zahl das Wesen aller Dinge und gelangten auf dieser Basis zu beachtlichen mathematischen Ergebnissen. Sie definierten verschiedene Zahlen, wie gerade, ungerade, befreundete und vollkommenen Zahlen sowie Primzahlen und erkannten erste Eigenschaften. Im Rahmen ihrer Musiktheorie studierten sie mehrere Mittelbildungen, u. a. geometrisches, arithmetisches und harmonisches Mittel, und bauten eine Proportionenlehre für natürliche Zahlen auf. Die zweifellos von den Pythagoräern auch erzielten geometrischen Ergebnisse sind weniger gut belegt, doch spricht der nach Pythagoras benannte Lehrsatz, für den wohl einer der Pythagoräer auch einen Beweis lieferte, für die geometrischen Forschungen. Von den Geometern dieser Periode sei Hippokrates von Chios (2. Hälfte des 5. Jahrhunderts v. Chr. lebend) hervorgehoben, der als einer der ersten eine systematische Darstellung der Mathematik seiner Zeit in Lehrbuchform unter dem Titel „Elemente" verfaßte. Berühmt wurde er durch die Bemühungen um die Lösung eines der klassischen Probleme des Altertums, der Quadratur des Kreises, die ihn auf die „Möndchen des Hippokrates" und die Bestimmung des Flächeninhalts dieser krummlinig begrenzten Flächen führten.

Die drei klassischen Probleme des Altertums umfaßten neben der Verwandlung eines Kreises in ein flächengleiches Quadrat die Teilung eines Winkels in drei Teile und die Konstruktion eines Würfels mit dem zu einem vorgegebenen Würfel doppelten Volumen. Alle drei Probleme sollten nur mit Zirkel und Lineal gelöst werden. Erst nach über zwei Jahrtausenden intensiver Beschäftigung konnte die Unlösbarkeit der Probleme bewiesen werden.

Die zweite Phase, die zeitlich bis etwa 300 v. Chr. reicht, war vom Aufstreben des Stadtstaates Athen geprägt und wird deshalb teilweise als Athenische Periode bezeichnet. Die Mathematik war nach wie vor sehr eng mit der Philosophie verknüpft. Platon, der 386 v. Chr. in dem nach dem Heros Akademos benannten Hain eine Philosophenschule gegründet hatte, wählte die Mathematik als Muster für eine Wissenschaft. Durch die enge Kopplung an die Mathematik hat die Platonische Philosophie einen spürbaren Einfluß auf die Mathematikentwicklung ausgeübt, u. a. im Methodischen, in der Ablehnung von praktischen Anwendungen der Mathematik, der Beschränkung der Konstruktionsmittel auf Zirkel und Lineal bei der Lösung geometrischer Aufgaben und in der Interpretation des mathematischen Abstraktionsprozesses. Das wohl folgenreichste Resultat jener Zeit war die Entdeckung inkommensurabler Strecken im Rahmen der pythagoräischen Schule. Dies trifft sowohl für Seite und Diagonale des Quadrats als auch für Seite und Diagonale des Fünfecks zu. Diese Entdeckung erschütterte die Basis der pythagoräischen Lehre, daß alle Erscheinungen der Welt in ganzen Zahlen oder Verhältnissen von diesen ausdrückbar seien. Die Lösung dieses Dilemmas bestand in dem Übergang zu einer geometrischen Lösung der entsprechenden Probleme, die eigentlich algebraischer Art waren, und im Aufbau einer Proportionenlehre für inkommensurable Größen. Mit der Methode der Flächenanlegung fand man ein Verfahren, quadratische Gleichungen und Gleichungssysteme geometrisch zu lösen. In diesem Kontext gelang dann Theodoros von Kyrene der Nachweis, daß $\sqrt{2}, \sqrt{3}, \sqrt{5}, \ldots \sqrt{17}$ inkommensurabel sind, und Theaitetos schuf daran anknüpfend eine Klassifizierung der quadratischen Irrationalitäten. In arithmetischer Hinsicht war es Eudoxos von Knidos, der die Bewältigung der Inkommensurabilität mit Hilfe einer Erweiterung der Pythagoräischen Proportionenlehre auf diese neuen Größen lieferte. Obwohl die Größenlehre die irrationalen Zahlen einschloß, kam Eudoxos, wie auch andere griechische Mathematiker, nicht zum Begriff der irrationalen Zahl. Im Zusammenhang mit der Größenlehre entwickelte er das später als Exhaustionsmethode bezeichnete Verfahren, das ein sehr frühes recht leistungsfähiges Stück Infinitesimalmathematik darstellt. Zentrales Resultat der Methode war ein Satz, der die beliebig gute Annäherung an eine zu messende Größe konstatierte und dies konstruktiv nachwies. Die Basis dafür bildete der später häufig als Archimedisches Axiom bezeichnete Sachverhalt.

Die nächste, um 300 v. Chr. beginnende Periode stand im Zeichen des Hellenismus. In Alexandria, der von Alexander dem Großen nach der Eroberung Ägyptens 331 v. Chr. gegründeten Stadt, entstand mit dem Museion ein neues wissenschaftliches Zentrum der antiken Welt. Bereits in den Anfangsjahren wirkte dort mit Euklid einer der bedeutendsten Mathematiker der Antike. Mit den „Elementen" verfaßte er das erfolgreichste Mathematikbuch, das bisher geschrieben wurde. Wenig später begann Archimedes, der wohl bedeutendste Naturwissenschaftler der Antike, der Mathematik seinen Stempel aufzudrücken. Mit der exakten Berechnung des Parabelsegments, bei der er erstmals eine unendliche geometrische Reihe summierte, gelang ihm ein wichtiger Beitrag zur Integralrechnung. Hervorzuheben ist dabei, daß er eine Methode formulierte, mit der er durch mechanisch-physikalische Überlegungen weitere Ergebnisse heuristisch herleiten und anschließend mathematisch exakt beweisen konnte. Die Resultate betrafen die Bestimmung von Volumina, Oberflächen oder Bogenlängen an Rotationsellipsoiden und -hyperboloiden bzw. an der nach ihm benannten Spirale. In der Arithmetik sprach er die unbegrenzte Fortsetzbarkeit der Zahlenreihe aus. In seinen physikalischen Forschungen legte er in der Hydrostatik und Statik erste Grundlagen der mathematischen Physik. Die Geometrie, vor allem die Kegelschnitte, war das Hauptforschungsgebiet von Archimedes' Zeitgenossen Apollonius von Perge. In der achtteiligen „Conica" formulierte er eine einheitliche Herleitung der Kegelschnitte durch ebene Schnitte an einem Kreiskegel und behandelte Brennpunkte, Asymptoten, Tangenten, und Normalen.

Auch in den nachfolgenden Jahrhunderten erzielten antike Mathematiker interessante geometrische Resultate, so Ptolemaios zur stereographischen Projektion und zum Parallelenpostulat, Heron zur Flächen- und Volumenberechnung, sowie Nikomedes mit der Konchoide und Diokles mit der Zissoide. Die Trigonometrie wurde in jener Periode durch Ptolemaios bereichert, der in seinem grundlegenden astronomischen Werk „Almagest" die ebene und sphärische Trigonometrie als Sehnenrechnung entwickelte. Zuvor hatten Hipparchos und Menelaos in Verbindung mit astronomischen Studien wichtige Elemente der Trigonometrie geschaffen. Gegen Ende der Periode erlebten auch

Arithmetik und Algebra einen beachtlichen Fortschritt. Nikomachos stellte die Arithmetik als Zahlenlehre systematisch und unabhängig von der Geometrie dar, und Diophantos von Alexandria führte in einer 13-teiligen „Aritmetica" eine gewisse Symbolik in Form fester Abkürzungen für niedrige Potenzen der Unbekannten ein, und behandelte Gleichungen bis zum Grad vier sowie unbestimmte Gleichungen, die später nach ihm benannt wurden, aber noch nicht auf ganzzahlige Lösungen eingeschränkt waren.

Hatte die antike Mathematik zur Zeit Diophants ihren Höhepunkt bereits überschritten, so ging das Niveau in den folgenden Jahrhunderten deutlich zurück. Nur wenige erzielten noch neue Ergebnisse, wie etwa Pappos von Alexandria zur projektiven Geometrie. Meist beschränkte man sich auf Kommentare zu den klassischen Werken. Einige Historiker grenzen diese Periode als eine Phase des Niedergangs von der übrigen Entwicklung ab, zeitlich umfaßt sie das dritte bis fünfte Jahrhundert. Die Bewahrung und Tradierung der antiken Mathematik wurde dann ein Hauptverdienst der ↑ arabischen Mathematik.

Mathematik des Mittelalters

Dieser Begriff soll hier verstanden werden als die Mathematik des lateinischen Mittelalters (die Entwicklung der Mathematik in Indien, in China, im Islam ist an anderer Stelle dargestellt).

Im Jahre 477 war mit der Absetzung des Kaisers Romulus Augustulus die Geschichte des weströmischen Reiches beendet. Man kann das als Beginn des Mittelalters ansehen. Seit 510 regierte Theoderich von Ravenna aus das Ostgotenreich. Auch in Ravenna lebte Boethius (475/480–524), der sich durch Übersetzungen von mathematischen Schriften des Nikomachos von Gerasa (um 100) und Teilen der „Elemente" des Euklid Verdienste erwarb. Auch Cassiodorus (480/490–um 575) bezog sich in seinen Schriften vorwiegend auf Nikomachos. Die Werke des Cassiodorus retteten einfachste Teile antiker Mathematik (elementare Arithmetik, elementare Zahlentheorie, Beschreibung grundlegender geometrischer Figuren, Rechenvorschriften für das Vermessungswesen) in die Klosterschulen. Das Christentum stand der antiken Wissenschaft, der Wissenschaft überhaupt, skeptisch gegenüber: Wissenschaft und damit auch Mathematik könne kaum zur Erlösung beitragen, es sei denn, sie erhelle „dunkle" Stellen der „Heiligen Schrift" und helfe so der Theologie. Diese Auffassung wurde in den

Klöstern Europas gepflegt, die im Verlaufe der Christianisierung seit dem 4. Jh. entstanden waren. Eine zentrale Rolle spielte in der „Klostermathematik" die Osterrechnung – die Beziehung zwischen dem jüdischen Mondkalender und dem julianischen (römischen) Sonnenkalender, oder die Berechnung des ersten Frühlingsvollmondes (Beda Venerabilis (672/73–735)). Zur Durchführung der eigentlichen Rechnung benutzte Beda die Darstellung der Zahlen durch die Finger und einfachste astronomische Tatsachen. Über Beda hinaus ging erst Alkuin (um 735–804). Seit 796 leitete er ein Kloster in Tours. Für dessen Klosterschule verfaßte er(?) die älteste mathematische Aufgabensammlung in lateinischer Sprache. Es handelte sich dabei um „Denksportaufgaben", die mathematisch auf lineare Gleichungen oder elementare geometrische Berechnungen führen. Auch eine Mondrechnung findet sich hier. Der Bezug der Aufgaben zum praktischen Leben war gering. Aus dem 9. Jh. kennt man fragmentarisch eine Handschrift über Vermessungsgeometrie, die Inhaltsberechnungen einfacher Körper enthält. Im 10. Jh. verfaßte Gerbert von Aurillac (vor 945–1003) Schriften zum Rechnen auf dem Abakus und zur ebenen Geometrie, die nur elementarste Grundbegriffe und Verfahren erläuterten. Franco von Lüttich (gest. 1083) beschäftigte sich, auf Aristoteles bezugnehmend, mit der Quadratur des Kreises. Seine Arbeit enthielt Aussagen über irrationale Zahlen.

Seit dem 11. Jh. wurden wichtige Werke der griechischen und arabischen Mathematik im lateinischen Europa bekannt. Hauptgrund dafür scheint gewesen zu sein, daß es den Christen gelang, große Teile Spaniens von den Arabern zurückzuerobern. Dabei fielen ihnen deren Bibliotheken, die die gesamte arabische wissenschaftliche Literatur und damit auch die Wissenschaft der Griechen enthielten, in die Hände. Jetzt hatte man auch ein Interesse an diesen Schriften, denn eine neue Schicht von „Intellektuellen" (Kaufleute, Handwerker, Mediziner, Juristen) in den sich schnell entwickelnden Städten mit ihren Schulen und Universitäten brauchte Fachwissen. Ebenfalls ab dem 11. Jh. entstanden in Spanien, besonders in Toledo, in Südfrankreich und Sizilien Übersetzungen arabischer, aber auch griechischer, mathematischer Schriften. Adelard von Bath (1070/80–um 1146) übersetzte um 1130 die „Elemente" des Euklid vom Arabischen ins Lateinische und die astronomischen Tafeln des al-Hwarizmi, Gerard von Cremona (1114–1187) übersetzte u. a. Werke von Euklid, Archimedes, al-Hwarizmi, Aristoteles und Ptolemaios. Auf die Übersetzungen folgte die Phase der ersten selbständigen

Aufarbeitung des antiken Wissens, allerdings immer noch auf bescheidenem Niveau. Leonardo von Pisa, Jordanus de Nemore (13. Jh.) und Johannes de Sacrobosco (gest. 1221) stehen für diese Phase. Bei ihnen fanden sich aber durchaus auch schon erste weiterführende mathematische Ideen (Leonardo: arithmetische Behandlung einer kubischen Gleichung, Nemore: Einführung von Buchstaben für Zahlen, Sacrobosco: isoperimetrische Betrachtungen). In der zweiten Hälfte des 13. Jhs. erreichte die Übersetzertätigkeit gleichzeitig Höhepunkt und ersten Abschluß. Wilhelm von Moerbeke (um 1215–vor 1286) übersetzte Werke von Archimedes, Heron, Ptolemaios; Campanus (gest. 1296) lieferte eine kommentierte Ausgabe der „Elemente" des Euklid.

Zum Ende des 13. Jahrhunderts waren erhebliche Teile des klassischen Erbes der Mathematik, aber auch der Physik und Biologie, zugänglich geworden. Fast vollständig unbekannt waren immer noch die Werke des Apollonios (um 262–um 190 v. Chr.) und des Diophantos, des Pappos (um 320) und des Proklos (410–485). Das 14. Jh. brachte erste kritische Auseinandersetzungen mit den naturwissenschaftlichen Schriften der Griechen, insbesondere mit denen des Aristoteles. Dabei ging es nicht um eine grundsätzliche Neubewertung des überkommenen Wissens, sondern vorwiegend um Korrekturen in Einzelfragen. Träger dieser Wissenschaft waren Universitätsgelehrte und Geistliche. Im gesamten Mittelalter hatte das gemeine Volk keinerlei Gelegenheit, sich wissenschaftlich zu bilden. Auch die berufsmäßigen Rechenmeister waren am wissenschaftlichen Fortschritt damals nicht beteiligt. Die erwähnten Korrekturen bezogen sich auf das „Unendliche", die Gesetze der Bewegung und den Bau der Materie. Thomas Bradwardine (1290/1300–1349), Johannes Buridan (gest. nach 1358) und besonders Nicole Oresme (um 1320–1382) waren typische Repräsentanten dieser Geistesrichtung. Oresme drang dabei bis zu einer graphischen Darstellung von Quantitäten und Qualitäten, der Beschreibung „Krümmung einer Kurve", zur Summierung einer unendlichen geometrischen Reihe und zur Einführung positiv rationaler Exponenten vor. Gegen Ende des 14. Jahrhunderts begann diese spekulative, stark von theologischen Vorstellungen geprägte Mathematik zu stagnieren. Mehr der Praxis zugewandt waren die Erstellung astronomischer Tafeln (u. a. die Alfonsinischen Tafeln), Schriften zur Architektur (u. a. „Bauhüttenbuch" von Villard de Honnecourt, um 1235) und zum Vermessungswesen. Über das Vermessungswesen sind seit dem 9. Jh. Schriften bekannt. Levi ben Gerson (1288–1344) führte den Jakobsstab ein. Eigentlich schon dem Geist der Renaissance verpflichtet waren das Werk des Leonardo von Pisa ebenso wie das des Giotto (1266/67–1336). Leonardo schrieb nicht mehr für Theologen und Universitätsgelehrte, sondern für die Vertreter des aufkommenden Bürgertums. In Giottos Werk, das auch Anfänge der Zentralperspektive enhielt, werden „wirkliche Menschen", nicht „theologische Vorstellungen", dargestellt.

Mathematik der Renaissance

Dies ist im wesentlichen die Mathematik des 15. und 16. Jahrhunderts, wenn auch die Anfänge der „Wiedergeburt" bis in das 13./14. Jh. zurückreichen.

Im 14./15. Jh. bildeten sich in Europa die Elemente des Frühkapitalismus heraus. Der Träger dieser Entwicklung, das Bürgertum, war einerseits an einer kritischen Übernahme der aus der Antike überlieferten Kenntnisse, andererseits an einer Nutzbarmachung von Wissenschaft für ökonomische Zwecke interessiert. In der Zeit der Renaissance ging man soweit wie möglich auf die griechischen Originalquellen zurück und machte die Werke der antiken Mathematiker in der Originalsprache, in einzelnen Fällen aber auch in den Landessprachen, zugänglich. Die Erfindung des Buchdrucks mit beweglichen Lettern förderte nachhaltig die Verbreitung des antiken mathematischen Wissens. So erschienen 1543 die erste italienische Euklid-Übersetzung, 1544 die erste griechische Ausgabe der Werke des Archimedes. Die Weiterentwicklung des aus Antike und Mittelalter überkommenen mathematischen Wissens ging in drei Hauptrichtungen voran.

1. Die Trigonometrie wurde zum geschlossenen System ausgebaut. In den „Fünf Büchern über alle Arten von Dreiecken" (geschrieben 1462–64, gedruckt 1533) faßte Regiomontanus(?) das gesamte in griechischen, islamischen und europäisch-mittelalterlichen Schriften verstreute Wissen zusammen und ergänzte es durch eigene Tafeln. Die folgenden Jahrhunderte brachten eigentlich nur Ausgestaltungen dieses Wissens. Erst Vieta (1540–1603) rechnete mit trigonometrischen Funktionen.

2. Ausbau der Rechenmethoden. Durch die gestiegenen mathematischen Anforderungen in Handel und Handwerk entwickelte sich ein selbständiges kaufmännisches Rechnen. Man mußte Währungen umrechnen, Maße sicher beherrschen, Zins- und Zinseszins feststellen, Buch führen. Diese Aufgaben wurden von Rechenmeistern bewältigt,

die oft eigene Rechenschulen unterhielten und ihre Kenntnisse in „Rechenbüchlein" verbreiteten. Die Rechenmeister beherrschten und unterrichteten gleichermaßen das Rechnen auf dem Rechenbrett und das neue schriftliche Rechnen mit den indisch-arabischen Ziffern. Die Schwierigkeiten bei der Durchführung einer schriftlichen Rechnung waren damals enorm, und die neuen Verfahren setzten sich endgültig erst im 17. Jh. durch. Eine wesentliche Vereinfachung des Rechnens gelang mit der Einführung der Dezimalbrüche 1585 durch Simon Stevin (1548–1620). Allerdings waren diese im islamischen Kulturkreis schon lange vorher bekannt. Einen ebenso großen Fortschritt bildete die Bekanntmachung der Logarithmen durch J. Neper 1614 und J. Bürgi 1620.

3. Algebraisierung. Es erwies sich als unumgänglich, die ursprünglich rezeptartig vermittelten rechnerischen Verfahren theoretisch zu durchdringen und algorithmisch aufzuarbeiten. Bereits in der „Coß" (bekanntester Vertreter: A. Ries (1492–1559)) wurden feste Bezeichnungen für Variable, Potenzen der Variablen, Rechenoperationen verwendet, aber erst mit der äußerst einflußreichen „Arithmetica integra" (1544) von Michael Stifel (1487?–1567) begannen sich einheitliche Bezeichnungen durchzusetzen.

Um 1500 war in Italien ein „algebraischer Durchbruch" gelungen. S. del Ferro (1465–1526) entdeckte die Auflösung der kubischen Gleichung, veröffentlichte aber nichts darüber. N. Tartaglia (1499/1500–1557) gelang 1535 die erneute Entdeckung und G. Cardano (1501–1576) veröffentlichte 1545 die Lösung. In Cardanos „Ars magna . . . " findet man auch die erste Lösung der Gleichung vierten Grades durch L. Ferrari (1522–1569). Letzter bedeutender Algebraiker der Renaissance war F. Vieta. Er verwendete durchgängig eine feste algebraische Bezeichnungs- und Schreibweise und revolutionierte die algebraische „Umformtechnik" (veröffentlicht 1631).

Zwei Gebiete, die etwas „abseits" lagen, erlebten in der Renaissance einen großen Aufschwung. In der Kreismessung gelang Ludolph van Ceulen (1540–1610) die Berechnung von $\uparrow \pi$ auf 35 Dezimalen.

Seit Giotto (1267–1336) versuchten Maler und Architekten ein „reales Bild" des Raumes zu ersinnen. Erst F. Brunelleschi (1377–1446) gelang es um 1400, die Zentralperspektive zu entwickeln. In Schriften von L. B. Alberti (1404–1472), P. della Francesca (um 1420–1492) und A. Dürer (1471–1528) wurde sie weiterentwickelt und meisterhaft dargestellt.

Mathematik in der Zeit der wissenschaftlichen Revolution (1600–1720)

Im Gegensatz zu allen anderen vorausgegangenen Perioden der Entwicklungsgeschichte der Mathematik wird die Mathematik in der Zeit der wissenschaftlichen Revolution durch einen völligen Auffassungswandel von dem, was Mathematik sei und leisten kann, gekennzeichnet. Die vorausgangene Zeit war bestimmt durch eine große Zahl von erfolgreichen Mathematikern, die aber wenig grundsätzlich Neues schufen. Die Herausbildung der Infinitesimalrechnung ist das wichtigste Merkmal der Mathematik in der Zeit der wissenschaftlichen Revolution. Aber es gab weitere Aspekte, die die Mathematik dieser Zeit bestimmten, wenn sie auch mehr oder minder stark mit dem Infinitesimalkalkül in Verbindung stehen. Es entstand die Theorie der „unendlichen Reihen". In der Anfangsphase dieser Theorie war man der Meinung, man müsse die Summe jeder unendlichen Zahlenreihe ermitteln können, Konvergenz und Divergenz waren „kein Thema". Auf dieser Grundlage summierte Leibniz viele Reihen und zog anstandslos divergente Reihen als „Vergleichsreihen" hinzu. Aus dem Quadraturproblem erwuchs die eigentliche (korrekte) Reihentheorie. John Wallis hatte das Quadraturproblem für $y = x^m$ (m reell) bis auf $m = -1$ im Jahre 1655 lösen können. Das Jahr 1668 brachte dann die entscheidenden Fortschritte. W. Brouncker (1620–1684) gelang es, eine Reihe für ln2 anzugeben, die er durch geometrische Quadratur eines Flächenstücks unterhalb der Hyperbel $xy = 1$ gewonnen hatte. J. Gregory (1637–1675) untersuchte die Quadratur von Kreis und Hyperbel und führte die Fachtermini „konvergent" und „divergent" ein. Im gleichen Jahr stellte N. Mercator (um 1619–1687) den allgemeinen Zusammenhang zwischen Hyperbelquadratur und Logarithmusfunktion her. Die „Logarithmotechnica" von Mercator löste eine Art „Kettenreaktion" aus, viele Entdeckungen über spezielle Reihen folgten.

Im Jahre 1669 hinterlegte Newton seine „De analysi per aequationes numero terminorum infinitas" bei der Royal Society. Die Arbeit begründete eigentlich die selbständige Theorie der unendlichen Reihen, allerdings besaß auch Newton noch keine Konvergenztheorie. Er benutzte die Reihenlehre zum Bestimmen von Wurzeln und setzte sie für Quadraturen und Rektifikationen ein. Die Binomialreihe kannte er schon seit etwa 1665. Ab 1668/70 hatte Gregory die Kenntnis der (allgemeinen) „Taylor-Reihe" und setzte diese Kenntnisse zur Bestimmung vieler spezieller Reihen ein. Ab 1675 kombinierte er Reihenlehre und die selbständig entwickelten Vorstellungen über Differentialgleichungen. Das gesamte 18. Jahrhundert über ist die Reihenlehre, auch auf dem Kontinent, ein beherrschendes Thema mathematischer Forschung geblieben. Euler, die Bernoullis, und viele andere bauten die formale Seite der Reihenlehre aus und setzten Reihen zur Lösung astronomischer und mechanischer Probleme ein.

Bereits Vieta hatte zwischen variablen und konstanten Größen unterschieden. Fermat und Descartes griffen diese Auffassung auf, aber erst Newtons „fließende Größen" (Fluenten) und die Potenzreihenentwicklung schufen den ideellen Durchbruch zum Funktionsbegriff. Diesen begründete Leibniz seit 1673 unter maßgeblicher Beteiligung von Johann I Bernoulli (1694, 1718). Hauptsächlich durch Eulers „Introductio in analysin infinitorum" (1748) wurde er mathematisches Allgemeingut, wobei allerdings offen blieb, ob die Eulerschen „analytischen Ausdrücke" wirklich alle möglichen Funktionen beschrieben. 1690 stellte Jakob I Bernoulli das Problem der Kettenlinie, dem viele ähnliche Probleme folgten, die das Aufsuchen spezieller Funktionen zum Ziele hatten. Alle bedeutenden Mathematiker der Zeit beteiligten sich an solchen „Lösungswettbewerben". Neben dem isoperimetrischen Problem brachten derartige Aufgaben die Anfänge der Variationsrechnung hervor.

Um 1600 trat in der Lehre von den Kegelschnitten eine entscheidende Wende ein. Wenn man vom Kreis absieht, waren Kegelschnitte seit der Antike „rein mathematische Gebilde" gewesen. Seit der „Astronomia nova" (1609) von J. Kepler war die Ellipse auch ein physikalisch-reales Gebilde, spätestens seit Galileis „Discorsi" (1638) war bekannt, daß beim Wurf „ohne allen Widerstand" die Wurfbahn eine Parabel ist. Himmelsmechanik und irdische Bewegungslehre verschafften den Kegelschnitten neue Aufmerksamkeit. Man versuchte, die antike Kegelschnittlehre des Apollonios zu rekonstruieren, und gab zusammenfassende Darstellungen der Lehre von den Kegelschnitten mit Einschluß der fragmentarisch überlieferten antiken Resultate (Gregorius a Santa Vincentio (1584–1667) um 1620).

Entscheidende Fortschritte auf diesem geometrischen Gebiet und weit darüber hinaus brachte aber erst das Jahr 1637: Descartes veröffentlichte seinen „Discours de la méthode". Die darin vorgeführte Anwendung seines rationalistischen Verfahrens auf die Geometrie, mit dem Ziel, diese für die Lösung algebraischer Probleme nutzbar zu machen, gehörte zu den Quellen der analytischen Geometrie. Descartes führte die „Gleichung" einer Kurve ein, benutzte eine Art Koordinatensystem und „rechnete" mit Strecken wie mit Zahlen. Er konnte algebraische Gleichungen durch geometrische Konstruktion lösen oder die Konstruktion des geometrischen Ortes bei vorgegebener Gleichung vornehmen. Er vermutete, daß es Gleichungen n-ten Grades mit n Lösungen gibt, bezog aber keine klare Stellung zu dem u. a. von Girard 1629 formulierten Fundamentalsatz der Algebra.

Möglicherweise sogar schon vor 1637 niedergeschrieben wurde die „Isagoge" von Fermat. In ihr sprach er das Grundprinzip der analytischen Geometrie aus: „Sobald in einer Schlußgleichung zwei unbekannte Größen auftreten, hat man einen Ort, und der Endpunkt der einen Größe beschreibt eine gerade oder krumme Linie...". Zur „Versinnlichung" dieses Zusammenhanges führte er Vorstufen „schiefwinkliger" Koordinaten ein. Fermats Untersuchungen lieferten auch den Satz: Kurven zweiter Ordnung stellen stets Kegelschnitte (körperliche Örter) dar, er glaubte aber fälschlicherweise, daß das Studium aller höheren Kurven auf das Studium der Kegelschnitte reduziert werden kann. Die weiteren Fortschritte der analytischen Geometrie wurden sehr mühsam errungen. Erst Newton gab 1676 eine Klassifikation der Kurven dritter Ordnung, führte das „cartesische Koordinatensystem" ein, und verwendete negative Koordinaten.

Seit der Antike sind Rechenhilfsmittel (Rechenbrett, Abakus) in Gebrauch gewesen. Mit dem 17. Jahrhundert setzte auch hier eine neue Entwicklung ein. Um 1600 konstruierte J. Neper seine Rechenstäbchen, um 1620 baute E. Gunter den ersten Rechenschieber. Für den Rechenschieber war die „Erfindung" der Logarithmen Voraussetzung (erste Veröffentlichungen J. Neper 1614, J. Bürgi 1620). In der Mitte des 17. Jahrhunderts war der Rechenstab voll durchgebildet. Wirkliche Rechenmaschinen bauten 1623/24 W. Schickard (1592–1635) und ab 1640 B. Pascal. Die Schickardsche Maschine konnte Addieren und Multiplizieren, die Pascalsche Addieren und Subtrahieren. Seine erste unvollkommene Vierspeziesmaschine führte Leibniz 1673 in London vor.

Für die Zeit der wissenschaftlichen Revolution war auch etwas Grundlegendes kennzeichnend: Wissenschaftler konnten jetzt in höchste Staatsämter aufsteigen, wobei die gesellschaftliche Emanzipation der Wissenschaft in England viel rascher voranging als auf dem Kontinent. Die Bedeutung der Universitäten nahm gleichzeitig stark ab, weil sie den Vertretern der neuen Naturwissenschaft und der neuen Mathematik oft keine Heimstatt boten. Insbesondere Praktiker der neuen Wissenschaft waren gezwungen, sich selbst zu organisieren um ihre Resultate austauschen zu können, auch gemeinsam arbeiten zu können. Es entstanden, oft mit Unterstützung des absolutistischen Staates, erste wissenschaftliche Gesellschaften (Akademien), so in Rom 1601, Florenz 1657, London 1662, Paris 1666, und Schweinfurt („Leopoldina") 1687. Die Akademien wurden nun zu den Zentren des Fortschritts in Mathematik und Naturwissenschaft.

Mathematik des 18. Jahrhunderts

Die Mathematik des 18. Jahrhunderts ist geprägt durch den Aufschwung der Analysis und ist in diesem Sinne eine Zeit der Konsolidierung und des Ausbaus der in der wissenschaftlichen Revolution hervorgebrachten neuen Ideen. Zugleich etablierten sich die Akademien als Träger der wissenschaftlichen Entwicklung. Nach den Gründungen in Italien, London (1662) und Paris (1666) kamen mit Berlin (1700) und St. Petersburg (1724) zwei weitere bedeutende Akademien hinzu, die bald durch die in Schweden, Dänemark und Portugal sowie weitere in Italien und Deutschland ergänzt wurden. Mit den Berichten dieser Akademien erlebte auch das wissenschaftliche Zeitschriftenwesen einen deutlichen Aufschwung. Zu Anfang des Jahrhunderts dominierten in der Infinitesimalmathematik noch die geometrischen Methoden, doch zunehmend erkannte man die große Effektivität der analytischen Methoden. Zugleich wurden die Mathematiker immer vertrauter mit der Kraft der neuen Ideen der Infinitesimalrechnung und fanden ständig neue Anwendungsgebiete. Neue tiefgreifende Resultate wurden zu gewöhnlichen und partiellen Differentialgleichungen, zur Differentialgeometrie, zur Reihenlehre und zur Variationsrechnung erzielt. Der Gebrauch der infinitesimalen Methoden, speziell der Differentiale, war sehr freizügig, ohne eine exakte Begründung, obwohl sich viele Mathematiker der Schwächen in der Begründung dieser Methoden sehr wohl bewußt waren und sich auch um deren Beseitigung mühten. Doch die theoretische Absicherung der Methoden war nicht das Hauptziel der Gelehrten, sondern die Lösung der vielfältigen, vor allem mechanischen Probleme, ja, eine ganze Reihe von Wissenschaftlern sahen die Mathematik nur noch als Hilfswissenschaft der Physik. Die physikalische Korrektheit der abgeleiteten Folgerungen diente nicht selten als Rechtfertigung für das angewandte mathematische Verfahren. Die

Grundfragen, wie die Konvergenz von Reihen, die Definition und der Gebrauch von Differentialen höherer Ordnung, die Existenz von Integralen, die Vertauschbarkeit von Differentiation und Integration blieben jedoch letztlich unbeantwortet.

Neben der Physik bildete die Astronomie ein zweites großes Anwendungsgebiet. In Verbindung mit der Newtonschen Gravitationstheorie eröffnete die Infinitesimalmathematik den Weg, ein großes Spektrum astronomischer Probleme mathematisch zu behandeln. Die Bahnen der Planeten und Kometen sowie die Bestimmung des Einflusses von Störungen auf diese Bahnen, das Drei-Körper-Problem, die Bewegung des Erdmondes und der Jupitermonde sowie die allgemein interessierende Frage nach der Stabilität des Sonnensystems waren einige Aufgaben, die der Bearbeitung harrten. Die Zahl der neuen Resultate auf dem Gebiet der Analysis war riesig. Bedeutende Beiträge lieferten u. a. die Bernoullis, Euler, Lagrange, d'Alembert, Clairaut und Laplace. Johann I Bernoulli benutze das Verfahren des integrierenden Faktors, Euler publizierte 1743 seinen Lösungsansatz $y = e^{kx}$ für homogene Differentialgleichungen n-ter Ordnung mit konstanten Koeffizienten, später auch eine Methode zur Lösung der inhomogenen Gleichungen, 1777 erschien dann die Methode der Variation der Konstanten von Lagrange. Als eine zentrale Gleichung erwies sich die später nach Laplace benannte Gleichung $\Delta u = 0$. Sie trat sowohl bei D. Bernoulli und Euler in den Untersuchungen zur Hydrodynamik auf, als auch bei Studien zur Gestalt der Erde und der gegenseitigen Anziehung von Körpern, die Clairaut bzw. Legendre und Laplace durchführten. In diesem Kontext fand Legendre die nach ihm benannten Polynome, und Laplace schuf erste Grundzüge der Potentialtheorie.

Ein weiteres wichtiges Problem war die Gleichung der schwingenden Saite und deren Lösung. Mit der aus experimentellen Erfahrungen gewonnenen Ansicht, daß die Lösung als Superposition eines Grundtons und einer Folge von Obertönen, also als trigonometrische Reihe, erhalten wird, löste D. Bernoulli eine langanhaltende, teils kontroverse Diskussion aus, die bis ins 19. Jahrhundert nachwirkte und u. a. in die Theorie der Fourier-Reihen einmündete. Ebenso heftig diskutiert wurde das 1744 von de Maupertuis aufgestellte Prinzip der kleinsten Aktion, nicht zuletzt wegen der engen Beziehungen des Prinzips zu Fragen innerhalb der Aufklärungsphilosophie. Nachdem zuvor schon viele Variationsprobleme als Einzelfälle behandelt worden waren, entwickelten Euler und Lagrange eine erste Methode, die eine systematische

Darlegung der Theorie ermöglichte. Lagranges Anwendung der Variationsrechnung auf die Dynamik brachte den bekannten Formalismus und die später nach ihm benannten Gleichungen hervor. Der Aufschwung der Analysis wurde begleitet durch zahlreiche Lehrbücher, die eine systematische Darstellung der neuen Theorie präsentierten und die Durchbildung des Kalküls weiter voranbrachten. Herausragend waren dabei die Werke Eulers, der die Infinitesimalmathematik, die Differentialrechnung und die Integralrechnung jeweils in mehrbändigen Monographien erfaßte und dabei einen neuen Lehrbuchtyp schuf.

Die Algebra des 18. Jahrhunderts wurde noch im wesentlichen als Theorie der Gleichungen verstanden. Die Frage nach der Auflösbarkeit polynomialer Gleichungen in Radikalen stand im Mittelpunkt. Lagrange und Vandermonde eröffneten 1770 neue Gesichtspunkte, indem sie Funktionen der Wurzeln dieser Gleichungen und die von diesen Funktionen bei der Permutation der Wurzeln angenommenen Werte studierten. Am Ende des Jahrhunderts gab Ruffini dann einen ersten unvollständigen Beweis dafür, daß die allgemeine Gleichung fünften Grades nicht in Radikalen auflösbar ist. Ein weiteres Thema, der Fundamentalsatz der Algebra, erhielt entscheidende Impulse durch die Analysis, da das Resultat für die Partialbruchzerlegung im Rahmen der Integration rationaler Funktionen von grundsätzlicher Bedeutung war. Nach Beweisen von Euler und d'Alembert um die Jahrhundertmitte lieferte der junge Gauß 1797 eine erste den damaligen Exaktheitskriterien genügende Bestätigung des Fundamentalsatzes. Er griff dabei auf die komplexen Zahlen zurück, deren Gebrauch und deren Status im Zahlensystem und in der gesamten Mathematik ein ständiger Streitpunkt für die Mathematiker des 18. Jahrhunderts war. Das grundlegende Lehrbuch zur Algebra stammte wieder aus der Feder von Euler (1769, deutsch 1770), ohne daß er jedoch auf die neuen Tendenzen zur Gleichungstheorie eingehen konnte. Auch die lineare Algebra verzeichnete bemerkenswerte Fortschritte.

Die Zahlentheorie des 18. Jahrhunderts war noch eine Sammlung von einzelnen Problemen. Der Kleine Fermatsche Satz wurde von Euler (1736, Verallgemeinerung 1760) und anderen Mathematikern bewiesen. Auch beim Beweis des Großen Fermatschen Satzes erzielte man Fortschritte (↑ Fermatsche Vermutung), Euler bestätigte Fermats Vermutung für $n = 3$ und 4, Lagrange, Legendre und Gauß vervollständigten diese Ausführungen, schließlich führte Legendre den Nachweis für $n = 5$. Ein weiteres Themenfeld waren die verschiedenen Zerlegungen ganzer

Zahlen in unterschiedliche Klassen ganzer Zahlen. So gelang Lagrange 1770 die Bestätigung von Fermats Behauptung, daß jede positive ganze Zahl die Summe von höchstens vier Quadraten ist. Dabei griff er auf wichtige Teilergebnisse zurück, die Euler in 40-jähriger Forschung zu diesem Problem erhalten hatte. E. Waring formulierte den Sachverhalt für die Darstellung durch Kuben und vermutete, daß jede positive ganze Zahl als Summe von höchstens r k-ten Potenzen ausgedrückt werden kann, wobei r von k abhängt. Auch die später nach Chr. Goldbach benannten Vermutungen, daß jede gerade Zahl (> 2) Summe zweier Primzahlen und jede ungerade Zahl (> 6) Summe dreier Primzahlen ist, entstammt jener Zeit, Goldbach äußerte sie 1742 in einem Brief an Euler. Bei einigen der genannten und mehreren anderen Problemen spielten Betrachtungen über Formen eine wichtige Rolle. Die wohl wichtigste zahlentheoretische Entdeckung des 18. Jahrhunderts war das quadratische Reziprozitätsgesetz, das unabhängig von Euler (1783, erste Formulierung 1744) und Legendre (1785) angegeben, aber nicht vollständig bewiesen wurde. Schließlich publizierte Legendre 1798 eine systematische lehrbuchmäßige Darstellung der Zahlentheorie.

Die Geometrie stand im 18. Jahrhundert über weite Strecken in enger Verbindung mit der Analysis. In der Anwendung der Analysis auf geometrische Fragen entstanden wichtige Studien, die die Grundlage der Differentialgeometrie bildeten. Clairaut, Lancret, Euler, de Gua de Malves u. a. erzielten interessante Resultate über ebene und räumliche Kurven. Euler, Meusnier und Monge schufen eine Theorie der Flächen im dreidimensionalen Raum, wobei wesentliche Anregungen aus der Herstellung von Karten kamen. Monge war es dann auch, der die geometrische Betrachtungsweise in die Analysis einführte. Mit der Theorie der Charakteristiken bereicherte er die Theorie der Differentialgleichungen und eröffnete die geometrische Interpretation analytischer Ideen. Bereits zuvor, in den 60er Jahren, hatte Monge die wichtigsten Ideen für ein konstruktives Verfahren zur Darstellung von Körpern in zwei Bildebenen gefunden. Aber erst 1798, als die militärische Geheimhaltung hinfällig geworden war, konnte er das neue Gebiet der darstellenden Geometrie in einem Lehrbuch präsentieren. Von den Vorarbeiten zur darstellenden Geometrie seien nur die von J. H. Lambert erwähnt, der 1759 die Darstellung räumlicher Körper mit Mitteln der projektiven Geometrie behandelte. Neben den verschiedenen Neuentwicklungen beschäftigte auch ein uraltes Thema die Geometer jener Zeit: Die Theorie der Parallellinien. Saccheri und Lambert konstruierten in ihrem

Bemühen, das Euklidische Parallelenpostulat zu beweisen, erste Teile nichteuklidischer Geometrien, ohne diese als solche zu erkennen. Weitere „Beweise" lieferten Bertrand 1778 und Legendre ab 1794.

Abschließend sei noch auf Lamberts Beitrag zur Logik verwiesen. Ab 1753 hatte er sich Fragen der Logik gewidmet und baute 1764 in seinem Hauptwerk einen algebraischen logischen Kalkül auf.

Trotz der unbestrittenen Dominanz analytischer Forschungen erlebten auch die anderen Gebiete der Mathematik in der zweiten Hälfte des 18. Jahrhunderts einen deutlichen Aufschwung. Eine neue Denkweise hatte sich aber noch nicht herausgebildet, ja, unter dem Eindruck der erzielten Erfolge glaubten einige Mathematiker am Ende des Jahrhunderts, daß in der Mathematik die wichtigsten Probleme gelöst seien. Ihr Irrtum sollte sehr bald offenkundig werden.

Mathematik des 19. Jahrhunderts

Die Mathematik des 19. Jahrhunderts ist gekennzeichnet durch eine bis dahin nicht gekannte Erweiterung und Spezialisierung der mathematischen Erkenntnisse sowie den Beginn eines grundlegenden Wandels, der bis weit ins 20. Jahrhundert hinein wirkte. Im Rahmen der Industriellen Revolution bildete sich in der ersten Hälfte des 19. Jahrhunderts ein qualitativ neues Verhältnis zwischen den Naturwissenschaften einschließlich der Mathematik und der materiellen Produktion heraus, das für die Mathematik eine Flut von neuen Anregungen und Anwendungsmöglichkeiten bereit hielt. Die Universitäten erlebten einen neuen Aufschwung und profilierten sich als Stätten der Lehre und Forschung. Neben dem Ausbau der Naturwissenschaften und Mathematik an den bestehenden Universitäten traten zahlreiche Neugründungen. Als völlig neue, den Bedürfnissen der Zeit entsprechende Einrichtungen entstanden die polytechnischen Schulen nach dem Vorbild der 1794 gegründeten Ecole Polytechnique in Paris, aus ihnen gingen später die Technischen Hochschulen hervor. Auch die Zahl der Mathematiker vergrößerte sich enorm, neben Frankreich, England und Deutschland als traditionelle Zentren der Forschung lieferten die Mathematiker Italiens und Rußlands bedeutende Beiträge. Am Ende des Jahrhunderts etablierten sich die USA als neue Forschungsnation, die sehr bald eine Spitzenposition auf vielen mathematischen Gebieten einnehmen sollte. Das starke quantitative Wachstum und die Spezialisierung des mathematischen Wissens führten auch dazu, daß etwa ab den 70er Jahren die früher häufig anzutreffende Personalunion von Mathematiker, Physiker und Astronom verschwand, und die Mathematik nicht mehr in naiver Weise als Naturwissenschaft aufgefaßt und betrieben wurde. Auch hatte ein grundlegender Wandel im Wesen der Mathematik begonnen, der sich zunächst auf eine exaktere Fassung der Grundbegriffe und eine entsprechende Vorstellung von mathematischer Strenge und exakter Beweise konzentrierte. In diesem Prozeß entstanden präzise Definitionen der Grundbegriffe, wie irrationale Zahl, Stetigkeit, Ableitung, Grenzwert, Integral usw., so daß man am Ende des Jahrhunderts glaubte, das Ziel, die Mathematik auf eine solide Basis zu stellen, erreicht zu haben. H. Poincaré sprach 1900 auf dem 2. Internationalen Mathematiker-Kongreß davon, daß jetzt eine absolute Strenge vorliege. Wichtige Beiträge in diesem Prozeß lieferten B. Bolzano, N. H. Abel, A. Cauchy, P. Dirichlet, und K. Weierstraß. In ihren Arbeiten klärten diese Gelehrten den Umfang der Begriffe, wie Stetigkeit, Differenzierbarkeit, Existenz höherer Ableitungen, Entwickelbarkeit in eine konvergente Potenzreihe, Integrierbarkeit u. ä. auf, und legten die zwischen diesen bestehenden Relationen dar. Der Funktionsbegriff fand in diesen Rahmen eine Neufassung und Präzisierung. Das Bemühen um eine bessere Begründung der Mathematik, speziell der Analysis, war verbunden mit dem Abwenden von geometrischen Anschauungsweisen und dem Bestreben, das Zahlsystem zur Grundlage der Betrachtungen zu machen, ein Prozeß, der auch als Arithmetisierung bezeichnet wurde, und den zunächst verschiedene Mathematiker als formalistische Übertreibung kritisierten. Der notwendige strenge Aufbau des Zahlsystems wurde in mehreren Schritten in Umkehrung der logischen Ordnung geleistet. Nachdem C. F. Gauß der von ihm selbst und einigen anderen Mathematikern entwickelten geometrischen Darstellung komplexer Zahlen durch seine Autorität zur allgemeinen Anerkennung verholfen hatte, gelang R. W. Hamilton 1833 eine arithmetische Interpretation als Zahlenpaare, wobei er zugleich die Aufmerksamkeit auf die Verknüpfungen der als abstrakte Elemente aufgefaßten Zahlen und deren Verknüpfungsregeln lenkte. Die exakte Einführung der irrationalen Zahlen wurde das Werk mehrerer Mathematiker, die unabhängig voneinander, teilweise analoge Theorien aufstellten, genannt seien C. Méray (1869), G. Cantor (1871), R. Dedekind (1872) und K. Weierstraß, der ab 1859 in Vorlesungen dazu vortrug. Abgeschlossen wurde diese Entwicklung durch R. Dedekind und G. Peano, die 1888 bzw. 1889 jeweils eine Theorie hierzu vorstellten, wobei Dedekinds Überlegungen auf die 70er Jahre zurückgingen. Abweichend von diesem genetischen Aufbau des Zahlsystems gab D. Hilbert 1899 eine axiomatische Einführung des Systems der reellen Zahlen. Bei all den Bemühungen um die Fundierung der Mathematik traten drei Aspekte hervor, die den Wandel der Disziplin charakterisieren: Die Herausbildung der Mengenlehre und das allmähliche Vordringen mengentheoretischer Begriffe und Methoden in große Teile der Mathematik, das Bewußtwerden von logischen Problemen bei der Entwicklung und dem Aufbau der Mathematik, sowie die mit der Konzentration auf diese Fragen verbundene Entstehung der mathematischen Logik und die Entwicklung der axiomatischen Methode. Diese Charakteristika bildeten sich in den letzten Jahrzehnten des 19. Jahrhunderts heraus und erfuhren im 20. Jahrhundert ihre volle Ausprägung.

Eine Konsequenz dieser Prozesse, die gleichsam als ein weiteres Merkmal des Wandels gelten kann, war die Tatsache, daß mit der ↑ Mengenlehre und der mathematischen ↑ Logik zwei Teildisziplinen der Mathematik entstanden, die neben einer Eigenentwicklung als eine wichtige Anwendung versuchten, das gemeinsame Wesen aller mathematischen Teildisziplinen aufzudecken. Die Mathematik wurde damit selbst zum Untersuchungsgegenstand, man grenzt diese Gebiete heute als metamathematische Disziplinen von den übrigen ab.

Da eine vollständige Übersicht über die Fülle der mathematischen Erkenntnisse im 19. Jahrhundert in diesem Rahmen nicht möglich ist, sollen nur einige wichtige Entwicklungen hervorgehoben werden. Die Mengenlehre, die vor allem das Begriffssystem für die neuen Vorstellungen von Strukturen und Methoden zu deren Konstruktion lieferte, wurde in den 70er Jahren von Cantor im regen Gedankenaustausch mit Dedekind geschaffen. Bereits in der ersten vierteiligen Zusammenfassung der Ergebnisse (1879–84) formulierte er das Kontinuumsproblem und stellte eine Theorie der transfiniten Kardinal- und Ordinalzahlen vor. 1895/97 gab er eine verbesserte Darstellung der Theorie und baute die transfinite Arithmetik auf. In der mathematischen Logik, die letztlich das Wesen und die zulässigen Schlußweisen der deduktiven Methode erklärte, bestanden im 19. Jahrhundert zwei Aspekte, zu einem die Entwicklung formalisierter Sprachen, zum anderen die stärker auf die Verknüpfung der Symbole konzentrierte Algebra der Logik. Die „Algebraisierung der Logik" wurde vor allem durch G. Boole ab 1847, C. S. Peirce ab 1870 und E. Schröder ab 1890 vorangebracht, während G. Frege und G. Peano mit der Schaffung formalisierter Sprachen grundlegende Beiträge lieferten.

Eine zentrale Position in der Mathematik des 19. Jahrhunderts nahm die ↑ Geometrie ein, viele blickten am Ende dieses Zeitabschnitts auf diesen als ein Jahrhundert der Geometrie zurück. Die Geometrie durchlief eine durchaus als revolutionär zu bezeichnende Entwicklung mit einem umfangreichen inhaltlichen und methodischen Erkenntniszuwachs sowie der Entstehung einer neuen inneren Struktur. Angeregt durch die darstellende Geometrie, aus deren dominierender Stellung an den polytechnischen Schulen eine hohe Wertschätzung für die Geometrie entsprang, erlebten die synthetischen Methoden eine spürbare Wiederbelebung. J.-V. Poncelet griff die Anregungen auf und legte 1822 eine zusammenfassende Behandlung der projektiven Geometrie vor. Der weitere Ausbau der Ideen erfolgte dann vor allem zusammen mit dem Mathematikerkreis um J. D. Gergonne und M. Chasles sowie den deutschsprachigen Mathematikern J. Steiner, J. Plücker, A. F. Möbius und K. G. Chr. von Staudt durch die Aufklärung des Dualitätsprinzips und die Vervollständigung des synthetischen Aufbaus. Von Staudt konstruierte in der „Geometrie der Lage" (1847) und den nachfolgenden „Beiträgen" (1856/58) eine metrikfreie Begründung der projektiven Geometrie, die F. Klein 1871 abrundete. Dabei spielte die von A. Cayley gegebene Zurückführung metrischer Eigenschaften auf projektive (1859) eine wichtige Rolle. Möbius und Plücker konzentrierten sich auf den Ausbau der algebraischen Methoden und fanden in der Einführung von homogenen bzw. Linien-Koordinaten (1827 bzw. 1828) geeignete Mittel, die letzterer u. a. sehr nutzbringend zum Studium algebraischer Kurven einsetzte und damit den Boden für die algebraische Geometrie bereitete. Die bedeutendste Errungenschaft der Geometrie des 19. Jahrhunderts war die Schaffung nichteuklidischer Geometrien. Nachdem sich Gauß, der etwa ab 1815 nach langem Ringen zu der Überzeugung gekommen war, daß die nichteuklidischen Geometrien richtig waren, nur vertraulich dazu äußerte, erzielten J. Bolyai und N. I. Lobatschewski in der zweiten Hälfte der 20er Jahre wichtige Grundeinsichten in diese Geometrien. Die Ausarbeitungen der beiden Gelehrten erschienen 1832 bzw. 1829/30 und 1835, fanden jedoch zunächst wenig Beachtung, lagen doch damit Geometrien vor, die mathematisch widerspruchsfrei waren, aber deren Verhältnisse mit der täglichen Raumerfahrung nicht übereinstimmten. Die mit diesen Arbeiten angezeigte Notwendigkeit, erkenntnistheoretisch zwischen Geometrie und Raum zu unterscheiden, vollendete dann B. Riemann 1854 (publiziert 1868) mit seinen weitreichenden Vorstellungen zu einer Theorie der Mannigfaltigkeiten in n Dimensionen in einem viel umfassenderen Rahmen. Riemann setzte damit den Ausgangspunkt für mehrere grundlegende neue Entwicklungen in der Geometrie. Die Anerkennung der nichteuklidischen Geometrie kam schließlich durch den Nachweis ihrer Widerspruchsfreiheit durch die Angabe von Modellen (Beltrami, 1869; Klein, 1871) voran. Weitere wichtige Fortschritte der Geometrie waren deren Klassifikation mit gruppentheoretischen Methoden durch Klein 1872 im „Erlanger Programm" und die axiomatische Charakterisierung durch Hilbert 1899 in den „Grundlagen der Geometrie". Die Beschäftigung mit den Grundlagen der Geometrie ist im Zusammenhang mit analogen Bestrebungen in anderen Teilen der Mathematik zu sehen. Die Studien wurden in den letzten Jahrzehnten des 19. Jahrhunderts von mehreren Gelehrten, u. a. M. Pasch, G. Peano und G. Veronese, vorangebracht und waren eng mit der Entwicklung der axiomatischen Methode verknüpft. Hilbert setzte in seiner Schrift die strukturtheoretische Auffassung erstmals konsequent in der Geometrie um.

Das herausragende Forschungsgebiet des 18. Jahrhunderts, die Analysis, nahm auch in den folgenden 100 Jahren einen zentralen Platz in der mathematischen Forschung ein. Neben den bereits erwähnten Bemühungen um die Sicherung der Grundlagen erfuhren die einzelnen Gebiete eine starke inhaltliche Bereicherung. Mit dem Aufschwung der Naturwissenschaften, speziell der Physik, ergaben sich zahlreiche neue mathematische Problemstellungen, die zu neuen Ergebnissen über gewöhnliche und partielle Differentialgleichungen, zur Potentialtheorie, zur Variationsrechnung etc. führten. Zugleich warf auch die innerlogische Entwicklung der einzelnen Gebiete immer wieder neue Fragen auf. Der Nachweis von Existenz und Eindeutigkeit der Lösung dieser Gleichungen, ein detailliertes Studium der Rand- und Anfangswertprobleme für partielle sowie der Singularitäten für gewöhnliche Differentialgleichungen und der Aufbau einer qualitativen Lösungstheorie für nichtlineare Gleichungen umreißen nur einige der vielfältigen Probleme. Die Wellengleichung, die homogene und inhomogene Potentialgleichung sowie die Wärmeleitungsgleichung, die sich als Prototypen von Gleichungen herauskristallisierten, erfuhren eine intensive Behandlung. Das hervorragende Ereignis der Analysisentwicklung war jedoch der systematische Aufbau einer Theorie der Funktionen komplexer Veränderlicher insbesondere durch Cauchy, Riemann, und Weierstraß. Die Betrachtung komplexer Veränderlicher offenbarte eine gegenüber der reellen Analysis völlig veränderte Situation, war also keine einfache Erweiterung der früheren Untersuchungen. Mit dem heute als Riemannsche Fläche bekannten Gebilde löste Riemann 1851 das grundlegende Problem der Mehrwertigkeit der komplexen Funktionen und machte viele weitergehende Forschungen erst möglich. Gleichzeitig eröffnete er überraschende Verbindungen zu anderen Gebieten der Mathematik. Einen anderen, auf Potenzreihen und dem Prozeß der analytischen Fortsetzung basierenden Aufbau der Funktionentheorie schuf Weierstraß um die Jahrhundertmitte und trug darüber in seinen Vorlesungen vor. Auf der Basis der von ihnen geschaffenen Zugänge erzielten Riemann und Weierstraß wichtige Einsichten in die von Abel und Jacobi begründete Theorie der doppeltperiodischen Funktionen.

Die Algebra verwandelte ihre Gestalt grundlegend und trug am Ende des Jahrhunderts erste Merkmale einer Strukturtheorie. Abel wies 1826 die allgemeine Gleichung fünften und höheren Grades als nicht in Radikalen auflösbar nach, und Galois legte mit den Grundzügen der später nach ihm benannten Theorie (↑ Algebra) die Basis für die Aufklärung des Auflösungsproblems für Gleichungen n-ten Grades. Im Zuge der Bemühungen zahlreicher Mathematiker, die Ideen Galois' zu verstehen und präzise darzustellen, vollzog sich eine deutliche Hinwendung zu Strukturuntersuchungen. Nachdem A. Cayley bereits 1854 eine abstrakte Definition einer endlichen Gruppen gegeben hatte, wurde der abstrakte Gruppenbegriff in den 70er Jahren in verschiedenen Studien von Cayley, Cauchy, Dedekind, Jordan, Klein, Kronecker, Lie u. a. zur Algebra, Geometrie bzw. Zahlentheorie herauspräpariert und 1882/83 erstmals von W. von Dyck formuliert. Bei den Begriffen des Körpers und des hyperkomplexen Systems wurde der letzte Abstraktionsschritt erst nach der Jahrhundertwende vollzogen, doch waren auch hier große Fortschritte zu verzeichnen. Der Körperbegriff erfuhr als Zahl- bzw. Funktionenkörper vor allem durch Kronecker, Dedekind und H. Weber eine genaue Analyse, wobei zahlentheoretische Fragen, speziell das Studium algebraischer Zahlen, einen wichtigen Anreiz darstellten. Sehr anregend erwies sich auch das von K. Hensel 1897 publizierte Konzept der p-adischen Zahlen, das Ideen der Analysis, Algebra und Zahlentheorie vereinte. In der Theorie der hyperkomplexen Systeme, deren Entstehung stark durch die Betonung der Verknüpfungsregeln beim Operieren mit mathematischen Objekten stimuliert wurde, und die durch Hamiltons Quaternionen (1843) und Graßmanns „Ausdehnungslehre" erste markante Beispiele erhielt, gelangten B. Peirce, W. Killing,

F. E. Molin und E. Cartan zu wichtigen Einsichten zur Klassifikation und Struktur der Algebren.

Ein weiteres Beispiel für die bedeutenden Anregungen, die im 19. Jahrhundert von der Zahlentheorie auf die Algebra wirken, ist der Idealbegriff. Ausgangspunkt war Kummers Bestreben, eine Arithmetik der Kreisteilungskörper zu entwickeln und dabei die eindeutige Zerlegung von Zahlen in Primelemente herzuleiten. Dies führte ihn zu seiner Theorie der idealen Zahlen (1847), aus der dann in den Händen von Dedekind (1871) und Kronecker (1882) auf ganz unterschiedlichen Wegen die Idealtheorie hervorging. Völlig unabhängig und unbeachtet schuf E. I. Solotarew (Zolotarew) eine analoge Theorie. Von den Fortschritten der linearen Algebra seien die Herausbildung des Vektorraum- und des Matrizenbegriffs hervorgehoben. Wichtige Elemente der Vektorrechnung formulierte Hamilton im Rahmen seiner Studien über Quaternionen, Graßmann kreierte eine sehr umfassende, aber lange unbeachtete Theorie der Vektorräume, und Peano formulierte einen axiomatischen Aufbau der Theorie. Die algebraische Theorie der Matrizen, die erst um die Jahrhundertmitte als eigenständiges symbolisches Element der Algebra auftraten, wurde wesentlich durch Cayley und Sylvester vorangebracht. Das Problem der Klassifikation der Matrizen bzw. der durch sie repräsentierten Transformationen wurde von C. Jordan (1870/71) und Weierstraß (1858/68) gelöst. Große Bedeutung erlangten die Matrizen an Ende des Jahrhunderts durch die Entstehung der Darstellungstheorie.

Als ein wichtiges Teilgebiet der Algebra etablierte sich die Invariantentheorie. Angeregt durch eine 1844 von Boole und Eisenstein unabhängig aufgeworfene Frage bei der Transformation von Formen wurde diese Idee sehr rasch aufgegriffen und fand ihren Niederschlag in zahllosen Arbeiten, u. a. von Cayley und Sylvester in England, Aronhold, Hesse, Clebsch und Gordan in Deutschland sowie Hermite und Jordan in Frankreich. Am leistungsfähigsten erwies sich die symbolische Methode von Aronhold-Clebsch, doch stieß auch sie schnell an ihre Grenzen. Das Grundproblem der Invariantentheorie, die Frage nach der Existenz eines endlichen Systems von Invarianten bzw. Kovarianten, entschied dann Hilbert 1890/93 mit einem völlig neuartigen Ansatz positiv. Dabei begründete er zugleich die Theorie der Polynomideale. Die Invariantentheorie trat dann für einige Zeit in den Hintergrund und fand erst in der zweiten Hälfte des 20. Jahrhunderts auf neuer Basis wieder stärkere Beachtung.

Die Entwicklung der Zahlentheorie wurde zunächst wesentlich durch die 1801 erschienen „Disquisitiones Arithmeticae" von Gauß geprägt. Er verlieh der Theorie eine neue Gestalt, formulierte viele Ergebnisse über Kongruenzen, über binäre quadratische Formen u. a. völlig neu und bereitete den Weg für weitere Untersuchungen. Daran anknüpfend studierten Jacobi und Eisenstein höhere Reziprozitätsgesetze, Dirichlet, Jacobi, Eisenstein und Kummer die Eigenschaften algebraischer Zahlen. Der nachfolgende Aufbau der Theorie algebraischer Zahlen durch Dedekind (1871/1894) und Kronecker (1882) war einer der großen Erfolge der Zahlentheorie. Zusammen mit den Bearbeitungen und Weiterentwicklungen dieser Theorie durch Weber und Hilbert am Ende des Jahrhunderts waren zugleich die Keime für die Klassenkörpertheorie und Teile der algebraischen Geometrie vorgezeichnet. Mit dem „Zahlbericht" (1897) verwandelte Hilbert die Theorie der algebraischen Zahlen „in ein großartiges Gebäude aus einem Guß". Eine fundamentale Neuerung war die Verwendung analytischer Methoden in der Zahlentheorie durch Dirichlet 1837. Ein zentrales Problem der analytischen Zahlentheorie wurden dann die Bemühungen um den Beweis des Primzahlsatzes und die in diesem Zusammenhang notwendigen Studien über die ζ-Funktion. Riemann erkannte 1859 in einer äußerst bedeutsamen Arbeit die Analyse der ζ-Funktion als Funktion der komplexen Variablen s als Schlüssel zum Verständnis der Beziehungen zwischen dieser Funktion und den Primzahlen und formulierte mehrere bemerkenswerte Vermutungen, darunter die noch heute offene Riemannsche Vermutung. Der Primzahlsatz wurde 1896 unabhängig voneinander von Hadamard und de la Vallée Poussin bewiesen.

Anknüpfend an die im 18. Jahrhundert vorgenommene Unterscheidung zwischen transzendenten und algebraischen Zahlen innerhalb der irrationalen Zahlen bildete die Sicherung der Existenz transzendenter Zahlen durch Liouvilles Nachweis, daß die sog. Liouvilleschen Zahlen transzendent sind (1844), ein weiteres folgenreiches Ergebnis der Zahlentheorie. Die Transzendenz von e bewies zum ersten Mal Hermite 1873, die von π Lindemann 1882, und Cantor zeigte 1874, daß „fast alle" Zahlen transzendent sind.

Die Mathematik des 19. Jahrhunderts, von der hier nur einige markante Entwicklungen erwähnt werden konnten, ging nahtlos in die Mathematik des 20. Jahrhunderts über. Entscheidende Zäsuren lagen entweder über ein Vierteljahrhundert zurück bzw. sollten erst nach etwa einem weiteren Vierteljahrhundert auftreten.

Arabische Mathematik

H.-J. Ilgauds und K.-H. Schlote

Der Begriff arabische Mathematik bezeichnet diejenige Mathematik, die sich im Gebiet des islamischen Großreiches vom 7. bis zum 15. Jahrhundert entwickelte, so daß auch die Bezeichnung islamische Mathematik üblich ist. Nach der Herausbildung des Islam als monotheistischer Religion auf der arabischen Halbinsel am Anfang des 7. Jahrhunderts entstand aus dem von Muhammad ibn 'Abdallah geschaffenen zentralisierten Staat in den nächsten Jahrhunderten ein Großreich, das den vorderen Orient, große Teile Zentralasiens, Nordafrika und die Pyrenäenhalbinsel umfaßte, sehr bald aber wieder in Teilreiche zerfiel. Im 10. und 11. Jahrhundert erreichte die islamische Wissenschaft ihren Höhepunkt, doch auch danach erlebte sie in einzelnen Teilreichen eine Blütezeit.

In die arabische Mathematik gingen Elemente aus der griechischen, der indischen, der persischen, der mesopotamischen und in geringerem Umfang der ↑ chinesischen Mathematik ein. Die arabische Mathematik zeichnete eine deutliche Ausrichtung auf Anwendungen aus, die behandelten Probleme reichten von Fragen des Bauwesens, der Geodäsie, des Handels, des Erbrechts bis hin zu denen der Geographie, der Astronomie und Astrologie, des Staatshaushaltes und der Optik. Ein zweites Charakteristikum war eine stärkere Betonung algebraischer Elemente und der Versuch, entsprechende Beweismethoden zu schaffen.

Die Entwicklung der arabischen Mathematik verlief in mehreren Etappen. Die erste Etappe, die etwa bis zur Mitte des 9. Jahrhunderts reichte, war durch die Sicherung des wissenschaftlichen Erbes gekennzeichnet. In diesem Bestreben wurden auch zahlreiche noch verfügbare mathematische Schriften aus der griechisch-hellenistischen Antike, aus Persien, Indien und Ägypten gesammelt und ins Arabische übersetzt. Kalif Al-Mansur (um 712–775) baute Bagdad als neue Hauptstadt aus und begann, die systematische Übersetzung der überlieferten Quellen zu fördern. Diese Aktivitäten wurden von seinen Nachfolgern fortgesetzt und teilweise noch verstärkt.

Die zweite Etappe war dann gekennzeichnet durch die Aufnahme eigenständiger mathematischer Forschungen auf der Basis einer verstärkten Kommentierung der erschlossenen Quellen. Die Errungenschaften der islamischen Mathematiker jener Zeit umfassen die Übernahme des dezimalen Positionssystems und der arithmetischen Rechenmethoden aus der indischen Mathematik, die Ausformung des Systems arithmetischer Operationen, wie es im wesentlichen heute noch von uns benutzt wird, die Einführung der Dezimalbrüche, die Entwicklung von Näherungsverfahren, geometrische Konstruktionen sowie die Übernahme und Weiterentwicklung der Sinustrigonometrie der Inder. Die bedeutendsten Vertreter der islamischen Mathematik dieser Periode waren al-Hwârizmî (al-Khwārizmī) (um 780–um 850), al-Kindi (?–um 873), Tabit ibn Qurra (834/35–901) und al-Mahani (?–um 880). Der aus Choresm (Chiva/ Usbekistan) stammende al-Hwârizmî hat mit seiner Schrift zur Algebra einen großen Einfluß auf die weitere Gestaltung der Mathematik ausgeübt. Er behandelte sechs Normalformen von quadratischen Gleichungen, auf die alle quadratischen Gleichungen zurückgeführt werden konnten. Die Angabe mehrerer Normalformen war nötig, da alle Koeffizienten nicht-negativ sein sollten. Die Bezeichnung „al-gabr" (Ergänzung) für eine der von ihm benutzten Operationen wurde später zum Synonym für die gesamte Gleichungslehre und ergab in der latinisierten Form die Bezeichnung „Algebra". Aus dem Namen al-Hwârizmî entstand vermutlich der Begriff „Algorithmus".

Ab dem 11. Jahrhundert traten astronomische Berechnungen und Fragen der Numerik, speziell Näherungsmethoden, stärker in den Vordergrund. Auch hierbei bildeten die Methoden und Resultate der griechischen Antike den Ausgangspunkt der Betrachtungen. Die Trigonometrie nahm in den Forschungen der islamischen Mathematiker und Astronomen einen hervorragenden Platz ein, stellte sie doch die Verbindung zwischen der Mathematik, der Astronomie, dem Kalenderwesen sowie der Lehre von der Sonnenuhr her, und hatte sich auch bei der Realisierung der umfangreichen geographischen Interessen der islamischen Gelehrten als nützlich erwiesen. Bereits im 8. Jahrhundert übersetzte man eine der indischen „Siddhantas" und erschloß damit Teile des Wissens der Inder zur Trigonometrie.

Im 9. Jahrhundert folgten dann Kommentare zum „Almagest" des Ptolemaios (um 85–um 165), eines der bedeutendsten astronomischen Werke der Antike, das die Astronomie für fast eineinhalb Jahrtausende dominierte, und zur „Sphärik" des Menelaos. Die islamischen Mathematiker führten die trigonometrischen Verhältnisse Tangens und Cotangens am rechtwinkligen Dreieck ein, übernahmen von den Indern die Verhältnisse Sinus und Cosinus, studierten die Eigenschaften aller vier Verhältnisse und tabellierten sie erstmals im 9. Jahrhundert. Abu-l-Wafa (940–997/98) definierte dann alle Winkelfunktionen einheitlich am Kreis. Nachdem die Trigonometrie lange nur als Hilfsmittel der Astronomie angesehen wurde, gab at-Tusi (1201–1274) eine erste vollständige und systematische Darstellung der Trigonometrie als selbständigen Wissenschaftszweig und vollendete den wohl im 12. Jahrhundert einsetzenden Ablösungsprozeß von der Astronomie. Ausgehend von einer klaren Formulierung der Grundbegriffe baute er die Theorie auf und bereicherte sie um wesentliche eigene neue Ergebnisse, z. B. zur Berechnung schiefwinkliger sphärischer Dreiecke aus den drei Seiten bzw. den drei Winkeln. At-Tusis Schrift hat die Entwicklung der Trigonometrie bis zur Renaissance, insbes. Regiomontanus, beeinflußt. Gleichzeitig gehört at-Tusi zu den Schöpfern genauer trigonometrischer Tafeln, weitere ausgezeichnete, sehr genaue Tafelwerke stammen von al-Biruni (973–1048), dessen auf acht Dezimale genaue Sinus-Tafel eine Schrittweite von 15′ hatte, und von al-Kasi. Al-Biruni hatte mit der systematischen Zusammenfassung der trigonometrischen Kenntnisse seiner Vorgänger einen wichtigen Beitrag zur Verselbständigung dieses Wissensgebietes geleistet.

Die trigonometrischen Forschungen förderten zugleich die Arithmetik, insbes. die Beschäftigung mit Irrationalitäten und Brüchen. Neben Rechnungen im dezimalen Positionssystem mit den indisch-arabischen Ziffern wurden in zahlreichen Texten das Sexagesimalsystem oder verschiedene regionale Zahlsysteme bzw. eine Mischung mehrerer Systeme benutzt. Ab dem 12. Jahrhundert fanden teilweise auch die negativen Zahlen in algebraischen Texten Anerkennung, vermutlich eine Auswirkung von indischen oder chinesischen Einflüssen.

Auf dem Gebiet der Algebra erzielten die islamischen Mathematiker in jener Zeit ebenfalls beträchtliche Erfolge. Herausragend sind dabei die Schaffung einer geometrischen Theorie zur Auflösung kubischer Gleichungen und die Bemühungen um eine Arithmetisierung der Algebra. Nach ersten vorbereitenden Arbeiten seit dem 9. Jahrhundert wurde diese Theorie von dem Perser al-Hayyam (1048?–1131?) geschaffen. Er löste die kubischen Gleichungen mit Hilfe von Kegelschnitten und hat vermutlich erstmals behauptet, daß diese Gleichungen nicht mit Zirkel und Lineal lösbar sind. Eine formelmäßige Lösung der kubischen Gleichungen gelang ihm und seinen Nachfolgern nicht, es sollte die erste große Errungenschaft der Renaissance-Mathematiker im 16. Jahrhundert werden.

Durch die Schriften von al-Karagi (gest. um 1030) und as-Samaw'al (gest. um 1175) begann eine neue Periode der Etablierung der Algebra als eigenständiges mathematisches Teilgebiet. Im Mittelpunkt standen die allmähliche Loslösung von geometrischen Interpretationen und Beweisen und die Definition der arithmetischen Operationen für variable Größen im Bereich der positiven reellen Zahlen sowie der Aufbau eines entsprechenden Kalküls. So erklärte al-Karagi erstmals das Rechnen mit positiven und negativen Potenzen sowie die arithmetischen Operationen für Polynome, wobei er bei der Division den Divisor auf Monome beschränkte. Auf dieser Basis erzielte er neue Einsichten in die Summation endlicher Reihen und die Berechnung von Binominalkoeffizienten. Diese Ideen wurden von as-Samaw'al erfolgreich fortgesetzt. So konnte er die Division zweier Polynome definieren und erstmals sowohl die binomische Formel in allgemeiner Form beschreiben, als auch Zeichenregeln für das Rechnen mit ganzen Zahlen formulieren.

Die arabischen Mathematiker stellen das entscheidende Bindeglied zwischen der antiken Mathematik (einschließlich Indien und teilweise China) und der Mathematikentwicklung in West- und Mitteleuropa dar. Sie haben dieses mathematische Erbe gesichert und schöpferisch durch viele eigene Leistungen ergänzt. Dabei erfuhr die Mathematik regional eine unterschiedliche Ausprägung. Während die ostarabische Mathematik ein höheres Niveau erreichte als die westarabische, war letztere von ausschlaggebender Bedeutung für die Überlieferung der mathematischen Errungenschaften der Griechen, Inder und der Araber nach Europa.

Chinesische Mathematik

A. Bréard

Die Anfänge der chinesischen Mathematik sind zweifelsohne eng mit der Astronomie verbunden. Mit ihrer nicht-geometrischen formalen Methodik orientierte sie sich viel mehr zur Kalenderrechnung und weniger zum Entwurf kosmographischer Modelle hin. Die Positionen der Himmelskörper konnten allein durch ein System numerischer Konstanten der Ephemeriden, Interpolationsalgorithmen und zyklischen Theorien bestimmt werden, deren Wahl auch von numerologischen Betrachtungen und politischen Ereignissen beeinflußt war.

Der früheste, gegen Ende des ersten Jahrhunderts nach Christus kompilierte und heute noch erhaltene mathematisch-astronomische Text, der „Mathematische Klassiker des Gnomons von Zhou" (chin. Zhou bi suanjing), steht in enger Verbindung mit dem kosmographischen „gaitian" (wörtlich: Himmel als Wagendecke)-Modell, das während der Han Dynastie (206 v. Chr. bis 220 n. Chr.) populär war. Es ist vor allem bekannt wegen seines Beweises einer zum Satz von Pythagoras analogen Aussage bezüglich dreier Größen eines rechtwinkligen Dreiecks. Als der Mathematiker und Hofastrologe Li Chunfeng (602–670 n. Chr.) und sein Stab eine kommentierte Edition des „Zhou bi" in eine Kompilation aufnahm, die für die staatliche Tang-Akademie vorbereitet wurde, erhielt es neben neun anderen mathematischen Werken 656 den Status eines ,mathematischen Kanons' und wurde erstmals als solcher von der kaiserlichen Bibliothek der Nördlichen Song Dynastie 1084 gedruckt. Li Chunfengs Projekt der „Zehn Bücher mathematischer Klassiker" (chin. Suanjing shi shu) wurde als Textbuch an der vom Kaiser Gao Zong 656 gegründeten Akademie für Mathematik verwendet. Diese Akademie unterstand dem Direktorat der Erziehung. Eine „Schule der nationalen Jugend für Mathematik" (chin. Suan li guozi xue) existierte bereits seit der Sui-Dynastie, sie wurde im Jahre 628 von der Tang-Dynastie übernommen, jedoch ist nichts über das verwendete Unterrichtsmaterial bekannt.

Die „Zehn Bücher" beinhalten auch die für die Weiterentwicklung und Kontinuität der chinesischen Mathematik grundlegenden „Neun Kapitel über mathematische Prozeduren" (chin. Jiu zhang suanshu), zu denen Liu Hui im Jahre 263 einen Kommentar fertigstellte. Die Kommentare der heute noch erhaltenen Song-Edition beinhalten auch Fragmente, die anderen Mathematikern zugeschrieben wurden. Zu Geng (zweite Hälfte des 5. bis erste Hälfte des 6. Jhs. n. Chr.), der Sohn eines anderen berühmten Tang-Mathematikers und Astronomen, Zu Chongzhi (429–500), kannte scheinbar den Kommentar von Liu Hui, als er seinen „Subkommentar" schrieb, der der Methode zur Berechnung des Kugelvolumens gilt und Ähnlichkeiten zum Cavalierischen Prinzip aufweist. Spätere Editionen enthalten Kommentare von Jia Xian (erste Hälfte des 11. Jhs. n. Chr.), die auf seinen heute verschollenen „Detaillierten skizzierten [Rechenwegen] zum Mathematischen Klassiker in Neun Kapiteln des Gelben Kaisers" (chin. Huangdi jiu zhang suanjing xicao) beruhen. Die älteste heute nur teilweise erhaltene Blockdruckausgabe der „Neun Kapitel " entstand während der südlichen Song-Dynastie im Jahre 1213. Es war die Neuauflage des Druckes der kaiserlichen Bibliothek von 1084 durch Bao Huanzhi. Das Original, von dem nur noch die ersten fünf Kapitel existieren, befindet sich heute in der Bibliothek von Shanghai. Es folgten Editionen von Yang Huis „Genauen Erklärungen zu den Neun Kapiteln über mathematische Methoden" (chin. Xiangjie jiu zhang suanfa) im Jahre 1261 und 1408 zu Anfang der Ming-Dynastie in der „Großen Enzyklopädie der Yongle-Ära" (chin. Yongle dadian).

Der Gelehrte Dai Zhen (1724–1777) nahm im Zuge seiner Bearbeitung des alten mathematischen Schrifttums im Rahmen des Projektes der „Kompletten Bibliothek der vier Schatzkammern" (chin. Si ku quan shu) die „Ergänzung von Abbildungen und Fehlerkorrekturen der Neun Kapitel über mathematische Prozeduren" vor. Seit Dai Zhens Kompilationsarbeit der „Zehn Bücher mathematischer Klassiker", wurden mehr als zehn weitere Editionen der „Neun Kapitel" entdeckt. Ein weiteres, vor 626 verfaßtes, Werk der „Zehn Bücher", Wang Xiaotongs „Mathematischer Klassiker der Fortsetzung der Antike" (chin. Ji gu suanjing), spielte eine wichtige Rolle in der Entwicklung von Prozeduren zur Lösung algebraischer Gleichungen. Es beinhaltet insgesamt 20 Aufgaben, wovon das erste ein Problem zur Kalenderrechnung ist, die Aufgaben 2 bis 5 von der Konstruktion geometrischer Körper handeln, Aufgaben 6 bis 16 Probleme zum Bau verschiedener Typen von Getreidespeichern stellen und die (teilweise unvollständigen) Aufgaben 17 bis 20 von rechtwinkligen Dreiecken handeln.

Die in den Annalen der Tang-Dynastie erwähnten Kommentare von Zhen Luan (um 566) und von Li Chunfeng zu „Meister Suns mathematischem Klassiker" (chin. Sunzi suanjing, spätes 4. Jh.), der ebenfalls eines der „Zehn Bücher mathematischer Klassiker" darstellt, sind leider beide verloren. „Meister Suns Klassiker" ist das früheste Zeugnis arithmetischer Prozeduren in der chinesischen Mathematik. Es werden erstmals die Positionsschreibweise der Zahlen mit Stäbchen, und detailliert Multiplikation und Division mit den Rechenmitteln auf den Positionen der Rechenoberfläche beschrieben. Die textuelle Struktur des ersten Teils des Werkes unterscheidet sich von der üblichen Anordnung in Frage, Antwort und Prozedur. In sequentieller Form werden zunächst Maße, Gewichte, große Zahlen und Standardmaße definiert, bevor begonnen wird, die Methoden der Stäbchenarithmetik mit den Positionen zu besprechen. Es folgen allgemeine Formulierungen der Prozeduren zur Multiplikation und der dazu inversen Prozedur der Division, und darauf eine sortierte Liste von Multiplikationen, Divisionen und Summationen. Erst im zweiten und dritten Teil des Werkes werden in der von den „Neun Kapiteln" vorgegebenen Art und Weise Aufgaben mit Lösungsprozeduren angegeben.

„Zhang Qiujians mathematischer Klassiker" (chin. Zhang Qiujian suanjing), vermutlich zwischen 466 und 485 verfaßt, stellt im erweiterten Sinne ebenfalls einen Kommentar zu den „Neun Kapiteln" dar, da er viele Aufgabenmodelle übernimmt, zu denen ‚skizzierte [Rechenwege]' von dem Sui-zeitlichen Astronom Liu Xiaosun (Mitte 6. Jh.) die Lösung numerisch detailliert ausführen. Er enthält aber auch Aufgabentypen, die dann ihrerseits selbst zu kanonischen Modellen in späteren Werken werden, so z. B. das Problem der ‚Hundert Vögel', das die Lösung eines unbestimmten Gleichungssystems erfordert. Bemerkenswert ist, daß Aufgaben aus den „Neun Kapiteln" oft in inverser Form gestellt sind, d. h. mit Vertauschung von Angaben und gesuchten Werten und dadurch invertierten Algorithmen. Dies führt in vielen Umkehraufgaben auf eine kubische Gleichung, die Zhang Qiujian mit einem erweiterten Algorithmus der Extraktion der Quadratwurzel aus den „Neun Kapiteln" löst. Aus dem Vorwort kann man schließen, daß Zhang Qiujian andere Werke der „Zehn Bücher" kannte und seine wesentliche mathematische Aktivität in der Umformulierung ihrer Prozeduren bestand. Er beschränkte sich in seiner textuellen Arbeit an der Antike nicht nur darauf, Prozeduren früherer Werke zu kommentieren, sondern kombinierte und formulierte eine Menge von Aufgabenmodellen der „Neun Kapitel" um.

Zu Beginn dieses Jahrhunderts entdeckten Archäologen in der nordwestchinesischen Provinz Gansú in zu den Grotten von Mogao gehörenden Tausend-Buddha-Steinhöhlen Manuskripte aus dem fünften bis zehnten Jahrhundert. Darunter befanden sich auch sechs mathematische Manuskripte, die der französische Sinologe Paul Pelliot (1878–1945) und der Brite Aurel Stein (1862–1943) neben anderen Manuskripten jeweils für die Nationalbibliotheken ihrer Länder erwarben. Eines der Manuskripte, auf dessen Rückseite das Jahr 952 (2. Jahr der Guangshun-Ära) angegeben ist, tabelliert z. B. das Flächenprodukt in mu für alle rechteckigen Felder mit Seitenlängen 60 bu (1 mu = 240 Quadrat-bu).

Erst aus der Nördlichen Song-Zeit stammt eine weitere heute noch erhaltene gedruckte Quelle zur Mathematik. Die älteste heute in Japan erhaltene Edition der „Pinselgespräche am Traumbach" (chin. Mengxi bitan) des Bürokraten Shen Gua (1031–1095) ist die 1166 gedruckte Version mit einem Vorwort des Herausgebers Tang Xiunian. Bei der Schrift Shens handelt es sich nicht um ein reines Mathematikmanual, sondern um eine enzyklopädische Sammlung von insgesamt 609 ‚Notizen' zu historischen Gegebenheiten, astronomischen Phänomenen, Bemerkungen zur Administration, Flußregulierung, Phonologie, Musikologie, Medizin, Philologie, zum Buddhismus, zu sogenannten „Kuriositäten" und vielem mehr.

Gerühmt wurden insbesondere zwei mathematische Prozeduren, die er in Notiz 301 unter dem Aspekt der ‚Konstruktion der Feinheit' zusammenfaßt. Die erste Prozedur für ‚Akkumulationen mit Lücken' berechnet die Anzahl der Weingefäße, die in Form eines rechteckigen Pyramidenstumpfes aufgestapelt sind; die „Prozedur der Kreisvereinigung" bestimmt durch iterative Zerlegung eines kreisförmigen Feldes die Länge des Kreisbogens aufeinanderfolgender Segmente.

Der Quellenlage nach zu urteilen, ist das 13. Jahrhundert das ergiebigste in der Geschichte der chinesischen Mathematik. Unzählige Referenzen zu heute verschollenen Werken zeigen, daß es auch mathematisch gesehen eine der fruchtbarsten Perioden verkörpert. Yang Huis Werke enthalten die Spuren einer geometrischen Methode, die der vor allem im nordwestchinesischen Raum zirkulierenden algebraischen Methode der „himmlischen Unbekannten" (chin. tian yuan) zugrunde liegt. Letztere erlaubt Li Ye die Lösung von Gleichungen höheren Grades mit einer Unbekannten. In den von ihm verwendeten Koeffizententableaus wird dabei entweder die Position des Koeffizienten ersten Grades mit dem Zeichen yuan oder die Position des konstanten Terms mit tai markiert. Dadurch ist die Bedeutung der Koeffizienten auf allen anderen Positionen festgelegt.

Der Lösung der Aufgaben nach zu urteilen, die in Yang Huis „Einfachen Multiplikations- und Divisions-Verfahren mit analogen Beispielen zu den Kategorien der Feldvermessung" (chin. Tian mu bi lei cheng chu jie fa, 1275) zitiert werden, entstand die tian yuan-Methode aus Betrachtungen ebener Flächen, deren Flächenprodukt im allgemeinen bekannt ist. In der Lösung sind die ebenen Flächen aus Teilflächen zusammengesetzt gedacht, die mit den in der Aufgabe erscheinenden Größen gebildet werden und mit den Koeffizienten der zu lösenden quadratischen Gleichung in argumentativer Verbindung stehen.

1299 verwendet Zhu Shijie die tian yuan-Methode am systematischsten im letzten Kapitel seiner „Einführung in das Studium der Mathematik" (chin. Suanxue qimeng) in diversen Aufgaben für ebene Flächenprodukte und auch erstmals für Volumina. Lediglich die ersten sieben Aufgaben des Kapitels erfordern keine Erstellung von Tableaus mit der tian yuan-Methode. Sie handeln von der „Öffnung der Seiten", das ist die Ziehung der Wurzel aus einem gegebenen Flächen-, Volumen- oder mehrdimensionalen Produkt. In Aufgabe 5 erfordert dies z. B. die „Öffnung der dreifach multiplizierten Quadratseite", das ist die Ziehung der vierten Wurzel, aus 1129458 511/625. Im „Jadespiegel der vier Unbekannten" (chin. Si yuan yu jian, 1303) verwendet Zhu Shijie in über 200 Aufgaben die tian yuan-Methode zur Lösung der Aufgabenstellungen. Dabei beschränkt er sich nicht nur auf Längen der Seiten oder Umfänge, und Oberflächen oder Volumina geometrischer Figuren, sondern untersucht auch deren Schnitte und diskrete Akkumulationen. Seine Prozeduren enthalten aber keine schrittweise Herleitung der Tableaus mehr. Er gibt nur die Wahl der himmlischen Unbekannten und die Koeffizienten an, die durch Suche „gleicher [Flächen-] Produkte" (chin. ru ji) erhalten werden sollten.

Die tian yuan-Methode hatte im ostasiatischen Raum durch die Transmission von Zhu Shijies „Einführung in das Studium der Mathematik" nach Korea, wo es vermutlich 1433 unter der Regierung von König Sejong (reg. 1418–1450) gedruckt wurde, und die Überlieferung am Ende des 16. Jahrhunderts weiter nach Japan große Beachtung gefunden und eine Menge von Kommentaren hervorgebracht. Dabei stießen die Autoren aber auch auf Probleme, die die Grenzen der tian yuan-Methode aufzeigten, insbesondere dann, wenn ein Problem mit zwei Unbekannten nicht durch zwei voneinander unabhängige Gleichungen formuliert werden konnte. In China konnten Zhu Shijie und seine Vorgänger solche Probleme (teilweise) bereits mit einer Methode für bis zu vier Unbekannte lösen, allerdings wurden deren Werke, die diese Methodik beschrieben, nicht nach Korea und Japan überliefert. Zhu Shijies späteres Werk, der „Jadespiegel", ist der einzige heute erhaltene Zeuge einer Lösungsmethode für Gleichungssysteme höheren Grades mit bis zu vier Unbekannten. Dabei wird die erste Unbekannte weiterhin mit ‚himmlische Unbekannte' bezeichnet, die weiteren mit ‚irdische', ‚menschliche' und ‚gegenständliche Unbekannte'. Dabei wurden die Koeffizienten für mehrere Unbekannte in den Tableaus wie folgt angeordnet:

$d^m \cdot w^k$	$\cdots$	$d^2 \cdot w^k$	$d \cdot w^k$	w^k	$w^k \cdot r$	$w^k \cdot r^2$	$\cdots$	$w^k \cdot r^l$
$\vdots$	$\ddots$	$\vdots$	$\vdots$	$\vdots$	$\vdots$	$\vdots$	$\cdot\cdot\cdot$	
$d^m \cdot w^2$	$\cdots$	$d^2 \cdot w^2$	$d \cdot w^2$	w^2	$w^2 \cdot r$	$w^2 \cdot r^2$	$\cdots$	$w^2 \cdot r^l$
$d^m \cdot w$	$\cdots$	$d^2 \cdot w$	$d \cdot w$	w	$w \cdot r$	$w \cdot r^2$	$\cdots$	$w \cdot r^l$
d^m	$\cdots$	d^2	d	$_{t \cdot w} tai^{\, d \cdot r}$	r	r^2	$\cdots$	r^l
$t \cdot d^m$	$\cdots$	$t \cdot d^2$	$t \cdot d$	t	$t \cdot r$	$t \cdot r^2$	$\cdots$	$t \cdot r^l$
$t^2 \cdot d^m$	$\cdots$	$t^2 \cdot d^2$	$t^2 \cdot d$	t^2	$t^2 \cdot r$	$t^2 \cdot r^2$	$\cdots$	$t^2 \cdot r^l$
$\vdots$	$\cdot\cdot\cdot$	$\vdots$	$\vdots$	$\vdots$	$\vdots$	$\vdots$	$\ddots$	$\vdots$
$t^n \cdot d^m$	$\cdots$	$t^n \cdot d^2$	$t^n \cdot d$	t^n	$t^n \cdot r$	$t^n \cdot r^2$	$\cdots$	$t^n \cdot r^l$

Koeffiziententableau

Diese Darstellungsart setzte natürlich den kalkulatorischen Möglichkeiten Grenzen. Zum einen, weil auf diese Weise nicht alle theoretisch möglichen Produkte dargestellt werden konnten; zum anderen, weil die weitere Entwicklung der Anzahl der Unbekannten in einer Sackgasse war. Die Möglichkeiten der ebenen Darstellung waren beschränkt auf die vier Himmelsrichtungen und dadurch auf maximal vier Unbekannte. Neben soziopolitischen Gründen war dies vermutlich ein struktureller Grund, der der Entwicklung der tian yuan-Methode nach Zhu Shijie ein Ende bereitete.

Erst im 17. Jahrhundert erfuhr die chinesische Mathematik eine Wiederbelebung durch den Kontakt mit Jesuiten-Missionaren, die am Kaiserhof tätig waren, und von deren wissenschaftlichen Kenntnissen man lernen wollte. Es wäre aber falsch, eine Pragmatik nur den Chinesen zu unterstellen, denn andererseits nutzten die Jesuitenmissionare ihr Wissen dazu, um als die Repräsentanten einer Kultur und Religion zu erscheinen, die es Wert waren, das Interesse der chinesischen Gelehrten zu wecken. Durch diese Politik der Jesuiten, ihre wissenschaftliche Kompetenz in den Dienste der Religion zu stellen, gerieten die Missionare auch in Konflikt mit der Kirche, es schien aber der einzige Weg, um eine Mission in China aufrechtzuerhalten.

Viele synkretistische Werke wurden verfaßt oder übersetzt, wobei die kaiserliche Enzyklopädie „Sammlung fundamentaler mathematischer Prinzipien" (1723) bis in die Mitte des 19. Jahrhunderts eine grundlegende Rolle spielte.

Erst dann wendeten sich chinesische Mathematiker zur symbolischen Algebra hin, die die Regeln des mathematischen Diskurses erneuerte. Eine Schlüsselrolle in der Übersetzung und Assimilation algebraischer Werke spielte Li Shanlan, der sowohl die traditionelle Algebra und Reihentheorie des 13. Jahrhunderts weiterentwickelte und kommentierte, als auch wesentliche Beiträge in der Transmission der Differential- und Integralrechnung lieferte. Seine Übersetzungen von 1859 zusammen mit dem britischen Missionar Alexander Wylie (1815–1887) von Elias Loomis (1811–1889) „Elements of Analytical Geometry and of Differential and Integral Calculus" (Harper & Brothers, New York, 1851) und Augustus De Morgans (1806–1871) „The Elements of Algebra Preliminary to the Differential Calculus" (Taylor and Walton, London, 1835) wurden bereits 1872 in Japan neu herausgegeben.

Nach der Renaissance der chinesischen traditionellen Mathematik im 17. Jahrhundert und einer erneuten Kommentarwelle im 19. Jahrhundert aufgrund der Wiederentdeckung klassischer Werke, nahm die der chinesischen Sprache eng verbundene algorithmische Praktik zu Beginn des 20. Jahrhunderts endgültig ihr Ende, und die Mathematiker Chinas integrierten sich vollständig in die mathematische Weltgesellschaft. Besonders herausragende Ergebnisse erlangten sie in der Zahlentheorie und der Differentialgeometrie.

Die Polnische Schule der Funktionalanalysis

D. Werner

Zahlreiche mathematische Begriffe sind mit den Namen polnischer Mathematiker wie Stefan Banach (1892–1945), Hugo Steinhaus (1887–1972), Juliusz Schauder (1899–1943) und anderen verknüpft, die zwischen den Weltkriegen in der galizischen Stadt Lemberg (poln. Lwów, ukrain. Lwiw) wirkten; man denke nur an Banachraum, Banachscher Fixpunktsatz, Satz von Banach-Steinhaus, Schauder-Basis, Schauderscher Fixpunktsatz etc. Dieser Kreis von Mathematikern schuf die Grundlagen der Funktionalanalysis und ist heute als deren Polnische Schule bekannt.

Der Grundstein zu dieser Schule wurde im Jahre 1916 gelegt, als Steinhaus zufällig während eines Spaziergangs in Krakau zwei junge Männer auf einer Parkbank über das Lebesgue-Integral diskutieren hörte; es handelte sich um Otto Nikodym und Stefan Banach, damals 24 Jahre alt. Steinhaus selbst war nur 5 Jahre älter, aber bereits ein gestandener Mathematiker, denn er hatte 1911 bei Hilbert in Göttingen mit einer Arbeit über *Neue Anwendungen des Dirichletschen Prinzips* promoviert und war nun Dozent an der Universität Lemberg. Banach hingegen besaß keine formale Ausbildung als Mathematiker, sondern war weitgehend Autodidakt; er hatte lediglich ein abgebrochenes Ingenieurstudium an der Technischen Hochschule Lemberg vorzuweisen und hoffte auf eine mathematische Karriere.

Steinhaus erwähnte seinen neuen Bekannten gegenüber ein Problem über trigonometrische Reihen, das Banach schon kurze Zeit darauf durch ein Gegenbeispiel lösen konnte. Daraus entstand die erste, gemeinsam mit Steinhaus verfaßte Publikation Banachs, der bis zu dessen Promotion fünf weitere über reelle Funktionen und orthogonale Reihen folgten.

Im Juni 1920 reichte Banach in Lemberg seine bahnbrechende Dissertation *Sur les opérations dans les ensembles abstraits et leur application aux équations intégrales* ein; im selben Jahr wurde er dort Assistent von Lomnicki, und Steinhaus erhielt eine Professur in Lemberg. In seiner Doktorarbeit definiert Banach zum ersten Mal den Begriff, den heute

Plakette an der Lemberger
Universität (enthüllt 1992)

fast alle Studenten bereits im ersten Studienjahr kennenlernen: den Banachraum. (Diese Bezeichnung wurde 1928 zum ersten Mal von Fréchet verwandt; in seinen späteren Werken spricht Banach selbst statt dessen von „Räumen vom Typ (B)".) Eine kurze Zeit später wurde diese Struktur auch von Wiener und Hahn definiert, aber nur Banach hat lineare Operatoren auf Banachräumen systematisch studiert. Ein wesentlicher Grund, weswegen bereits Erstsemester heute lernen können, was ein Banachraum ist, ist die Tatsache, daß der algebraische Begriff des Vektorraums inzwischen eine absolute Selbstverständlichkeit geworden ist; 1920 gab es die Idee des abstrakten Vektorraums jedoch noch nicht, und der erste Teil des Banachschen Axiomensystems definiert den Begriff des ℝ-Vektorraums. So überrascht es nicht, daß im ersten Drittel der Dissertation einige für uns Heutige als Trivialitäten anmutende Aussagen wie „Die Summe zweier linearer Operatoren ist ein linearer Operator" bewiesen werden, bevor es zu den wirklich interessanten Resultaten kommt; darunter finden sich die in vielen Büchern „Satz von Banach-Steinhaus" genannte Aussage über Grenzwerte stetiger linearer Operatoren sowie der Banachsche Fixpunktsatz, der anschließend auf Integralgleichungen angewandt wird.

Mit dem Begriff des Banachraums wurde für viele Probleme der Analysis der richtige Rahmen gefunden. Einerseits ist er flexibel und allgemein genug, um wichtige Beispiele als Spezialfälle zu enthalten, andererseits aber nicht so allgemein, daß man keine nichttrivialen Aussagen mehr darüber zeigen könnte. Deswegen ist das Grundvokabular der Funktionalanalysis so wichtig für viele andere Gebiete geworden, und deswegen hat die Dissertation Banachs einen herausragenden Stellenwert in der Geschichte der Mathematik des 20. Jahrhunderts.

1922 habilitierte sich Banach mit der Arbeit *Sur le problème de la mesure*, in der er die Existenz eines translationsinvarianten endlich-additiven Maßes auf der Potenzmenge von $\mathbb{R}$ oder $\mathbb{R}^2$ nachweist; vorher hatte Hausdorff die Unmöglichkeit einer solchen Mengenfunktion für die Dimensionen $d \geq 3$ gezeigt. Vom Standpunkt der Funktionalanalysis erkennt man in dieser Arbeit einen ersten Fingerzeig in Richtung auf den Satz von Hahn-Banach. Es folgten weitere Arbeiten über Maßtheorie und reelle Funktionen, bevor Banach am Ende des Jahrzehnts, er war inzwischen (1927) ordentlicher Professor in Lemberg geworden, in mehreren Artikeln die Hauptsätze der Funktionalanalysis bewies, die heute in keiner Vorlesung über dieses Gebiet fehlen: zunächst in einer gemeinsamen Arbeit mit Steinhaus das Prinzip der Verdichtung der Singularitäten, eine Verschärfung des Satzes von Banach-Steinhaus, dann 1929 in zwei Arbeiten in der neuen Zeitschrift „Studia Mathematica" den Fortsetzungssatz von Hahn-Banach und den Satz von der offenen Abbildung. Der Satz von Hahn-Banach wurde allerdings bereits 1927 von Hahn gefunden, und in einer kurzen Note Ende 1930 hat Banach dessen Priorität anerkannt.

Dies ist der Zeitpunkt, in dem die Arbeit der Lemberger Schule richtig in Fahrt kommt, denn es finden sich die ersten Schüler ein: J. Schauder entwickelt das Konzept der Schauder-Basis und verfeinert die Rieszsche Eigenwerttheorie kompakter Operatoren; S. Mazur zeigt die Existenz der Banach-Limiten; zusammen mit M. Eidelheit beweist er die Hahn-Banach-Trennungssätze; W. Orlicz definiert die Orlicz-Räume als neue Klassen von Banachräumen und legt die Basis für die Begriffe Typ und Kotyp eines Banachraums; Banach selbst findet den Satz vom abgeschlossenen Graphen sowie seine Version der Sätze von Banach-Alaoglu und Banach-Dieudonné; weitere beteiligte Mathematiker waren u. a. H. Auerbach, S. Kaczmarz, J. Schreier, S. Ulam und S. Saks, letzterer an der Universität Warschau.

1932 erschien als erster Band der neuen Reihe „Monografie Matematyczne" Banachs Buch *Théorie des opérations linéaires*, ein Jahr zuvor war eine polnische Ausgabe herausgekommen. In diesem Buch faßte Banach seine Forschungsergebnisse sowie die seiner Schüler und Mitarbeiter zusammen, zum ausführlichen Kommentarteil hat Mazur erheblich beigetragen. Das Buch machte die Banachsche Schule weltberühmt; es dokumentierte einen Triumph der Mathematik in Polen.

Damit dokumentierte es auch einen Triumph der polnischen Wissenschaftspolitik. Im Jahre 1918 hatte Z. Janiszewski, ein junger Topologe, eine Denkschrift vorgelegt, in der er ein Programm für eine eigenständige Entwicklung mathematischer Forschung im wieder unabhängigen Polen vorschlug. Es sah vor, Forschung in vergleichsweise eng umrissenen Gebieten zu konzentrieren, an denen polnische Mathematiker gemeinsame Interessen hatten und bereits international anerkannte Resultate geliefert hatten; ein solches Gebiet war die Mengenlehre inklusive der Topologie. Janiszewski schlug außerdem vor, eine Zeitschrift zu gründen, die sich hauptsächlich der Mengenlehre und Topologie sowie der mathematischen Logik widmen sollte. Schon 1920 gelang es, diesen Vorschlag mit der Gründung der „Fundamenta Mathematicae" umzusetzen; tragischerweise starb Janiszewski kurz vor Erscheinen des ersten Heftes. Fundamenta Mathematicae wurde die erste spezialisierte mathematische Zeitschrift und zu einem Forum der polnischen topologischen Schule um Sierpiński, Mazurkiewicz, Kuratowski, Knaster, Borsuk etc., der Bourbaki übrigens mit dem Begriff des Polnischen Raums ein Denkmal gesetzt hat. Auch viele Arbeiten von Banach – z. B. seine Dissertation und seine Habilitationsschrift – und Steinhaus erschienen dort. 1929 folgte die Gründung einer Zeitschrift mit funktionalanalytischem Schwerpunkt, der von Banach und Steinhaus herausgegebenen „Studia Mathematica", als Sprachrohr der Lemberger Schule. Beide Zeitschriften sind bis heute ihrem Profil verpflichtet und haben ein sehr hohes Ansehen. Die Buchreihe „Monografie Matematyczne" wurde ebenfalls zu einem Erfolg. Bis 1935 erschienen sechs Bände, die allesamt zu Klassikern geworden sind, u. a. außer Banachs Buch Kuratowskis *Topologie* und Zygmunds *Trigonometrical Series*.

In den dreißiger Jahren war in Lemberg ein mathematisches Zentrum von Weltrang entstanden. Gäste wie Fréchet, Lebesgue und von Neumann hielten dort Kolloquiumsvorträge, Schauder wurde für seine Arbeit mit Leray der Metaxas-Preis verliehen, und Banach hielt auf dem Internationalen Mathematikerkongreß 1936 in Oslo einen Hauptvortrag – damals wie heute eine ganz besondere Auszeichnung.

Als Charakteristikum der Arbeitsweise der Lemberger Schule muß erwähnt werden, daß überdurchschnittlich viele Publikationen als gemeinsam verfaßte Arbeiten entstanden sind, und daß man sich zur Diskussion mathematischer Fragen lieber im Kaffeehaus als in der Universität traf, und zwar zuerst im Café Roma („[Banach] used to spend hours, even days there, especially towards the end of the month before the university salary was paid", so Ulam) und dann, als die Kreditsituation im Roma prekär wurde, im Schottischen Café direkt gegenüber. Dort haben endlose mathematische Diskussionen stattgefunden, hauptsächlich zwischen Banach, Mazur und Ulam („It was hard to outlast or outdrink Banach during these sessions", schreibt letzterer), deren wesentliche Punkte in einer vom Kellner des Schottischen Cafés verwahrten Kladde festgehalten wurden; bevor sie angeschafft wurde, schrieb man – sehr zum Ärger des Personals – direkt auf die Marmortische. Diese Kladde ist heute allgemein als „das Schottische Buch" bekannt; es ist, mit einleitenden Artikeln und Kommentaren versehen, von Mauldin als Buch herausgegeben worden. Im Schottischen Buch werden Probleme der Funktionalanalysis, der Theorie der reellen Funktionen und der Maßtheorie diskutiert; manche sind bis heute ungelöst geblieben. Für einige Probleme wurden Preise ausgesetzt, die von einem kleinen Glas Bier über eine Flasche Wein bis zu einem kompletten Abendessen und einer lebenden Gans reichten.

Das Schottische Café

Das Problem, für das (von Mazur) eine Gans ausgelobt wurde, ist besonders interessant. Es fragt danach, ob eine stetige Funktion f auf dem Einheitsquadrat bei gegebenem ε durch eine Funktion g der Bauart

$$g(x, y) = \sum_{k=1}^{n} c_k f(x, b_k) f(a_k, y)$$

so approximiert werden kann, daß stets

$$|f(x, y) - g(x, y)| \leq \varepsilon$$

ausfällt. Das sieht auf den ersten Blick wie eine harmlose Analysisaufgabe aus, und es wird kein Hinweis gegeben, wofür eine Lösung gut wäre. Es stellt sich aber heraus, daß das Problem eng mit einer fundamentalen Frage der Funktionalanalysis verwandt ist. Knapp 20 Jahre später zeigte Grothendieck nämlich in seiner Thèse *Produits tensoriels topologiques et espaces nucléaires*, daß eine positive Antwort äquivalent dazu ist, daß jeder Banachraum die Approximationseigenschaft besitzt. Also darf man annehmen, daß in den dreißiger Jahren in Lemberg bekannt war, daß ein Gegenbeispiel zu einem Banachraum ohne Schauder-Basis führt. Diese Episode ist ein Hinweis darauf, daß bei weitem nicht alle Erkenntnisse der Lemberger Schule publiziert wurden. Beispielsweise konnten Banach und Mazur schon ca. 1936 zeigen, daß jeder Banachraum einen abgeschlossenen Unterraum mit einer Schauder-Basis besitzt; der erste Beweis erschien jedoch erst 1958. Ferner besaß Banach offenbar verschiedene Resultate über polynomiale Operatoren, die verlorengegangen sind, da er sich bei vielen seiner Ergebnisse nicht der Mühe unterzog, sie aufzuschreiben und zu redigieren. Übrigens löste P. Enflo das Approximationsproblem 1972 durch ein Gegenbeispiel; sein Preis wurde ihm ein Jahr später in Warschau überreicht.

Auch nach der Annexion Ostpolens durch die Sowjetunion 1939 blieben den Lemberger Mathematikern zunächst ihre Arbeitsmöglichkeiten erhalten; Banach wurde korrespondierendes Mitglied der Akademie der Wissenschaften in Kiew, die *Opérations linéaires* wurden ins Ukrainische übersetzt, und sowjetische Mathematiker wie Ljusternik oder Sobolew reisten nach Lemberg. Das Ende der Lemberger Schule kam im Juni 1941 mit dem Einmarsch der deutschen Truppen. Auerbach, Eidelheit, Łomnicki, Saks, Schauder, Schreier und viele andere Wissenschaftler wurden von SS oder Gestapo ermordet; eine Liste getöteter polnischer

Mathematiker findet man im ersten Nachkriegsheft der Fundamenta Mathematicae (Band 33 (1945)). Ulam war schon 1935 in die USA gegangen, und Kaczmarz war 1939 gefallen. Steinhaus gelang es, sich bis zum Ende des Kriegs auf dem Land versteckt zu halten; als nach dem Krieg die Bevölkerung Lembergs und mit ihr die Lemberger Universität gezwungen wurde, nach Breslau umzusiedeln, nahm er seine Professur dort wieder auf. Orlicz wurde Professor in Posen und Mazur in Lodz und später in Warschau. Banach starb am 31.8.1945 an Lungenkrebs, nachdem er den Krieg als Hilfskraft in einem bakteriologischen Institut überlebt hatte, wo es seine Aufgabe war, Läuse zu füttern. Kurz vor seinem Tod erhielt er einen Ruf an die Universität Krakau.

Laut seinem Biographen Kałuża gilt Stefan Banach heute in Polen als Nationalheld. Über die rein mathematischen Erfolge hinaus beruht Banachs Bedeutung, wie Steinhaus schrieb, darauf, daß er „ein für alle Mal mit dem Mythos aufgeräumt hat, die in Polen betriebenen exakten Wissenschaften seien denen anderer Nationen unterlegen". Zu Banachs 100. Geburtstag erschien in Polen eine Sonderbriefmarke, und auch die inzwischen unabhängige Ukraine feierte dieses Ereignis mit einer Tagung an der Lemberger Universität. Noch heute nimmt die Theorie der Banachräume in Polen einen besonderen Platz ein, insbesondere durch die von A. Pełczyński begründete Schule.

[1] Banach, S.: Œuvres. 2 Bände. PWN Warschau, 1967, 1979.

[2] Dieudonné, J.: History of Functional Analysis. North-Holland Amsterdam, 1981.

[3] Kałuża, R.: The Life of Stefan Banach. Birkhäuser Basel, 1996.

[4] Kuratowski, K.: A Half Century of Polish Mathematics. PWN Warschau, 1980.

[5] Mauldin, R.D. (Hg.): The Scottish Book. Birkhäuser Basel, 1981.

Die Geschichte der Mengenlehre

P. Philip

Die moderne ↑ Mengenlehre beginnt nach Auffassung vieler Mathematiker mit den Arbeiten von Georg Cantor Ende des 19. Jahrhunderts. Seine Definition einer Menge aus dem Jahre 1895 als eine „Zusammenfassung bestimmter, wohlunterschiedener Objekte unserer Anschauung oder unseres Denkens zu einem Ganzen" stellt die Grundlage der naiven Mengenlehre dar.

Schon um 450 v. Chr. beschäftigte sich Zenon von Elea mit dem Problem der Unendlichkeit. Von ihm stammt z. B. das Paradoxon von Achilles und der Schildkröte. Es besagt, daß Achilles nicht in der Lage ist, eine ihm vorauskriechende Schildkröte einzuholen: Zu Beginn befinde sich Achilles am Punkt A und die Schildkröte am Punkt B. Erreicht Achilles Punkt B, so ist die Schildkröte bereits zu Punkt C gelangt, usw. Die Paradoxien des Zenon von Elea waren eine Triebkraft für die Entwicklung der Mengenlehre und der Analysis. Ihre Auflösung gelang erst mit Hilfe des Begriffs der Konvergenz unendlicher Reihen, der in mathematischer Strenge im 19. Jahrhundert von Gauß entwickelt wurde.

Aus dem 14. Jahrhundert stammt die Arbeit *Questiones subtilissime in libros de celo et mundi* von Albert von Sachsen (1316 bis 1390), in der er mit einem anschaulichen Argument zeigt, daß ein unendlich langer Holzbalken dasselbe Volumen hat wie der gesamte dreidimensionale Raum. In heutiger Sprache gibt Albert von Sachsen ein Beispiel für eine bijektive Abbildung zwischen einer unendlichen Menge und einer echten Teilmenge an. Weitere solche Beispiele finden sich Jahrhunderte später in Bolzanos Arbeit *Paradoxien des Unendlichen* (siehe [1]). Tatsächlich ist die Existenz einer Bijektion auf eine echte Teilmenge charakteristisch für unendliche Mengen und kann wie bei Dedekind 1888 als deren Definition verwendet werden.

In [1] definiert Bolzano eine Menge als „Inbegriff, den wir einem Begriff unterstellen, bei dem die Anordnung seiner Teile gleichgültig ist". Im Gegensatz zu einer Vielzahl seiner Zeitgenossen glaubte Bolzano an die Existenz unendlicher Mengen und verteidigte sie gegen Kritiker. Zwischen Cantor und Dedekind ist aus der Zeit zwischen 1873 und 1879 ein reger Briefwechsel überliefert, so daß man davon ausgehen kann, daß sie sich in ihrer Arbeit gegenseitig beeinflußt haben. Dedekind gibt

1888 den ersten mengentheoretischen Aufbau des Zahlsystems von den natürlichen bis zu den reellen Zahlen.

In seiner bahnbrechenden Arbeit von 1874, die des Öfteren als die „Geburtsstunde der modernen Mengenlehre" bezeichnet wird, zeigt Cantor, daß sich die algebraischen Zahlen bijektiv auf die natürlichen Zahlen abbilden lassen und daß es eine Bijektion zwischen den reellen und den natürlichen Zahlen nicht geben kann. Cantor betrachtet damit erstmalig verschiedene Stufen der Unendlichkeit. Vier Jahre später führt Cantor den Begriff der Mächtigkeit von Mengen ein. In den Jahren 1883 und 1885 veröffentlicht er grundlegende Arbeiten zur Theorie der Kardinalzahlen und Ordinalzahlen und deren Arithmetik. Einer der heftigsten Kritiker der Cantorschen Ideen war Kronecker. Kronecker glaubte nicht an die Existenz einer Mathematik außerhalb des Bereichs der natürlichen Zahlen. Cantors Betrachtungen zu unterschiedlichen Stufen der Unendlichkeit wieß er daher als sinnlos zurück (siehe [6]).

Obwohl die Cantorsche Mengenlehre für die Entwicklung in vielen mathematischen Disziplinen von entscheidender Bedeutung war, ist sie nicht geeignet, die Mathematik in befriedigender Weise zu begründen. Es zeigt sich nämlich, daß die Cantorsche Mengenlehre nicht frei von Widersprüchen ist. 1897 entdeckte Burali-Forti die heute nach ihm benannte Antinomie. Es folgten die Entdeckungen der Cantorschen Antinomie 1899 sowie der Russellschen Antinomie 1902.

Etwa zur gleichen Zeit versuchte Frege ein Axiomensystem für die Cantorsche Mengenlehre anzugeben. Die Folge war, daß das Fregesche Axiomensystem die Schwächen der Cantorschen Mengenlehre teilte. So kann das Fregesche Komprehensionsaxiom, welches in seiner ursprünglichen Version lautet „zu jeder Eigenschaft E existiert die Menge

$$M_E := \{x : x \text{ ist Menge, und } E \text{ trifft zu auf } x\}",$$

als Ursache der Russellschen Antinomie betrachtet werden. Dennoch stellt Freges Arbeit praktisch den Anfang der ↑ (axiomatischen) Mengenlehre dar. In der Folgezeit bemühten sich eine Vielzahl von Mathematikern um die Aufstellung eines widerspruchsfreien Axiomensystems zur Begründung der Mengenlehre. Zur Vermeidung der Russellschen Antinomie wurden dabei verschiedene Wege eingeschlagen. So entwickelt Russell in [9] eine Typentheorie, in der vermieden wird, daß sich Kollektionen selbst enthalten.

Eine andere Strategie bestand in der Modifizierung des Fregeschen Komprehensionsaxioms. So enthält das von Zermelo 1908 veröffentlichte Axiomensystem ein Komprehensionsaxiom, welches lediglich fordert, daß die Kollektion von Elementen einer Menge, die eine bestimmte Eigenschaft besitzen, wieder eine Menge ist. Zermelos Axiomensystem wurde durch Arbeiten von Fraenkel und Skolem ergänzt und war 1922 in einer Form, in der es bis heute die Grundlage der von den meisten Mathematikern akzeptierten Mengenlehre bildet. Man bezeichnet dieses Axiomenssystem mit den Buchstaben ZFC und nennt es das Zermelo-Fraenkelsche Axiomensystem mit Auswahlaxiom.

Andere bedeutsame Axiomensysteme der Mengenlehre wurden von Bernays, Gödel und von Neumann entwickelt. Gödel war es auch, der einige prinzipielle Schwierigkeiten der axiomatischen Mengenlehre deutlich machte. 1931 veröffentlichte Gödel seine Unvollständigkeitssätze, und es wurde klar, daß es zu jedem widerspruchsfreien Axiomensystem Aussagen gibt, die von dem Axiomensystem unabhängig sind, d. h., sich aus den Axiomen weder beweisen noch widerlegen lassen. Insbesondere kann man aus einem widerspruchsfreien Axiomensystem, das reichhaltig genug ist, um für die Begründung der Mathematik geeignet zu sein, dessen Widerspruchsfreiheit nicht beweisen.

Ein wichtiger Zweig der modernen Mengenlehre beschäftigt sich mit dem Nachweis von Konsistenz- und Unabhängigkeitsresultaten. Gödel zeigte 1940, daß das Auswahlaxiom und die verallgemeinerte Kontinuumshypothese mit ZF konsistent sind. 1963 zeigte Cohen, daß beide Aussagen sogar von ZF unabhängig sind. Cohen entwickelte dazu das sogenannte Forcing, das seither das Standardverfahren zum Nachweis nichttrivialer Unabhängigkeitsresultate ist.

[1] Bolzano, B.: Paradoxien des Unendlichen. Leipzig, 1851.

[2] Cantor, G.: Gesammelte Abhandlungen mathematischen und philosophischen Inhalts. Berlin, 1933.

[3] Cohen, P.: Set Theory and the Continuum Hypothesis. New York, 1966.

[4] Dedekind, R.: Gesammelte mathematische Werke. Braunschweig, 1932.

[5] Frege, G.: Grundgesetze der Arithmetik I,II. Jena, 1893/1903.

[6] Führich, A.: Der Meinungsstreit zwischen Georg Cantor und Leopold Kronecker um Grundlagen der Mathematik in der Zeit der Begründung der Mengenlehre. Potsdam, 1983.

[7] Jarnik, V.: Bolzano and the foundations of mathematical analysis. Prague, 1981.

[8] Lee, H.D.P.: Zeno of Elea. A text with Translation and Commentary. Cambridge, 1936.

[9] Russell, B./Whitehead A.: Principia Mathematica I, II, III. Cambridge, 1910/1912/1913.

[10] Salmon, W.: Zeno's Paradoxes. The Bobbs-Merrill Company, Inc., New York, 1970.

Die Wurzeln der Graphentheorie

L. Volkmann

Die ersten Wurzeln der ↑ Graphentheorie findet man in einer Abhandlung des Schweizer Genies Leonhard Euler aus dem Jahre 1736. Angeregt durch das bekannte Königsberger Brückenproblem stellte Euler 1736 Untersuchungen an, die gerade heute auch von großem praktischen Nutzen sind. Lassen wir zunächst Euler selbst zu Wort kommen.

„... 2. Das Problem, das ziemlich bekannt sein soll, war folgendes: Zu Königsberg in Preussen ist eine Insel *A*, genannt ‚der Kneiphof‘, und der Fluss, der sie umfliesst, teilt sich in zwei Arme, wie dies aus der Fig. I ersichtlich ist.

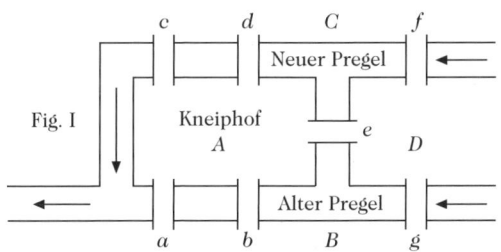

Fig. I

Eulers „Fig. I"

Über die Arme dieses Flusses führen sieben Brücken *a, b, c, d, e, f* und *g*. Nun wurde gefragt, ob jemand seinen Spazierweg so einrichten könne, dass er jede dieser Brücken einmal und nicht mehr als einmal überschreite. Es wurde mir gesagt, dass einige diese Möglichkeit verneinen, andere daran zweifeln, dass aber niemand sie erhärte. Hieraus bildete ich mir folgendes höchst allgemeine Problem: Wie auch die Gestalt des Flusses und seine Verteilung in Arme, sowie die Anzahl der Brücken ist, zu finden, ob es möglich ist, jede Brücke genau einmal zu überschreiten oder nicht.

... 4. Meine ganze Methode beruht nun darauf, dass ich das *Überschreiten* der Brücken in geeigneter Weise bezeichne, wobei ich die grossen Buchstaben *A, B, C, D* gebrauche zur Bezeichnung der einzelnen Gebiete, welche durch den Fluss voneinander getrennt sind. Wenn also einer vom Gebiet *A* in das Gebiet *B* gelangt über die Brücke *a* oder *b*, so bezeichne ich diesen Übergang mit den Buchstaben *AB*, ... "

Man erkennt deutlich, wie Euler hier implizit die Ecken *A, B, C, D* und die Kanten *AB*, ... eines Graphen, ja sogar Multigraphen, eingeführt hat. Graphentheoretisch formuliert fragt das Königsberger Brückenproblem danach, ob in dem unten skizzierten Multigraphen *KBP* ein sogenannter Eulerscher Kantenzug existiert. Als Folgerung aus Eulers Untersuchungen ergibt sich schließlich, daß das Königsberger Brückenproblem keine gewünschte Lösung besitzt.

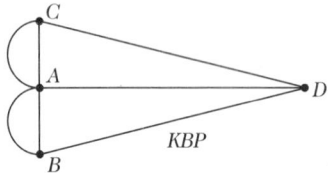

Ein weiteres fundamentales Resultat trägt ebenfalls Eulers Namen, dem wir heute einen Platz in der Theorie der planaren Graphen eingeräumt haben, nämlich die berühmte Polyederformel

$$n + l = m + 2,$$

wobei *n, l* und *m* die Anzahl der Ecken, Flächen und Kanten eines (konvexen) Polyeders bedeuten. Diese von Euler 1750 gefundene Identität und sein berühmter Artikel über das Königsberger Brückenproblem lösten aber noch keine systematische Beschäftigung mit Graphen aus.

Der erste starke Anstoß ging dann von den sich im 19. Jahrhundert schnell entfaltenden Naturwissenschaften aus. Im Jahre 1847 erschien die grundlegende Arbeit von Gustav Robert Kirchhoff über elektrische Ströme und Spannungen in Netzwerken, deren Zweige mit Ohmschen Widerständen behaftet sind. Hier ist der Graph durch das elektrische Netzwerk unmittelbar gegeben. In Kirchhoffs Abhandlung findet man die Wurzeln der heute so bedeutungsvollen Theorie der Netzwerkflüsse, die insbesondere in den Jahren 1956 bis 1962 von L. R. Ford und D. R. Fulkerson ausgebaut wurde und sich vor allem mit Verkehrs- und Transportproblemen befaßt.

Sowohl Arthur Cayley als auch James Joseph Sylvester gelangten über die Chemie zu graphentheoretischen Strukturen. Ausgangspunkt für Cayleys Untersuchungen war die Frage nach der Anzahl isomerer Alkane gleicher Summenformel. Cayley entwickelte 1874/75 die erste sytematische Methode zur Anzahlbestimmung von Isomeren und schuf damit die mathematische Grundlage für eine allgemeine Abzähltheorie, die 1937 durch George Pólya zur vollen Entfaltung gelangte. Als Bezeichnung für graphische Darstellung von Molekülen benutzte Sylvester 1878 erstmalig das Wort „Graph" im heutigen Sinne.

Die heftigsten Impulse für die Entwicklung der Graphentheorie gingen jedoch von dem berühmt-berüchtigten Vierfarbenproblem aus, das Mitte des 19. Jahrhunderts von dem Studenten Francis Guthrie aufgeworfen wurde. Es fragt danach, ob man die Länder einer Landkarte stets mit höchstens vier Farben so färben kann, daß benachbarte Länder verschiedene Farben tragen. Die mannigfachen (allerdings meist vergeblichen) Lösungsversuche dieses Problems waren die Wurzeln ganzer Teilgebiete der Graphentheorie, wie etwa der topologische Graphentheorie, der Theorie der Eckenfärbung, Kantenfärbung und Hamiltonschen Graphen. Den kürzesten, aber immer noch langen, komplizierten und computerunterstützten, Beweis des Vier-Farben-Satzes gaben 1997 N. Robertson, D. P. Sanders, P. Seymour und R. Thomas.

Derjenige, der vielleicht die Zukunft voraussah und der – allen Widerständen und Anfeindungen zum Trotz – zum Bahnbrecher für die Graphentheorie wurde, war Dénes König mit seinem wundervollen Buch [5] aus dem Jahre 1936. In diesem ersten Lehrbuch über Graphentheorie faßte König nahezu alle am Anfang der 1930er Jahre bekannten, in verschiedenen Zeitschriften weit verstreuten Einzelresultate in seinem vorbildlich geschriebenen Werk zu einer einheitlichen Disziplin – eben der *Graphentheorie* – zusammen.

Weitere Informationen zu den Wurzeln der Graphentheorie findet man in dem Buch von N.L. Biggs, E.K. Lloyd und R.J. Wilson [1].

[1] Biggs, N.L.; Lloyd, E.K.; Wilson, R.J.: Graph Theory 1736–1936. Clarendon Press Oxford, 1976.

[2] Bollobás, B.: Modern Graph Theory. Springer New York, 1998.

[3] Chartand, G.; Lesniak, L.: Graphs and Digraphs. Chapman and Hall London, 1996.

[4] Diestel, R.: Graphentheorie. Springer Berlin, 1996.

[5] König, D.: Theorie der endlichen und unendlichen Graphen. Akademische Verlagsgesellschaft M.B.H. Leipzig, 1936.

[6] Volkmann, L.: Fundamente der Graphentheorie. Springer Wien New York, 1996.

Das Zentralblatt MATH

B. Wegner, Chefredakteur des Zentralblatt MATH

Einführung. Das Zentralblatt MATH (vormals Zentralblatt für Mathematik und ihre Grenzgebiete) ist ein Informations- und Dokumentationsdienst über die weltweit erscheinende Literatur in der Mathematik und ihren Anwendungen. Rechnet man seinen Vorgänger, das Jahrbuch über die Fortschritte der Mathematik, hinzu, so gibt es solch einen systematischen Dienst für die Mathematik seit dem letzten Drittel des 19. Jahrhunderts. Gegenüber der anfänglichen gedruckten Version ist das Angebot heutzutage durch recherchierbare elektronische Dienste im Netz und auf CD-ROM erweitert worden. Im folgenden wird kurz auf die Geschichte, die augenblicklichen Nutzungsmöglichkeiten und die zukünftigen Entwicklungsmöglichkeiten für das Zentralblatt MATH eingegangen.

Die Geschichte des Zentralblatt MATH. Mit der aufwärts strebenden Entwicklung der Mathematik in der Mitte des 19. Jahrhunderts ergab sich sowohl für diesen Bereich als auch für andere wissenschaftliche Disziplinen ein steigender Bedarf nach einem vollständigen und zuverlässigen Literaturinformationsdienst. Er führte 1868 zur Gründung der Referatezeitschrift „Jahrbuch über die Fortschritte der Mathematik", die später durch das „Zentralblatt für Mathematik und ihre Grenzgebiete" sowie ab dem Zweiten Weltkrieg auch noch durch andere mathematische Referatezeitschriften wie die „Mathematical Reviews" ergänzt wurde. Das Jahrbuch und das Zentralblatt nahmen bis zum Zweiten Weltkrieg eine einzigartige Stellung in der Mathematik ein. Während das Jahrbuch dann 1943 sein Erscheinen beenden mußte, ist das Zentralblatt auch danach noch eines der führenden mathematischen Referateorgane geblieben. Zur Zeit werden die Bände des Jahrbuchs in einer Datenbank erfaßt und im Zusammenhang mit der Datenbank des Zentralblatts im Internet zugänglich gemacht.

Gegenstand der Berichterstattung im Jahrbuch war die gesamte Mathematik nebst Anwendungsgebieten, die anfangs vorwiegend in der Physik lagen. Sämtliche in den genannten Gebieten publizierte Literatur wurde jahrgangsweise erfaßt und nach Gebieten geordnet angezeigt. Das Jahrbuch hatte das Bestreben, abgeschlossene Jahrgänge zu publizieren, was einen beträchtlichen Aktualitätsverlust zur Folge hatte. So konnte der erste Jahrgang 1868 erst 1871 erscheinen. Für 1868 wurden ca. 800 Publikationen angezeigt. Das ist nur wenig mehr als ein Prozent des aktuellen jährlichen Publikationsvolumens in der Mathematik und ihren Anwendungen. Der 1939 erschiene Band für das Berichtsjahr 1935 enthielt dann schon an die 6000 Arbeiten, die aus ca. 400 Zeitschriften stammten. Die Referate wurden von mehr als 200 Referenten aus vielen Teilen der Welt erstellt.

Der große Aktualitätsrückstand beim Jahrbuch erweckte in den zwanziger Jahren Unzufriedenheit bei den Wissenschaftlern, die bei wachsenden Publikationszahlen an einer schnellen Information über neuere Arbeiten in der Mathematik interessiert waren. Hierin lag einer der Gründe für den Springer-Verlag (Berlin), das Zentralblatt für Mathematik zu gründen. Das Spektrum der bearbeiteten Gebiete war mit dem des Jahrbuchs vergleichbar. Wie beim Jahrbuch lag auch hier die wissenschaftliche Aufsicht bei der Preußischen Akademie der Wissenschaften. Anders als beim Jahrbuch zeigten die einzelnen Bände jedoch gleich die Referate an, die der Redaktion zum jeweiligen Redaktionstermin zur Verfügung standen.

Nach dem Zweiten Weltkrieg wurden die Arbeiten am Zentralblatt auf Initiative der Deutschen Akademie der Wissenschaften nach nur kurzer Unterbrechung wieder aufgenommen. Bald wurde das Zentralblatt durch Einbezug der Heidelberger Akademie der Wissenschaften ein gesamtdeutsches Unternehmen, das sich immerhin bis 1978 in dieser Konstellation hielt. Dann wurde als Folge des Fachinformationsprogramms der Bundesrepublik Deutschland die Mitarbeit der DDR an diesem Unternehmen aus politischen Gründen eingestellt. Das damals neu gegründete Fachinformationszentrum Karlsruhe beteiligte sich fortan an der Herausgabe. Schließlich wurde in den neunziger Jahren die Europäische Mathematische Gesellschaft EMG in den Kreis der Herausgeber aufgenommen. Hierdurch wurde der weltweite Charakter des Zentralblatts unterstrichen. Ferner ergab sich damit ein erster Schritt in Richtung einer Europäisierung des Zentralblatts, womit ein verteiltes System von kooperierenden Redaktionen verbunden sein wird.

Das Angebot des Zentralblatt MATH. Entsprechend der augenblicklichen Entwicklung des Publikationswesens in der Mathematik wird das Zentralblatt sowohl als gedruckter Dienst als auch in elektronischer Form auf CD-ROM und online im Internet angeboten. Für die online-Version ist ein internationales System von Spiegeln eingerichtet worden, um den weltweiten Zugriff zu erleichtern und mögliche Ausfälle des zentralen Servers für das System zu kompensieren. Der Bestand der Datenbank weist zur Zeit ca. 1.800.000 Referate über mathematische Dokumente auf. Er wächst im Moment jährlich um etwas mehr als 70.000 Referate. An der Erstellung der Referate wirken fast 7.000 externe Referenten mit, die für diese Unterstützung kein nennenswertes Entgelt erhalten. Der Input für die Datenbank erfolgt in der Redaktion des Zentralblatts. Diese wird von der deutschen Regierung finanziell unterstützt.

Die qualitativen Anforderungen an die Berichterstattung über die mathematische Literatur haben sich seit der Herausgabe des ersten Bandes des Jahrbuchs nicht geändert. Allerdings sind die für ein modernes Angebot zu berücksichtigenden Anforderungen an die Ausstattung des Dienstes erheblich gestiegen. Als wichtige Kriterien für die Qualität des Inhalts des Zentralblatts sollen die folgenden genannt werden.

Aktualität: Die publizierte Literatur soll möglichst schnell angezeigt werden, trotzdem soll eine sorgfältige Auswertung erfolgen. Aus diesem Grund gibt es ein zweistufiges Angebot in der Datenbank, die vorläufigen Daten, die erst einmal nur das widerspiegeln, was unmittelbar bei der Erfassung der Arbeiten abgespeichert werden kann, und die endgültigen Daten, die die vollständige Beschreibung der jeweiligen Publikation gemäß den vorgegebenen Standards angeben.

Vollständigkeit: Sämtliche weltweit erscheinenden Publikationen in der Mathematik und ihren Anwendungsgebieten sollen angezeigt werden. Der Begriff der Publikation schließt hierbei die Bedingung ein, daß es sich um Arbeiten handelt, die vor der Veröffentlichung erfolgreich einen Begutachtungsprozeß durchlaufen haben. In den aus den Anwendungsgebieten erfaßten Arbeiten sollten die mathematischen Aspekte überwiegen.

Bibliographische Präzision: Die bibliographischen Daten sollten in einer standardisierten Weise erfaßt werden, die einerseits eine vollständige Information über die Quelle liefert, und andererseits bei der Erstellung von Bibliographien als Norm übernommen werden kann.

Mitwirkung externer Referenten: Obwohl die erfaßten Arbeiten einen Begutachtungsprozeß erfolgreich durchlaufen haben sollten, hat sich die Beteiligung von unabhängigen Experten (Referenten) an der Erstellung der Inhaltsbeschreibung dieser Arbeiten für die Verbesserung des Informationsangebots für wichtig erwiesen. Es wird generell keine erneute Begutachtung durch die Referenten erwartet, obwohl auch kritische Stellungnahmen zugelassen sind. Der Schwerpunkt liegt jedoch auf der übersichtlichen objektiven Beschreibung des Inhalts und des Bezugs der Arbeit zu anderen Publikationen.

Inhaltliche Erschließung: In Ergänzung zum recht allgemeinen Zugang zum Inhalt der Arbeiten über die Volltextsuche muß es die Möglichkeit einer qualifizierten Abfrage der für den Inhalt einer Arbeit relevanten Begriffe geben. Dies leisten zur Zeit einerseits durch Experten frei vergebene Schlagworte, sowie die Zuordnung von Klassifikationscodes. Die Klassifikation erfolgt nach dem weltweit akzeptierten Klassifikationsschema MSC 2000 (das Mathematics Subject Classification Scheme in der für 2000 aktualisierten Version). Hinzu kommt die Zuordnung von relevanten Zitaten anderer Arbeiten in standardisierter Form.

Vernetzung der Datenbank: Eine interne Verknüpfung der Zitate in den Referaten ist eine Minimalanforderung. Die Referate sollten ferner mit den entsprechenden Volltexten verknüpft (verlinkt) sein, soweit diese elektronisch verfügbar sind. Umgekehrt sollten aus den Bibliographien der elektronisch angebotenen Arbeiten Links zu den entsprechenden Referaten im Zentralblatt erzeugt werden. Eine weitere Unterstützung des Nutzers der Datenbank ergibt sich durch die Möglichkeit, aus der Datenbank heraus Texte bei Bibliotheken zu bestellen, die ein Liefersystem für mathematische Literatur anbieten.

Die Zukunft des Zentralblatt MATH. Trotz aller Verbesserungen der Suchmöglichkeiten im Internet und der rapide wachsenden Verfügbarkeit elektronischer mathematischer Publikationen wird die Mathematik auf das qualifizierte Angebot von Literaturinformation in einer durch Experten ausgewerteten Form angewiesen bleiben. Die Striktheit, mit der in der Mathematik die wiederholte Publikation derselben Ergebnisse in Forschungsartikeln als unseriös betrachtet wird, und die zeitunabhängige Gültigkeit der Resultate mathematischer Forschung erfordern deren möglichst präzise Dokumentation, und nicht nur eine schnelle Information über neue Publikationen. Angesichts des schnellen Fortschritts in der Informationstechnik wird sich jedoch ein Zwang zu Änderungen ergeben, die den Nutzungsmöglichkeiten des Zentralblatts nur zum Vorteil gereichen können. Zur Zeit wird ein erster Schritt unternommen, diesen Dienst auf breiterer Basis als fundamentale Infrastruktur für die mathematische Forschung zu etablieren.

Eine Einbindung der vom Zentralblatt erstellten Information in andere elektronische Angebote ist ein weiterer Schritt. Für die Nutzung durch Forscher, die Mathematik anwenden wollen, ist es ferner erforderlich, die Information im Zentralblatt für deren Bedürfnisse aufzubereiten und die Suchmenüs durch Navigationssysteme für Nicht-Experten zu erweitern. Solch eine Schnittstelle käme der Mathematik insgesamt zugute. Die Erschließung der verfügbaren Literatur und die interne Vernetzung der dazu angebotenen Information wird neue Möglichkeiten eröffnen und höhere Ansprüche stellen. Im Gegensatz zur statischen gedruckten Version ist das elektronische Angebot offen für Modifikationen und Aktualisierungen der Detailinformation. Hier bieten sich viele Ansätze für eine Weiterentwicklung.

Insofern besteht nicht die Frage, ob das Zentralblatt eine Zukunft hat oder nicht. Es geht nur darum, wie dieser Teil der Fachinformation in Mathematik in zukünftige möglicherweise erweiterte Systeme eingebunden werden kann.

Die Teile des großen Puzzles – Teildisziplinen der modernen Mathematik stellen sich vor

Dieser zweite Teil der „Faszination Mathematik" besteht aus einer Sammlung von Übersichtsartikeln, in denen jeweils eine Teildisziplin der modernen Mathematik durch einen Experten bzw. eine Expertin dieses Fachgebiets vorgestellt wird.

Die Inhalte erstrecken sich dabei von ganz klassischen Bereichen wie Geometrie oder Logik bis hin zu modernsten Themen wie etwa Codierungstheorie oder Wavelets.

Algebra

M. Schlichenmaier

Ursprünglich verstand man unter dem mathematischen Gebiet Algebra das Lösen algebraischer Gleichungen, d. h. die Bestimmung der Nullstellen von ↓ Polynomen mit ganzen oder rationalzahligen Koeffizienten. Zur Bewältigung dieser Aufgabe wurde es notwendig, über die Grundrechenarten hinaus komplexere Operationen zu betrachten, wie etwa die Hinzunahme von Wurzelausdrücken (den Radikalen) in den Koeffizienten der Gleichung oder die Hinzunahme „imaginärer Zahlen" (Quadratwurzeln aus negativen Zahlen). In dieser Weise wurden im 16. Jahrhundert Lösungsformeln für die Gleichungen 3. und 4. Grades entwickelt.

Aufbauend auf der Theorie der „Substitutionen" (u. a. bereits von Gauß und Lagrange benutzt) entwickelte Galois seine Theorie über die Beziehung der Gruppe von Substitutionen (der Galoisgruppe) einer vorgelegten Gleichung und dem kleinsten Körper, der alle ihre Nullstellen enthält (↓ Galois-Theorie). Damit war es möglich, systematische Aussagen über die Lösbarkeit (bzw. Nichtlösbarkeit) der Gleichung zu beweisen. Insbesondere zeigt der Satz von Abel, daß es für die allgemeine algebraische Gleichung vom Grad größer oder gleich 5 keinen Lösungsalgorithmus geben kann, der ausgehend von den Koeffizienten der Gleichung in einer Abfolge von rationalen Operationen und Wurzelziehen besteht.

Im selben Maße wie sich diese Methoden entwickelten, wurde der Begriff der Algebra erweitert. Heute versteht man unter Algebra die Theorie der Verknüpfungen auf einer Menge. Eine (zweistellige) Verknüpfung auf einer Menge M ist eine Abbildung

$$\circ : M \times M \to M, \quad (x, y) \mapsto x \circ y,$$

für die weitere Eigenschaften vorausgesetzt werden. Beispiele zusätzlicher Eigenschaften sind das Assoziativgesetz, die Existenz eines neutralen Elements, die Existenz inverser Elemente zu jedem Element, usw. Eine derart erhaltene Struktur $(M, \circ)$ heißt algebraische Struktur. Eine algebraische Struktur, welche die drei obigen Eigenschaften erfüllt, heißt Gruppe. Eine weitere Eigenschaft von Bedeutung ist die Kommutativität der Verknüpfung, d. h. $x \circ y = y \circ x$. Eine Gruppe, für welche die Verknüpfung kommutiert, heißt abelsche Gruppe.

In der Algebra studiert man auch mehrstellige Verknüpfungen und insbesondere auch Mengen die mehrere Verknüpfungen besitzen, zwischen denen gewisse Verträglichkeitsrelationen gelten. Beispiele solcher Strukturen bilden die Körper mit der Verknüpfung + (der Addition) und · (der Multiplikation). Die Verträglichkeitsrelationen sind die Distributivgesetze. Von großer Bedeutung sind algebraische Strukturen, die aus mehreren Mengen, Verknüpfungen innerhalb der einzelnen Mengen und Verknüpfungen zwischen den Mengen bestehen. Beispiel hierfür ist der Begriff des Vektorraums V über einem Körper $\mathbb{K}$, mit der Addition und Multiplikation innerhalb des Körpers $\mathbb{K}$, der Addition im Vektorraum V und der Multiplikation der Skalaren (den Elementen des Körpers) mit den Vektoren $\mathbb{K} \times V \to V$. Die Verträglichkeitsbedingungen werden in den Axiomen des Vektorraums ausgedrückt. Ein weiteres Beispiel einer solchen Struktur sind die Algebren über einem Ring R.

Abhängig von den Gesetzen der behandelten algebraischen Strukturen unterteilt man die Algebra in Teilbereiche.

Die ↑ Lineare Algebra ist die Theorie der Vektorräume über Körpern oder allgemeiner der Moduln über Ringe. Sie beinhaltet speziell die Lösungstheorie der linearen Gleichungssysteme.

Die Körpertheorie beschäftigt sich mit Körpern und Körpererweiterungen. In ihrem Rahmen wird die Lösungstheorie algebraischer Gleichungen behandelt.

Die Gruppentheorie untersucht Gruppen. Sie macht via ↓ Galois-Theorie ebenfalls Aussagen über die Lösungstheorie algebraischer Gleichungen.

Weitere wichtige Teilbereiche sind die Ringtheorie, die Theorie der Algebren über einem Ring, die kommutative Algebra (mit den kommutativen Ringen und den Moduln über diesen als Untersuchungsobjekten) und die homologische Algebra.

Es gibt aber auch algebraische Theorien, die sich mit Bereichen beschäftigen, die außerhalb des historischen Ursprungs sind: Die Boolesche Algebra ist eine algebraische Struktur aus der Logik. Die Theorie der Kategorien beschäftigt sich in einer übergeordneten Weise mit der Struktur von algebraischen und anderen Strukturen und ihren Beziehungen untereinander. Der ↑ Zahlentheorie liegen selbstverständlich ebenfalls algebraische Strukturen zugrunde. Daneben kommen zum Lösen zahlentheoretischer Probleme auch wichtige Konzepte der Analysis im Rahmen der analytischen Zahlentheorie zum Einsatz. Man betrachtet deshalb die Zahlentheorie heute als eigenständige Disziplin neben der Algebra. Ihre mehr algebraisch orientierten Bereiche bezeichnet man als algebraische Zahlentheorie.

Algebraische Theorien und Resultate werden in vielen anderen Gebieten der Mathematik eingesetzt. In einigen dieser Felder haben sich spezielle algebraische Methoden zu eigenständigen Teildisziplinen entwickelt und werden mit eigenen Namen bedacht. Neben der bereits oben erwähnten algebraischen Zahlentheorie sind dies z. B. die algebraische Geometrie, die algebraische Topologie usw. Mit einer gewissen Berechtigung könnte man einige dieser Bereiche auch direkt der Algebra zuordnen. Dies betrifft etwa die algebraische Geometrie oder die algebraische Zahlentheorie. Beide Bereiche haben ebenfalls die Untersuchung algebraischer Objekte zu ihrem Gegenstand.

Letztendlich ist es jedoch nicht immer sinnvoll, schematisch auf einer Abgrenzung zu bestehen. So werden wichtige Impulse auch aus den Anwendungen der Algebra in die Algebra zurück gegeben und fördern die weitere Entwicklung der Algebra.

Polynome

Polynome in einer Variablen X über einem kommutativen Ring R (mit Eins) sind formale Summen f (auch mit $f(X)$ bezeichnet) der Form

$$ f = f(X) = a_n X^n + a_{n-1} X^{n-1} + \cdots + a_0 X^0 = \sum_{i=0}^{n} a_i X^i \,. \qquad (1) $$

Hierbei ist $n \in \mathbb{N}_0$ beliebig, und die $a_n, a_{n-1}, \ldots, a_0$ (genannt die *Koeffizienten* des Polynoms) sind aus R. Abhängig vom Kontext bezeichnet man das Polynom mit f, $f(X)$ oder auch $f(x)$. Das Symbol X bzw. x heißt Variable oder manchmal auch Veränderliche. „Formale Summe" oder „formaler Ausdruck" soll in diesem Zusammenhang bedeuten, daß man die Summanden mit verschiedenen „Potenzen" von X unverändert nebeneinander aufführt. Erst wenn man statt X ein Ringelement α „einsetzt" und die Potenzen in X als Potenzen von α interpretiert, wird die formale Summe zu einer echten Summe im Ring und kann ausgeführt werden (siehe weiter unten).

Der Begriff formale Summe kann in der folgenden Weise präzisiert werden. Ein Polynom f wird als finite Abbildung

$$f : \mathbb{N}_0 \to R, \quad i \mapsto f_i \tag{2}$$

definiert. Finit bedeutet, daß bis auf höchstens endlich viele Ausnahme $f_i = 0$ gilt. Ein Polynom f, definiert als „formale Summe" gemäß (1), legt durch $i \mapsto a_i$ eine finite Abbildung (2) fest. Umgekehrt ist durch die finite Abbildung (2) eine formale Summe (1) mit $a_i = f_i$ fixiert. Es gibt spezielle Abbildungen e_n für $n \in \mathbb{N}_0$, definiert durch

$$e_n : \mathbb{N}_0 \to R; \quad j \mapsto \begin{cases} 1, & j = n, \\ 0, & j \neq n. \end{cases}$$

Unter obiger Identifikation entspricht dem Element e_n das Polynom X^n. Alle folgenden Konstruktionen in den formalen Summen können mit Hilfe der entsprechenden Konstruktionen für die finiten Abbildungen präzisiert werden (was hier nicht ausgeführt werden soll). Im Lichte dieser Präzisierung wird vereinbart, daß die nicht geschriebenen Terme in der formalen Summe (1) bei Bedarf durch $0 \cdot X^i$ ersetzt werden können, und daß weiterhin Terme dieser Art weggelassen werden können. Desweiteren kommt es nicht auf die Reihenfolge an, in der die Potenzen X^i geschrieben werden. Statt $a_0 X^0$ in (1) schreibt man meist nur a_0.

Die Menge der Polynome mit Koeffizienten aus R wird mit $R[X]$ bezeichnet. Von spezieller Bedeutung sind die Fälle, in denen die Koeffizienten ganze Zahlen ($R = \mathbb{Z}$) bzw. Elemente von Körpern (z. B. $\mathbb{Q}$, $\mathbb{R}$ oder $\mathbb{C}$) sind. In diesem Fall spricht man auch von ganzzahligen, rationalen, reellen, bzw. komplexen Polynomen.

Die Menge der Polynome $R[X]$ ist eine Algebra über R, d. h. sie besitzt eine Addition, eine Multiplikation mit dem Skalarenbereich R und eine Multiplikation, die gewisse Kompatibilitätsbedingungen untereinander erfüllen. Die Verknüpfungen sind wie folgt definiert. Seien $f(X) = \sum_{i=0}^{n} a_i X^i$ und $g(X) = \sum_{i=0}^{m} b_i X^i$ zwei Polynome und $r \in R$ ein Ringelement, dann gilt

$$(f + g)(X) := \sum_{i=0}^{\max(n,m)} (a_i + b_i) X^i$$

$$(rf)(X) := \sum_{i=0}^{n} (ra_i) X^i$$

$$(f \cdot g)(X) := \sum_{i=0}^{n \cdot m} \left(\sum_{j=0}^{i} a_j b_{i-j} \right) X^i .$$

Insbesondere ist $R[X]$ ein Modul über dem Ring R, bzw. $\mathbb{K}[X]$ ein Vektorraum über dem Körper $\mathbb{K}$. Eine Basis ist gegeben durch $B := \{X^i \mid i \in \mathbb{N}_0\}$. Die Basiselemente heißen Monome. Die Multiplikation kann auch als bilineare Fortsetzung von

$$X^i \cdot X^j := X^{i+j}$$

definiert werden. Durch $r \mapsto r \cdot X^0$ wird R in $R[X]$ als Untervektorraum, bzw. Untermodul eingebettet. Die Elemente dieses Unterraums heißen konstante Polynome.

Sei f ein Polynom wie in (1) gegeben mit $a_n \neq 0$, dann ist der *Grad* des Polynoms f, $\deg f$, als n definiert. Das Element $a_n \neq 0$ heißt *höchster Koeffizient* oder *Leitkoeffizient* des Polynoms. Dem Nullpolynom ordnet man den Grad $-\infty$ zu. Die weiteren konstanten Polynome sind genau die Polynome vom Grad Null. Es gilt

$$\deg(f + g) \leq \max(\deg f, \deg g),$$
$$\deg(f \cdot g) \leq \deg f + \deg g .$$

Ist der Ring nullteilerfrei (z. B. $\mathbb{Z}$ oder ein Körper), dann gilt

$$\deg(f \cdot g) = \deg f + \deg g .$$

Ein Polynom $f(X)$, gegeben durch (1), definiert in natürlicher Weise die *Polynomfunktion*

$$\hat{f} : R \to R, \quad \alpha \mapsto f(\alpha) := \sum_{i=0}^{n} a_i \alpha^i,$$

indem man die formale Variable X durch das Ringelement α ersetzt. Polynome über Körpern von Charakteristik Null sind eindeutig durch ihre Polynomfunktionen festgelegt. Manchmal identifiziert man in diesem Fall Polynome mit der dadurch bestimmten Polynomfunktion. Es ist jedoch zu beachten, daß für beliebige Ringe und sogar Körper das Polynom f durch die Kenntnis der Polynomabbildung $\hat{f}$ nicht eindeutig fixiert ist. So definieren die beiden Polynome $X^p - X$ und $0 \cdot X$ (das Nullpolynom) für den Körper mit p Elementen $\mathbb{F}_p$ (p eine Primzahl) als Polynomfunktionen jeweils die Nullfunktion $\alpha \mapsto 0$.

Im folgenden sei R immer als nullteilerfreier Ring oder sogar als Körper vorausgesetzt. Ist f ein Polynom vom Grad $\deg f \geq 1$, und ist $\alpha \in R$ gegeben mit $\hat{f}(\alpha) = 0$, so heißt α eine *Nullstelle* des Polynoms f. Ist α eine Nullstelle des Polynoms f, so kann f als Produkt

$$f(X) = g(X) \cdot (X - \alpha)$$

geschrieben werden. Hierbei ist $g(X)$ ein Polynom vom Grad $\deg g = \deg f - 1$. Dieses Verfahren heißt *Abspaltung einer Nullstelle*. Durch sukzessive Abspaltung von weiteren Nullstellen erhält man das Ergebnis, daß ein Polynom vom Grad n höchstens n Nullstellen hat. Das Polynom g kann durch Division mit Rest im Polynomring konstruiert werden. Die *Division mit Rest* ist allgemein für Polynome $f, g \in R[X]$ mit $\deg f > \deg g$ unter der Bedingung, daß der höchste Koeffizient von g eine Einheit in R (d. h. invertierbar) ist, definiert. Sie liefert Polynome $q, r \in R[X]$ mit

$$f(X) = q(X) \cdot g(X) + r(X) \, ,$$

derart, daß

$$\deg q = \deg f - \deg g \, ,$$

und entweder

(i) $r \equiv 0$ (d. h., r ist das Nullpolynom), oder

(ii) $\deg r < \deg g$

gilt. Das Polynom $q(X)$ heißt Quotient, $r(X)$ heißt Rest. Ein Polynom $f(X) = \sum_{i=0}^{n} a_i X^i$ heißt durch $g(X) = \sum_{i=0}^{m} b_i X^i$ teilbar, wenn der Rest verschwindet. Der Quotient heißt in diesem Fall ein Teiler des Polynoms. Die Koeffizienten des Quotienten $q(X) = \sum_{j=0}^{k} c_j X^j$ können rekursiv durch Koeffizientenvergleich gewonnen werden. Sei

$$n = \deg f, \quad m = \deg g, \quad k = \deg q = n - m \, ,$$

dann berechnet sich

$$c_k = b_m^{-1} a_n,$$
$$c_{k-1} = b_m^{-1}(a_{n-1} - c_k b_{m-1}),$$
$$\vdots$$
$$c_0 = b_m^{-1}(a_m - c_1 b_{m-1} \cdots - c_k b_{m-k}).$$

Das Restpolynom ergibt sich als

$$r(X) = f(X) - q(X) \cdot g(X).$$

Sind f und g zwei Polynome über einem Körper $\mathbb{K}$, so existiert der größte gemeinsame Teiler $\mathrm{ggT}(f, g)$ bezüglich des Grads. Er ist ein Polynom und kann mit Hilfe des *Euklidischen Algorithmus'* bestimmt werden. Hierzu wird sukzessive Division mit Rest durchgeführt. Es ist

$$\begin{aligned}
f(X) &= q_1(X)g(X) + r_1(X), & \deg r_1 < \deg g, \\
g(X) &= q_2(X)r_1(X) + r_2(X), & \deg r_2 < \deg r_1, \\
r_1(X) &= q_3(X)r_2(X) + r_3(X), & \deg r_3 < \deg r_2, \\
&\vdots
\end{aligned}$$

Das Verfahren terminiert, wenn das erste Mal als Rest r_k Null auftritt. Der letzte nichtverschwindende Rest r_{k-1} (bzw. der Quotient im letzten Schritt) ist der größte gemeinsame Teiler $\mathrm{ggT}(f, g)$ der Polynome f und g. Durch Rückwärtseinsetzen liefert der Algorithmus eine Darstellung

$$\mathrm{ggT}(f, g)(X) = h(X)f(X) + l(X)g(X)$$

mit geeigneten Polynomen h und l. Zwei Polynome heißen teilerfremd, falls der größte gemeinsame Teiler eine Konstante ist.

Ein Polynom, das man nicht als Produkt von Polynomen vom Grad ≥ 1 schreiben kann, heißt *irreduzibles Polynom* oder auch *Primpolynom*. Im Polynomring über einem Körper kann man jedes Polynom als Produkt von irreduziblen Polynomen schreiben. Die Faktoren sind bis auf die Reihenfolge und die Multiplikation mit Skalaren eindeutig bestimmt. Sie heißen die Primfaktoren der Polynome. Über algebraisch abgeschlossenen Körpern (z. B. $\mathbb{C}$) sind die einzigen Primpolynome die linearen Polynome $(X - \alpha)$, $\alpha \in \mathbb{K}$, bzw. deren skalare Vielfache.

Ein „einfacher" Algorithmus zur Bestimmung der Nullstellen eines Polynoms über einem Körper ausgehend von den (beliebigen) Koeffizienten des Polynoms existiert nur für Polynome des Grads 1, 2, 3 oder 4. Der Satz von Abel besagt nämlich, daß für Polynome vom Grad ≥ 5 kein Algorithmus zur Nullstellenbestimmung existiert, der durch Addition, Multiplikation und sukzessives Wurzelziehen ausgehend von den Koeffizienten ausgeführt werden kann. Der Beweis verwendet die Galois-Theorie.

Polynome in mehreren Variablen werden in analoger Weise definiert. Polynome in n Variablen $X_1, X_2, \ldots, X_n$ über einem Ring R sind formale Summen der Form

$$f(X_1, X_2, \ldots, X_n) = \sum_{0 \leq i_1, i_2, \ldots, i_n} a_{(i_1, \ldots, i_n)} X_1^{i_1} X_2^{i_2} \cdots X_n^{i_n} . \qquad (3)$$

Hierbei ist die Summe als endlich vorausgesetzt. Mit Hilfe der Multiindex-Schreibweise $X = (X_1, X_2, \ldots, X_n)$, $i = (i_1, i_2, \ldots, i_n)$, kann (3) auch kompakter als

$$f(X) = \sum_i a_i X^i \qquad (4)$$

geschrieben werden. Das Element $X_1^{i_1} X_2^{i_2} \cdots X_n^{i_n}$ heißt Monom vom Grad $|i| := i_1 + i_2 + \cdots + i_n$. Wiederum kann „formale Summe" präzisiert werden als finite Abbildung

$$\mathbb{N}_0^n \to R .$$

Die Addition, Multiplikation, usw. übertragen sich in offensichtlicher Weise auf Polynome in mehreren Variablen, wobei für die Multiplikation vereinbart wird, daß $X_j \cdot X_i = X_i \cdot X_j$ gilt. In dieser Weise erhält man den (kommutativen) Polynomring $R[X_1, X_2, \ldots, X_n]$ in n Variablen. Er kann auch rekursiv als Polynomring in der Variablen X_n über dem Polynomring in den Variablen $X_1, \ldots, X_{n-1}$ konstruiert werden. Der Grad des Polynoms (3) bzw. (4) ist definiert als das maximale k, für welches nichtverschwindende Koeffizienten $a_i \neq 0$ existieren mit $k = |i|$. Polynome in mehreren Variablen über einem Körper können als Produkte irreduzibler Polynome geschrieben werden. Die Faktoren sind, bis auf Vertauschung der Reihenfolge und Multiplikation mit nichtverschwindenden Konstanten, eindeutig.

Der *homogene Anteil* $f_l(X)$ vom Grad l eines Polynoms (4) ist definiert als

$$f_l(X) = \sum_{|i|=l} a_i X^i .$$

Jedes Polynom besitzt eine eindeutige Zerlegung in die Summe seiner homogenen Anteile

$$f(X) = \sum_{l=0}^{k} f_l(X) .$$

Ein Polynom vom Grad n heißt *homogenes Polynom* vom Grad n, falls f mit seinem homogenen Anteil vom Grad n übereinstimmt. Die Zerlegung in homogene Anteile liefert eine Zerlegung des unendlichdimensionalen Vektorraums der Polynome (bzw. des freien Moduls) in endlichdimensionale direkte Summanden P_l

$$R[X_1, X_2, \ldots, X_n] = \bigoplus_{l=0}^{\infty} P_l .$$

Der Summand P_l ist definiert als

$$P_l := \{ f \text{ ist homogen vom Grad } l \text{ oder } f \equiv 0 \} .$$

Er wird erzeugt von den Monomen vom Grad l und heißt homogener Unterraum vom Grad l. Es gilt

$$\dim P_l = \binom{n+l-1}{l} .$$

Für eine einzige Variable sind die homogenen Unterräume P_l eindimensional und werden durch die X^l erzeugt. Unter der Zerlegung wird $R[X_1, X_2, \ldots, X_n]$ ein graduierter Ring (falls R nullteilerfrei ist), d. h., es gilt

$$P_l \cdot P_{l'} \subseteq P_{l+l'} .$$

Polynomringe haben wichtige algebraische Eigenschaften. So sind etwa Polynomringe in n Variablen über einem Körper Noethersche Ringe. Allgemeiner gilt: Polynomringe über einem Noetherschen Ring sind selbst wieder Noethersch (Hilbertscher Basissatz). Polynomringe über $\mathbb{Z}$ sind also auch Noethersch.

Gegeben sei ein Polynom (4) über einem Körper $\mathbb{K}$. Ist $\alpha = (\alpha_1, \ldots, \alpha_n) \in \mathbb{K}^n$ ein Punkt des n-dimensionalen affinen Raums, dann ist

$$f(\alpha) := \sum_i a_i \alpha^i = \sum_{0 \le i_1, \ldots, i_n} a_{i_1, \ldots, i_n} \alpha_1^{i_1} \alpha_2^{i_2} \cdots \alpha_n^{i_n}$$

ein Element aus dem Körper $\mathbb{K}$. Der Punkt $\alpha \in \mathbb{K}^n$ heißt *Nullstelle* des Polynoms, falls $f(\alpha) = 0$. Das Studium von Nullstellen von einen oder mehreren Polynomen in mehreren Variablen taucht typischerweise bei geometrischen Fragestellungen auf. Die Menge gemeinsamer Nullstellen einer Menge von Polynomen ist eine (nicht notwendig irreduzible) Varietät. Varietäten werden in der algebraischen Geometrie untersucht. Wichtige geometrische Objekte können als Nullstellengebilde von Polynomen gegeben werden. So ist die Sphäre S^2 im $\mathbb{R}^3$ die Nullstellenmenge des Polynoms

$$f(X, Y, Z) = X^2 + Y^2 + Z^2 - 1 \,.$$

Galois-Theorie

Der Ausgangspunkt der Galois-Theorie ist die Tatsache, daß eine endliche Körpererweiterung $\mathbb{L}$ über $\mathbb{K}$ durch Adjunktion von endlich vielen Nullstellen irreduzibler Polynome mit Koeffizienten aus $\mathbb{K}$ erhalten werden kann, und daß die Körperautomorphismen von $\mathbb{L}$ über $\mathbb{K}$ die Nullstellen der einzelnen irreduziblen Polynome jeweils untereinander permutieren. Ist die Permutation bekannt, so ist der Körperautomorphismus eindeutig fixiert. Insbesondere bildet die Gruppe der Körperautomorphismen von $\mathbb{L}$ über $\mathbb{K}$ eine endliche Gruppe. Diese Beobachtung kann ausgebaut werden zu einer vollständigen Korrespondenz zwischen der Menge der Zwischenkörper einer Galois-Erweiterung $\mathbb{L}$ von $\mathbb{K}$ und den Untergruppen der Automorphismengruppe von $\mathbb{L}$ über $\mathbb{K}$.

Dies soll im folgenden näher erläutert werden. Eine endliche Körpererweiterung $\mathbb{L}$ über $\mathbb{K}$ heißt Galois-Erweiterung, falls sie normal und separabel über $\mathbb{K}$ ist. Die Gruppe der Automorphismen von $\mathbb{L}$ über $\mathbb{K}$, d. h. die Gruppe der Automorphismen $\mathbb{L} \to \mathbb{L}$, die $\mathbb{K}$ elementweise festlassen, heißt Galois-Gruppe $G = Gal(\mathbb{L}/\mathbb{K})$ der Körpererweiterung. Jeder Untergruppe H von G kann der Fixkörper

$$\mathbb{L}^H := \{a \in \mathbb{L} \mid \sigma(a) = a, \, \forall \sigma \in H\}$$

zugeordnet werden. Es handelt sich hierbei um einen Zwischenkörper von $\mathbb{L}$ über $\mathbb{K}$. Es gilt

$$\mathbb{L}^{Gal(\mathbb{L}/\mathbb{K})} = \mathbb{K}.$$

Ist M ein Zwischenkörper, so ist $\mathbb{L}$ über M ebenfalls Galoissch und die Galois-Gruppe $H := Gal(\mathbb{L}/M)$ kann in natürlicher Weise mit der Untergruppe von G, bestehend aus den Automorphismen von $\mathbb{L}$ über $\mathbb{K}$, die auch M festlassen, identifiziert werden. Berechnet man den Fixkörper $\mathbb{L}^H$, so erhält man den Zwischenkörper M zurück. Der *Hauptsatz der Galois-Theorie* besagt, daß die dadurch definierte Zuordnung eine inklusionsumkehrende Bijektion zwischen der Menge der Zwischenkörper von $\mathbb{L}$ über $\mathbb{K}$ und der Menge der Untergruppen von $G = Gal(\mathbb{L}/\mathbb{K})$ ist. Desweiteren ist ein Zwischenkörper M genau dann Galoissch über dem Grundkörper $\mathbb{K}$, falls $H = Gal(\mathbb{L}/M)$ eine normale Untergruppe von G ist. Die Galois-Gruppe $Gal(M/\mathbb{K})$ ist dann isomorph zur Faktorgruppe G/H. Dieser Hauptsatz liefert bei Kenntnis der Galois-Gruppe fundamentale Aussagen über die möglichen Zwischenkörper. Insbesondere folgt, daß eine endlichdimensionale separable Körpererweiterung nur endlich viele Zwischenkörper besitzt. Ist f ein irreduzibles Polynom mit Koeffizienten aus dem Körper $\mathbb{K}$ mit nur einfachen Nullstellen, dann ist sein Zerfällungskörper $\mathbb{L}$ über $\mathbb{K}$, d. h. der minimale Erweiterungskörper im algebraischen Abschluß von $\mathbb{K}$, über dem f vollständig als Produkt von linearen Polynomen geschrieben werden kann, eine Galois-Erweiterung von $\mathbb{K}$. Man nennt dann die Galois-Gruppe von $\mathbb{L}$ auch die Galois-Gruppe des Polynoms f bzw. der Gleichung $f(x) = 0$.

Besitzt die Galois-Gruppe gewisse Eigenschaften (z. B. abelsch, zyklisch, oder auflösbar zu sein), so benennt man die Körpererweiterung bzw. die Gleichung ebenso. Mit Hilfe der Galois-Theorie kann man zeigen, daß die allgemeine Gleichung vom Grad $n \geq 5$ nicht durch Radikale lösbar ist (Satz von Abel). Die allgemeine Gleichung vom Grad n besitzt als Galois-Gruppe die symmetrische Gruppe S_n von n Elementen. Ist die Gleichung durch Radikale (d. h. durch mehrfaches k-tes Wurzelziehen) auflösbar, so bedeutet dies, daß es eine Abfolge von Zwischenkörpern gibt, die jeweils zyklische Erweiterungen des vorherigen Zwischenkörpers sind. Dies ist äquivalent zur Tatsache, daß der Zerfällungskörper eine auflösbare Galois-Gruppe besitzt. Die S_n ist für $n \geq 5$ jedoch nicht auflösbar.

Eine weitere Anwendung der Galois-Theorie ist die Klassifizierung derjenigen geometrischen Größen in der reellen Ebene, die durch

Konstruktion mit Zirkel und Lineal, ausgehend von endlich vielen Grundgrößen, erhalten werden können. Es ergibt sich, daß eine Größe x genau dann mit Zirkel und Lineal konstruierbar ist, falls ihre Koordinaten in einem Erweiterungskörper vom Grad 2^m ($m \in \mathbb{N}_0$) des durch die Koordinaten der Ausgangsgrößen definierten Grundkörpers liegen. Dies liefert die negative Aussage für das Delische Problem der Würfelverdoppelung, der Dreiteilung eines beliebigen Winkels und der Quadratur des Kreises. Darüberhinaus ergibt sich eine vollständige Übersicht über die Möglichkeit der Konstruktion der regulären n-Ecke mit Zirkel und Lineal.

Umgekehrt kann die Galois-Theorie auch benutzt werden, um algebraische bzw. geometrische Modelle für gruppentheoretische Fragestellungen zu erhalten. Mit der Frage, ob und in welcher Weise eine vorgegebene Gruppe als Galois-Gruppe eines Körpers bzw. einer Gleichung realisiert werden kann, befaßt sich die sog. inverse Galois-Theorie.

Analysis

D. Hoffmann

Die Analysis ist ein zentrales und außerordentlich anwendungs-
relevantes Gebiet der Mathematik, das in engerem Sinne die
Infinitesimalrechnung, d. h. Differential- und Integralrechnung, umfaßt
und dazu all die Zweige der Mathematik, die wesentlich auf der
Infinitesimalrechnung basieren, so etwa Differentialgleichungen (ge-
wöhnliche und partielle), Integralgleichungen, Differenzengleichungen,
Variationsrechnung, Spezielle Funktionen der mathematischen Physik,
Vektoranalysis, Maß- und Integrationstheorie und Funktionalanalysis.
In weiterem Sinne können auch die Gebiete Approximationstheo-
rie, Optimierungstheorie, Harmonische Analyse, Differentialgeometrie,
Theorie der Minimalflächen und heute noch Globale Analysis, Analyti-
sche Zahlentheorie, Verallgemeinerte Funktionen (Distributionen und
Hyperfunktionen) und Theorie der Pseudodifferentialoperatoren dazu
gezählt werden, die sich aber alle mit eigenständigen Methoden und
Fragestellungen unabhängig entwickelt haben. Anwendungen findet die
Analysis in der Wahrscheinlichkeitstheorie, sowie besonders in den Na-
turwissenschaften (vor allem der Physik), der Technik und Informatik
(Ingenieurwissenschaften) und heute auch zunehmend in Wirtschafts-,
Sozial- und Finanzwissenschaften.

Für das Universalgenie John von Neumann (1903–1957) war die
Infinitesimalrechnung *die* herausragende Leistung der modernen Mathematik, ihre Bedeutung könne nur schwerlich überschätzt werden.
Seiner Ansicht nach markiert sie unmißverständlicher als alles andere
den Beginn der modernen Mathematik, und das System der mathematischen Analysis, welches ihre logische Weiterentwicklung ist, stelle den
größten operativen Fortschritt im exakten Denken dar.

Grundlegende Begriffe und Aufgaben. Grundlegende Begriffe der Analysis sind – aufbauend auf den Begriffen Zahl und Funktion, speziell
Folgen, dann Reihen und Potenzreihen – *Stetigkeit* und *Grenzwert* und
damit *Ableitung* und *Integral.*

Der Grenzwertbegriff (Limes) präzisiert die intuitive vage Vorstellung,
daß sich Funktionswerte einer Funktion f einem Wert s (beliebig) nähern, wenn sich die Argumente einem Punkt a nähern. Stetigkeit erfaßt

mathematisch exakt die grobe Idee, daß sich die Funktionswerte nur wenig ändern, wenn sich die Argumente wenig verändern. Dieses ist keineswegs eine „akademische" Fragestellung; denn in vielen Bereichen – auch des täglichen Lebens – möchte man sicher sein, daß sich kleine Veränderungen in irgendwelchen Eingabegrößen wenig – also gerade nicht „chaotisch" – auf das Ergebnis auswirken.

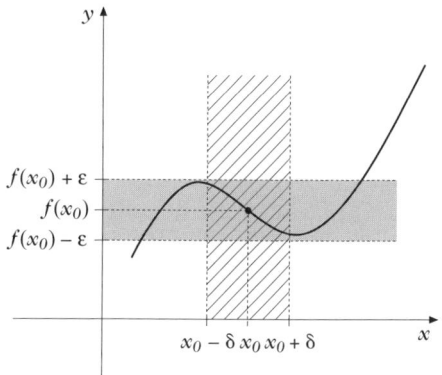

Stetigkeit von f an der Stelle x_0

Die *Grundaufgabe der Differentialrechnung* ist die Berechnung der Ableitung $f'(a)$ zu einer gegebenen Funktion f an einer Stelle a. Geometrisch gesprochen die Bestimmung der Steigung der Tangente an die durch f beschriebene Kurve im Punkt $(a, f(a))$.

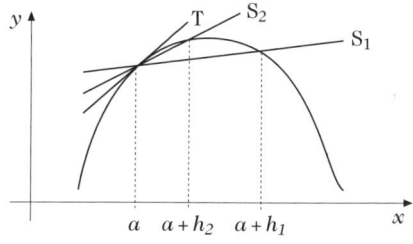

Tangente als „Grenzlage" der Sekanten

Beschreibt f die Länge eines Weges, den ein Massenpunkt bis zur Zeit t zurücklegt, dann ist $f'(a)$ die Geschwindigkeit zur Zeit a. Bereits in den Arbeiten von Galileo Galilei (1564–1642) über den freien Fall steht implizit, daß (im dortigen Zusammenhang) Geschwindigkeit gleich Ableitung ist.

Die *Grundaufgabe der Integralrechnung* ist Flächenberechnung. Für Newton war dies das entscheidende Werkzeug, um aufbauend auf Keplers Planetengesetzen das Gravitationsgesetz und die Gleichungen der Mechanik per Abstraktion zu erhalten.

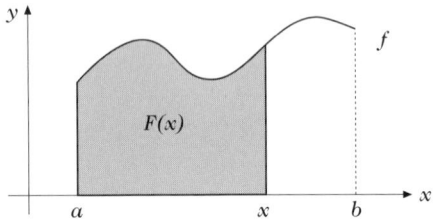

Flächenfunktion

Der *Fundamentalsatz der Analysis* oder *Hauptsatz der Differential- und Integralrechnung* ist *das* entscheidende Bindeglied zwischen Integration und Differentiation und damit zentrales Hilfsmittel für die praktische Berechnung von Integralen. Erst dieses Zusammenspiel zwischen Differentiation und Integration macht die besondere Stärke der Analysis aus.

Die Urprünge von Differentiation und Integration sind durchaus empirisch und irdisch: Keplers Integrationsversuch zur Volumenbestimmung von Weinfässern! Newtons „Fluxionsmethode" ging von physikalischen Fragestellungen aus und wurde hauptsächlich für Zwecke der Mechanik entwickelt. Leibniz stellte das Tangentenproblem an den Anfang seiner Überlegungen. Für René Descartes (1596–1650) war es das „nützlichste und allgemeinste Problem", das er kannte. Wesentliche Wurzeln für die Entstehung der Integralrechnung waren Probleme der allgemeinen *Inhaltsmessung*, insbesondere auch krummlinig begrenzter Bereiche. So dienen Integrale im einfachsten Fall zur Bestimmung von Längen, Flächen und Volumina. Dahinter verbergen sich in den verschiedenen Anwendungen Aufgaben wie zum Beispiel Berechnung von Arbeit, Weglängen, Potential, Kosten, Erlös und Gewinn.

Die Berechnung von Integralen über die Definition (etwa als Riemann-Integral) ist meist beschwerlich und viel zu aufwendig. Der Fundamentalsatz der Analysis zeigt, daß *Stammfunktionen* (Funktionen, die eine gegebene Funktion als Ableitung haben) ein sehr leistungsfähiges Hilfsmittel liefern, und dieses Vorgehen für stetige Integranden – prinzipiell – immer möglich ist. Die Bedeutung dieses – von Newton schon erahnten – Satzes für die Mathematik und ihre Anwendungen kann kaum überschätzt werden; er verbindet die beiden zentralen – ursprünglich und von der Fragestellung her völlig getrennten – Gebiete der Analysis Differential- und Integralrechnung. Eine wesentliche Aufgabe ist daher das kalkülmäßige Aufsuchen von Stammfunktionen für große Klassen von wichtigen Funktionen.

Pionierzeit – Bemühen um wissenschaftliche Strenge. Nach ersten Ansätzen in der Antike – etwa Zenon von Elea (ca. 495–435 v. Chr.; Achill und die Schildkröte), Eudoxos von Knidos (408–355 v. Chr.; Proportionenlehre und Exhaustionsmethode) und Archimedes von Syrakus (287–212 v. Chr.; Kompressionsverfahren und Exhaustionsmethode zur Flächen- und Volumenberechnung spezieller Flächen bzw. Körper) –, dann Wegbereitung und Lösung spezieller Fragestellungen durch Johannes Kepler (1571–1630), Bonaventura Cavalieri (1598–1647) und Pierre de Fermat (1601–1665) und vor allem nach der stürmischen Entwicklung der Mathematik im 17. und 18. Jahrhundert, begann ab etwa 1830 eine kritische Besinnung auf die Grundlagen, ein Bemühen um Strenge der mathematischen Deduktion; denn neben großartigen Erfolgen gab es in dieser Pionierzeit erhebliche Unklarheiten in Grundbegriffen und Beweismethodik und damit dann Widersprüche. Die damaligen Grundlagen stellten sich als inadäquat heraus, der Boden war schwankend. So in der Infinitesimalrechnung seit ihrer Begründung durch Gottfried Wilhelm von Leibniz (1646–1716) und Isaac Newton (1643–1727) etwa die nicht präzisierte Vorstellung von „unendlich kleinen Größen". (Diese wurden erst 1961 in der Nichtstandard-Analysis von Abraham Robinson (1918–1974) zu wohldefinierten mathematischen Objekten.) Auch die durch Joseph Fourier (1768–1830) – ausgehend von Problemen der Wärmeleitung – begründete Theorie der nach ihm benannten Reihen erforderte eine Präzisierung der grundlegenden Begriffe.

Entscheidende Klärungen wurden durch Augustin Louis Cauchy (1789–1857), Johann Carl Friedrich Gauß (1777–1855) und Bernhard Bolzano (1781–1848) erreicht, fortgesetzt und ausgefeilt durch Karl

Weierstraß (1815–1897) – bei der Einführung in die Analysis ist die „Weierstraßsche Strenge" sprichwörtlich –, Georg Cantor (1845–1918) und Richard Dedekind (1831–1916). Dadurch wurde die Entwicklung neu belebt und vehement vorangetrieben. Die von Cantor eingeführte Mengenlehre veränderte die Analysis grundlegend. Darauf bauten die Beiträge auf von René-Louis Baire (1874–1932), Émile Borel (1871–1956) und Henri Lebesgue (1875–1941), dessen Integral – das Lebesgue-Integral – heute *den* Integralbegriff für das analytische Arbeiten und viele Anwendungen darstellt.

Reelle Analysis – Komplexe Analysis. Die Theorie der Funktionen reeller Variabler wird abgrenzend auch als *reelle Analysis* bezeichnet, die der Funktionen komplexer Variabler, auf die an anderer Stelle eingegangen wird, als *komplexe Analysis*, speziell ↑ *Funktionentheorie.* Die Funktionentheorie hat sich von der reellen Analysis mit eigenständigen Methoden und andersartigen Themen abgesetzt; viele Phänomene im Reellen werden aber erst verständlich, wenn man den Übergang zum Komplexen macht. Die frühzeitige Einbeziehung komplexer Zahlen bringt aber auch in rein reellen Fragestellungen vielfach erstaunliche Vereinfachungen, so daß dies heute weitgehend Standard in der (Hochschul-) Lehre ist.

Eindimensionale reelle Analysis. Stichwortartig sei grob ein Aufbau der eindimensionalen reellen Analysis skizziert, wie er heute zumindest im Kern Standard in vielen Analysis-Vorlesungen ist:

Axiomatische Einführung der reellen Zahlen ($\mathbb{R}$), damit der natürlichen ($\mathbb{N}$), ganzen ($\mathbb{Z}$), rationalen ($\mathbb{Q}$) und dann der komplexen Zahlen ($\mathbb{C}$); Zusammenspiel von algebraischen (Körper) und topologischen Gesichtspunkten (hier über Ordnungsstruktur); *Folgerungen aus dem Vollständigkeitsaxiom; Folgen, Reihen, Potenzreihen* (Konvergenzbegriff); *Stetigkeit* (u. a. Zwischenwertsatz und Satz über die Annahme von Extremwerten), gleichmäßige Stetigkeit; *Differentialrechnung:* U. a. Satz von Rolle und Mittelwertsatz mit Folgerungen für lokales Verhalten und damit Extremwertbestimmung gewisser Funktionen; Differentiation von Potenzreihen und der Umkehrfunktion; Höhere Ableitungen mit Folgerungen über Krümmung (Konvexität, Konkavität); *Stammfunktionen* (unbestimmte Integrale); *bestimmtes Integral,* Flächeninhalt; *Funktionenfolgen, gleichmäßige Konvergenz; Taylor-Reihen; Uneigentliche Integrale.*

Mehrdimensionaler Fall. Bei der Verallgemeinerung auf den mehrdimensionalen Fall ist die Betrachtung von Funktionen $f: D \longrightarrow \mathbb{R}^n$ mit $D \subset \mathbb{R}$ (und einer natürlichen Zahl n) durch Zurückführung auf Koordinatenfunktionen recht einfach. Aber schon die Betrachtung von Funktionen $f: \mathbb{R}^2 \longrightarrow \mathbb{R}$ ist etwas schwieriger. Dabei sind geometrische Vorstellung („Fläche" im $\mathbb{R}^3$) und dazu graphische Darstellungen wie etwa durch Niveau- oder Höhenlinien und Vertikalschnitte hilfreich:

Bei der durch $f(x, y) := x^2 + y^2$ definierten Funktion $f: \mathbb{R}^2 \to \mathbb{R}$ sind die nicht-trivialen Höhenlinien Kreise. Dreidimensional gezeichnet, sieht das ungefähr so aus:

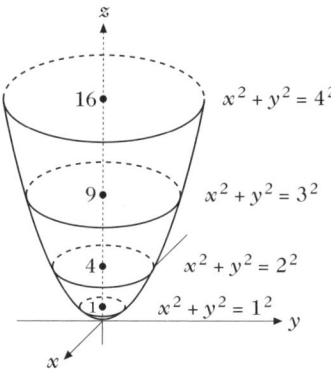

Höhenlinien

Für $f: \mathbb{R}^2 \to \mathbb{R}$, definiert durch $f(x, y) := x^2 - y^2$, sind die Niveaulinien Hyperbeln. Ergänzt man dies durch die beiden „Vertikalschnitte" $f(0, y) = -y^2$ und $f(x, 0) = x^2$, so gewinnt man schon einen guten Überblick über den Graphen. Die anschließende dreidimensionale Zeichnung vermittelt mit den Höhenlinien und den angegebenen Vertikalschnitten einen ungefähren Eindruck.

Eine Einführung in die mehrdimensionale Analysis wird zumindest enthalten: *Topologische Grundbegriffe für die Analysis im $\mathbb{R}^n$*: Der $\mathbb{R}^n$ als normierter Vektorraum, Konvergenz, Kompaktheit; Stetigkeit und Grenzwert; Zusammenhang; *Differenzierbare Abbildungen*: Totale und partielle Differenzierbarkeit; Mittelwertsatz; Fehlerabschätzungen; Höhere (partielle) Ableitungen, Satz von Schwarz; Satz von Taylor; Lokale Extremwerte; Lokale Umkehrbarkeit; Implizite Funktionen; Ex-

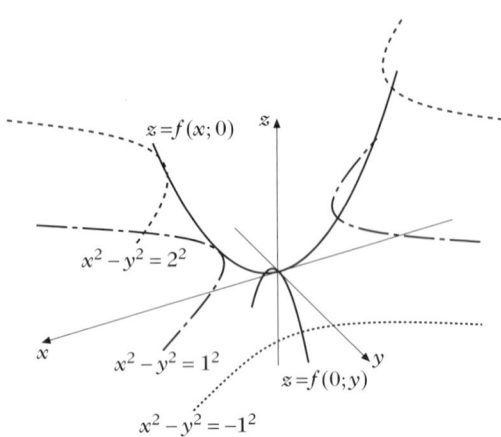

$z = f(x; 0)$

$x^2 - y^2 = 2^2$

$x^2 - y^2 = 1^2$

$z = f(0; y)$

$x^2 - y^2 = -1^2$

Höhenlinien und
Vertikalschnitte

trema mit Nebenbedingungen (Lagrange-Multiplikatoren); *Umkehrung der Differentiation:* Kurven und Kurvenintegrale; Hauptsätze (zum Umkehrproblem); *Integral auf dem* $\mathbb{R}^n$: Inhalt und Meßbarkeit; Iterierte Integration; Transformationssatz (Substitutionsregel); *Integralsätze von Gauß und Stokes.*

Absolute Analysis. Die moderne Analysis verdankt ihren Erfolg – neben ein- bzw. mehrdimensionaler reeller Analysis – wesentlich dem Einsatz von Techniken der Funktionalanalysis, der Maßtheorie und der Topologie.

Die Funktionalanalysis ist *die* wichtige Verallgemeinerung der klassischen Analysis, dabei heute kaum noch von ihr klar abzugrenzen. In der Entwicklung der Funktionalanalysis, angeregt durch die bahnbrechenden Überlegungen von David Hilbert (1862–1943), Erhard Schmidt (1876–1959) und Frigyes Riesz (1880–1956), brachte John von Neumann 1928 die entscheidende Idee: Die Theorie wurde von den Schranken Koordinatendarstellung und Matrizenkalkül befreit und zu einer koordinaten- und dimensionsfreien Theorie gestaltet. Eine moderne Analysis sollte sich heute daran orientieren! Die Elimination der Koordinaten bringt nicht nur formalen Gewinn. Sie führt zu Durchsichtigkeit und Einfachheit auch in der Theorie der Funktionen mehrerer Variabler. Allgemeiner als die bis dahin betrachteten Hilberträume führte 1920 Stefan Banach (1892–1945) die später nach ihm benannten Banachräume ein, die heute Standard für viele Theorien sind. Die Strukturen werden übersichtlich und deutlich, was Erlernen und Weiterentwicklung der Ideen entscheidend fördert. Ein solcher moderner Kalkül hat auch wesentliche Vorteile in den Anwendungen, so etwa in der theoretischen Physik.

Zudem ist die Beschäftigung damit (Spektraltheorie in abstrakten Hilbert-Räumen) ohnehin zwingend, wenn man die Quantentheorie mathematisch befriedigend behandeln will. Die Erweiterung ist naheliegend und eigentlich zwingend; sie drängt sich auch aus Fragestellungen der klassischen Analysis heraus auf, zum Beispiel: In der Variationsrechnung sind die unabhängigen Größen nicht Zahlen oder Vektoren im $\mathbb{R}^n$, sondern Funktionen. So untersuchte z. B. schon Leonhard Euler (1707–1783) das Problem, eine Funktion y zu finden, die ein Funktional

$$\int_a^b F(x, y(x), y'(x))\, dx$$

extremal macht, wobei alle stückweise stetig differenzierbaren Funktionen $y : [a, b] \to \mathbb{R}$ mit $y(a) = A$, $y(b) = B$ – bei vorgegebenen reellen Zahlen a, b, A, B mit $a < b$ – zugelassen sind. Die resultierende Euler-Lagrange-Gleichung wurde wesentlich zunächst für die Mechanik und später auch für die Quantenmechanik.

Beziehung zu den Anwendungen. Die Analysis bezieht, wie vorne schon gesagt, viele ihrer Fragestellungen und wichtige Impulse aus den Naturwissenschaften (vor allem der Physik), der Technik und Informatik (Ingenieurwissenschaften) und heute auch aus Wirtschafts-, Sozial- und Finanzwissenschaften. Dabei resultiert aus der Allgemeinheit und Abstraktheit der grundlegenden Begriffe und Methoden ihre universelle Anwendbarkeit in den sehr unterschiedlichen Anwendungsbereichen. Ganz wichtig ist dabei, jeweils die „richtige" Übersetzung in die Sprache der Mathematik zu finden (Modellierung).

Die Bedeutung der wechselseitigen Beziehungen zwischen der Analysis und den Naturwissenschaften und allgemeiner Wissenschaften, die die Erfahrung auf einer höheren Ebene als der rein beschreibenden interpretieren, kann kaum überschätzt werden. Die Theorie steht in andauerndem fruchtbaren Kontakt zu diesen Wissenschaften, wobei diese einerseits wertvolle Hilfe durch die Theorie erfahren, andererseits diese immer wieder mit konkreten Problemen neu beleben und fordern.

Dadurch ist die Analysis weniger als manche andere Bereiche in der Mathematik ausschließlich der Eigendynamik gefolgt, weniger in Gefahr, durch „mathematische Inzucht" in Richtung „l'art pour l'art" zu degenerieren.

[1] Blatter, C.: Analysis I, II, III. Springer-Verlag Berlin, 1991, 1992, 1981.

[2] Bourbaki, N.: Fonctions d'une variable réelle. Hermann Paris, 1976.

[3] Cartan, H.: Differentialformen. B.I.-Wissenschaftsverlag Mannheim, 1974.

[4] Dieudonné: Grundzüge der modernen Analysis 1-9. Vieweg-Verlag Braunschweig, 1975-1987.

[5] Heuser, H.: Lehrbuch der Analysis, Teil 1, 2. Teubner-Verlag Stuttgart, 1993.

[6] Hoffmann, D.: Analysis für Wirtschaftswissenschaftler und Ingenieure. Springer-Verlag Berlin, 1995.

[7] Kaballo, W.: Einführung in die Analysis I, II, III. Spektrum Akademischer Verlag Heidelberg, 1996, 1997, 1999.

[8] Rudin, W.: Analysis. Oldenbourg Verlag, 1998.

[9] Walter, W.: Analysis 1, 2. Springer-Verlag Berlin, 1997, 1992.

Fourier-Analyse

Chr. Schmidt

Die Fourier-Analyse, deren Ursprung bis in das 18. Jahrhundert zurückreicht, ist die Theorie der Fourier-Reihen und Fourier-Integrale mit ihren Anwendungen. Sie hat nicht nur die Entwicklung von Mathematik und Physik grundlegend gefördert, sondern besitzt bis heute zahlreiche Anwendungen in Naturwissenschaften und Technik.

Es sei $f : \mathbb{R} \to \mathbb{C}$ eine auf $[0, 2\pi]$ Lebesgue-integrierbare 2π-periodische Funktion. Die Fourier-Reihe $\mathcal{FR}(f)$ von f ist durch

$$\mathcal{F}\mathcal{R}f(x) = \sum_{k \in \mathbb{Z}} \hat{f}(k)e^{ikx} \tag{1}$$

mit Fourier-Koeffizienten

$$\hat{f}(k) = \frac{1}{2\pi} \int_0^{2\pi} f(t)e^{-ikt}dt$$

definiert. Es bezeichne im folgenden $s_n : \mathbb{R} \to \mathbb{C}$,

$$s_n(x) = \sum_{|k| \leq n} \hat{f}(k)e^{ikx}$$

die n-te symmetrische Partialsumme. Dann kann die Darstellung von f als Fourier-Reihe punktweise (d.h. $f(x) = \lim_{n \to \infty} s_n(x)$ für $x \in \mathbb{R}$), oder bzgl. eines normierten Funktionenraums H (d.h. $f = \lim_{n \to \infty} s_n f$ in H) betrachtet werden. Die Vorzüge dieser funktionalanalytischen Sicht werden im Fall des Hilbertraums $H = L^2 = L^2([0, 2\pi])$ deutlich: Für $f, g \in H$ ist

$$<f, g> = \int_0^{2\pi} f(t)\overline{g}(t)dt$$

das Skalarprodukt und $\|f\| = <f, f>^{1/2}$ die Norm in L^2. Damit bilden die Funktionen $e_k(x) = (2\pi)^{-1/2}e^{ikx}$, $k \in \mathbb{Z}$, ein vollständiges Orthonormalsystem. Allein aus dieser Tatsache folgt: Jede Funktion $f \in L^2$ läßt sich eindeutig in eine trigonometrische Reihe entwickeln,

$$f = \sum_{k \in \mathbb{Z}} \hat{f}(k)e_k$$

mit Fourier-Koeffizienten $\hat{f}(k) = <f, e_k>$. Es gilt

$$\lim_{n \to \infty} \|f - s_n f\|^2 = \lim_{n \to \infty} \int_0^{2\pi} |f(t) - s_n(t)|^2 dt = 0$$

(Konvergenz im quadratischen Mittel). Die Approximation s_n besitzt die folgende Minimaleigenschaft: Ist

$$T_n = \left\{ \sum_{|k| \leq n} \alpha_k e^{ikx} \, | \, \alpha_k \in \mathbb{C} \right\}$$

der Unterraum der trigonometrischen Polynome höchstens n-ten Grades, so ist

$$\|f - t\| > \|f - s_n\|$$

für alle $t \in T_n$ mit $t \neq s_n$.

Es gilt die Parsevalsche Gleichung

$$<f, g> = \sum_{k \in \mathbb{Z}} \hat{f}(k) \overline{\hat{g}(k)},$$

insbesondere ist $\sum_{k \in \mathbb{Z}} |\hat{f}(k)|^2 < \infty$ und $\|f\|^2 = \sum_{k \in \mathbb{Z}} |\hat{f}(k)|^2$. Der Satz von Fischer-Riesz liefert die Umkehrung: Für eine Folge komplexer Zahlen $(c_k)_{k \in \mathbb{Z}}$ mit $\sum_{k \in \mathbb{Z}} |c_k|^2 < \infty$ ist $\sum_{k \in \mathbb{Z}} c_k e^{ikx} \in L^2$. Da diese Eigenschaften für ein beliebiges Orhonormalsystem $\{\phi_k\}$ eines Hilbertraums gültig bleiben, heißt $\sum <f, \phi_k> \phi_k$ die Fourier-Reihe von f bzgl. $\{\phi_k\}$.

Die Frage nach punktweiser Konvergenz besitzt eine lange Tradition: Bereits ab 1740 diskutierten Mathematiker wie Bernoulli und d'Alembert die Möglichkeit, beliebige periodische Funktionen mittels trigonometrischer Reihen darzustellen. Die Reihenentwicklung (1) ist verbunden mit dem Namen des französischen Mathematikers Fourier, der sie (heuristisch) zur Lösung der Wärmeleitungsgleichung nutzte. Das exakte Studium der Fourier-Reihen, einhergehend mit einer Analyse des Funktionen-Begriffs, wurde von Dirichlet eingeleitet, der auch das erste Konvergenzkriterium beweisen konnte (1829): Ist f auf $[0, 2\pi]$ integrierbar und in x differenzierbar, so gilt $\lim_{n \to \infty} s_n f(x) = f(x)$. Riemann, der für die Berechnung von Fourier-Koeffizienten seinen Integral-Begriff entwickelte, entdeckte das Lokalisationsprinzip (1853): Die Konvergenz bzw. Divergenz sowie gegebenenfalls der Wert der Fourier-Reihe einer

Funktion f bei x ist durch das Verhalten von f in einer beliebig kleinen Umgebung von x eindeutig bestimmt.

P. du Bois-Reymond stellte eine stetige Funktion f mit $\lim_{n\to\infty} s_n f(0) = +\infty$ vor (1876). Deshalb wurde der Satz von Fejér(1904) mit Erleichterung aufgenommen: Ist f in x stetig, so gilt $\lim_{N\to\infty} \sigma_N f(x) = f(x)$, wobei $\sigma_N f(x)$ die Fejér-Summe bezeichnet.

Konvergiert die Fourier-Reihe einer stetigen Funktion, oder allgemeiner von $f \in L^2$, zumindest fast überall (Problem von Lusin, 1915)? Erst 1966 konnte Carleson diesen Sachverhalt beweisen. Hunt verallgemeinerte das Ergebnis (1968): Für $f \in L^p, p > 1$, gilt $\lim_{n\to\infty} s_n f(x) = f(x)$ fast überall. Die Voraussetzung $p > 1$ ist wesentlich, wie Kolmogorows Beispiel (1926) einer integrierbaren Funktion mit überall divergenter Fourier-Reihe zeigt.

Heute kann die Theorie der Entwicklung einer Funktion von einer Variablen in eine trigonometrische Reihe als weitgehend abgeschlossen gelten. Fourier-Reihen von Funktionen mehrerer Variablen sind weniger gut untersucht. Ferner lassen sich Fourier-Reihen für Distributionen erklären.

Die lineare Abbildung, die jeder integrierbaren 2π-periodischen Funktion f die Folge ihrer Fourier-Koeffizienten $(\hat{f}(k))_{k\in\mathbb{Z}}$ zuweist, heißt diskrete Fourier-Transformation. Dieses Konzept wird verallgemeinert durch die (kontinuierliche) Fourier-Transformation, die jeder (i. allg. nicht-periodischen) Funktion $\xi : \mathbb{R} \twoheadrightarrow \mathbb{C}$ aus einem geeigneten Funktionen-Raum ihre Fourier-Transformierte $\hat{\xi}$,

$$\hat{\xi}(x) = (2\pi)^{-1/2} \int_{-\infty}^{\infty} \xi(t) e^{-itx} dt, \quad x \in \mathbb{R}$$

zuordnet.

Eine weithin bekannte Anwendung der Fourier-Analyse ist die Zerlegung eines T-periodischen Vorgangs $f : \mathbb{R} \twoheadrightarrow \mathbb{R}$, wie das Schwingen einer Saite oder ein periodisch auftretendes Signal, in (harmonische) Grund- und Ober-Schwingungen,

$$f(t) = \frac{a_0}{2} + \sum_{n=1}^{\infty} (a_n \cos 2\pi n\nu t + b_n \sin 2\pi n\nu t)$$

mit der Frequenz $\nu = 1/T$. Die Amplituden entsprechen den Fourier-Koeffizienten.

Der Ansatz, Funktionen bzgl. eines Orthonormalsystems zu entwickeln, dient wie vor 250 Jahren auch heute der Untersuchung zahlreicher gewöhnlicher und partieller Differentialgleichungen (z. B. sind Fourier-Reihen bei Sturm-Liouville-Gleichungen oder dem Dirichlet-Problem auf dem Kreis von Bedeutung). Auch die kontinuierliche Fourier-Transformation, oder allgemeiner die sog. Fourier-Integral-Operatoren, finden bei Differentialgleichungen wie z. B. der Schrödinger-Gleichung Anwendung. Darüber hinaus bewährt sich die Fourier-Analyse als wichtiges ‚Werkzeug' in vielen Bereichen der mathematischen Analysis. Mit der schnellen Fourier-Transformation (Cooley/Tukey 1965) steht zudem ein effizienter numerischer Algorithmus zur Berechnung der Fourier-Koeffizienten eines Signals für Anwendungen in der modernen Technik (Signalverarbeitung, Spektroskopie, u. v. m.) zur Verfügung. Eine Weiterentwicklung aus den 1980er Jahren ist die Theorie der ↑ Wavelets, die u.a. in der Bildverarbeitung sehr erfolgreich eingesetzt wird.

Es ist angesichts dieser praxisnahen Anwendungen bemerkenswert, daß fundamentale Eigenschaften von Fourier-Reihen auf folgendem abstrakten Sachverhalt beruhen: Die 2π-periodischen Funktionen $f : \mathbb{R} \twoheadrightarrow \mathbb{C}$ können identifiziert werden mit Abbildungen auf der kompakten abelschen Gruppe $\mathbb{R}/2\pi\mathbb{Z}$ mit der durch $\mathbb{R}$ induzierten Quotienten-Topologie. Die Fourier-Reihen von Funktionen auf allgemeinen (lokal-) kompakten Gruppen sind Gegenstand der Harmonischen Analyse.

[1] Edwards, R.E.: Fourier Series, A Modern Introduction, Vol. I und II. Springer-Verlag New York, 1979.

[2] Stein, E.M.; Weiss, G.: Fourier Analysis On Euclidean Spaces. Princeton University Press Princeton, 1971.

[3] Zygmund, A.: Trigonometric Series, Vol. I und II. Cambridge University Press Cambridge, 1977.

Differentialgleichungen

G. Walz

Unter einer Differentialgleichung versteht man eine Gleichung, in der eine (unbekannte gesuchte) Funktion und eine ihrer Ableitungen vorkommen. Abhängig davon, ob es sich um eine Funktion *einer* oder *mehrerer* Variabler handelt, spricht man von einer *gewöhnlichen* resp. einer *partiellen* Differentialgleichung. Beide Fälle müssen gesondert geschildert werden.

Gewöhnliche Differentialgleichungen. Ist F eine geeignete Funktion von $n + 1$ Variablen und I ein reelles Intervall, so heißt eine Gleichung der Form

$$F(x, y, y', \ldots, y^{(n)}) = 0 \quad \text{für alle } x \in I \tag{1}$$

gewöhnliche Differentialgleichung n-ter Ordnung. Eine Funktion y, die dieser Gleichung genügt, heißt *Lösung* der Differentialgleichung. Kann man die Gleichung (1) nach $y^{(n)}$ auflösen, also in der Form

$$y^{(n)} = f(x, y, y', \ldots, y^{(n-1)}) \quad \text{für alle } x \in I \tag{2}$$

schreiben, so nennt man die Differentialgleichung *explizit*, ansonsten *implizit*. Explizite Differentialgleichungen sind i. allg. leichter zu lösen als implizite.

Eine der einfachsten Differentialgleichungen ist sicherlich die explizite Gleichung $y - y' = 0$, also

$$y' = y \,. \tag{3}$$

Schauen wir uns diese zur Einführung in die Thematik einmal genauer an: *Eine Lösung* ist offensichtlich die Exponentialfunktion $y(x) = e^x$. Um die Gesamtheit aller Lösungen zu erhalten, machen wir den Ansatz

$$y(x) = e^x v(x) \tag{4}$$

mit einer zunächst unbekannten Funktion v. Differentiation ergibt

$$y'(x) = e^x(v(x) + v'(x)) \,,$$

und Einsetzen in die Differentialgleichung (3) liefert $v'(x) = 0$. v ist also eine Konstante, und die Gesamtheit aller Lösungen von (3) besteht somit aus den Funktionen der Form

$$y(x) = \gamma \cdot e^x$$

mit $\gamma \in \mathbb{R}$.

Im allgemeinen ist die Situation natürlich weitaus komplizierter, und bei weitem nicht jede Differentialgleichung ist lösbar. Recht übersichtlich ist die Situation noch im linearen Fall: Sind $a_0, \ldots, a_{n-1}$ und b auf dem Intervall I stetige reelle Funktionen, so nennt man eine Gleichung der Form

$$y^{(n)} + a_{n-1}(x)y^{(n-1)}(x) + \cdots + a_1(x)y'(x) + a_0(x)y(x) = b(x) \text{ für alle } x \in I \tag{5}$$

lineare Differentialgleichung n-ter Ordnung. Ist $b(x) \equiv 0$, so nennt man die Gleichung *homogen*, ansonsten *inhomogen*. Listen wir einige Fakten über lineare Differentialgleichungen auf:

1. Die Lösungsmenge L einer homogenen linearen Differentialgleichung n-ter Ordnung ist ein linearer Raum der Dimension n.

2. Eine Menge von n Funktionen $y_1, \ldots y_n \in L$ ist genau dann linear unabhängig, wenn die sog. Wronski-Matrix

$$W(x) = \begin{pmatrix} y_1(x) & \cdots & y_n(x) \\ y_1'(x) & \cdots & y_n'(x) \\ \vdots & & \vdots \\ y_1^{(n-1)}(x) & \cdots & y_n^{(n-1)}(x) \end{pmatrix} \tag{6}$$

regulär ist. Dies wiederum ist entweder für alle $x \in I$ oder für kein $x \in I$ der Fall.

3. Ist y_i eine Lösung der Gleichung (5) und y_h eine beliebige Lösung der zugehörigen homogenen Gleichung, so ist auch $y_i + y_h$ eine Lösung von (5).

Eine Menge $y_1, \ldots y_n \in L$ wie in 2. nennt man ein *Fundamentalsystem* der Differentialgleichung.

Wenngleich es nach 3. genügt, nur eine einzige Lösung der inhomogenen Gleichung zu kennen (sog. Partikulärlösung), so ist es im allgemeinen doch recht schwierig, eine solche zu bestimmen. Eine Situation, in der man konstruktive Lösungsmöglichkeiten kennt, ist der

Spezialfall der linearen Differentialgleichung mit konstanten Koeffizienten, d. h., die a_i in (5) hängen nicht von x ab (das Eingangsbeispiel (3) ist von dieser Art). Um den entsprechenden Satz formulieren zu können, braucht man den Begriff des charakteristischen Polynoms der Differentialgleichung. Ist

$$y^{(n)} + a_{n-1}y^{(n-1)}(x) + \cdots + a_1 y'(x) + a_0 y(x) \;=\; b(x) \text{ für alle } x \in I \qquad (7)$$

die betrachtete Differentialgleichung, so nennt man

$$P(x) \;=\; x^n + a_{n-1}x^{n-1} + \cdots + a_1 x + a_0 \qquad (8)$$

ihr charakteristisches Polynom. Dann gilt folgender Satz:
Hat das charakteristische Polynom der Differentialgleichung (7) k verschiedene reelle Nullstellen $\lambda_1, \ldots, \lambda_k$ mit Vielfachheiten $m_1, \ldots, m_k$, so bilden die Funktionen

$$
\begin{matrix}
e^{\lambda_1 x}, & x \cdot e^{\lambda_1 x}, & \cdots, & x^{m_1 - 1} \cdot e^{\lambda_1 x}, \\
e^{\lambda_2 x}, & x \cdot e^{\lambda_2 x}, & \cdots, & x^{m_2 - 1} \cdot e^{\lambda_2 x}, \\
\vdots & \vdots & \vdots & \vdots \\
e^{\lambda_k x}, & x \cdot e^{\lambda_k x}, & \cdots, & x^{m_k - 1} \cdot e^{\lambda_k x},
\end{matrix}
\qquad (9)
$$

ein Fundamentalsystem.

Im allgemeinen ist die Situation leider nicht so leicht zu überschauen; für die Schilderung einiger spezieller Methoden, mit denen man sich dann manchmal behelfen kann, wie etwa die *Trennung der Variablen*, *Variation der Konstanten* oder die *Laplace-Transformation*, verweisen wir aus Platzgründen auf die weiterführende Literatur, beispielsweise [2], [4] oder [8].

Bei den bisher betrachteten Aufgaben konnten wir – auch im einfachsten Fall – keine *eindeutige* Lösung der Differentialgleichung bestimmen; um eine solche zu garantieren, muß man noch einen oder mehrere *Anfangswerte* oder *Randwerte* der zu bestimmenden Lösung vorschreiben. Dies entspricht der Situation, daß man kein physikalisches oder technisches System alleine durch die Angabe der *Veränderung* im Laufe der Zeit eindeutig beschreiben kann, ohne den Zustand zu einem festen Zeitpunkt anzugeben. Man spricht dann von einem *Anfangswertproblem* bzw. einem *Randwertproblem*.

Im einfachsten Fall einer expliziten Differentialgleichung erster Ordnung hat das Anfangswertproblem die Form

$$y' = f(x, y) \quad \text{und} \quad y(x_0) = y_0 \tag{10}$$

mit vorgegebenen Werten x_0 und y_0. Unter geeigneten Voraussetzungen an f, insbesondere Lipschitz-Stetigkeit in der zweiten Variablen, garantiert der Satz von Picard-Lindelöf in einer gewissen Umgebung von x_0 die Existenz einer eindeutigen Lösung von (10). Liegt eine Differentialgleichung n-ter Ordnung vor, so muß man entsprechend die Werte

$$y(x_0), \; y'(x_0), \; \ldots, \; y^{(n-1)}(x_0)$$

vorgeben – analog für ein System von n Differentialgleichungen erster Ordnung.

Schreibt man die Werte der Lösung sowie evtl. ihrer ersten Ableitung in zwei verschiedenen Punkten a und b vor (hier muß die Differentialgleichung von mindestens zweiter Ordnung sein), so spricht man von einem Randwertproblem (da man a und b als Randpunkte eines Intervalls interpretieren kann).

Zur *numerischen Lösung* von Differentialgleichungen steht eine Fülle von Verfahren zur Verfügung, die hier unmöglich dargestellt werden kann. Wir beschränken uns daher auf einige wenige illustrative Spezialfälle zur Behandlung des Angangswertproblems (10). Naturgemäß kann jedes numerische Verfahren die Lösung von (10) nur in endlich vielen diskreten Punkten berechnen; sei also mit fest gewählter natürlicher Zahl n eine Unterteilung $x_0 < x_1 < \cdots < x_n$ des zu untersuchenden Intervalls gewählt. Die Unterteilung muß nicht notwendigerweise äquidistant sein, hier sei jedoch aus Vereinfachungsgründen der Abstand zweier benachbarter Punkte konstant gleich $h > 0$. Das allgemeine Einschrittverfahren zur numerischen Lösung von (10) hat dann die Form

$$y_{v+1} = y_v + h \cdot \Phi(x_v, y_v, h), \quad v = 0, \ldots, n-1 \tag{11}$$

mit geeigneter Iterationsfunktion Φ. Es berechnet also Werte $y_1, \ldots, y_n$, die Näherungen an die gesuchten Funktionswerte $y(x_1), \ldots, y(x_n)$ darstellen. Die Funktion Φ muß dabei selbstverständlich gewissen Bedingungen genügen, um die Güte der Näherungen zu garantieren. Als einfachste noch zulässige Wahl für Φ stellt sich

$$\Phi(x, y, h) = f(x, y)$$

heraus; das resultierende Verfahren

$$y_{\nu+1} \;=\; y_\nu + h \cdot f(x_\nu, y_\nu)\,, \quad \nu = 0, \ldots, n-1 \tag{12}$$

heißt Eulersches Polygonzug-Verfahren, da es einen Polygonzug (bzw. dessen Eckpunkte) berechnet, dessen Steigungen an den Stellen x_ν jeweils durch f, also die Ableitung der gesuchten Funktion y, gegeben werden.

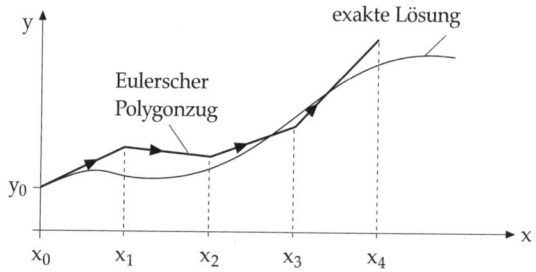

Eulersches Polygonzug-Verfahren

Man kann zeigen, daß das Eulersche Polygonzug-Verfahren für $h \to 0$ eine gegen die wahre Lösung konvergierende Folge von Näherungswerten liefert, allerdings ist die Konvergenz sehr langsam. Komplexere Funktionen Φ führen zu schneller konvergierenden Verfahren, die am weitesten verbreiteten sind hier die sog. Runge-Kutta-Verfahren. Zur numerischen Lösung von Randwertproblemen verwendet man üblicherweise sog. Schießverfahren.

Partielle Differentialgleichungen. Ist F eine geeignete Funktion und G ein Gebiet im $\mathbb{R}^n$, so heißt eine Gleichung der Form

$$F(x_1, x_2, \ldots, x_n, u, u_{x_1}, \ldots, u_{x_1 x_1}, u_{x_1 x_2}, \ldots) \;=\; 0$$
$$\text{für alle } (x_1, \ldots x_n) \in G \tag{13}$$

partielle Differentialgleichung. Die höchste dabei auftretenden Ableitung nennt man die *Ordnung* der Differentialgleichung. Als eine *Lösung* der partiellen Differentialgleichung (13) bezeichnet man eine Funktion $u(x_1, \ldots, x_n)$, die in G alle in der Gleichung vorkommenden Ableitungen besitzt und die Gleichung für alle Punkte in G identisch erfüllt.

Eine partielle Differentialgleichung heißt *linear*, wenn die gesuchte Funktion und ihre Ableitungen nur linear auftreten. Eine lineare partielle Differentialgleichung heißt *homogen*, wenn kein Summand auftritt, der nicht mit der Funktion u oder einer ihrer Ableitungen multipliziert ist. Eine partielle Differentialgleichung k-ter Ordnung heißt *quasilinear*, wenn die partiellen Ableitungen k-ter Ordnung nur linear vorkommen.

Für partielle Differentialgleichungen erster Ordnung existiert noch eine geschlossene Lösungstheorie, für solche zweiter und höherer Ordnung nicht mehr. Dort versucht man, nach einer *Klassifikation* spezielle, meist nur für die entsprechende Klasse gültige Lösungsverfahren zu entwickeln. Ausgangspunkt hierfür ist die allgemeine quasilineare Gleichung der Form

$$\sum_{i,j}^{n} a_{ij} u_{x_i x_j} + f(x_1, \ldots, x_n, u, u_{x_1}, \ldots, u_{x_n}) = 0$$

mit unbekannter Funktion u wie oben. Auch die a_{ij} können von den x_i abhängen. Die auftretenden Ableitungen seien als stetig vorausgesetzt, woraus insbesondere die Symmetrie $u_{x_i x_j} = u_{x_j x_i}$ und somit $a_{ij} = a_{ji}$ folgt. Zur eigentlichen Klassifikation betrachtet man die quadratische Form

$$Q(\xi_1, \ldots, \xi_n) = \sum_{i,j=1}^{n} a_{ij} \xi_i \xi_j$$

und die Eigenwerte λ_i der zugehörigen, aus den a_{ij} gebildeten Matrix A, welche alle reell sind. Die Differentialgleichung heißt dann *elliptisch*, wenn alle $\lambda_i \neq 0$ sind und dasselbe Vorzeichen haben. Sie heißt *hyperbolisch*, wenn alle $\lambda_i \neq 0$ sind und außer genau einem dasselbe Vorzeichen haben. Schließlich heißt sie *parabolisch*, wenn mindestens ein $\lambda_i = 0$ ist. Falls die a_{ij} nicht konstant sind, kann der Typ innerhalb des Definitionsgebiets G variieren. Eine solche Gleichung heißt auch von *gemischtem Typ*.

Für jede dieser drei Klassen existiert ein sehr prominenter Pototyp, anhand dessen man die Chrakteristika der jeweiligen Klasse recht gut studieren kann:

Die *Wärmeleitungsgleichung* ist eine parabolische partielle Differentialgleichung zur Beschreibung der Temperaturverteilung.

Wir beschreiben den Fall einer Raumvariablen: In einem gegebenen Stab genügt die Temperaturverteilung $u(x, t)$ an der Stelle x und zum Zeitpunkt t der Gleichung

$$\varrho(x)u_t = (k(x)u_x)_x + T(x, t),$$

wobei mit ϱ und k materialabhängige und zeitlich konstante Funktionen bezeichnet werden, während T den äußeren Temperatureinfluß beschreibt.

Im Falle eines homogenen Stabes mit endlicher Ausdehnung $0 \leq x \leq l$ kommt man zu einer Anfangs-Randwert-Aufgabe der folgenden Art:

$$u_t = a^2 u_{xx} + T(x, t)$$

mit den Nebenbedingungen $u(x, 0) = f(x)$ und $u(0, t) = g(t), u(l, t) = h(t)$. Damit sind die Anfangstemperatur zur Zeit t und der Temperaturverlauf an den Stabenden vorgegeben. Diese Aufgabe wird üblicherweise in einfacher zu behandelnde Teilprobleme zerlegt, deren Lösungen dann durch Superposition zur Gesamtlösung zusammengesetzt werden können. So lautet die zugehörige homogene Differentialgleichung mit homogenen Randbedingungen

$$u_t = a^2 u_{xx}$$

mit den Nebenbedingungen $u(x, 0) = f(x)$ und $u(0, t) = 0, u(l, t) = 0$. Mit einem Separationsansatz erhält man die eindeutige Lösung

$$u(x, t) = \int_0^l G(x, t, z)f(z)\, dz$$

mit der Kernfunktion

$$G(x, t, z) = \frac{2}{l} \sum_{n=1}^{\infty} \exp\left[-\left(\frac{an\pi}{l}\right)^2 t\right] \sin\frac{n\pi}{l}x \sin\frac{n\pi}{l}z.$$

Dagegen lautet die inhomogene Gleichung mit homogenen Randbedingungen

$$u_t = a^2 u_{xx} + T(x, t)$$

mit den Nebenbedingungen $u(x, 0) = 0$ und $u(0, t) = 0, u(l, t) = 0$. Hier kommt man zu der Lösung

$$u(x, t) = \int_0^t \int_0^l G(x, t - u, z) T(z, u) \, dz \, du$$

mit der oben eingeführten Kernfunktion G. Das allgemeine Anfangs-Randwert-Problem läßt sich dann über einen Ansatz der Form $u(x, t) = v(x, t) + w(x, t)$ auf die beiden Sonderfälle zurückführen.

Die allgemeine Wärmeleitungsgleichung in n Raumvariablen ist von der Form

$$u_t = a^2 \Delta u + F(x_1, \dots, x_n, t) \, ,$$

wobei $u = u(x_1, \dots, x_n, t)$ eine Funktion der n Raumvariablen $x_1, \dots, x_n$ und der Zeit t ist, und Δ den Laplace-Operator, angewandt auf die Variablen $x_1, \dots, x_n$, bezeichnet. Ihre Lösungen genügen einem Randmaximum-Minimum-Prinzip, was ihre numerische (approximative) Lösung erleichtert.

Die *Wellengleichung* ist die hyperbolische Differentialgleichung

$$u_{tt} - c^2 u_{xx} = f(x, t) \tag{14}$$

mit $c \neq 0$. Ihre allgemeine Lösung setzt sich zusammen aus einer Partikulärlösung u_p und der allgemeinen Lösung der zugehörigen homogenen Differentialgleichung $u_{tt} = c^2 u_{xx}$. Mit der Variablensubstitution $v = x - ct$ und $z = x + ct$ erhält man die Funktion $U(v, z) = u(x, t)$. Eine Partikulärlösung findet man dann durch

$$u(x, t) = U(v, z) = - \int \int \frac{1}{4c^2} F(v, z) \, dv \, dz$$

mit

$$F(v, z) = f\left(\frac{v + z}{2}, \frac{v - z}{-2c} \right) \, .$$

Die allgemeine Lösung der homogenen Gleichung lautet dagegen

$$u_h(x, t) = g(x - ct) + h(x + ct)$$

mit beliebigen zweimal differenzierbaren Funktionen g und h in einer Variablen.

Neben dem bisher beschriebenen Fall einer Raumvariablen betrachtet man auch in Verallgemeinerung von (14) die mehrdimensionale Wellengleichung, die gegeben ist durch

$$u_{tt} - c^2 \Delta u = f(x, t),$$

wobei jetzt $x = (x_1, \ldots, x_n)$ ein Vektor von n Variablen ist, und Δ den Laplace-Operator, angewandt auf die Variablen $x_1, \ldots, x_n$, bezeichnet.

Der dritte der eingangs genannten Prototypen wird gegeben durch die *Potentialgleichung* oder auch *Laplace-Gleichung*, die elliptische Differentialgleichung

$$\Delta u = \frac{\partial^2 u}{\partial x^2} + \frac{\partial^2 u}{\partial y^2} = 0 \tag{15}$$

bzw.

$$\Delta u = \sum_{\nu=1}^{n} \frac{\partial^2 u}{\partial x_\nu^2} = 0$$

in n Variablen. Wir befassen uns hier nur mit der Gleichung (15), also zwei Variablen.

Lösungen der Potentialgleichung nennt man auch harmonische Funktionen.

In einigen speziellen Fällen (d. h., für spezielle Gebiete) kann man die Lösung der Potentialgleichung, die auf dem Rand des Gebietes vorgegebene Werte annimmt, expizit angeben; das bekannteste Beispiel ist das Dirichlet-Problem für die Kreisscheibe:

Gegeben sei eine stetige Funktion $f \colon \partial B_R(0) \to \mathbb{R}$, wobei $B_R(0)$ die offene Kreisscheibe mit Mittelpunkt 0 und Radius $R > 0$ ist. Gesucht ist eine stetige Funktion $u \colon \overline{B_R(0)} \to \mathbb{R}$, die in $B_R(0)$ die Potentialgleichung löst und $u|\partial B_R(0) = f$ erfüllt, d. h., auf dem Rand die Werte von f annimmt.

Dieses Problem ist eindeutig lösbar, und die Lösung u ist gegeben durch die Poissonsche Integralformel

$$u(z) = \int_0^{2\pi} P_R(\zeta, z) f(\zeta) \, d\vartheta, \quad z \in B_R(0).$$

Dabei ist $\zeta = Re^{i\vartheta}$ und $P_R(\zeta, z)$ der reelle Poisson-Kern, d. h.

$$P_R(\zeta, z) = \frac{1}{2\pi} \frac{R^2 - |z|^2}{|\zeta - z|^2} = \frac{1}{2\pi} \operatorname{Re} \frac{\zeta + z}{\zeta - z}.$$

Schreibt man $z = re^{it}$ mit $0 \leq r < R$, so hat der Kern die Gestalt

$$P_R(\zeta, z) = \frac{1}{2\pi} \frac{R^2 - r^2}{R^2 - 2Rr\cos(\vartheta - t) + r^2}.$$

Zur *numerischen Behandlung* partieller Differentialgleichungen existiert kein einheitlicher Zugang, vielmehr sind die gebräuchlichen Methoden stark typenabhängig. Hier auch nur ansatzweise einen Überblick geben zu wollen wäre vermessen, es sei daher auf die weiterführende Fachliteratur, beispielsweise [1], [5] oder [7] verwiesen.

[1] Haase, G.: Parallelisierung numerischer Algorithmen für partielle Differentialgleichungen. Teubner-Verlag Stuttgart, 1999.

[2] Heuser, H.: Gewöhnliche Differentialgleichungen. B.G. Teubner Verlag Stuttgart, 1989.

[3] John, F.: Partial Differential Equations. Springer-Verlag, New York, 1986.

[4] Kamke, E.: Differentialgleichungen, Lösungsmethoden und Lösungen I. B. G. Teubner Verlag Stuttgart, 1977.

[5] Knabner, P.; Angermann, L.: Numerik partieller Differentialgleichungen. Springer-Verlag Berlin, 2000.

[6] Rießinger, Th.: Mathematik für Ingenieure. Springer-Verlag Berlin, 1996.

[7] Tveito, A.; Winther, R.: Einführung in partielle Differentialgleichungen. Ein numerischer Zugang. Springer-Verlag, Berlin/Heidelberg, 2002.

[8] Walter, W.: Gewöhnliche Differentialgleichungen. Springer-Verlag, 1996.

[9] Wloka, J.: Partielle Differentialgleichungen. Teubner-Verlag Stuttgart, 1982.

Funktionalanalysis

D. Werner

Die Funktionalanalysis ist diejenige Disziplin der Mathematik, die topologische Vektorräume und die zwischen ihnen wirkenden Abbildungen untersucht.

In der Funktionalanalysis interpretiert man Folgen oder Funktionen als Punkte in einem geeigneten Vektorraum, und man versucht, Probleme der Analysis durch Abbildungen auf einem solchen Raum zu studieren. Zu nichttrivialen Aussagen kommt man aber erst, wenn man die Vektorräume mit einer Norm oder allgemeiner einer Topologie versieht und analytische Eigenschaften wie Stetigkeit etc. der Abbildungen untersucht. Es ist dieses Zusammenspiel von analytischen und algebraischen Phänomenen, das die Funktionalanalysis auszeichnet.

Der Ursprung der Funktionalanalysis liegt Anfang des zwanzigsten Jahrhunderts in Arbeiten von Hilbert, Schmidt, F. Riesz und anderen; später wurde sie durch Banach und von Neumann, die die heute geläufigen Begriffe des normierten Raums und des Hilbertraums prägten, kanonisiert. Funktionalanalytische Kenntnisse sind mittlerweile in vielen Teilgebieten der Mathematik wie ↑ Differentialgleichungen, ↑ Numerischer Mathematik, Wahrscheinlichkeitstheorie oder ↑ Approximationstheorie sowie in der theoretischen Physik unabdingbar.

Ein Beispiel einer funktionalanalytischen Schlußweise, das gleichzeitig die Entwicklung der Funktionalanalysis wesentlich angeregt hat, liefert die Behandlung der Fredholmschen Integralgleichung 2. Art

$$\lambda f(s) - \int_a^b k(s,t)f(t)\,dt = g(s) \quad (s \in [a,b])\,, \tag{1}$$

die mit Hilfe des identischen Operators Id und des linearen Integraloperators

$$(Tf)(s) = \int_a^b k(s,t)f(t)\,dt$$

in der Form

$$(\lambda\,\mathrm{Id} - T)f = g \tag{2}$$

ausgedrückt werden kann; hier ist λ ein komplexer Parameter. Sind die Funktionen k und g in (1) stetig, kann man T auf dem mit der Supremumsnorm versehenen Banachraum $C[a, b]$ aller stetigen Funktionen auf $[a, b]$ betrachten; die entscheidende Eigenschaft von T ist dann seine Kompaktheit, daher wird die Lösungstheorie der Gleichung (1) oder (2) durch die Fredholm-Alternative beschrieben: Besitzt (2) für $g = 0$ nur die triviale Lösung $f = 0$, so existiert für jede rechte Seite $g \in C[a, b]$ genau eine Lösung $f \in C[a, b]$.

Ausgehend von konkreten Funktionenräumen wie $C[a, b]$ oder $L^p[a, b]$ und Folgenräumen wie ℓ^p, die von Riesz untersucht wurden, entwickelten Banach sowie, unabhängig von ihm, Helly und Wiener Anfang der zwanziger Jahre das Konzept des Banachraums (diese Nomenklatur stammt von Fréchet). Hierbei handelt es sich um einen mit einer Norm $\| \, . \, \|$ versehenen Vektorraum über $\mathbb{R}$ oder $\mathbb{C}$, der bzgl. der induzierten Metrik $d(x, y) = \|x - y\|$ vollständig ist.

In der Folgezeit bewiesen Banach und seine Schule (Mazur, Orlicz, Schauder, Steinhaus) zahlreiche Aussagen über die Struktur eines Banachraums sowie über Eigenschaften stetiger linearer Operatoren zwischen Banachräumen, z. B. den Satz von der offenen Abbildung oder den Satz von Banach-Steinhaus. Als fundamentale Erkenntnis erwies sich dabei, daß einem Banachraum X sein Dualraum X' zugeordnet ist, der aus allen stetigen linearen Abbildungen von X nach $\mathbb{R}$ oder $\mathbb{C}$ (den stetigen linearen Funktionalen) besteht und im weiteren Sinne als Koordinatensystem für X fungiert. So gilt z. B. als Konsequenz des Satzes von Hahn-Banach die Normformel

$$\|x\| \; = \; \sup\{|x'(x)| : x' \in X', \; \|x'\| \leq 1\} \, .$$

Iteriert man die Konstruktion des Dualraums, wird man auf den Bidualraum X'' geführt, der den Ausgangsraum X auf kanonische Weise enthält. Stimmt X mit X'' überein, heißt X reflexiv; in einem reflexiven Raum gelten Kompaktheitsprinzipien, die in allgemeinen Banachräumen nicht zur Verfügung stehen. Diese beziehen sich jedoch nicht auf die Normtopologie, sondern auf die vom Dualraum induzierte sog. schwache Topologie.

Eine spezielle Klasse von Banachräumen bilden die Hilberträume wie ℓ^2 oder L^2, in denen die Norm gemäß $\|x\|^2 = \langle x, x \rangle$ von einem Skalarprodukt abgeleitet ist. Durch das Skalarprodukt kann in einem Hilbertraum die Idee der Orthogonalität ausgedrückt werden, und für lineare Operatoren auf einem Hilbertraum kann man die Symmetriebedingung

$$\langle Tx, y \rangle = \langle x, Ty \rangle$$

formulieren, die für beschränkte Operatoren zur Selbstadjungiertheit $(T = T^*)$ äquivalent ist.

Der Folgenraum ℓ^2 – genau genommen nur dessen Einheitskugel – taucht bereits in Hilberts Arbeiten über Integralgleichungen auf, in denen er auch seinen Satz über die Spektralzerlegung selbstadjungierter kompakter und beschränkter Operatoren bewies.

Abstrakte Hilberträume wurden erst Ende der zwanziger Jahre nach Vorarbeiten von Schmidt und Weyl durch von Neumann und Stone eingeführt; diese Autoren erkannten auch, daß die Symmetrie eines unbeschränkten dicht definierten Operators nicht für eine befriedigende Spektraltheorie ausreicht, und sie initiierten die Theorie der unbeschränkten selbstadjungierten Operatoren. Diese Operatoren sind in der mathematischen Axiomatik der Quantenmechanik unentbehrlich und umfassen diverse Differentialoperatoren.

Funktionalanalytische Methoden spielen in der Theorie der Differentialgleichungen eine wichtige Rolle, und zwar einerseits, weil Differentialgleichungsprobleme in geeigneten Banach- und Hilberträumen wie Sobolew-Räumen oder Besow-Räumen formuliert werden können, und andererseits durch Verwendung der Schwartzschen Theorie der Distributionen. Dieses sind stetige lineare Funktionale auf dem Raum $\mathcal{D}(\Omega)$ aller beliebig häufig differenzierbaren Funktionen mit kompaktem Träger auf einer offenen Menge $\Omega \subset \mathbb{R}^d$.

Insbesondere definiert für eine lokal integrierbare Funktion f

$$T_f(\varphi) = \int_\Omega f(x)\varphi(x)\,dx$$

eine Distribution, so daß Distributionen als verallgemeinerte Funktionen auftreten. Kernstück des Distributionenkalküls ist es nun, daß jede Distribution beliebig häufig differenzierbar ist; also kann jede (lineare) partielle Differentialgleichung im Distributionensinn aufgefaßt und in diesem Kontext untersucht werden, was zu einer weitreichenden Lösungstheorie führt.

Der Testraum $\mathcal{D}(\Omega)$ ist kein Banachraum, sondern ein Beispiel eines lokalkonvexen Raums, in dem die Topologie nicht mit Hilfe einer einzigen Norm, sondern einer ganzen Familie von Normen oder Halbnormen definiert wird.

Die Dualitätstheorie der Banachräume einerseits und die Distributionentheorie andererseits hatten großen Einfluß auf die Entwicklung der Theorie der lokalkonvexen Räume in den fünfziger Jahren durch Dieudonné, Grothendieck, Köthe und Schwartz. So zeigt sich etwa, daß $\mathcal{D}(\Omega)$ gewisse Eigenschaften mit den endlichdimensionalen Räumen $\mathbb{R}^n$ teilt, z. B. ist jede beschränkte abgeschlossene Teilmenge kompakt, was in keinem unendlichdimensionalen Banachraum vorkommt. Von besonderer Wichtigkeit ist die Tatsache, daß $\mathcal{D}$ und $\mathcal{D}'$ nuklear sind; dies ist der abstrakte Hintergrund des Schwartzschen Kernsatzes.

Neben Differentialoperatoren spielen Integraloperatoren eine fundamentale Rolle in der Analysis. Ist ein Integraloperator der Form

$$(Tf)(x) \;=\; \int_{\Omega} k(x,y)f(y)\,dy \tag{3}$$

auf einem Banachraum von Funktionen auf $\Omega \subset \mathbb{R}^d$ kompakt, so gilt die von Riesz entwickelte Eigenwerttheorie: Das Spektrum von T besteht außer der Null nur aus einer Nullfolge von Eigenwerten, und $\mathrm{Id} - T$ ist ein Fredholm-Operator vom Index 0. Darüber hinaus sind singuläre Integraloperatoren, für die die Kernfunktion k auf der Diagonalen von $\Omega \times \Omega$ eine Singularität der Größenordnung $|x-y|^{-d}$ besitzt, von großer Bedeutung. Für solche Operatoren existiert unter geeigneten Voraussetzungen an k das Integral in (3) im Sinn des Cauchyschen Hauptwerts, und sie sind stetig auf L^p für $1 < p < \infty$, in der Regel jedoch nicht auf L^1 oder L^∞. Im Grenzfall treten der (reelle) Hardy-Raum H^1 und der Raum BMO an die Stelle von L^1 und L^∞. Aus der Theorie singulärer Integraloperatoren hat sich die Theorie der Pseudodifferentialoperatoren entwickelt.

Manche Banachräume besitzen außer der Vektorraumstruktur eine Multiplikation $(x,y) \mapsto xy$, die die Normbedingung $\|xy\| \leq \|x\|\,\|y\|$ erfüllt; man spricht dann auch von einer Banach-Algebra. Beispiele sind $C(K)$ mit dem punktweisen Produkt, $L^1(\mathbb{R}^d)$ mit dem Faltungsprodukt oder der Raum $L(X)$ aller stetigen linearen Operatoren auf einem Banachraum mit der Komposition als Produkt. In Banach-Algebren kann parallel zum Vorgehen in der Operatortheorie eine Spektraltheorie entwickelt werden.

Für eine komplexe kommutative Banach-Algebra A mit Einheit hat Gelfand in den dreißiger Jahren die Menge Γ_A aller multiplikativen linearen Abbildungen von A nach $\mathbb{C}$ (bzw. die Menge der maximalen

Ideale) eingeführt. Γ_A ist eine Teilmenge der dualen Einheitskugel $B_{A'}$ und in der Schwach-$*$-Topologie kompakt. Die Gelfand-Transformation ist durch

$$^\wedge : A \to C(\Gamma_A), \quad \widehat{a}(\varphi) = \varphi(a)$$

erklärt und ein stetiger Algebrenhomomorphismus; ferner erhält sie die Spektren:

$$\sigma(a) = \sigma(\widehat{a}) = \{\varphi(a) : \varphi \in \Gamma_A\}.$$

I. allg. ist die Gelfand-Transformation weder injektiv noch surjektiv; ist sie injektiv, nennt man A halbeinfach.

Besitzt eine Banach-Algebra eine Involution $x \mapsto x^*$ mit der Normbedingung $\|x^*x\| = \|x\|^2$, spricht man von einer C^*-Algebra. Für eine kommutative C^*-Algebra ist die Gelfand-Transformation bijektiv und isometrisch; eine kommutative C^*-Algebra (mit Einheit) ist also nichts anderes als eine Algebra stetiger Funktionen $C(K)$. Für eine nichtkommutative C^*-Algebra A behauptet der Satz von Gelfand-Neumark die Existenz einer treuen Darstellung auf einem geeigneten Hilbertraum H; d. h., es gibt einen isometrischen Homomorphismus von A nach $L(H)$, der die Involution erhält. Abstrakte C^*-Algebren sind also nichts anderes als konkrete $*$-invariante Unteralgebren von $L(H)$.

Probleme der sog. nichtlinearen Funktionalanalysis umfassen u. a. Fixpunkttheorie, Theorie des Abbildungsgrads und nichtlineare Funktionale und ihre kritischen Punkte. Da die Topologie eines unendlichdimensionalen Raums sich zum Teil drastisch von der eines endlichdimensionalen Raums unterscheidet – z. B. ist jeder unendlichdimensionale Hilbertraum zum Rand seiner Einheitskugel diffeomorph –, treten in der nichtlinearen Funktionalanalysis häufig Kompaktheitsannahmen auf. So besagt der Schaudersche Fixpunktsatz, daß eine stetige Selbstabbildung einer kompakten konvexen Teilmenge eines Banachraums stets einen Fixpunkt besitzt; und mit Hilfe des Leray-Schauderschen Abbildungsgrads studiert man die Lösbarkeit von Gleichungen $F(x) = y$ für nichtlineare Abbildungen der Form $F = \text{Id} - G$, G stetig und kompakt. Hier sind Methoden der algebraischen Topologie von großer Bedeutung. Auch die Morse-Theorie und die Ljusternik-Schnirelman-Theorie kritischer Punkte für nichtlineare Funktionale $f : U \to \mathbb{R}$ wurde vom endlichdimensionalen auf den unendlichdimensionalen Fall ausgedehnt. Hier setzt man häufig die Palais-Smale-Bedingung voraus, die für ein Funktional f mit Fréchet-Ableitung Df verlangt, daß eine Folge mit $\sup |f(x_n)| < \infty$ und $\|Df(x_n)\| \to 0$ eine konvergente Teilfolge hat.

Daß funktionalanalytische Forschung auch heute, etwa 100 Jahre nach den Arbeiten von Hilbert, floriert, manifestiert sich u. a. in der Verleihung der Fields-Medaille an Forscher, die epochemachende Beiträge in der Funktionalanalysis geleistet haben. So wurden in jüngerer Zeit C. Fefferman (1978, singuläre Integraloperatoren), A. Connes (1982, von-Neumann-Algebren), V. Jones (1990, von-Neumann-Algebren), J. Bourgain (1994, Geometrie der Banachräume) und W. T. Gowers (1998, Geometrie der Banachräume) auf dem Internationalen Mathematikerkongreß ausgezeichnet.

[1] Banach, S.: Théorie des Opérations Linéaires. Monografje Matematyczne, 1932.

[2] Dieudonné, J.: History of Functional Analysis. North-Holland, 1981.

[3] Dunford, N.; Schwartz, J. T.: Linear Operators, vol. I-III. Wiley, 1958-1971.

[4] Kadison, R. V.; Ringrose, J. R.: Fundamentals of the Theory of Operator Algebras, vol. I and II. Academic Press, 1983, 1986.

[5] Lindenstrauss, J.; Tzafriri, L.: Classical Banach Spaces, vol. I and II. Springer, 1977, 1979.

[6] Reed, M.; Simon, B.: Methods of Mathematical Physics, vol. I-IV. Academic Press, 1972-1979.

[7] Rudin, W.: Functional Analysis. McGraw-Hill, 1973.

[8] Schwartz, J. T.: Nonlinear Functional Analysis. Gordon and Breach, 1969.

[9] Schwartz, L.: Théorie des distributions. Herman, 1966.

[10] Stein, E. M.: Harmonic Analysis. Princeton University Press, 1993.

[11] Werner, D.: Funktionalanalysis. Springer, 1995.

[12] Wojtaszczyk, P.: Banach Spaces For Analysts. Cambridge University Press, 1991.

[13] Yosida, K.: Functional Analysis. Springer, 6. Auflage 1980.

[14] Zeidler, E.: Nonlinear Functional Analysis and Its Applications, vol. I-IV. Springer, 1985-1990.

Funktionentheorie

R. Brück

Unter Funktionentheorie versteht man die Theorie der holomorphen Funktionen (meist) einer komplexen Veränderlichen. Manche Autoren nennen solche Funktionen auch analytisch und in der älteren Literatur findet man häufig die Bezeichnung regulär. Zu den Hauptbegründern der modernen Funktionentheorie gehören Augustin Louis Cauchy, Bernhard Riemann und Karl Weierstraß.

Cauchy versteht unter einer holomorphen Funktion eine in einer offenen Menge $D \subset \mathbb{C}$ komplex differenzierbare Funktion. Die Cauchysche Funktionentheorie basiert auf seinem berühmten Integralsatz und dem Begriff des Residuums. Bei Riemann stehen die Abbildungseigenschaften im Vordergrund, d. h. holomorphe Funktionen sind spezielle Abbildungen zwischen Bereichen der komplexen Ebene $\mathbb{C}$. Für Weierstraß ist eine holomorphe Funktion eine Funktion, die sich um jeden Punkt ihres Definitionsbereichs in eine konvergente Potenzreihe entwickeln läßt. Obwohl methodisch völlig verschieden, sind diese drei Zugänge äquivalent und untrennbar miteinander verwoben. Daher wurden viele Vereinfachungen in der Darstellung möglich, und es konnten wichtige neue Resultate entdeckt werden.

Im folgenden werden die wichtigsten Ergebnisse und Methoden beschrieben. Dabei werden aus Platzgründen des öfteren nur besonders einprägsame Sonderfälle formuliert. Die Anordnung ist in etwa so gewählt, wie sie heute in der Regel in Vorlesungen und Lehrbüchern erfolgt.

Grundlegend für die Funktionentheorie ist der Begriff der komplexen Zahl. Die Menge aller komplexen Zahlen bezeichnet man mit $\mathbb{C}$. Ist $D \subset \mathbb{C}$ eine offene Menge und $f \colon D \to \mathbb{C}$ eine Funktion, so heißt f holomorph in D, falls f an jedem Punkt $z_0 \in D$ komplex differenzierbar ist. Eine hierzu äquivalente Bedingung lautet: Ist $f = u + iv$, so sind die Funktionen u, v in D reell differenzierbar und für die partiellen Ableitungen gelten die Cauchy-Riemann-Gleichungen

$$u_x(z) = v_y(z), \quad u_y(z) = -v_x(z), \quad z \in D .$$

Es gilt dann für die Ableitung von f

$$f'(z) = u_x(z) + iv_x(z)$$
$$= -i(u_y(z) + iv_y(z)), \quad z \in D.$$

Die Algebra der holomorphen Funktionen in D bezeichnet man mit $\mathcal{O}(D)$ oder $H(D)$. Wichtige elementare Beispiele holomorpher Funktionen sind Polynome, die Exponentialfunktion, die Cosinus- und Sinusfunktion, die Hyperbelfunktionen und der Hauptzweig des Logarithmus.

Die Grundlage der Cauchyschen Funktionentheorie sind komplexe Wegintegrale. Das Hauptergebnis ist der Cauchysche Integralsatz, der im Spezialfall eines einfach zusammenhängenden Gebietes wie folgt lautet:

Es sei $G \subset \mathbb{C}$ ein einfach zusammenhängendes Gebiet. Dann gilt für jede in G holomorphe Funktion f und jeden in G rektifizierbaren, geschlossenen Weg γ

$$\int_\gamma f(z)\,dz = 0.$$

Eine Art Umkehrung dieses Ergebnisses ist der Satz von Morera.

Aus dem Cauchyschen Integralsatz leitet man nun die Cauchysche Integralformel her. Sie lautet speziell für Kreisscheiben:

Es sei $D \subset \mathbb{C}$ eine offene Menge und $B := B_r(z_0)$, $r > 0$ eine offene Kreisscheibe mit $\overline{B} \subset D$. Dann gilt für jede in D holomorphe Funktion f

$$f(z) = \frac{1}{2\pi i} \int_{\partial B} \frac{f(\zeta)}{\zeta - z}\,d\zeta, \quad z \in B.$$

Mit Hilfe der Cauchyschen Integralformel erhält man, daß holomorphe Funktionen in Potenzreihen entwickelbar sind. Der Cauchysche Entwicklungssatz besagt:

Es sei $D \subset \mathbb{C}$ eine offene Menge, f eine in D holomorphe Funktion und $B = B_r(z_0)$, $r > 0$ eine offene Kreisscheibe mit $B \subset D$. Dann gilt

$$f(z) = \sum_{n=0}^{\infty} a_n(z - z_0)^n, \quad z \in B$$

mit eindeutig bestimmten Koeffizienten $a_n \in \mathbb{C}$.

Insbesondere ist jede in D holomorphe Funktion f unendlich oft komplex differenzierbar in D, d. h. sämtliche Ableitungen $f', f'', f''', \ldots$

von f existieren in D und sind in D holomorphe Funktionen. Umgekehrt stellt jede konvergente Potenzreihe eine in ihrem Konvergenzkreis holomorphe Funktion dar. Hierdurch ist die Verbindung zwischen der Cauchyschen und der Weierstraßschen Funktionentheorie hergestellt.

Aus diesen zentralen Sätzen können nun weitere fundamentale Resultate über holomorphe Funktionen hergeleitet werden. Ein erstes Beispiel ist der Identitätssatz:

Es sei $G \subset \mathbb{C}$ ein Gebiet, f, g holomorphe Funktionen in G, A eine Teilmenge von G, die einen Häufungspunkt in G hat und $f(a) = g(a)$ für alle $a \in A$. Dann gilt bereits $f(z) = g(z)$ für alle $z \in G$.

Hieraus folgt, daß die Nullstellenmenge einer in G nicht identisch verschwindenden holomorphen Funktion f höchstens abzählbar ist und keinen Häufungspunkt in G besitzt. Ist $z_0 \in G$ eine Nullstelle von f, so existiert ein $m \in \mathbb{N}$ mit $f(z_0) = f'(z_0) = \cdots = f^{(m-1)}(z_0) = 0$ und $f^{(m)}(z_0) \neq 0$. Diese Zahl m nennt man die Nullstellenordnug von z_0 und bezeichnet sie mit $o(f, z_0)$. Aus der Cauchyschen Integralformel und dem Identitätssatz erhält man das Maximumprinzip:

Es sei $G \subset \mathbb{C}$ ein Gebiet, f eine in G holomorphe Funktion und $|f|$ besitze an $z_0 \in G$ ein lokales Maximum, d. h. es gibt eine Umgebung $U \subset G$ von z_0 mit $|f(z)| \leq |f(z_0)|$ für alle $z \in U$. Dann ist f konstant in G.

Als Folgerung aus dem Maximumprinzip erhält man das Lemma von Schwarz:

Es sei $\mathbb{E} = \{ z \in \mathbb{C} : |z| < 1 \}$, f eine in $\mathbb{E}$ holomorphe Funktion mit $f(\mathbb{E}) \subset \mathbb{E}$ und $f(0) = 0$. Dann gilt $|f(z)| \leq |z|$ für alle $z \in \mathbb{E}$ und $|f'(0)| \leq 1$.

Gilt $|f(z_0)| = |z_0|$ für ein $z_0 \in \mathbb{E} \setminus \{0\}$ oder $|f'(0)| = 1$, so gibt es ein $\alpha \in \mathbb{R}$ mit $f(z) = e^{i\alpha} z$ für alle $z \in \mathbb{E}$.

Das Lemma von Schwarz ist z. B. ein wichtiges Hilfsmittel bei der Bestimmung der Automorphismengruppe von $\mathbb{E}$.

In diesem Zusammenhang gehört auch der Satz von Liouville für ganze Funktionen:

Es sei f eine beschränkte ganze Funktion. Dann ist f konstant.

Hieraus läßt sich leicht der Fundamentalsatz der Algebra ableiten:

Jedes Polynom

$$p(z) = a_0 + a_1 z + \cdots + a_n z^n$$

mit Koeffizienten $a_0, a_1, \ldots, a_n \in \mathbb{C}$, $a_n \neq 0$, $n \geq 1$ besitzt mindestens eine Nullstelle $z_0 \in \mathbb{C}$.

Weiterhin gilt der Satz über die Gebietstreue:

Es sei $G \subset \mathbb{C}$ ein Gebiet und f eine in G holomorphe Funktion, die nicht konstant ist. Dann ist die Bildmenge $f(G)$ wieder ein Gebiet.

Eine wichtige Rolle in der Funktionentheorie spielen auch Folgen und Reihen holomorpher Funktionen. Grundlegend ist der Weierstraßsche Konvergenzsatz:

Es sei $D \subset \mathbb{C}$ eine offene Menge und (f_n) eine Folge von in D holomorphen Funktionen, die in D kompakt konvergent gegen die Grenzfunktion f ist. Dann ist f holomorph in D, und für jedes $k \in \mathbb{N}$ ist die Folge $(f_n^{(k)})$ der k-ten Ableitungen in D kompakt konvergent gegen $f^{(k)}$.

Das entsprechende Ergebnis für Reihen lautet:

Es sei $D \subset \mathbb{C}$ eine offene Menge und $\sum_{n=1}^{\infty} f_n$ eine Reihe von in D holomorphen Funktionen, die in D kompakt konvergent gegen die Grenzfunktion f ist. Dann ist f holomorph in D, und für jedes $k \in \mathbb{N}$ ist die k-mal gliedweise differenzierte Reihe $\sum_{n=1}^{\infty} f_n^{(k)}$ in D kompakt konvergent gegen $f^{(k)}$, d. h. es gilt

$$f^{(k)}(z) = \sum_{n=1}^{\infty} f_n^{(k)}(z), \quad z \in D.$$

Neben den Potenzreihen spielen Laurent-Reihen eine wichtige Rolle in der Funktionentheorie. Der Entwicklungssatz von Laurent besagt:

Es sei f eine im Kreisring $A_{r,s}(z_0) := \{ z \in \mathbb{C} : 0 \le r < |z - z_0| < s \le \infty \}$, $z_0 \in \mathbb{C}$ holomorphe Funktion. Dann ist f in $A_{r,s}(z_0)$ in eine Laurent-Reihe

$$f(z) = \sum_{n=-\infty}^{\infty} a_n (z - z_0)^n, \quad z \in A_{r,s}(z_0)$$

mit eindeutig bestimmten Koeffizienten $a_n \in \mathbb{C}$ entwickelbar.

Umgekehrt stellt jede konvergente Laurent-Reihe eine in einem Kreisring holomorphe Funktion dar.

Mit Hilfe von Laurent-Reihen lassen sich isolierte Singularitäten holomorpher Funktionen klassifizieren. Ist $G \subset \mathbb{C}$ ein Gebiet, $z_0 \in G$ und f eine in $\overset{\circ}{G} = G \setminus \{z_0\}$ holomorphe Funktion, so heißt z_0 eine isolierte Singularität von f. Dann besitzt f eine Laurent-Entwicklung

$$f(z) = \sum_{n=-\infty}^{\infty} a_n (z - z_0)^n, \quad z \in B_r(z_0), \tag{1}$$

wobei $B_r(z_0) \subset G$ eine offene Kreisscheibe ist. Man nennt z_0 eine

- hebbare Singularität von f, falls $a_n = 0$ für alle $n < 0$,

- Polstelle der Ordnung $o(z_0, f) = m \in \mathbb{N}$ von f, falls $a_{-m} \neq 0$ und $a_n = 0$ für alle $n < -m$,

- wesentliche Singularität von f, falls $a_n \neq 0$ für unendlich viele $n < 0$.

Hebbare Singularitäten sind sozusagen gar keine Singularitäten, denn in diesem Fall läßt sich f holomorph in z_0 fortsetzen, d. h. es existiert eine in G holomorphe Funktion F mit $F(z) = f(z)$ für alle $z \in G$. Ein wichtiges Kriterium ist der Riemannsche Hebbarkeitssatz.

Der Punkt z_0 ist eine Polstelle von f genau dann, wenn $|f(z)| \to \infty$ für $z \to z_0$. Genauer gilt: Es ist z_0 eine Polstelle der Ordnung $m \in \mathbb{N}$ von f genau dann, wenn eine in G holomorphe Funktion g existiert mit $g(z_0) \neq 0$ und

$$f(z) = \frac{g(z)}{(z - z_0)^m}, \quad z \in G.$$

Ist z_0 eine Polstelle der Ordnung m von f, so ist z_0 eine Polstelle der Ordnung $m + 1$ von f'.

Wesentliche Singularitäten sind durch den Satz von Casorati-Weierstraß charakterisiert.

Es sei $G \subset \mathbb{C}$ ein Gebiet, $z_0 \in G$ und f eine in $G = G \setminus \{z_0\}$ holomorphe Funktion. Dann ist z_0 eine wesentliche Singularität von f genau dann, wenn es zu jedem $w \in \mathbb{C}$, jedem $\epsilon > 0$ und jedem $\delta > 0$ ein $\zeta \in G$ gibt mit $0 < |\zeta - z_0| < \delta$ und $|f(\zeta) - w| < \epsilon$.

Man drückt diese Aussage oft auch zwar etwas unpräzise aber einprägsam wie folgt aus: Es ist z_0 eine wesentliche Singularität von f genau dann, wenn f in jeder Umgebung von z_0 jedem Wert $w \in \mathbb{C}$ beliebig nahe kommt. Eine wesentlich schärfere aber tiefliegende Aussage über wesentliche Singularitäten liefert der große Satz von Picard.

Im Zusammenhang mit isolierten Singularitäten ist der Begriff der meromorphen Funktion zu erwähnen. Eine solche Funktion f ist holomorph in $D \setminus P(f)$, wobei $D \subset \mathbb{C}$ eine offene Menge und $P(f)$ eine diskrete Teilmenge von D (d. h. $P(f)$ besteht nur aus isolierten Punkten) ist. Weiter hat f an jedem Punkt $z_0 \in P(f)$ eine Polstelle. Man nennt $P(f)$ Polstellenmenge von f. Offensichtlich hat $P(f)$ keinen Häufungspunkt in D und ist daher leer, endlich oder abzählbar unendlich. Elementare

Beispiele für meromorphe Funktionen sind rationale Funktionen, die Cotangens- und die Tangensfunktion.

Isolierte Singularitäten sind eng mit dem Residuenkalkül verknüpft. Ist z_0 eine isolierte Singularität von f mit der Laurententwicklung (1), so heißt der Koeffizient a_{-1} das Residuum von f an z_0 und wird mit $\mathrm{Res}\,(f, z_0)$ bezeichnet. Ist $0 < \varrho < r$ und S_ϱ die einmal positiv durchlaufene Kreislinie mit Mittelpunkt z_0 und Radius ϱ, so gilt

$$a_{-1} = \frac{1}{2\pi i} \int_{S_\varrho} f(\zeta)\, d\zeta \,.$$

Es gilt stets $\mathrm{Res}\,(f', z_0) = 0$. Falls z_0 eine hebbare Singularität von f ist, so ist $\mathrm{Res}\,(f, z_0) = 0$. Das zentrale Ergebnis über Residuen ist der Residuensatz:

Es sei $G \subset \mathbb{C}$ ein Gebiet, A eine endliche Teilmenge von G und γ eine rektifizierbare Jordan-Kurve in G derart, daß γ nullhomolog in G ist und kein Punkt von A auf γ liegt. Dann gilt für jede in $G \setminus A$ holomorphe Funktion f

$$\frac{1}{2\pi i} \int_\gamma f(z)\, dz = \sum_{z_0 \in A \cap \mathrm{Int}\, \gamma} \mathrm{Res}\,(f, z_0)\,,$$

wobei $\mathrm{Int}\, \gamma$ das Innere eines geschlossenen Weges bezeichnet.

Aus dem Residuensatz erhält man weitere wichtige Eigenschaften holomorpher Funktionen. Als erstes sei das Prinzip vom Argument erwähnt.

Es sei $G \subset \mathbb{C}$ ein Gebiet und f eine in G meromorphe Funktion mit nur endlich vielen Null- und Polstellen in G. Weiter sei γ eine rektifizierbare Jordan-Kurve in G derart, daß γ nullhomolog in G ist und keine Null- und Polstellen von f auf γ liegen. Dann gilt

$$\frac{1}{2\pi i} \int_\gamma \frac{f'(z)}{f(z)}\, dz = N - P\,,$$

wobei N die Anzahl der Null- und P die Anzahl der Polstellen von f in $\mathrm{Int}\, \gamma$ bezeichnet. Dabei ist jeweils die Null- und Polstellenordnung zu berücksichtigen.

Hieraus ergibt sich nun der Satz von Rouché:

Es sei $G \subset \mathbb{C}$ ein Gebiet und f, g in G holomorphe Funktionen. Weiter sei γ eine rektifizierbare Jordan-Kurve in G derart, daß γ nullhomolog in G ist und

$$|f(\zeta) + g(\zeta)| < |f(\zeta)| + |g(\zeta)|\,, \quad \zeta \in \gamma$$

gilt. Dann haben f und g gleich viele Nullstellen in Int γ, *wobei die Nullstellenordnung zu berücksichtigen ist.*

Mit Hilfe des Prinzips vom Argument oder des Satzes von Rouché erhält man weitere einfache Beweise des Fundamentalsatzes der Algebra. Außerdem können beide Ergebnisse zu einem Beweis des oben erwähnten Satzes von Hurwitz herangezogen werden. Ein Hauptanwendungsgebiet des Residuensatzes ist die (einfache) Berechnung reeller uneigentlicher Integrale.

Schließlich soll noch auf den geometrischen Aspekt der Funktionentheorie, der bei Riemann im Vordergrund stand, eingegangen werden. Grundlegend hierfür ist der Begriff der konformen Abbildung. Solche Abbildungen sind durch eine geometrische Eigenschaft definiert, die in dem genannten Stichwort genau erklärt wird. Der Zusammenhang zur Cauchyschen und Weierstraßschen Funktionentheorie wird durch die Tatsache hergestellt, daß eine konforme Abbildung f eines Gebietes $G \subset \mathbb{C}$ auf ein Gebiet $G^* \subset \mathbb{C}$ aus analytischer Sicht eine biholomorphe Abbildung von G auf G^* ist, d. h. f ist bijektiv, f ist holomorph in G, und die Umkehrabbildung f^{-1} ist holomorph in G^*. Fundamental für die Theorie der konformen Abbildungen ist der berühmte Riemannsche Abbildungssatz:

Es sei $G \subset \mathbb{C}$ *ein einfach zusammenhängendes Gebiet,* $G \neq \mathbb{C}$ *und* $z_0 \in G$. *Dann existiert genau eine konforme Abbildung f von G auf die offene Einheitskreisscheibe* $\mathbb{E}$ *mit* $f(z_0) = 0$ *und* $f'(z_0) > 0$.

In diesem Zusammenhang ist auch die Carathéodory-Koebe-Theorie zu nennen, die einen konstruktiven Beweis des Abbildungssatzes liefert. Konforme Abbildungen spielen heute eine wichtige Rolle in den Anwendungen, z. B. in der Aero- und Hydrodynamik und der Elektrotechnik.

[1] Ahlfors, L.V.: Complex Analysis. McGraw-Hill Book Company New York, 1966.

[2] Conway, J.B.: Functions of One Complex Variable. Springer-Verlag New York, 1978.

[3] Conway, J.B.: Functions of One Complex Variable II. Springer-Verlag New York, 1995.

[4] Fischer, W.; Lieb, I.: Funktionentheorie. Friedr. Vieweg & Sohn Braunschweig, 1981.

[5] Freitag, E.; Busam, R.: Funktionentheorie. Springer-Verlag Berlin, 1993.

[6] Jänich, K.: Einführung in die Funktionentheorie. Springer-Verlag Berlin, 1980.

[7] Krantz, S.G.: Handbook of Complex Variables. Birkhäuser Verlag Boston, 1999.

[8] Lang, S.: Complex Analysis. Springer-Verlag New York, 1985.

[9] Narasimhan, R.: Complex Analysis in One Variable. Birkhäuser Verlag Boston, 1985.

[10] Remmert, R.: Funktionentheorie (2 Bände). Springer-Verlag Berlin, 1991/1992.

Geometrie

Die Geometrie ist mit die älteste und somit am weitesten aufgefächerte Teildisziplin der Mathematik. Jedoch ist es eigentlich inkorrekt, von *der* Geometrie zu sprechen, da es viele „verschiedene Geometrien" gibt. Die bekannteste ist sicherlich die euklidische Geometrie, der unsere Erfahrung aus dem Anschauungsraum zugrunde liegt. Der vorliegende Artikel, der aus den geschilderten Gründen länger als die anderen ist, stellt jedoch im Anschluß an diese auch einige „ungewöhnliche" Geometrien vor.

Euklidische Geometrie
von A. Filler

I. Euklid von Alexandria stellte in seinem 13-bändigen Werk „Die Elemente" [1] erstmalig die Geometrie als abgeschlossenes deduktives System dar. Dieses Werk wurde zu dem (nach der Bibel) am zweithäufigsten gedruckten Buch der Weltgeschichte und war bis zum Beginn des neunzehnten Jahrhunderts wichtigste Grundlage für die Ausbildung in Geometrie. Euklid teilte seine Grundlagen in drei Kategorien, die Erklärungen (Definitionen) der auftretenden Begriffe, die Axiome (Grundaussagen, die für alle Wissenschaften interessant sind), und die Postulate (Grundaussagen, die sich speziell auf die Geometrie beziehen). Im folgenden sind die Definitionen von Euklid auszugsweise und seine Axiome sowie Postulate vollständig aufgeführt:

Definitionen:

1. *Was keine Teile hat, ist ein Punkt.*

2. *Eine Länge ohne Breite ist eine Linie.*

3. *Die Enden einer Linie sind Punkte.*

4. *Eine Linie ist gerade, wenn sie gegen die in ihr befindlichen Punkte auf einerlei Art gelegen ist.*

5. *Was nur Länge und Breite hat, ist eine Fläche.*

Axiome:

1. *Dinge, die demselben Dinge gleich sind, sind einander gleich.*

2. *Fügt man zu Gleichem Gleiches hinzu, so sind die Summen gleich.*

3. *Nimmt man von Gleichem Gleiches hinweg, so sind die Reste gleich.*

4. *Was zur Deckung miteinander gebracht werden kann, ist einander gleich.*

5. *Das Ganze ist größer als sein Teil.*

Postulate:

1. *Es soll gefordert werden, daß sich von jedem Punkte nach jedem Punkte eine gerade Linie ziehen lasse.*

2. *Ferner, daß sich eine begrenzte gerade Linie stetig in gerader Linie verlängern lasse.*

3. *Ferner, daß sich mit jedem Mittelpunkt und Halbmesser ein Kreis beschreiben lasse.*

4. *Ferner, daß alle rechten Winkel einander gleich seien.*

5. (Parallelenpostulat) *Endlich, wenn eine gerade Linie zwei gerade Linien trifft und mit ihnen auf derselben Seite innere Winkel bildet, die zusammen kleiner sind als zwei Rechte, so sollen die beiden geraden Linien, ins Unendliche verlängert, schließlich auf der Seite zusammentreffen, auf der die Winkel liegen, die zusammen kleiner sind als zwei Rechte.*

Diese Definitionen, Axiome und Postulate halten heutigen Anforderungen an logische Korrektheit nicht mehr stand. Zum einen erweist sich die Trennung nach Axiomen und Postulaten als nicht sinnvoll. Die Axiome erhalten nämlich nur dann eine Relevanz für die Geometrie, wenn konkrete geometrische Begriffe eingesetzt werden. Dann handelt es sich aber wiederum um geometrische Aussagen, also im Sinne Euklids um Postulate. In neueren Arbeiten wird daher nicht mehr zwischen Axiomen und Postulaten unterschieden, sondern nur von Axiomen gesprochen, worunter alle unbewiesenen Grundaussagen verstanden werden. Vor allem jedoch genügen die von Euklid gegebenen „Erklärungen" nicht den logischen Ansprüchen an Definitionen. Vielmehr ist es unmöglich, alle auftretenden Objekte und Relationen zu definieren, da Definitionen nur auf Grundlage bereits bekannter Begriffe möglich sind. Einige grundlegende Begriffe (wie z. B. Punkt, Gerade usw.) müssen also als undefinierte Grundbegriffe an den Anfang gestellt werden. Ein logisch völlig korrekter axiomatischer Aufbau der Geometrie wurde von David Hilbert gegen Ende des 19. Jahrhunderts vorgestellt.

II. Lange Zeit umstritten war die Frage, ob das Parallenpostulat auf Grundlage der anderen Axiome und Postulate bewiesen werden kann. Dieses sog. Parallelenproblem beschäftigte Generationen von Mathematikern und brachte unzählige Beweisversuche hervor, die jedoch alle daran scheiterten, daß unbemerkt Aussagen verwendet wurden, die nicht aus den übrigen Axiomen und Postulaten ableitbar sind und vielmehr zum 5. Postulat äquivalente Aussagen darstellten. Erst als in der ersten Hälfte des 19. Jahrhunderts Gauß, Bolyai und Lobatschewski zeigen konnten, daß auch die Theorie, die aus den übrigen Axiomen und Postulaten sowie der Verneinung des 5. Postulats besteht, eine widerspruchsfreie Theorie (nämlich eine nichteuklidische Geometrie) ist, war das Problem – wenn auch in einer völlig unerwarteten Weise – gelöst.

Als euklidische Geometrie im Sinne eines axiomatischen Aufbaus der Geometrie wird seitdem die Geometrie bezeichnet, in der alle Axiome der Geometrie, also sowohl diejenigen der absoluten Geometrie als auch das 5. Postulat von Euklid bzw. das euklidische Parallelenaxiom gelten.

III. Einen gänzlich anderen als den axiomatischen Weg zur Beschreibung verschiedener Geometrien stellt das ↑ Erlanger Programm dar, welches Felix Klein in seiner Antrittsvorlesung 1872 darlegte.

[1] Euklid: Die Elemente (nach Heibergs Text aus dem Griechischen übersetzt und herausgegeben von Clemens Thar). Akademische Verlagsgesellschaft Leipzig, 1933–1937.

[2] Klein F.: Das Erlanger Programm (1872) – Vergleichende Betrachtungen über neuere geometrische Forschungen. Goest & Portig Leipzig, 1974.

Elliptische Geometrie

von A. Filler

I. Unter der elliptischen Geometrie versteht man die Geometrie von Räumen konstanter positiver Krümmung. Oft wird für die elliptische Geometrie auch die Bezeichnung *Riemannsche Geometrie* verwendet.

In seiner berühmten Vorlesung „Über die Hypothesen, welche der Geometrie zugrundeliegen" [4] führte Bernhard Riemann (1826–1866) aus, daß die innere Geometrie einer Fläche durch das sogenannte Linien- bzw. Bogenelement *ds* charakterisiert wird. (Ein Ausgangspunkt für diese Überlegungen war der bereits von Gauß eingeführte Begriff der inneren Geometrie einer Fläche.) Für die Kenntnis der inneren Geometrie ist nicht die äußere Form oder die Gleichung einer Fläche erforderlich, sondern es genügt, die Koeffizienten *E*, *F* und *G* zu kennen, die das Bogenelement mittels der Gleichung

$$ds^2 = Edu^2 + 2Fdudv + Gdv^2$$

bestimmen (wobei *u* und *v* Parameter der Fläche sind). Die Krümmung und alle anderen interessierenden Größen auf einer Fläche können anhand des Bogenelements berechnet werden.

Riemann untersuchte die Geometrien auf *Flächen konstanter Krümmung*, die sich in drei Kategorien einordnen lassen:

1. *Riemannsche bzw. elliptische Geometrie* als Geometrie auf einer Fläche konstanter positiver Krümmung,

2. *Euklidische Geometrie* als Geometrie auf einer Fläche der Krümmung Null,

3. *Lobatschewskische bzw. hyperbolische Geometrie* als Geometrie auf einer Fläche konstanter negativer Krümmung.

II. Die einfachste Fläche konstanter positiver Krümmung ist eine Kugeloberfläche (Sphäre) im dreidimensionalen euklidischen Raum. (Die Krümmung *k* einer Sphäre mit dem Radius *r* beträgt in jedem ihrer Punkte $k = \frac{1}{r^2}$.) Somit ist die sog. sphärische Geometrie ein einfaches *Modell für eine elliptische Geometrie*, wobei jedoch zwei gegenüberliegende Punkte jeweils identifiziert werden müssen, d. h. ein Punkt der sphärisch-elliptischen Geometrie wird definiert als Paar gegenüberliegender (diametraler) Punkte der Sphäre. Gleichbedeutend damit, da nur innere Punkte der Sphäre (also der Kugel*oberfläche*) betrachtet werden, kann ein Punkt auch als Durchmesser der Kugel aufgefaßt werden. Der sphärische Abstand zweier Punkte ist der (euklidische) Winkel zwischen den zugehörigen Durchmessern. Sphärische Geraden sind im euklidischem Sinne die Großkreise der Sphäre, eine Definition, die auch praktisch sehr einleuchtend ist, denn die kürzeste Verbindung zweier Punkte auf der Kugeloberfläche ist ein Großkreisbogen zwischen diesen beiden Punkten.

III. Um zu einem weiter gefaßten Begriff der elliptischen Geometrie zu gelangen, läßt sich die sphärische Geometrie verallgemeinern. Man betrachtet dazu einen $(n + 1)$-dimensionalen euklidischen Raum $\mathbb{E}^{n+1}$ und definiert als elliptischen Raum $\mathbb{P}$ den zu $\mathbb{E}^{n+1}$ gehörigen projektiven Raum $\mathbb{P}(\mathbb{E}^{n+1})$ aller Geraden durch den Koordinatenursprung. Punkte des elliptischen Raumes $\mathbb{P}$ sind also die Ursprungsgeraden des euklidischen Raumes. Der n-dimensionale elliptische Raum läßt sich gleichbedeutend damit auch als Menge aller diametralen Punktepaare auf einer Hypersphäre des $\mathbb{E}^{n+1}$ auffassen.

Der Abstand zweier Punkte G_1 und G_2 von $\mathbb{P}$ wird definiert als Winkel der zu G_1 und G_2 gehörenden Geraden g_1 und g_2 des euklidischen Raumes $\mathbb{E}^{n+1}$:

$$d(G_1, G_2) := \angle(g_1, g_2) \; ; \; d(G_1, G_2) \in \left[0; \frac{\pi}{2}\right] .$$

In der elliptischen Geometrie sind somit (im Gegensatz sowohl zur euklidischen als auch zur ↓ hyperbolischen Geometrie) Abstände und somit Längen von Strecken beschränkt, es existieren keine Strecken, die länger sind als $\frac{\pi}{2}$. Geraden des elliptischen Raumes $\mathbb{P}$ sind Mengen von Punkten G, deren zugehörige Geraden g in $\mathbb{E}^{n+1}$ in einer Ebene liegen. Da diese Ebenen stets durch den Koordinatenursprung gehen müssen, haben zwei voneinander verschiedene elliptische Geraden h_1 und h_2 stets genau einen gemeinsamen Punkt G, welcher der Schnittgeraden der beiden entsprechenden euklidischen Ebenen ϵ_1 und ϵ_2 entspricht. Der Winkel zweier Geraden h_1 und h_2 wird auf den Schnittwinkel der zugehörigen euklidischen Ebenen zurückgeführt:

$$\angle(h_1, h_2) := \angle(\epsilon_1, \epsilon_2) \; ; \; \angle(h_1, h_2) \in \left[0; \frac{\pi}{2}\right] .$$

Die Beziehungen zwischen den Seitenlängen und Winkelgrößen eines Dreiecks in der elliptischen Geometrie sind durch die Sätze der sphärischen Trigonometrie gegeben. Weiterhin gilt, daß die Innenwinkelsumme eines jeden Dreiecks größer ist als ein gestreckter Winkel. Der Flächeninhalt eines Dreiecks läßt sich als Überschuß seiner Innenwinkelsumme über π berechnen. Dieser Überschuß wird als sphärischer bzw. elliptischer Exzeß bezeichnet. Für Dreiecke mit sehr kleinen Abmessungen ist der elliptische Exzeß nahezu Null, es gilt also näherungsweise der euklidische Innenwinkelsatz. Auch alle anderen metrischen Eigenschaften der elliptischen Geometrie, inklusive der trigonometrischen Beziehungen, nähern sich bei Betrachtung sehr kleiner Ausdehnungen denen der euklidischen Geometrie an.

IV. Eine besonders interessante Eigenschaft der elliptischen Geometrie ist die *Dualität von Punkten und Geraden* (in der 2–dimensionalen elliptischen Geometrie) bzw. allgemein die Dualität von Punkten und Hyperebenen. In der elliptischen Ebene (bzw. in der sphärischen Geometrie) schneiden sich alle zu einer gegebenen Geraden g senkrechten Geraden in einem Punkt, dem Pol von g. Umgekehrt gibt es zu jedem Punkt P eine Polare, d. h. eine Gerade, zu der P Pol ist. (Auf der Erdoberfläche ist beispielsweise der Äquator die Polare zu Nord- und Südpol, welche im Sinne der elliptischen Geometrie einen einzigen Punkt bilden.) Dies bedeutet, daß durch jede Gerade eindeutig ein Punkt und zu jedem Punkt eindeutig eine Gerade bestimmt wird. Interpretiert man nun die Winkel zwischen den Geraden der elliptischen Ebene als Abstände und bezeichnet die Punkte als Geraden und umgekehrt, so entsteht wiederum ein Modell der elliptischen Ebene. Punkte und Geraden sind also gewissermaßen vertauschbar. Für einen dreidimensionalen elliptischen Raum besteht eine vergleichbare Dualität zwischen Punkten und Ebenen, allgemein ist die Polare eines Punktes im n–dimensionalen elliptischen Raum $\mathbb{P}(\mathbb{E}^{n+1})$ eine Hyperebene von $\mathbb{P}$, hat also die Dimension $n - 1$.

V. Die elliptische Geometrie muß nicht, wie in II. und III. beschrieben, als in den euklidischen Raum eingebettete Struktur aufgefaßt, sondern kann durch eine eigenständige Axiomatik fundiert werden. Die oben beschriebenen Strukturen stellen Modelle des im folgenden skizzierten Axiomensystems dar. Gegenüber dem Hilbertschen Axiomensystem der euklidischen Geometrie sind für einen axiomatischen Aufbau der elliptischen Geometrie Veränderungen in allen Axiomengruppen, vor allem jedoch bei den Inzidenz– und Anordnungsaxiomen nötig. Die Inzidenzaxiome sind um das folgende wichtige Axiom zu ergänzen:

- *Zwei voneinander verschiedene Geraden haben stets genau einen Punkt gemeinsam.*

Dieses Axiom verdient deshalb besondere Beachtung, da es beinhaltet, daß in der elliptischen Geometrie keine parallelen Geraden existieren. Ein zusätzliches Parallelenaxiom ist aus diesem Grunde nicht erforderlich.

[1] Bogomolov, S. A.: Vvedenije V Neevklidovu Geometriju Rimana. Onti Gosudarstvennoe Techniko-Teoretitscheskoe Isdatelstvo Moskau, Leningrad, 1934.

[2] Efimov, N. W.: Höhere Geometrie. Deutscher Verlag der Wissenschaften Berlin, 1960.

[3] Gans, D.: An Introduction to Non-Euclidean Geometry. Academic Press Inc. San Diego, 1973.

[4] Riemann, B.: „Über die Hypothesen, welche der Geometrie zugrunde liegen", in: Das Kontinuum und andere Monographien (Reprint). Chelsea, 1973.

Hyperbolische Geometrie

von A. Filler

I. Als hyperbolische Geometrie oder Lobatschewski-Geometrie wird eine nichteuklidische Geometrie bezeichnet, in der alle Axiome der absoluten Geometrie, also die Axiome der Inzidenz, der Anordnung, der Kongruenz und der Stetigkeit, sowie die Verneinung des Parallelenaxioms des Euklid gelten:
Es existiert eine Gerade g und ein nicht auf g liegender Punkt P, durch den mindestens zwei Geraden verlaufen, die mit g in einer Ebene liegen und g nicht schneiden.
Aus diesem Axiom, das auch als *Lobatschewskisches Parallelenaxiom* bezeichnet wird, und den Axiomen der absoluten Geometrie läßt sich ableiten, daß sogar zu jeder Geraden *g* und jedem nicht auf *g* liegenden Punkt *P* unendlich viele Geraden verlaufen, die mit *g* in einer Ebene liegen und *g* nicht schneiden. Allerdings werden nicht alle dieser Geraden als zu *g* parallel bezeichnet (siehe III.).
Zu der Erkenntnis, daß es eine nichteuklidische Geometrie, basierend auf den Axiomen der absoluten Geometrie und der Negation des euklidischen Parallelenaxioms gibt, gelangten zwischen 1816 und 1832 weitgehend unabhängig voneinander die drei Mathematiker Janos Bolyai, Carl Friedrich Gauss und Nikolai Iwanowitsch Lobatschewski. Sie

lösten damit das seit mehr als zweitausend Jahren bestehende Parallelenproblem auf eine unerwartete Weise, indem sie zeigten, daß das euklidische Parallelenaxiom nicht aus den Axiomen der absoluten Geometrie ableitbar ist.

II. Obwohl sich die euklidische und die hyperbolische Geometrie in ihrer Axiomatik nur um ein einziges Axiom, das Parallelenaxiom, unterscheiden, ergeben sich daraus gravierende Unterschiede beider Geometrien in wichtigen Eigenschaften. Zu den interessantesten Eigenschaften der hyperbolischen Geometrie, die von denen der euklidischen Geometrie abweichen, gehören die folgenden:

- Die Innenwinkelsumme eines jeden Dreiecks ist kleiner als 180°.

- Es existiert kein spitzer Winkel, für den alle in beliebigen Punken eines seiner Schenkel errichteten Senkrechten den anderen Schenkel treffen.

- Abstandslinien sind keine Geraden, d. h. die Menge aller Punkte, die von einer gegebenen Geraden g denselben positiven Abstand haben und in einer durch g begrenzten Halbebene liegen, ist in keinem Fall eine Gerade.

- Zwei Dreiecke, die paarweise in allen drei Winkeln übereinstimmen, sind kongruent. Es existieren also keine ähnlichen und dabei nicht kongruenten Dreiecke.

- Drei Punkte, die nicht auf einer Geraden liegen, gehören nicht in jedem Falle einem Kreis an; im Raum wird durch vier nicht auf einer Ebene liegende Punkte nicht notwendigerweise eine Kugel bestimmt.

III. Um in der hyperbolischen Geometrie die Parallelität von Geraden zu definieren, wird der *Parallelwinkel* ϕ betrachtet. Es handelt sich dabei für eine gegebene Gerade a und einen nicht auf a liegenden Punkt P um den kleinsten Winkel zwischen einer Geraden b durch P, die mit a in einer Ebene liegt und a nicht schneidet, und dem Lot von P auf a. Dieser Parallelwinkel (oder Grenzwinkel) ist auf beiden Seiten des Lotes gleich groß.

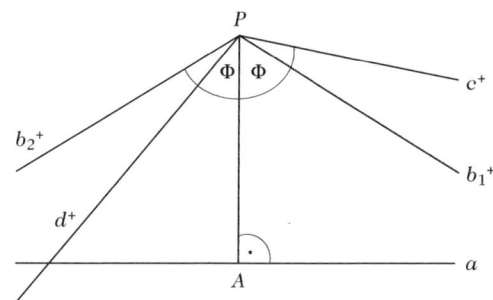

Parallelwinkel

Die Halbgeraden b_1^+ und b_2^+ mit dem Anfangspunkt P, für die

$$\angle(PA^+, b_1^+) = \angle(PA^+, b_2^+) = \phi$$

gilt (wobei ϕ Parallelwinkel in P in Bezug auf a und A Fußpunkt des Lotes von P auf a ist), haben mit der Geraden a keinen Punkt gemeinsam. Gleiches gilt für jede Halbgerade c^+ mit dem Anfangspunkt P und $\angle(PA^+, c^+) > \phi$. Ist dagegen d^+ eine Halbgerade mit $\angle(PA^+, d^+) < \phi$, so schneidet d^+ die Gerade a. Die Geraden b_1 und b_2, denen die Halbgeraden b_1^+ und b_2^+ angehören, sind *Grenzgeraden in der Gesamtheit aller Geraden, die durch P verlaufen und a nicht schneiden* und werden als zu a *parallele Geraden* bezeichnet. Die so definierte Parallelität ist symmetrisch und transitiv.

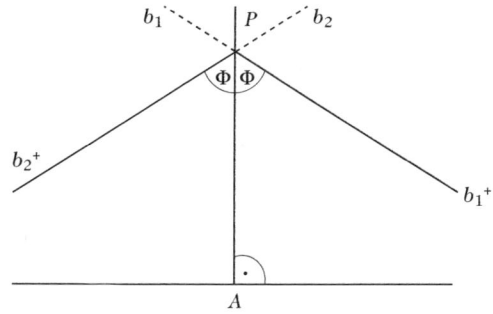

Parallele Geraden

Zwei Geraden einer Ebene, die keinen gemeinsamen Punkt besitzen und nicht parallel sind, heißen *divergierend*. Zwei divergierende Geraden besitzen stets eine gemeinsame Senkrechte, dagegen gibt es zu zwei parallelen Geraden in keinem Falle eine Gerade, die auf den beiden Parallelen senkrecht steht. Es gilt sogar, daß es keine Gerade gibt, die mit zwei parallelen Geraden gleiche Stufen- oder Wechselwinkel bildet.

IV. Eine fundamentale Eigenschaft der hyperbolischen Geometrie besteht darin, daß der Parallelwinkel in einem Punkt P in Bezug auf eine Gerade g nur vom Abstand x des Punktes P von der Geraden g abhängt. Der Parallelwinkel läßt sich somit als Funktion des Abstandes x auffassen:

$$\phi = \Pi(x),$$

wobei Π als *Lobatschewskische Funktion* bezeichnet wird. Der Definitionsbereich dieser Funktion ist $(0, \infty)$, ihr Wertebereich $(0, \frac{\pi}{2})$. Π ist auf ihrem gesamten Definitionsbereich stetig sowie streng monoton fallend und besitzt folgende uneigentliche Grenzwerte:

$$\lim_{x \to \infty} \Pi(x) = 0 \ , \quad \lim_{x \to 0^+} \Pi(x) = \frac{\pi}{2} \ .$$

Aus dem zweiten dieser Grenzwerte ergibt sich, daß für sehr gering ausgedehnte Bereiche der Parallelwinkel nahezu gleich $\frac{\pi}{2}$ ist, damit sind die beiden Parallelen zu einer Geraden durch einen Punkt kaum voneinander zu unterscheiden. Alle Eigenschaften der hyperbolischen Geometrie nähern sich deshalb in sehr kleinen Bereichen denen der euklidischen Geometrie an, da die Unterschiede beider Geometrien nur auf den verschiedenen Parallelenaxiomen beruhen. Das bedeutet, daß sich aus der Kenntnis „sehr kleiner Teile" eines Raumes nicht genau bestimmen läßt, ob es sich um einen euklidischen oder einen nichteuklidischen Raum handelt.

Analytisch läßt sich die Lobatschewskische Funktion durch die Gleichung

$$\Pi(x) = 2 \cdot \arctan \exp\left(-\frac{x}{R}\right)$$

darstellen, die u. a. benötigt wird, um die Formeln der hyperbolischen Trigonometrie herzuleiten.

Eine sehr wichtige Schlußfolgerung aus der Existenz der Lobatschewskischen Funktion Π besteht darin, daß es in der hyperbolischen

Geometrie eine *absolute Länge* gibt. Durch einen gestreckten Winkel (bzw. Teile eines solchen, die beispielsweise durch Halbierung gewonnen werden können) sind in der euklidischen Geometrie *absolute Winkelgrößen* gegeben, die sich durch eine abstrakte Vorschrift beschreiben lassen. So ist die Größe eines rechten Winkels durch die Konstruktionsbeschreibung „Errichtung der Senkrechten" gegeben und bedarf keiner willkürlich festgelegten Eichhilfen, wie des Einheitsmeters. Im Gegensatz dazu gibt es in der euklidischen Geometrie keine absoluten Streckengrößen. In der hyperbolischen Geometrie existieren derartige absolute Längen. Sie lassen sich aus absoluten Winkeln mittels der Umkehrfunktion der Funktion Π ermitteln. Beispielsweise wird durch

$$l := \Pi^{-1}\left(\frac{\pi}{4}\right)$$

eine Länge l ausgezeichnet, die keinerlei Willkür unterliegt.

Die Existenz einer absoluten Länge ist mit der Nichtexistenz ähnlicher Figuren verbunden. Das Vorhandensein ähnlicher Figuren (die nur in der euklidischen Geometrie existieren) schließt die Möglichkeit der Bestimmung absoluter Längen aus.

V. Um die Widerspruchsfreiheit der hyperbolischen Geometrie (und gleichbedeutend damit die Unabhängigkeit des Parallelenaxioms des Euklid von den Axiomen der absoluten Geometrie) nachzuweisen sowie eine anschauliche Interpretation der hyperbolischen Geometrie zu geben, werden die Grundbegriffe der hyperbolischen Geometrie durch bekannte Objekte der euklidischen (oder projektiven) Geometrie interpretiert. Dabei sind sehr unterschiedliche Interpretationen (Modelle) möglich. Zu den bekanntesten zählen die Poincaré-Halbebene, die Poincaré-Kreisscheibe sowie das Kleinsche Modell, bei denen die zweidimensionale hyperbolische Geometrie innerhalb einer offenen Halbebene bzw. einer offenen Kreisscheibe der euklidischen Ebene aufgebaut wird.

Eines der interessantesten Modelle der hyperbolischen Geometrie ist das *pseudoeuklidische Modell*, bei dem die Analogie zur sphärischen Geometrie (die ihrerseits ein Modell der elliptischen Geometrie ist) gut sichtbar wird. Die hyperbolische Ebene wird hierbei als Sphäre H mit imaginärem Radius innerhalb eines dreidimensionalen pseudoeuklidischen Raumes modelliert. (Aus euklidischer Sicht ist diese Sphäre ein zweischaliges Rotationshyperboloid, aus der Sicht der hyperbolischen

Geometrie eine Ebene.) Hyperbolische Punkte sind bei diesem Modell alle diametralen Punktepaare auf H, also Paare von Punkten, die auf einer Geraden durch den Koordinatenursprung liegen (siehe Abbildung – die euklidischen Punkte P_1 und P_2 werden als ein H-Punkt identifiziert).

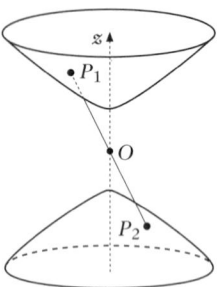

Hyperbolische Geraden sind alle Schnittkurven der hyperbolischen Ebene H mit (euklidischen) Ebenen, die durch den Mittelpunkt bzw. Koordinatenursprung verlaufen. Pseudoeuklidisch gesehen handelt es sich bei diesen Geraden also um Großkreise und euklidisch um Hyperbeln.

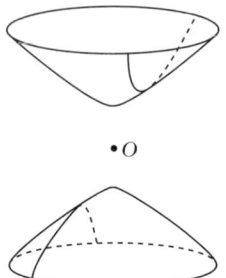

Geraden im pseudoeuklidischen Modell

Hyperbolische Abstände von Punkten werden im pseudoeuklidischen Modell als Längen von Großkreisbögen, welche die entsprechenden Punkte miteinander verbinden, definiert (wobei es sich bei diesen Großkreisbögen euklidisch gesehen um Hyperbelbögen handelt). Wie in der sphärischen Geometrie besteht ein Zusammenhang zwischen der Länge des Großkreisbogens zwischen zwei Punkten und dem Winkel ihrer Radiusvektoren, wobei hier die Winkel pseudoeuklidisch zu messen sind.

Durch Projektion der oberen Schale des Hyperboloids (mit dem Radius i) vom Koordinatenursprung aus auf die Ebene $z = 1$ entsteht aus dem pseudoeuklidischen Modell der hyperbolischen Geometrie das Kleinsche Modell.

[1] Efimov N. W.: Höhere Geometrie. Deutscher Verlag der Wissenschaften Berlin, 1960.

[2] Filler A.: Euklidische und nichteuklidische Geometrie. B.I. Wissenschaftsverlag Mannheim, 1993.

[3] Gans D.: An Introduction to Non-Euclidean Geometry. Academic Press Inc. San Diego, 1973.

[4] Reichardt H.: Gauß und die Anfänge der nicht-euklidischen Geometrie, mit Originalarbeiten von J. Bolyai, N. I. Lobatschewski und Felix Klein. Teubner Leipzig, 1985.

[5] Riemann B.: „Über die Hypothesen, welche der Geometrie zugrunde liegen", in: Das Kontinuum und andere Monographien (Reprint). Chelsea, 1973.

Minkowski-Geometrie

von H. Gollek

Der Begriff Minkowski-Geometrie bezeichnet zum einen die Geometrie des Minkowski-Raumes M^4, sowie zum anderen die Geometrie eines normierten Vektorraumes endlicher Dimension, in dem die Rolle der Einheitssphäre von einem in bezug auf den Ursprung zentralsymmetrischen konvexen Körper übernommen wird.

Den 4-dimensionalen, mit einer Metrik g der Signatur $(1, 3)$ versehenen pseudoeuklidischen Raum hat H. Minkowski 1908 als geometrisches Modell der speziellen Relativitätstheorie vorgeschlagen. Punkte von $\mathfrak{v} = (t, x, y, z) \in M^4$ repräsentieren *Ereignisse*, die durch den Zeitpunkt, d. h., die erste Koordinate t, und den Ort ihres Eintretens, d. h., durch die übrigen drei Koordinaten x, y, z, charakterisiert sind. Ist $\Delta\mathfrak{r} = \mathfrak{r}_2 - \mathfrak{r}_1 = (\Delta t, \Delta x, \Delta y, \Delta z)$ der Verbindungsvektor der Ereignisse $\mathfrak{r}_1$ und $\mathfrak{r}_2$, so ist die Größe

$$|\Delta\mathfrak{r}|^2 = g(\Delta\mathfrak{r}, \Delta\mathfrak{r}) = -c^2 \, \Delta t^2 + \Delta x^2 + \Delta y^2 + \Delta z^2$$

ihr relativistisches Abstandsquadrat, das in Analogie zum Quadrat des euklidischen Abstands definiert wird, aber abweichende Eigenschaften besitzt. Es kann z. B. negative Werte annehmen. Die vom Nullvektor verschiedenen Vektoren $\Delta\mathfrak{x} \in M^4$ werden nach dem Vorzeichen der Zahl $g\,(\Delta\mathfrak{x}, \Delta\mathfrak{x})$ in

$$\begin{aligned}
\text{raumartige:} &\quad \Delta x^2 + \Delta y^2 + \Delta z^2 > c^2\,\Delta t^2, \\
\text{zeitartige:} &\quad \Delta x^2 + \Delta y^2 + \Delta z^2 < c^2\,\Delta t^2, \\
\text{lichtartige:} &\quad \Delta x^2 + \Delta y^2 + \Delta z^2 = c^2\,\Delta t^2,
\end{aligned}$$

unterteilt.

Verzichtet man auf eine Raumkoordinate, etwa die Δz-Koordinate, so hat man es mit einem dreidimensionalen Minkowski-Raum zu tun und gelangt zu einer anschaulichen Vorstellung: Die Menge $\mathcal{Z}$ der zeitartigen Vektoren erscheint im $(\Delta t, \Delta x, \Delta y)$-Raum als Menge aller Punkte, die die Ungleichung $\Delta t^2 > \left(\Delta x^2 + \Delta y^2\right)/c^2$ erfüllen. $\mathcal{Z}$ ist somit das 4-dimensionale Analogon eines konvexen Vollkegels. Seine Randfläche besteht aus allen lichtartigen Vektoren. Diese bilden den *Lichtkegel* $\mathcal{Z}$ des Minkowski-Raumes.

$\mathcal{Z}$ ist die Vereinigung zweier disjunkter Halbkegel $\mathcal{Z}^+$ und $\mathcal{Z}^-$, die die *Zeitorientierungen* von (M^4, g) sind. Zwei Vektoren $\mathfrak{v}, \mathfrak{w} \in \mathcal{Z}$ gehören genau dann zur gleichen Zeitorientierung, wenn $g(\mathfrak{v}, \mathfrak{w}) < 0$ ist.

Sehr viel inhaltsreicher wird die Geometrie des Minkowski-Raumes durch die zusätzliche Betrachtung physikalischer Phänomene. Unter einem *Inertialsystem* versteht man in der klassischen Mechanik und in der speziellen Relativitätstheorie ein Bezugssystem, in der das erste Newtonsche Axiom gilt, d. h., ein Inertialsystem ist eine sich gleichmäßig bewegende Basis des zugrundeliegenden Vektorraums. Der Begriff des Inertialsystems ist eine Idealisierung, jedoch existieren für eine große Klasse physikalischer Phänomene Bezugssysteme, die dem idealen Inertialsystem sehr nahe kommen. Jedes andere Bezugssystem, das sich in bezug auf ein Inertialsystem beschleunigungsfrei bewegt, ist ebenfalls ein Inertialsystem.

Je zwei Inertialsysteme bestimmen eine affine Abbildung, die das eine in das andere überführt. Die Inertialsysteme der klassischen Mechanik sind durch *Galileische Transformationen*, die der speziellen Relativitätstheorie durch *Lorentztransformationen* miteinander verbunden. Alle diese Transformationen bilden eine Gruppe. Eine Galileische Transformation ist durch

$$t' = t,\ x' = x - V_x t,\ y' = y - V_y t,\ z' = z - V_z t \tag{1}$$

gegeben, worin (x, y, z, t) und (x', y', z', t') die Koordinaten in bezug auf die beiden Bezugssysteme $\mathcal{B}$ bzw. $\mathcal{B}'$ und $V = (V_x, V_y, V_z)$ der Geschwindigkeitsvektor ihrer Bewegung relativ zueinander ist.

Bewegt sich hingegen $\mathcal{B}'$ in der speziellen Relativitätstheorie in Richtung der x-Achse mit der Geschwindigkeit V_x, so hat die zugehörige Lorentztransformation die Gestalt

$$t' = \frac{t - V_x x/c^2}{\sqrt{1 - \frac{V_x^2}{c^2}}}, \quad x' = \frac{x - V_x t}{\sqrt{1 - \frac{V_x^2}{c^2}}}, \quad y' = y, \quad z' = z. \tag{2}$$

Dabei wird vorausgesetzt, daß die Ursprungspunkte von $\mathcal{B}$ und $\mathcal{B}'$ zum Zeitpunkt $t = 0$ gleich sind, und die Uhr von $\mathcal{B}'$ zu diesem Zeitpunkt die Zeit $t' = 0$ anzeigt.

Setzt man zur Abkürzung $f = 1/\sqrt{1 - \frac{V_x^2}{c^2}}$, so kann die Transformation (2) auch durch die Matrix

$$L = \begin{pmatrix} f & \dfrac{-f\,V_x}{c^2} & 0 & 0 \\ -f\,V_x & f & 0 & 0 \\ 0 & 0 & 1 & 0 \\ 0 & 0 & 0 & 1 \end{pmatrix}$$

dargestellt werden. Aus dieser Form ist direkt ersichtlich, daß L eine Isometrie von M^4 in bezug auf die Metrik g ist, denn es gilt $L^\top g L = g$, wenn man g als Diagonalmatrix mit den Diagonalelementen $-c^2, 1, 1, 1$ ansieht. Führt man noch die Größe $\psi = \operatorname{arsinh}\left(V_x/\sqrt{c^2 - V_x^2}\right)$ ein, so gilt

$$L = \begin{pmatrix} \cosh\psi & 1/c\,\sinh\psi & 0 & 0 \\ c\,\sinh\psi & \cosh\psi & 0 & 0 \\ 0 & 0 & 1 & 0 \\ 0 & 0 & 0 & 1 \end{pmatrix}.$$

In ähnlicher Weise sind die Matrizen der Lorentztransformationen aufgebaut, die den Bezugssystemen entsprechen, welche sich parallel zur y-Achse oder z-Achse bewegen. Die gesamte Lorentzgruppe wird von diesen und den orthogonalen Transformationen des $\mathbb{R}^3$ erzeugt.

Das *relativistische Additionsgesetz der Geschwindigkeiten* ergibt sich aus der Formel (2) für die Lorentztransformation wie folgt: Bewegt sich ein Teilchen in $\mathcal{B}$ mit der Geschwindigkeit v in Richtung der x-Achse, dann hat dasselbe Teilchen in $\mathcal{B}'$ die Geschwindigkeit

$$v' = \frac{v - V}{1 - \frac{vV}{c^2}}.$$

Setzt man hier $v = c$, so ergibt sich auch $v' = c$. Dieses Additionsgesetz ist demnach mit dem Prinzip der Konstanz der Lichtgeschwindigkeit verträglich.

Andere gravierende Abweichungen von der klassischen Mechanik, die sich aus (2) ergeben, sind die Relativierung des Begriffs der *Gleichzeitigkeit*, die *Zeitdilatation* und die *Verkürzung* des bewegten Objekts in seiner Bewegungsrichtung. Sind A und B zwei Ereignisse mit den Koordinaten (x_A, y_A, z_A, t_A) bzw. (x_B, y_B, z_B, t_B) im System $\mathcal{B}$, so ist die Gleichzeitigkeit von A und B durch die Gleichung $t_A = t_B$ erklärt. Die obige Formel der Lorentztransformation ergibt aber für deren Zeitpunkte t'_A, t'_B im System $\mathcal{B}'$ die Differenz

$$t'_A - t'_B = (x_A - x_B) \frac{V^2}{c^2} \sqrt{1 - \frac{V^2}{c^2}},$$

die nur für $V = 0$ oder $x_A = x_B$ verschwindet. Zeigt eine Uhr, die sich im System $\mathcal{B}$ am Punkt mit den Koordinaten $(0, 0, 0)$ befindet, die Zeit t an, so zeigt die Uhr von $\mathcal{B}'$ in dem Moment, in dem sie sich am selben Punkt befindet, die Zeit

$$t' = \frac{t}{\sqrt{1 - \frac{V^2}{c^2}}}$$

an. Das ist der Effekt der Zeitdilatation, demzufolge aus der Perspektive eines Beobachters in $\mathcal{B}'$ die Zeit in $\mathcal{B}$ langsamer läuft. Schließlich verkürzt sich ein Körper, der sich in $\mathcal{B}$ in Ruhe befindet, bei Messung seiner Länge im System $\mathcal{B}'$ um den Faktor $\sqrt{1 - \frac{V^2}{c^2}}$.

[1] Minkowski, H.: Das Relativitätsprinzip. Jahresber. d. Deutschen Mathematikervereinigung, 1915.

Symplektische Geometrie

von M. Bordemann

Gegenstand der Betrachtung der symplektischen Geometrie sind die symplektischen Mannigfaltigkeiten, die man – stark vereinfacht gesagt – als Riemannsche Mannigfaltigkeiten ansehen kann, deren „Skalarprodukt antisymmetrisch statt symmetrisch" ist.

I. Die historischen Wurzeln symplektischer Betrachtungen liegen einmal in der Optik, vor allem in ihrer Formulierung durch Hamilton im 19. Jahrhundert, und außerdem in der klassischen Mechanik, ebenfalls in der Hamiltonschen Formulierung.

In der linearen Strahlenoptik wird die optische Abbildung eines Objektes durch ein entlang der *z*-Achse aufgestelltes optisches System von Zwischenräumen und brechenden Oberflächen wie Linsen in linearer Näherung beschrieben. Hierbei bekommt man eine lineare Abbildung Φ des vierdimensionalen Raumes, wobei die ersten beiden Koordinaten den Auftreffpunkt $q = (q_1, q_2)$ eines Lichtstrahls auf dem senkrecht zur optischen Achse stehenden Bildschirm angeben, während die letzten beiden die mit dem Brechungsindex multiplizierte Projektion $p = (p_1, p_2)$ des Strahleneinheitsvektors auf den Bildschirm beschreiben. Ein Zwischenraum verändert p nicht, sondern verschiebt q um den Vektor lp (wobei die reelle Zahl l proportional zur Länge des Zwischenraums ist), während eine brechende Oberfläche, die durch eine symmetrische (2×2)-Matrix K in der Form $z = \frac{1}{2} q^T K q$ beschrieben wird, den Ort q des Strahls unverändert läßt, aber die Richtung p um einen Vektor $-Pq$ verschiebt, wobei die (2×2)-Matrix P proportional zu K ist. Dies entspricht den beiden folgenden (4×4)-Matrizen, die wir als (2×2)-Blockmatrizen angeben:

$$\begin{pmatrix} 1_2 & l1_2 \\ 0_2 & 1_2 \end{pmatrix}, \quad \begin{pmatrix} 1_2 & 0_2 \\ -P & 1_2 \end{pmatrix},$$

wobei 1_2 die (2×2)-Einheitsmatrix und 0_2 die (2×2)-Nullmatrix bezeichnen. Es läßt sich nun zeigen, daß durch beliebige Hintereinanderschaltung dieser Matrizen die Gruppe aller derjenigen Matrizen M erzeugt wird, die die 2-Form ω auf dem $\mathbb{R}^4$,

$$\omega\big((q, p), (q', p')\big) := q_1 p_1' - q_1' p_1 + q_2 p_2' - q_2' p_2$$

invariant lassen, d. h.

$$\omega\big(M(q, p), M(q', p')\big) = \omega\big((q, p), (q', p')\big) \,.$$

Die Determinante aller Matrizen in dieser sogenannten linearen symplektischen Gruppe ist gleich 1, jedoch läßt sich nicht jede (4×4)-Matrix der Determinante 1 durch eine solche lineare symplektische Transformation darstellen.

In der klassischen Mechanik kann man die Newtonsche Bewegungsgleichung

$$m\frac{d^2 q_i}{dt^2} = -\frac{\partial V}{\partial q_i}(q)$$

für eine Kurve $t \mapsto q(t)$ im $\mathbb{R}^n$ (wobei m eine positive reelle Zahl (die Masse) und V eine reellwertige C^∞-Funktion auf $\mathbb{R}^n$ (die potentielle Energie) darstellt) als Differentialgleichung erster Ordnung im $\mathbb{R}^{2n}$ umschreiben, indem man die Variablen $p_i := dq_i/dt$ sowie die Hamilton-Funktion $H(q, p) := \sum_{i=1}^n \frac{p_i^2}{2m} + V(q)$ einführt ($x := (q, p)$):

$$\frac{dq_i}{dt} = \frac{p_i}{m} = \frac{\partial H}{\partial p_i}(x) =: X_{H_{q_i}}(x)$$
$$\frac{dp_i}{dt} = -\frac{\partial V}{\partial q_i}(q) = -\frac{\partial H}{\partial q_i}(x) =: X_{H_{p_i}}(x)$$

Die charakteristische Vertauschung der Variablen q und p und das auftretende Vorzeichen bei den partiellen Ableitungen der Hamilton-Funktion H auf der rechten Seite der vorigen Gleichung, dem sogenannten Hamiltonschen Vektorfeld $X_H(q, p)$, zeigt wiederum die Gegenwart der sogenannten symplektischen 2-Form im $\mathbb{R}^{2n}$

$$\omega\big((q, p), (q', p')\big) := \sum_{i=1}^n (q_i p_i' - q_i' p_i) \tag{3}$$

durch die Vorschrift

$$dH = \left(\frac{\partial H}{\partial q_1}, \dots, \frac{\partial H}{\partial q_n}, \frac{\partial H}{\partial p_1}, \dots, \frac{\partial H}{\partial p_n}\right) = \omega(X_H, \ ).$$

II. Es bietet sich nun an, endlichdimensionale reelle Vektorräume V zu betrachten, auf denen ein ‚antisymmetrisches Skalarprodukt‘, genauer gesagt: eine nicht ausgeartete antisymmetrische Bilinearform, d. h. symplektische Form $\omega : V \times V \to \mathbb{R}$ gegeben ist, zu betrachten. Das Paar (V, ω) wird dann symplektischer Vektorraum genannt. In völliger Analogie zum Sylvesterschen Trägheitssatz für symmetrische Bilinearformen läßt sich immer eine Basis von V finden, in der ω die einfache Form (3) annimmt. Insbesondere ist jeder symplektische Vektorraum $2n$-dimensional. Drückt man ω in der vereinfachenden Basis durch das Standardskalarprodukt

$$((q, p), (q', p')) := \sum_{i=1}^{n} (q_i q_i' + p_i p_i')$$

im $\mathbb{R}^{2n}$ und eine lineare Abbildung J in der Form $\omega = (J,)$ aus, so erhält man $J^2 = -1_{2n}$. Diese Nähe zu komplexen Strukuren wird durch die Bezeichnung ‚symplektisch‘ betont, die von Hermann Weyl eingeführt wurde und eine griechische Form des Wortes ‚komplex‘ darstellt, die vom Verb ‚$\sigma \upsilon \mu \pi \lambda \epsilon \kappa \epsilon \iota \nu$‘ = ‚zusammenflechten‘ herrührt.

In Analogie zu Vektorräumen mit einem Skalarprodukt kann man nun versuchen, in symplektischen Vektorräumen Geometrie zu treiben: hierbei gibt es allerdings wegen der Antisymmetrie der symplektischen Form kein Analogon zum Längenquadrat, da $\omega(x, x)$ stets verschwindet für alle Vektoren $x \in V$. Auf zweidimensionalen Unterräumen definiert die Einschränkung von ω aber einen im allgemeinen nicht verschwindenden Flächenbegriff; doch auch hier kann diese Einschränkung in Einzelfällen entarten. Diese mögliche Entartung auf Unterräumen liefert nun sehr wichtige Unterräume: wie im Falle eines Raumes mit Skalarprodukt kann zu jedem gegebenen Unterraum W völlig analog sein (Schief-)Orthogonalraum W^ω definiert werden, und die Summe der Dimensionen von W und W^ω ist immer gleich der Dimension von V. Im Gegensatz zu Räumen mit Skalarprodukt können sich W und W^ω nichttrivial schneiden: die auftretenden Extremfälle sind a) $W \subset W^\omega$ (W ist isotrop), b) $W \supset W^\omega$ (W ist koisotrop) und c) $W = W^\omega$ (W ist Lagrangesch). Man sieht schnell, daß die Einschränkung der symplektischen Form auf einen koisotropen Unterraum W kanonisch zu einer symplektischen Form auf den Quotientenraum W/W^ω projiziert werden kann (Phasenraumreduktion). In der Physik bilden der Konfigurationsraum (der von den Koordinaten $(q_1, \ldots, q_n)$ aufgespannte Unterraum des oben behandelten $\mathbb{R}^{2n}$) und der Impulsraum (der von den Koordinaten $(p_1, \ldots, p_n)$ aufgespannte Unterraum) wichtige Lagrangesche Unterräume des sogenannten Phasenraums V.

III. Wie bei Riemannschen Mannigfaltigkeiten, bei denen jeder Tangentialraum mit einem (positiv definiten) Skalarprodukt versehen sind, das glatt vom Fußpunkt abhängt, kann man auch Mannigfaltigkeiten M betrachten, bei denen jeder Tangentialraum eine symplektische 2-Form ω trägt, die glatt vom Fußpunkt abhängt. Vom Standpunkt der dynamischen Systeme aus lassen sich leicht die Eigenschaften einer symplektischen 2-Form verstehen: man definiert das Hamiltonsche Vektorfeld X_H einer reellwertigen C^∞-Funktion H auf M durch

$$dH =: \omega(X_H, \ ).$$

Wenn dies immer ohne Verlust an Information möglich sein soll, so muß ω eine *nicht ausgeartete* Bilinearform in jedem Tangentialraum definieren, da genau diese zu einem Isomorphismus zwischen Kotangentialraum (dem Wertebereich von dH) und Tangentialraum (dem Wertebereich von X_H) führen. Ferner gilt für eine Integralkurve $t \mapsto x(t)$ von X_H nach Definition von X_H:

$$\frac{d(H(x))}{dt} = dH(x)\big(X_H(x)\big) = \omega\big(X_H(x), X_H(x)\big)$$

Damit ist H eine erhaltene Größe für X_H genau dann, wenn ω *antisymmetrisch* ist. Drittens ergibt sich für die sich anbietende Definition der Poisson-Klammer zweier reellwertiger C^∞-Funktionen f und g, $\{f, g\} := \omega(X_f, X_g)$, die Identität

$$\{\{f, g\}, h\} + \{\{g, h\}, f\} + \{\{h, f\}, g\} = -(d\omega)(X_f, X_g, X_h),$$

die dazu führt, daß die Poisson-Klammer genau dann eine Lie-Klammer definiert, wenn ω eine geschlossene 2-Form ist.

Man nennt das Paar (M, ω) eine symplektische Mannigfaltigkeit, wenn ω eine nicht ausgeartete, antisymmetrische, geschlossene 2-Form ist. Die einfachsten Beispiele dieser Mannigfaltigkeiten werden – ganz analog zu den Phasenräumen der klassischen Mechanik – durch Kotangentialbündel T^*Q beliebiger Mannigfaltigkeiten Q definiert: hier ist die lokale 1-Form $\theta := \sum_{i=1}^{n} p_i dq_i$ in einer Bündelkarte $(q_1, \ldots, q_n, p_1, \ldots, p_n)$

invariant unter Kartenwechseln und definiert durch $\omega = -d\theta$ eine symplektische 2-Form auf T^*Q. Viele wichtige dynamische Systeme wie etwa alle geodätischen Flüsse einer Riemannschen Mannigfaltigkeit Q oder die durch Poincaré, Siegel, Kolmogorow, Arnold und Moser untersuchten Systeme der Himmelsmechanik lassen sich hier formulieren.

Im Gegensatz zu den Riemannschen Mannigfaltigkeiten sehen alle symplektischen Mannigfaltigkeiten gleicher Dimension $2n$ lokal gleich aus, da nach dem Satz von Darboux sich um jeden Punkt immer Koordinaten $(q_1, \ldots, q_n, p_1, \ldots, p_n)$ finden lassen, in denen ω die zu (3) analoge Form $\sum_{i=1}^{n} dq_i \wedge dp_i$ annimmt. Ein Analogon zur äußeren Krümmung einer Untermannigfaltigkeit einer Riemannschen Mannigfaltigkeit existiert hier ebenfalls nicht.

[1] Arnold, V. I.: Mathematische Methoden der Klassischen Mechanik. Erweiterte deutschsprachige Ausgabe, Birkhäuser Basel, 1988.

[2] Berndt, R.: Einführung in die symplektische Geometrie. Vieweg Wiesbaden, 1998.

[3] Fedosov, B.: Deformation Quantization and Index Theory. Akademie Verlag Berlin, 1996.

[4] Hofer, H.; Zehnder, E.: Symplectic Invariants and Hamiltonian Dynamics. Birkhäuser Basel, 1994.

[5] Römer, H.: Theoretische Optik. VCH Weinheim, 1994.

Endliche Geometrie

von J. Eisfeld

Eine endliche Inzidenzstruktur ist ein Tripel $(\mathcal{P}, \mathcal{B}, I)$, wobei

- $\mathcal{P}$ eine endliche Menge ist, deren Elemente *Punkte* genannt werden,

- $\mathcal{B}$ eine endliche Menge ist, deren Elemente *Blöcke* genannt werden,

- $I \subseteq \mathcal{P} \times \mathcal{B}$ eine Relation ist, die sog. Inzidenzrelation.

Ist $(P, B) \in I$, so sagt man, der Punkt P ist mit dem Block B inzident. Man kann den Block $B \in \mathcal{B}$ auch mit der Punktmenge $\{P \in \mathcal{P} \mid (P, B) \in I\}$

identifizieren. Anstelle von $(P, B) \in I$ schreibt man dann auch $P \in B$ und sagt, der Punkt P ist in dem Block B enthalten. Je nach anschaulichem Zusammenhang sagt man an Stelle von „Block" auch „Gerade", „Ebene" etc.

Die endliche Geometrie (oder Inzidenzgeometrie) untersucht endliche Inzidenzstrukturen. Hierbei geht es einerseits darum, Inzidenzstrukturen mit bestimmten Zusatzeigenschaften zu suchen und zu klassifizieren, und andererseits darum, Eigenschaften bekannter Inzidenzstrukturen zu untersuchen.

Um diese Definition mit Leben zu füllen, betrachten wir ein Problem, das als einer der Grundpfeiler der endlichen Geometrie angesehen wird. Das Kirkmansche Schulmädchenproblem lautet: Ein Lehrer will mit einer Gruppe von 15 Schulmädchen täglich eine Wanderung machen, wobei die Mädchen in fünf Reihen zu je drei Mädchen angeordnet werden sollen. Dies soll so geschehen, daß im Laufe von 7 Tagen jedes Mädchen mit jedem anderen Mädchen genau einmal in derselben Reihe läuft. Ist dies möglich?

Angenommen, es gibt eine solche Aufstellung, dann kann man sie folgendermaßen als Inzidenzstruktur auffassen: Sei $\mathcal{P}$ die Menge der Mädchen, und sei $\mathcal{B}$ die Menge der Dreierreihen, die im Laufe der Woche vorkommen. Die Inzidenz wird so definiert, daß der „Punkt" $P \in \mathcal{P}$ genau dann auf dem „Block" $B \in \mathcal{B}$ liegt, wenn das Mädchen P in der Reihe B ist. Dann hat die Inzidenzstruktur $(\mathcal{P}, \mathcal{B}, I)$ folgende Eigenschaften:

- Es gibt genau $v = 15$ Punkte.

- Jeder Block enthält genau $k = 3$ Punkte.

- Je zwei Punkte sind in genau einem Block enthalten.

- Es gibt einen Parallelismus von $\mathcal{B}$, d. h. eine Partition $\mathcal{B} = \bigcup_i \mathcal{B}_i$ der Menge der Blöcke, so daß jedes $\mathcal{B}_i$ eine Partition der Menge der Punkte ist. ($\mathcal{B}_i$ entspricht den Reihen des i-ten Tages.)

Dies besagt, daß $(\mathcal{P}, \mathcal{B}, I)$ ein auflösbarer Blockplan mit Parametern 2-(15,3,1) ist. Das Kirkmansche Schulmädchenproblem ist also ein Problem der endlichen Geometrie, das lautet: Gibt es einen auflösbaren 2-(15,3,1)-Blockplan? Die Antwort lautet: Ja (siehe Abbildung; die anderen Tage erhält man durch Rotation um den Mittelpukt).

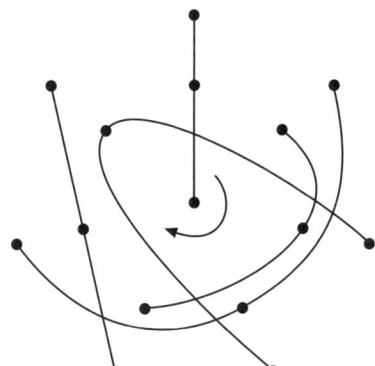

Lösung des Kirkmanschen
Schulmädchenproblems

Mit diesem Problem ist auch ein zentrales Gebiet der endlichen Geometrie angesprochen: die Theorie der Blockpläne (Designs). Eine elementare Einführung in dieses Gebiet bietet [2]; ein Standardwerk ist [1].

Ein anderes klassisches Problem ist das Eulersche Problem der 36 Offiziere: Aus sechs Regimentern werden je sechs Offiziere derart ausgewählt, daß jeder von sechs Dienstgraden vertreten ist. Diese 36 Offiziere sollen nun derart in einem Quadrat aufgestellt werden, daß in jeder Reihe und in jeder Spalte (=Kolonne) jeder Dienstgrad und jedes Regiment genau einmal vertreten ist. Ist dies möglich?

Bei diesem Problem geht es darum, zwei orthogonale lateinische Quadrate der Ordnung 6 zu finden. Man kann es aber auch folgendermaßen umformulieren: Sei $\mathscr{P}$ die Menge der 36 Positionen im Quadrat, in dem die Offiziere aufgestellt werden. Die Menge $\mathscr{B}$ setzt sich aus vier Arten von Blöcken zusammen, die alle jeweils sechs Elemente haben: $\mathscr{B}_1$ enthält als Blöcke die sechs Zeilen des Quadrates. $\mathscr{B}_2$ enthält als Blöcke die sechs Spalten des Quadrates. $\mathscr{B}_3$ enthält sechs Blöcke, die jeweils den Offizieren eines Regimentes entsprechen. $\mathscr{B}_4$ enthält sechs Blöcke, die jeweils den Offizieren eines Dienstgrades entsprechen. Zusammen ergibt dies eine Inzidenzstruktur mit folgenden Eigenschaften:

- Durch je zwei Punkte geht höchstens ein Block.

- Ist B ein Block und P ein Punkt, der nicht in B enthalten ist, dann gibt es genau einen Block durch P, der mit B keinen Punkt gemeinsam hat.

- Jeder Block enthält genau sechs Punkte. Jeder Punkt liegt auf vier Geraden.

Eine geometrische Struktur mit den ersten beiden Eigenschaften ist ein Netz. Man kann zeigen, daß es kein Netz gibt, das auch die dritte Eigenschaft hat. Wenn man dagegen nur drei Punkte pro Block haben will (was drei Regimentern und drei Dienstgraden entspricht), dann existiert ein solches Netz – die affine Ebene der Ordnung 3.

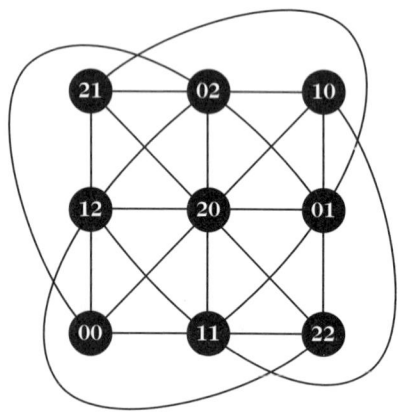

Affine Ebene und griechisch-lateinisches Quadrat der Ordnung 3

Dies waren Beispiele für die Richtung der endlichen Geometrie, die sich mit der Suche nach Inzidenzstrukturen mit gewissen numerischen Eigenschaften befaßt. Andere Fragestellungen dieser Art sind:

- Wieviele Tippreihen muß man im Lotto mindestens abgeben, um mit Sicherheit mindestens einmal drei Richtige zu haben?

- Wie kann man ein Fußballturnier so planen, daß jeder gegen jeden spielt und jeder ungefähr gleich häufig auf jedem Platz gespielt hat?

Anwendungsorientiertere Fragen dieser Art ergeben sich aus der statistischen Versuchsplanung („Design of experiments"), die dadurch einer der Grundpfeiler der endlichen Geometrie war. Eine Übersicht über solche Strukturen bietet [5].

Die andere Hauptrichtung der endlichen Geometrie befaßt sich mit der Untersuchung von Inzidenzstrukturen mit bestimmten geometrischen Eigenschaften. Diese hatte ihren Ausgangspunkt bei den endlichen projektiven Ebenen und projektiven Räumen. Eine projektive Ebene ist eine Inzidenzstruktur aus Punkten und Geraden, die folgende Axiome erfüllt:

- Durch je zwei Punkte geht genau eine Gerade.

- Je zwei Geraden schneiden sich in einem Punkt.

- Es gibt vier Punkte, von denen keine drei auf einer gemeinsamen Geraden liegen.

Von einem projektiven Raum spricht man, wenn statt des zweiten Axioms folgendes allgemeinere Axiom erfüllt ist:

- Sind A, B, C, D vier Punkte, so daß die Geraden AB und CD einen Punkt gemeinsam haben, so haben auch AC und BD einen Punkt gemeinsam. (Veblen-Young-Axiom).

Sind die Mengen der Punkte und Geraden endlich, so spricht man von einer endlichen projektiven Ebene bzw. einem endlichen projektiven Raum.

Man kann endliche projektive Räume folgendermaßen konstruieren: sei $n \geq 3$, und sei V ein n-dimensionaler Vektorraum über einem endlichen Körper K. Sei $\mathscr{P}$ die Menge der eindimensionalen Unterräume von V, und sei $\mathscr{L}$ die Menge der zweidimensionalen Unterräume von V. Ein Punkt $P \in \mathscr{P}$ sei mit einer Geraden $l \in \mathscr{L}$ inzident, wenn $P \subset l$ gilt. Dann ist $(\mathscr{P}, \mathscr{L}, I)$ ein endlicher projektiver Raum. Falls $n = 3$ ist, so handelt es sich um eine projektive Ebene. Jeder endliche projektive Raum, der keine projektive Ebene ist, geht auf diese Konstruktion zurück. Jede Gerade eines endlichen projektiven Raumes enthält die gleiche Anzahl $q + 1$ von Punkten. Die Zahl q heißt Ordnung des projektiven Raumes. Obige Konstruktion liefert projektive Räume für alle Ordnungen q, die Potenzen von Primzahlen sind. Ein zentrales Problem der endlichen Geometrie ist die Frage, ob es eine endliche projektive Ebene gibt, deren Ordnung keine Potenz einer Primzahl ist. Der Satz von Bruck und Ryser lautet:

Ist $q \equiv 1$ oder 2 (mod 4), und ist q nicht die Summe zweier Quadratzahlen, so gibt es keine projektive Ebene der Ordnung q.

Ferner ist bekannt, daß keine projektive Ebene der Ordnung 10 existiert. Alle anderen Fälle sind offen.

Anwendungen der endlichen projektiven Geometrie gibt es u. a. in der ↑ Codierungstheorie und der Kryptologie. Eine elementare Einführung findet sich in [3]. Ein umfassendes Werk über projektive Geometrie über endlichen Körpern bilden die Bände [6], [7],[8]. Eine Zusammenstellung der wichtigsten Gebiete der endlichen Geometrie findet sich in [4].

[1] Beth, T., Jungnickel, D., Lenz, H.: Design Theory, 2nd ed. (2 Bde.). Cambridge University Press, Cambridge, 1999.

[2] Beutelspacher, A.: Einführung in die endliche Geometrie I, II. B.I.-Wissenschaftsverlag, Zürich, 1982,1983.

[3] Beutelspacher, A., Rosenbaum, U.: Projektive Geometrie. Vieweg, Braunschweig/Wiesbaden, 1992.

[4] Buekenhout, F. (ed.): Handbook of Incidence Geometry. Elsevier Science, Amsterdam, 1995.

[5] Colbourn, C.J., Dinitz, J.H. (ed.): The CRC Handbook of Combinatorial Designs. CRC Press, Boca Raton, 1996.

[6] Hirschfeld, J.W.P.: Projective Geometries over Finite Fields. Oxford University Press, New York, 1998^2.

[7] Hirschfeld, J.W.P.: Finite Projective Spaces of Three Dimensions. Oxford University Press, New York, 1985.

[8] Hirschfeld, J.W.P., Thas, J.W.P.: General Galois Geometries. Oxford University Press, New York, 1991.

Lineare Algebra

A. Janßen

Die lineare Algebra umfaßt jenes Teilgebiet der ↑ Algebra, in welchem Vektorräume, lineare Abbildungen zwischen Vektorräumen sowie lineare, bilineare (multilineare) Funktionen und quadratische Formen untersucht werden.

Ihre Ursprünge hat die lineare Algebra in der Untersuchung linearer Gleichungen und linearer Gleichungssysteme; hieraus hat sich die Theorie der Determinanten entwickelt, die gegen Ende des 17. Jahrhunderts praktisch gleichzeitig und unabhängig voneinander in Japan von Seki Kowa und in Europa von Leibniz erstmals beschrieben wurden. Leibniz besaß hierzu bereits eine voll ausgebildete Symbolik, welche sich aber nicht allgemein durchsetzte. Die Bezeichnung Determinante wurde dann auch erst über hundert Jahre später von Gauß eingeführt; das erste deutschsprachige Lehrbuch zur Determinantentheorie erschien 1857. Drei Jahrzehnte zuvor hatten Binet und Cauchy die allgemeinen Regeln für die Multiplikation von Determinanten aufgestellt. 1750 wurde die auf der Determinantentheorie aufbauende Cramersche Regel entdeckt, mit der Gleichungssysteme mit gleicher Anzahl an Unbekannten und Gleichungen gelöst werden können (falls eine Lösung existiert). Andere, die im 18. Jahrhundert wichtige Untersuchungen über Determinanten durchführten, waren Bézout, Vandermonde, Laplace und Lagrange. Der erste, der Determinanten als spezielle Funktionen von $(n \times n)$-Matrizen einführte, war Cauchy (1815), und der erste, der diese Funktionen durch drei charakteristische Eigenschaften definierte, Weierstraß (1864). Der Gaussche Algorithmus zum Lösen beliebiger linearer Gleichungssysteme wurde 1849 eingeführt.

Wichtig für die weitere Entwicklung war dann der Übergang zur Matrixschreibweise für lineare Abbildungen, Bilinearformen und Koeffizienten linearer Gleichungssysteme. Als Begründer der Matrizenrechnung gilt Arthur Cayley, der 1855 die Bezeichnung Matrix für rechteckige Zahlenschemata als erster verwendete und drei Jahre später Summe, skalares Vielfaches und Produkt von Matrizen definierte. Durch die Gleichungen $AA^{-1} = I$ und $A^{-1}A = I$ erklärt er das Inverse einer quadratischen Matrix. Den nach ihm und Hamilton benannten Satz, wonach eine Matrix ihr charakteristisches Polynom annulliert, bewies er für zwei- und dreireihige Matrizen.

Die Bedingungen für die Lösbarkeit eines Systems nichthomogener linearer Gleichungen sind in allgemeiner Form zuerst von Fontené (1875), Rouché (1875) und Frobenius (1876) ausgesprochen worden; Frobenius führte 1879 auch den Begriff des Ranges einer Matrix ein, knapp drei Jahrzehnte nachdem Sylvester schon mit „Rang-Argumenten" gearbeitet hatte.

Ende des 19. Jahrhunderts war das Problem des Lösens linearer Gleichungssysteme befriedigend gelöst. Ab dem 20. Jahrhundert standen in der linearen Algebra dann die Konzepte der allgemeinen Vektorräume über einem beliebigen Körper sowie beliebige lineare Abbildungen zwischen Vektorräumen im Vordergrund der Untersuchungen.

Erstmals definiert und untersucht wurden Vektorräume und Skalarprodukte (unter anderen Namen) schon 1844 von Graßmann in einer Abhandlung unter dem Namen „lineare Ausdehnungslehre", welche damals aber kaum Beachtung fand. Eine Art Vorgriff auf den Begriff des Vektorraumes stammt von Möbius (1827). Der erste, der ein vollständiges Axiomensystem eines (reellen) Vektorraumes angab, war Banach (1922). Vorarbeiten hierzu wurden im frühen 20. Jahrhundert u. a. von Caratheodory und Weyl geleistet. Lineare Abbildungen zwischen endlichdimensionalen Vektorräumen wurden dabei nach Wahl zweier Basen in den Vektorräumen schon durch Matrizen repräsentiert; entscheidend war dabei, daß diese Matrixdarstellung durch geeignete Wahl der Basen „einfache" Gestalt annehmen konnte.

Ein wichtiger Spezialfall der linearen Abbildungen sind die Linearformen, d. h. lineare Abbildungen eines Vektorraumes in seinen zugrundeliegenden Körper. Bzgl. der elementweise definierten Verknüpfungen bildet die Menge aller Linearformen auf einem $\mathbb{K}$-Vektorraum V selbst einen $\mathbb{K}$-Vektorraum, den Dualraum V^*. Mittels der Vorschrift

$$v(f) = f(v)$$

für alle $v \in V, f \in V^*$, lassen sich die Vektoren aus V als Linearformen auf V^* auffassen. Ist V endlich-dimensional, so erhält man hierdurch einen Isomorphismus zwischen V und $V^{**} := (V^*)^*$.

Neben den linearen Abbildungen rückten Anfang des 20. Jahrhunderts dann auch lineare, bilineare und quadratische Formen sowie multilineare Abbildungen mehr und mehr ins Zentrum der Untersuchungen.

Bei der natürlichen Verallgemeinerung des Begriffes des Vektorraumes über einem Körper $\mathbb{K}$ mittels des Begriffes eines Moduls über einem Ring $\mathbb{R}$ bleiben viele der Sätze über Vektorräume erhalten.

Die lineare Algebra gehört heute zum Grundkanon des Mathematikstudiums an allen wissenschaftlichen Hochschulen.

[1] Fischer, F.: Lineare Algebra. Vieweg Braunschweig/Wiesbaden, 1995.

[2] Jänich, K.: Lineare Algebra. Springer Berlin Heidelberg New York, 1998.

[3] Koecher, M.: Lineare Algebra und analytische Geometrie. Springer Berlin Heidelberg New York, 1997.

[4] Kowalsky, H.-J.: Lineare Algebra. Walter de Gruyter Berlin, 11. Aufl., 1998.

[5] Weiß, Peter: Lineare Algebra und analytische Geometrie. Universitätsverlag Rudolf Trauner Linz, 1989.

Logik

H. Wolter

Die Logik (griechisch: Denklehre) gilt als Wissenschaft von den Gesetzen und Formen des richtigen menschlichen Denkens. Die sog. *traditionelle Logik* ist die erste Stufe der Logik des abgeleiteten Wissens. Sie untersucht die allgemeinsten Gesetze der Logik wie die zur Identität, des Widerspruchs, des ausgeschlossenen Dritten, des hinreichenden Grundes, des logischen Schließens, ohne deren Anerkennung ein folgerichtiges Denken nicht möglich ist. Gegenstand der Logik sind Aussagen bzw. Aussageformen und deren Beziehungen zueinander, soweit diese für Wahrheit oder Falschheit relevant sind.

Der eigentliche Schöpfer der Logik als Wissenschaft ist Aristoteles. Er betrachtete als erster Aussageformen wie z. B. „alle A sind B", wobei A und B als Variablen für Objekte anzusehen sind, kombinierte sie miteinander und zog aus der Gestalt der zusammengesetzten Aussageformen weitere Schlußfolgerungen. Die Aristotelesche Logik blieb bis in das 19. Jh. nahezu unverändert. Mit der fortschreitenden Industrialisierung und der Weiterentwicklung der Naturwissenschaften, insbesondere der Mathematik im 19. Jh., waren strengere Maßstäbe an die Korrektheit des gefundenen Wissens erforderlich. Die moderne Entwicklung der Logik beginnt im 19. Jh. mit ihrer „Mathematisierung". Wichtige Vorarbeiten hierzu wurden von G.W. Leibniz, B. Bolzano, G. Boole, A. De Morgan und vor allem von G. Frege geleistet. Auslösend für die moderne Entwicklung der Logik war die enorme Ausweitung naturwissenschaftlichen Denkens und die dadurch schärfer hervorgetretenen unbewältigten Probleme in der Grundlegung der Mathematik. Dabei zutage gekommene Widersprüche erforderten eine gründliche Analyse der verwendeten mathematischen Ausdrucksmittel und Methoden. Die in diesem Zusammenhang gewonnenen Erkenntnisse über die Rolle der Sprache waren nicht nur für die Fundierung der Mathematik bedeutungsvoll, sondern gleichermaßen förderlich für die Entwicklung „intelligenter" Maschinen. Erst die präzise mathematische Analyse des logischen Schließens erbrachte das notwendige Verständnis der Denkvorgänge, das für den Bau von leistungsfähigen Computern erforderlich ist. Wesentliche Impulse bei der Entwicklung der Logik zu einer mathematischen Disziplin kamen aus der Mathematik selbst.

Nachdem G. Cantor sein Konzept der (naiven) Mengenlehre entwickelt hatte (↑ **Geschichte der Mengenlehre**), das sich hervorragend zur Grundlegung der Mathematik eignete, wurden um die Jahrhundertwende 1900 eine Reihe von Widersprüchlichkeiten in diesem Konzept entdeckt. Die auffälligste war die von B. Russel gefundene, die hier skizziert werden soll: Wenn die Cantorsche Mengendefinition korrekt ist, dann ließe sich die Menge M aller Mengen X bilden, die sich selbst nicht als Element enthalten; formal ausgedrückt bedeutet dies: $\forall X(X \in M) \leftrightarrow (X \notin X)$. Da M selbst eine Menge ist, kann $X = M$ gewählt werden. Dies impliziert: $M \in M \leftrightarrow M \notin M$, was offensichtlich einen Widerspruch darstellt. Damit war zunächst die Cantorsche Mengenlehre gescheitert und das Fundament der Mathematik ins Wanken geraten. In diesem Zusammenhang wird auch von einer Grundlagenkrise der Mathematik gesprochen. Dies löste umfangreiche grundlagentheoretische Analysen innerhalb der Mathematik aus, die zu einer strengen Überprüfung der logischen und mathematischen Hilfsmittel führten. Hieraus entstanden verschiedenartige neue Ansätze für Logik-Kalküle mit streng formalisierten Sprachen, mit möglichst schwachen logischen Voraussetzungen und präzise formulierten zulässigen Beweisregeln.

Die schon bis zu einem gewissen Grad entwickelte klassische Aussagen- und Prädikatenlogik ließ unendliche Mengen als existierende mathematische Objekte zu und akzeptierte das Gesetz vom ausgeschlossenen Dritten (:= jede Aussage ist wahr oder falsch). Spätestens nachdem K. Gödel 1930 seinen Vollständigkeitssatz für die Prädikatenlogik veröffentlicht hatte, war gesichert, daß der Prädikatenkalkül als logisches System eine hervorragende Grundlage für Untersuchungen in der klassischen Mathematik darstellt, die ebenfalls unendliche Mengen als existierende mathematische Objekte und indirekte Beweise, die auf dem Gesetz vom ausgeschlossenen Dritten beruhen, akzeptiert.

In der *intuitionistischen Logik* hingegen, die von L.E.G Brower initiiert wurde, werden als existierende Objekte zunächst nur beliebig große natürliche Zahlen anerkannt (z. B. schon die Menge der natürlichen Zahlen selbst ist nicht ad hoc existent). Ein mathematisches Objekt wird in dieser Theorie nur dann als existent angesehen, wenn es sich mit finiten Mitteln aus den schon zuvor vorhandenen Objekten konstruieren oder sich seine Existenz beweisen läßt, wobei die Beweismittel gegenüber der klassischen Logik erheblich eingeschränkt sind. Indirekte Beweise, die auf dem Gesetz vom ausgeschlossenen Dritten basieren, sind z. B. ausgeschlossen. Die in diesen eingeschränkten Rahmen entwickelte Mathematik wird auch *konstruktive* oder *intuitionistische Mathematik* genannt. Der positive Beitrag des Intuitionismus zur Grundlagenuntersuchung der Mathematik ist vor allem darin zu sehen, daß eine strenge Abgrenzung der konstruktiven von der nicht-konstruktiven Mathematik erfolgte. Wirklich rechnen (d. h. Probleme algorithmisch „mit Hand" oder mit Computern bearbeiten) kann man nur im Rahmen der konstruktiven Mathematik.

Wer das Gesetz vom ausgeschlossenen Dritten oder das Prinzip der Zweiwertigkeit ablehnt, kommt zu einer anderen Art Logik, in der es mehr als zwei Wahrheitswerte gibt. In diesem Zusammenhang ist die Modallogik, die mehrwertige Logik und in der neueren Zeit die Fuzzy-Logik entstanden.

Aus dem Bedürfnis heraus, den Berechenbarkeitsbegriff zu definieren bzw. zu präzisieren, entstanden unter anderem die rekursiven Funktionen, die aufgrund ihrer Definition offenbar im naiven Sinne berechenbar sind. Da so grundlegende Begriffe wie „berechenbar, entscheidbar, konstruierbar, …" eng mit dem Begriff der rekursiven Funktion verbunden sind, und viele Probleme einer algorithmischen Lösung bedurften, entstand hieraus im Rahmen der mathematischen Logik eine neue Theorie, die *Rekursionstheorie*. Sie befaßt sich im weitesten Sinne mit den Eigenschaften der rekursiven Funktionen. Obwohl vielfältige Anstrengungen unternommen worden sind, den Berechenbarkeitsbegriff vollständig zu charakterisieren, ist dies bisher nicht im vollem Umfang gelungen. Klar ist nur, daß alle rekursiven Funktionen berechenbar sind, die Umkehrung konnte nur hypothetisch angenommen werden. Die Churchsche Hypothese, die heute allgemein anerkannt wird, besagt, daß die berechenbaren Funktionen genau die rekursiven sind. Unter dieser zwar unbewiesenen, aber doch sehr vernünftig erscheinenden Hypothese werden häufig weitere Untersuchungen angestellt.

David Hilbert versuchte mit seinem Programm einer finiten Begründung der klassischen Mathematik einen anderen Weg bei der Überwindung der Grundlagenkrise zu gehen. Er setzte sich entschieden für die Beibehaltung der Cantorschen Ideen zur Mengenlehre, jedoch unter modifizierten Bedingungen, ein. Ihm schwebte eine umfassende Axiomatisierung der Geometrie, der Zahlentheorie, der Analysis, der Cantorschen Mengenlehre und weiterer grundlegender Teilgebiete der Mathematik vor. Aus dieser Grundidee, die gewisse Axiome an den Anfang stellt, die Beweismittel präzisiert und nur auf dieser Basis Schlußfolgerungen zuläßt, entstand eine neue Richtung in der mathematischen Logik, die *Beweistheorie*. Das Hilbertsche Programm, die Mathematik in wesentlichen Teilen vollständig zu axiomatisieren, erwies sich mit dem Erscheinen der Gödelschen Resultate zur Unvollständigkeit der Arithmetik als nicht realistisch. Der Unvollständigkeitssatz besagt im wesentlichen:

Eine widerspruchsfreie und rekursiv axiomatisierbare Theorie T, in der die elementare Peanoarithmetik interpretiert werden kann, ist unvollständig.

Als Folgerung ergibt sich hieraus sofort die wichtige Erkenntnis: Ist L die Sprache der Arithmetik, $\mathbb{N} = \langle N, +, \cdot, <, 0, 1 \rangle$ das Standardmodell der Arithmetik und T die Menge aller in $\mathbb{N}$ gültigen Aussagen aus L, dann ist T offenbar vollständig. Folglich ist T nicht rekursiv axiomatisierbar. Anders ausgedrückt: Ist Σ eine beliebige rekursive Teilmenge von T, dann gibt es stets eine Aussage φ in L, so daß weder φ noch $\neg \varphi$ aus Σ beweisbar sind. Jedes solche System ist also unvollständig und damit schon eine so grundlegende Theorie wie die Arithmetik nicht axiomatisierbar. Analoge Überlegungen gelten erst recht für jedes axiomatische System der Mengenlehre, in dem die Arithmetik interpretierbar ist.

Die von Hilbert entwickelten Methoden der Beweistheorie leben aber fort und haben ihren festen Platz in der Mathematik. Ebenso gewann die axiomatische Methode an Einfluß. Beispielsweise wurde die Mengenlehre mit Erfolg axiomatisch begründet. Die aus heutiger Sicht am besten geeignete Axiomatisierung geht auf Zermelo und Fraenkel zurück, so daß sie häufig ZF-Mengenlehre genannt wird. Mit Hilfe verschiedenartiger Mengen-Modelle wurden Abhängigkeits- und Unabhängigkeitsuntersuchungen vorgenommen. Die bekanntesten Resultate in diesem Zusammenhang sind die Ergebnisse von Gödel und P.J. Cohen zur Unabhängigkeit des Auswahlaxioms und der Kontinuumhypothese von den ZF-Axiomen.

Im Zuge der Axiomatisierung weiterer mathematischer Theorien und der Ausnutzung von Methoden und Ergebnissen der klassischen Prädikatenlogik zur Untersuchung von Klassen algebraischer Strukturen (auch Modelle genannt) entstand die *Modelltheorie*, die manchmal auf die verkürzende Formel: *Modelltheorie = Algebra + Logik* gebracht wird. Dies stimmte allerdings nur in der Anfangsphase der modelltheoretischen Entwicklung. Heute bearbeitet die Modelltheorie mit den Hilfsmitteln der mathematischen Logik Fragestellungen aus praktisch allen Teilgebieten der Mathematik. Klassische Problemstellungen der Modelltheorie sind z. B.:

- Gegeben ist eine Klasse $\mathbb{K}$ von Strukturen (z. B. Körper mit bestimmten Eigenschaften). Gibt es eine elementare Theorie T (Menge von formalisierten Aussagen) so, daß die Elemente aus $\mathbb{K}$ genau die Modelle von T sind? Ist diese Theorie (falls sie existiert) entscheidbar, d. h., gibt es ein allgemeines Verfahren (Algorithmus), mit dessen Hilfe man effektiv für jede vorgelegte Aussage φ entscheiden (berechnen) kann, ob φ aus T beweisbar ist oder nicht?

- Gegeben ist eine Theorie T. Gesucht sind alle Modelle von T. Welche spezifischen Eigenarten weisen derartige Modelle auf?

- Gegeben ist eine konkrete Struktur $\mathcal{A}$ (z. B. die der reellen Zahlen mit allen dort definierten Relationen und Funktionen, oft als Standardmodell der Analysis bezeichnet). Gibt es weitere „nützliche" Strukturen $\mathcal{B}$, die zu $\mathcal{A}$ elementar äquivalent, aber nicht isomorph zu $\mathcal{A}$ sind, und sich für die beabsichtigten Untersuchungen besser eignen als $\mathcal{A}$? (Alle elementaren Eigenschaften, die man für $\mathcal{B}$ gewinnt, gelten aufgrund der elementaren Äquivalenz automatisch auch für $\mathcal{A}$.)

Beispiele hierfür sind sog. *Nichtstandard-Modelle* der Arithmetik und der Analysis. Für die Analysis hat sich hieraus ein neuer Zweig, die ↑ Nichtstandard-Analysis, gebildet. Die Modelle sind nichtarchimedisch geordnete Körper, in denen es infinitesimale Elemente gibt, so daß hiermit die Grundidee von Leibniz zur Begründung der Infinitesimalrechnung mit „unendlich kleinen Größen" tatsächlich realisiert wurde. Obwohl der Prädikatenkalkül, bei dem nur Variablen für Elemente, nicht aber gleichzeitig für Mengen, Relationen bzw. Funktionen quantifiziert werden dürfen, als hinreichende Basis für grundlagentheoretische Untersuchungen dient, können in derartigen Sprachen gewisse mathematische Sachverhalte nicht ausgedrückt werden, wie z. B. Isomorphie von Strukturen, Endlichkeit bzw. Unendlichkeit von Mengen und anderes mehr. Aus dem Bedürfnis, nicht nur sog. elementare Eigenschaften formulieren und untersuchen zu können, ergaben sich verschiedenartige Versuche, die Ausdrucksfähigkeit der elementaren Sprachen zu erweitern, indem neue Ausdrucksmittel hinzugenommen wurden. Läßt man nicht nur die Quantifizierung von Elementen (bzw. für Variablen von Elementen) zu, sondern auch die von Mengen oder Relationen und Funktionen, dann spricht man von Prädikatenkalkülen zweiter oder höherer Stufe, im Gegensatz zum üblichen Prädikatenkalkül, der auch „Prädikatenkalkül der ersten Stufe" genannt wird. Eine andere Erweiterung der elementaren Sprachen erhält man durch Hinzunahme neuartiger Quantoren, wie z. B.: „Es gibt höchstens endlich viele . . . ", „es gibt unendlich viele . . . ", „es gibt κ (viele) . . . ", wobei κ eine fixierte unendliche Kardinalzahl ist, „es gibt gleich-viele Elemente . . . " (mit bestimmten in der Sprache ausdrückbaren Eigenschaften).

Die Benutzung von infinitären Sprachen bilden einen weiteren Versuch, die für manche Belange nicht hinreichende Ausdrucksfähigkeit der elementaren Sprachen zu umgehen. Für alle diese Fälle gilt aber, daß die verbesserten Ausdrucksmöglichkeiten „erkauft" werden müssen durch den Verlust leistungsfähiger Hilfsmittel, wie etwa das Kompaktheitstheorem, sodaß die Nachteile der erweiterten Sprachen gegenüber den elementaren dominieren und ihre Verwendung daher begrenzt blieb.

[1] Barwise, J.: Handbook of Mathematical Logic Vol. 90. North-Holland Amsterdam/New York/Oxford, 1977.

[2] Börger, E.: Berechenbarkeit, Komplexität, Logik. Vieweg Braunschweig, 1985.

[3] Frege, G.: Begriffsschrift, eine der arithmetischen nachgebildete Formelsprache des reinen Denkens. Louis Nebert Halle, 1879.

[4] Keisler, H. J.: Model Theory for Infinitary Logic. North-Holland Amsterdam, 1971.

[5] Kunen, K.: Set Theory. An Introduction to Independence Proofs. North-Holland Amsterdam, 1980.

[6] Rodgers, Jr. H.: Theory of Recursive Functions and Effective Computability. New York, 1967.

[7] Rosser, J. B.; Turquette, A.R.: Manyvalued Logics. Amsterdam, 1952.

[8] Schütte, K.: Beweistheorie. Springer Berlin, 1960.

[9] Shoenfield, J. R.: Mathematical Logic. Addison Wesley Reading (Massachusetts)/Mendo Park (California)/London, 1967.

(Axiomatische) Mengenlehre

P. Philip

Die axiomatische Mengenlehre ist ein Teilgebiet der Mathematik, das die Mengenlehre (und damit die gesamte Mathematik) axiomatisch begründet. Der Begriff der Menge wird axiomatisch präzisiert mit dem Ziel, die in der naiven Mengenlehre auftretenden Antinomien zu vermeiden (↑ Geschichte der Mengenlehre). Konkret geschiet dies durch die Formulierung eines Axiomensystems der Mengenlehre, dessen Axiome die Existenz und Eindeutigkeit von Mengen regeln. Das Universum von Mengen V der zu einem gegebenen Axiomensystem gehörenden Mengenlehre besteht genau aus allen Objekten, die sich aufgrund der Axiome als Menge nachweisen lassen. Dieses Universum von Mengen ist dann identisch mit dem Universum mathematischer Objekte der durch die Mengenlehre begründeten Mathematik. Die Axiome werden in einer formalen Sprache der mathematischen Logik formuliert; man nennt dies auch die Metatheorie. Davon zu unterscheiden ist die formale Theorie, die alle aus den Axiomen ableitbaren Sätze beinhaltet. Die konkrete Vorgehensweise und deren Rechtfertigung hängt von der zugrundeliegenden Philosophie der Mathematik ab.

Ein die Mengenlehre begründendes Axiomensystem muß zwei Bedingungen genügen, die sich entgegenstehen. Das Axiomensystem soll einerseits widerspruchsfrei sein und andererseits die Existenz eines so reichhaltigen Universums von Mengen garantieren, daß alle mathematisch interessanten Fragestellungen darin untersucht werden können.

Es sollen nun die wichtigsten Axiomensysteme der Mengenlehre vorgestellt werden. Zunächst wird definiert, was unter einer mengentheoretischen Formel zu verstehen ist. Die verwendete formale Sprache erster Ordnung besteht aus den Zeichen $\wedge$, $\neg$, $\bigvee$, $($, $)$, $=$, v_j für $j = 1, 2, \ldots$ und dem mengentheoretischen Symbol $\in$. Gemäß den folgenden zwei Regeln lassen sich dann mengentheoretische Formeln zusammensetzen:

Die erste Regel besagt, daß $v_i \in v_j$ und $v_i = v_j$ für alle $i, j = 1, 2, \ldots$ mengentheoretische Formeln sind. Die zweite Regel ist rekursiv und besagt, daß, wenn ϕ und ψ mengentheoretische Formeln sind, so sind auch $(\phi) \wedge (\psi)$, $\neg(\phi)$ und $\bigvee v_j(\phi)$ für jedes $j = 1, 2, \ldots$ mengentheoretische Formeln. Um Formeln übersichtlicher gestalten zu können, werden weitere Symbole und Schreibweisen benutzt. Die entstehenden Formeln sind dann formal als Abkürzungen bzw. Synonyme für mengentheoretische Formeln zu betrachten. Zum Beispiel steht

$$(\phi) \vee (\psi) \quad \text{für} \quad \neg((\neg(\phi)) \wedge (\neg(\psi)))$$

und

$$\bigwedge_x ((\phi) \Rightarrow (\psi)) \quad \text{für} \quad \neg(\bigvee v_j((\neg(\phi)) \vee (\psi)))$$

mit einem geeigneten v_j.

Die Variablen in mengentheoretischen Formeln sind mit Mengen zu belegen; das $\in$-Symbol wird auch Elementrelation genannt. Die anschauliche Interpretation ist die, daß die links von $\in$ stehende Menge als Element in der rechts von $\in$ stehenden Menge enthalten ist. Alle anderen Zeichen der formalen Sprache werden gemäß den Konventionen der mathematischen Logik interpretiert.

Eine Variable heißt frei, sofern sie nicht durch einen All- oder Existenzquantor gebunden ist. Der universelle Abschluß einer mengentheoretischen Formel ϕ entsteht, indem man für jede in ϕ frei auftretende Variable v_j einen v_j bindenden Allquantor $\bigwedge v_j$ von vorn an (ϕ) anfügt. Ein Axiom der Mengenlehre ist eine mengentheoretische Formel, in der keine freien Variablen auftreten und deren Gültigkeit gefordert wird.

Die folgenden Axiome **(0)** bis **(9)** stellen das Axiomensystem der Zermelo-Fraenkelschen Mengenlehre mit Auswahlaxiom (ZFC) dar. Es ist üblich, in der Bezeichnung das Axiomensystem und die durch das Axiomensystem begründete Mengenlehre zu identifizieren. Gegenwärtig wird ZFC von den meisten Mathematikern als die die Mathematik begründende Mengenlehre betrachtet. Die Zermelo-Fraenkelsche Mengenlehre bzw. das Zermelo-Fraenkelsche Axiomensystem der Mengenlehre (ZF) ist ZFC ohne das Auswahlaxiom **(9)**, und die Zermelosche Mengenlehre bzw. das Zermelosche Axiomensystem der Mengenlehre (Z) entsteht aus ZF durch Entfernen des Ersetzungsaxioms **(6)**.

(0) Existenzaxiom:

$$\bigvee_X (X = X),$$

d. h., es gibt eine Menge.

(1) Extensionalitätsaxiom:

$$\bigwedge_X \bigwedge_Y \left(\bigwedge_z (z \in X \Leftrightarrow z \in Y) \Rightarrow X = Y \right),$$

d. h., enthalten zwei Mengen X und Y genau die gleichen Elemente, so sind sie gleich.

(2) Fregesches Komprehensionsaxiom, Aussonderungsaxiom oder Teilmengenaxiom: Genaugenommen handelt es sich hier nicht um ein einziges Axiom, sondern um ein ganzes Axiomensystem. Für jede mengentheoretische Formel ϕ, die die Variable Y nicht frei enthält, ist der universelle Abschluß der Formel

$$\bigvee_Y \bigwedge_x (x \in Y \Leftrightarrow (x \in X \wedge \phi))$$

ein Axiom, d. h., zu jeder Menge X existiert eine Menge Y, die genau die Elemente von X enthält, die zusätzlich die Eigenschaft ϕ haben. Man schreibt für die Menge Y dann auch $\{x : x \in X \wedge \phi\}$ oder $\{x \in X : \phi\}$.

Jede mengentheoretische Formel stellt also eine Eigenschaft einer Menge x dar. Daß man immer voraussetzt, daß x bereits in einer Menge X enthalten ist, dient der Vermeidung von Widersprüchen wie der Russellschen Antinomie. Aus Axiom **(0)** folgt die Existenz einer Menge X. Aus Axiom **(2)** folgt sodann die Existenz einer Menge $\{x \in X : x \neq x\}$. Wegen des Extensionalitätsaxioms ist die so definierte Menge von X unabhängig und somit eindeutig. Sie wird leere Menge oder Null genannt und mit $\emptyset$ oder 0 bezeichnet.

(3) Fundierungs- oder Regularitätsaxiom:

$$\bigwedge_X \left(X \neq 0 \Rightarrow \bigvee_{x \in X} (x \cap X = 0) \right),$$

d. h., in jeder nichtleeren Menge X gibt es ein Element x, das zu X disjunkt ist.

(4) Paarmengenaxiom:

$$\bigwedge_x \bigwedge_y \bigvee_Z (x \in Z \wedge y \in Z),$$

d. h., zu je zwei Mengen x und y gibt es eine Menge Z, die x und y als Elemente enthält. Hat Z genau x und y als Elemente und sind x und y verschieden, so heißt Z Paarmenge.

(5) Vereinigungsmengenaxiom:

$$\bigwedge_{\mathcal{M}} \bigvee_Y \bigwedge_x \bigwedge_X ((x \in X \wedge X \in \mathcal{M}) \Rightarrow x \in Y),$$

d. h., zu jeder Menge von Mengen $\mathcal{M}$ gibt es eine Menge Y, die alle Elemente von Mengen in $\mathcal{M}$ als Elemente enthält. Sind dies genau die Elemente von Y, so heißt Y die Vereinigung der Mengen in $\mathcal{M}$.

(6) Ersetzungsaxiom oder Funktionalaxiom: Wie schon bei dem Komprehensionsaxiom handelt es sich eigentlich um ein Axiomensystem. Ist ϕ eine mengentheoretische Formel, die die Variable Y nicht frei enthält, so ist der universelle Abschluß von

$$\left(\bigwedge_{x \in X} \bigvee_y{}^! \phi \right) \Rightarrow \left(\bigvee_Y \bigwedge_{x \in X} \bigvee_{y \in Y} \phi \right)$$

ein Axiom, d. h., gibt es zu jedem $x \in X$ genau ein y mit der (evt. von x abhängenden) Eigenschaft ϕ, so gibt es eine Menge Y, die zu jedem $x \in X$ ein y mit der Eigenschaft ϕ enthält. Mit anderen Worten: Es gibt die Funktion $f : X \rightarrow Y, x \mapsto y$.

(7) Unendlichkeitsaxiom:

$$\bigvee_X \left(0 \in X \wedge \bigwedge_{x \in X} (x \cup \{x\} \in X) \right),$$

d. h., es gibt eine Menge X, die die leere Menge zum Element hat und die mit einer Menge x auch die Menge $x \cup \{x\}$ zum Element hat. Eine Menge mit dieser Eigenschaft heißt induktive Menge. Durch das Unendlichkeitsaxiom wird sichergestellt, daß es eine Menge mit unendlich vielen Elementen gibt.

(8) Potenzmengenaxiom:

$$\bigwedge_X \bigvee_\mathscr{P} \bigwedge_Y (Y \subseteq X \;\Rightarrow\; Y \in \mathscr{P}),$$

d. h., zu jeder Menge X existiert eine Menge $\mathscr{P}$, die alle Teilmengen von X als Elemente enthält. Enthält $\mathscr{P}$ keine weiteren Elemente, so heißt $\mathscr{P}$ die Potenzmenge von X und wird meist mit $\mathscr{P}(X)$ oder 2^X bezeichnet.

(9) Auswahlaxiom, AC:

$$\bigwedge_\mathcal{M} \left(\emptyset \notin \mathcal{M} \;\Rightarrow\; \bigvee_{f: \mathcal{M} \to \bigcup_{M \in \mathcal{M}} M} \left(\bigwedge_{N \in \mathcal{M}} f(N) \in N \right) \right),$$

d. h., es gibt zu jeder Menge $\mathcal{M}$, deren Elemente sämtlich nichtleere Mengen sind, eine *Auswahlfunktion*, die jeder Menge in $\mathcal{M}$ eines ihrer Elemente zuordnet.

Gelegentlich werden zur Definition von ZFC andere, äquivalente Axiomensysteme verwendet. Alternative Axiome für (0) bzw. (4) sind z. B.

(0′) Axiom der leeren Menge oder Nullmengenaxiom:

$$\bigvee_X \bigwedge_x (x \notin X),$$

d. h., es existiert die leere Menge.

(4′) Einermengenaxiom:

$$\bigwedge_x \bigvee_X (x \in X),$$

d. h., zu jeder Menge x gibt es eine Menge X, die x als Element enthält. Hat X keine weiteren Elemente, so schreibt man $\{x\} := X$ und bezeichnet die Menge als Einermenge oder Singletonmenge.

Obwohl man wegen der Russellschen Antinomie nicht zu jeder mengen-theoretischen Formel ϕ die Existenz einer Menge $\{x : \phi\}$ fordern kann, ohne Widersprüche zu erzeugen, ist es oft hilfreich, sich eine „Kollektion" aller Mengen mit der Eigenschaft ϕ vorzustellen. Man spricht dabei von einer *Klasse*. Anschaulich gesehen ist eine Klasse also eine Kollektion von Mengen, die i. allg. „zu groß" ist, um eine Menge zu sein. Im Rahmen von ZFC ist eine Klasse formal mit einer mengentheoretischen Formel identisch. Eine Klasse $\{x : \phi\}$, die keine Menge ist, wird als echte Klasse bezeichnet. Es ist üblich, echte Klassen mit fettgedruckten Buchstaben zu bezeichnen. Beispiele für echte Klassen sind die Klasse aller Mengen $V := \{x : x = x\}$ (auch Allklasse genannt) und die Klasse der Ordinalzahlen **ON**. Nimmt man an, daß V bzw. **ON** Mengen sind, so führt das zu den als Cantorsche Antinomie bzw. Antinomie von Burali-Forti bezeichneten Widersprüchen.

Auch in ZFC werden häufig Aussagen mit Hilfe echter Klassen formuliert. Formal sind solche Formulierungen als Abkürzungen für Aussagen ohne echte Klassen aufzufassen. Z. B. steht $x \in$ **ON** für die Aussage „x ist eine Ordinalzahl", **ON** $\cap X$ steht für die Menge $\{x \in X : x$ ist eine Ordinalzahl$\}$. Ähnlich lassen sich viele mathematische Konzepte wie z. B. Relationen und Abbildungen auf Klassen ausdehnen. Z. B. läßt sich die Klasse $F := \{((X, Y), Z) : Z = X \cup Y\}$ als Abbildung $F : V \times V \to V, (X, Y) \mapsto X \cup Y$ interpretieren.

Man kann nun noch einen Schritt weitergehen und Eigenschaften von Klassen betrachten. Soll eine Aussage für alle Klassen gelten, so heißt das formal, daß ein ganzes System von Aussagen gelten soll. Dieser Sachverhalt soll am Beispiel des Satzes der transfiniten Induktion verdeutlicht werden:

*Jede nichtleere Klasse $K \subseteq$ **ON** hat ein kleinstes Element.*

Der Satz der transfiniten Induktion ist die Grundlage des Beweisprinzips der transfiniten Induktion.

Die Begriffe der Konsistenz (Widerspruchsfreiheit) und Unabhängigkeit sind für die axiomatische Mengenlehre von großer Bedeutung. Ein Axiomensystem $\mathcal{A}$ heißt konsistent oder widerspruchsfrei genau dann, wenn es ein Modell hat. Dabei ist ein Modell von $\mathcal{A}$ eine Klasse M, so daß für alle Axiome ϕ aus $\mathcal{A}$ die sog. Relativierung von ϕ bezüglich M gilt. Ist $\mathcal{A}$ speziell ein Axiomensystem der Mengenlehre, so heißt M ein Modell der Mengenlehre.

Hat das Axiomensystem $\mathcal{A}$ ein Modell, so schreibt man auch $\mathrm{Con}(\mathcal{A})$. Eine Aussage ϕ heißt konsistent mit einem Axiomensystem $\mathcal{A}$ oder auch unwiderlegbar aus $\mathcal{A}$ genau dann, wenn

$$\mathrm{Con}(\mathcal{A}) \;\Rightarrow\; \mathrm{Con}(\mathcal{A} \cup \{\phi\})\,.$$

Eine Aussage ϕ heißt unbeweisbar aus einem Axiomensystem $\mathcal{A}$ genau dann, wenn $\mathcal{A} \cup \{\neg\phi\}$ konsistent ist. Ist eine Aussage konsistent und unbeweisbar bezüglich eines Axiomensystems $\mathcal{A}$, so heißt sie unabhängig von $\mathcal{A}$.

Ein Zweig der axiomatischen Mengenlehre beschäftigt sich damit, im Sinne der obigen Definitionen Konsistenzbeweise und Unabhängigkeitsbeweise zu erbringen. Leider ist es wegen des Gödelschen Unvollständigkeitssatzes unmöglich, die Konsistenz der Mengenlehre nachzuweisen: Ist ZF konsistent, so läßt sich das in ZF nicht beweisen. Das gleiche gilt entsprechend für die NBG- und die Bernays-Morse-Mengenlehre. Es zeigt sich z. B., daß das Auswahlaxiom von ZF unabhängig ist. Von ZFC unabhängige Axiome sind die Kontinuumshypothese, die verallgemeinerte Kontinuumshypothese, das Martinsche Axiom, die Souslinsche Hypothese und das Konstruktibilitätsaxiom.

Nichtstandard-Analysis

R. Fittler

Die Nichtstandard-Analysis ist eine Verfeinerung der (klassischen) Analysis, eingeführt von Robinson im Hinblick auf eine widerspruchsfreie Realisierung von infinitesimalen und unendlichen Zahlen im Sinne von Leibniz.

Diese Möglichkeit eröffnet sich z. B. auf Grund des Kompaktheitssatzes der Modelltheorie von Sprachen erster Stufe wie folgt. Man faßt die Struktur $\mathbb{R}$ der reellen Zahlen so auf, daß sie mindestens die Formel $x < y$, also alle Formeln der Form $\underline{0} < K, \underline{1} < K, \ldots, \underline{n} < K, \ldots$ interpretiert, wobei $\underline{0}, \underline{1}, \ldots, \underline{n}, \ldots$ Konstanten für die entsprechenden natürlichen Zahlen sind, und K eine darunter nicht vorkommende Konstante sei. In solch einer Struktur gelten (höchstens) endlich viele der oben angegebenen Formeln. Zusätzlich kann man noch alle weiteren in $\mathbb{R}$ gültigen Sätze der Analysis in Betracht ziehen, die sich in der vorliegenden Sprache erster Stufe mit Parametern in $\mathbb{R}$ ohne die Konstante K formulieren lassen.

Man kann nun erreichen, daß jede beliebig fest vorgegebene endliche Menge von solchen Sätzen und Formeln aus $\underline{0} < K, \underline{1} < K, \ldots, \underline{n} < K, \ldots$ erfüllt wird in $\mathbb{R}$, indem man die Interpretation von K in $\mathbb{R}$ genügend groß wählt bzgl. „ $<$". (Die natürlichen Interpretationen der Konstanten $\underline{0}, \underline{1}, \ldots, \underline{n}, \ldots$ werden festgehalten.) Mit dem Kompaktheitssatz folgt dann, daß überhaupt alle die Sätze ohne K und alle Formeln $\underline{0} < K, \underline{1} < K, \ldots, \underline{n} < K, \ldots$ gleichzeitig erfüllbar sind in geeigneten Strukturen. Die Interpretation von K in einer solchen Struktur $\mathbb{R}^*$ ist ein Beispiel für eine unendlich große Nichtstandard-Zahl. Die Strukturen $\mathbb{R}^*$ heißen Nichtstandard-Erweiterungen von $\mathbb{R}$. Es sind sogar elementare Erweiterungen $\mathbb{R} \preceq \mathbb{R}^*$ in dem Sinne, daß in $\mathbb{R}$ und $\mathbb{R}^*$ dieselben Formeln mit Parametern aus $\mathbb{R}$ gelten. Dieser Sachverhalt heißt auch Transferprinzip. Die Elemente aus $r \in \mathbb{R}$, aufgefaßt als Elemente von $\mathbb{R}^*$, heißen standard und werden mit r^* bezeichnet. Eine Zahl $s \in \mathbb{R}^*$ heißt infinitesimal, kurz $s \sim 0$, falls sie für alle standard r, r' mit $r < 0$ und $0 < r'$ die Bedingung $r < s < r'$ erfüllt. Jede endlichstellige Relation R oder endlichstellige (partielle) Funktion f über $\mathbb{R}$ hat über $\mathbb{R}^*$ ihre eindeutig festgelegte Interpretation R^* bzw. f^*. Ist z. B. $f : \mathbb{R} \setminus \{0\} \to \mathbb{R}$ die Funktion $f(x) = 1/x$, so ist $f^*(K) \neq 0$ aufgrund des Transferprinzips infinitesimal für eine unendliche Nichtstandard-Zahl K.

Der Teilmenge der natürlichen Zahlen $\mathbb{N} \subset \mathbb{R}$ entspricht die Teilmenge $\mathbb{N}^* \subset \mathbb{R}^*$ der hypernatürlichen Zahlen in $\mathbb{R}^*$. Damit gilt $\mathbb{N} \subset \mathbb{N}^*$, und $\mathbb{N}^*$ enthält unendliche natürliche Zahlen, d. h. Elemente die größer sind (bzgl. $<$) als alle natürlichen Standard-Zahlen: Da in $\mathbb{R}$ jede reelle Zahl durch passende natürliche Zahlen der Größe nach geschlagen werden kann, gilt dies nach dem Transferprinzip auch für unendlich große positive reelle Nichtstandard-Zahlen K. Die unendlichen natürlichen Zahlen heißen auch ∗-endlich.

In Anlehnung an die ursprüngliche Intention definiert man den Begriff der Monade eines Elementes x von $\mathbb{R}^*$ als $\{y \in \mathbb{R}^* | y - x \sim 0\}$. Die Monade von 0 ist damit die Menge der infinitesimalen Elemente.

Eine reelle Nichtstandard-Zahl s heißt endlich, falls sie $-r < s < r$ erfüllt für eine Standard-Zahl $r \in \mathbb{R}$, d. h., s liegt in einem durch Standard-Zahlen begrenzten Intervall. Es gilt der Satz:

Zu jedem endlichen $x \in \mathbb{R}^*$ existiert eine eindeutig bestimmte Standard-Zahl $°x$ in der Monade von x. $°x$ heißt der Standardteil von x.

Bezeichnet man die Menge der endlichen Zahlen aus $\mathbb{R}^*$ mit E so ist E ein Ring bzgl. der Operationen $+^*$ und $\cdot^*$, eingeschränkt auf E, und die Abbildung $° : E \to \mathbb{R}$ ist ein surjektiver Ringhomomorphismus mit der Monade von 0 als Kern.

Mit den soweit bereitgestellten Mitteln lassen sich nun klassische Grundbegriffe der Analysis durch intuitive Nichtstandard-Beschreibungen charakterisieren. Wir behandeln zunächst die Konvergenz von reellen Zahlenfolgen, die Stetigkeit von Funktionen und die Differenzierbarkeit.

Es sei $a : \mathbb{N} \to \mathbb{R}$ mit $\mathbb{N} \ni n \mapsto a_n \in \mathbb{R}$ eine reelle Zahlenfolge. Ihre Interpretation über $\mathbb{R}^*$ sei durch $\mathbb{N}^* \ni \nu \mapsto (a^*)_\nu \in \mathbb{R}^*$ gegeben. Dann gilt der Satz:

Die Folge $\{a_n\}_{n \in \mathbb{N}}$ konvergiert gegen $b \in \mathbb{R}$ genau dann, wenn für alle unendlichen $\omega \in \mathbb{N}^*$ die $(a^*)_\omega$ endlich sind und $°((a^*)_\omega) = b$ erfüllen.

Im Zusammenhang mit dem Stetigkeitsbegriff gilt der Satz:

Ist $f : I \to \mathbb{R}$ eine reelle Funktion über $\mathbb{R}$ und I ein beliebiges Intervall, dann gilt:

- *F ist stetig in $a \in I$ genau dann, wenn alle $x \in I^*$ mit $x \sim a$ erfüllen: $f^*(x) \sim f^{(*)}(a)$.*

- *F ist gleichmäßig stetig auf I genau dann, wenn alle $x, y \in I^*$ mit $x \sim y$ erfüllen: $f^*(x) \sim f^*(y)$.*

Für die Differenzierbarkeit gilt:

Die reelle Funktion $f : I \to \mathbb{R}$ ist im Punkte a des offenen Intervalls I differenzierbar mit Differentialquotient $\frac{df}{dx}(a) = b \in \mathbb{R}$ genau dann, wenn für alle infinitesimalen $\Delta x \neq 0$ gilt

$$\frac{f^*(a + \Delta x) - f(a)}{\Delta x} \sim b.$$

Zur Behandlung von komplexeren Sachverhalten muß man die bisher benützte Struktur $\mathbb{R}$ und die dazu passenden formalen Sprachen erster Stufe so ergänzen, daß man die Quantoren nicht nur auf die reellen Zahlen selbst, sondern auch auf (Teil-) Mengen, Relationen und (partielle) Funktionen usw. beziehen kann. Dazu ersetzt man $\mathbb{R}$ durch eine Obermenge $\mathbb{M}$, welche $\mathbb{R}$ und ihre Potenzmenge $\mathfrak{P}(\mathbb{R})$ enthält, sowie die entsprechenden Mengen von Relationen und Funktionen umfaßt. Die zugehörige Sprache erster Stufe soll u. a. auch das 2-stellige Grundprädikat ε enthalten, welches dann in $\mathbb{M}$ durch die die Elementbeziehung $x \in y$ interpretiert wird. Um die Obermenge $\mathbb{M}$ nicht immer ad hoc wählen zu müssen, genügt es für viele Zwecke, die Superstruktur $V(\mathbb{R})$ zu benutzen, die für eine unendliche Menge S allgemein wie folgt definiert wird:

$$V_1(S) = S, \cdots, V_{n+1}(S) = \mathfrak{P}(V_n(S)), \cdots$$

$$V(S) := \bigcup_{n \in \mathbb{N}} V_n(S).$$

Die zusammengesetzte Erweiterung

$$V(S) = \bigcup_{n \in \mathbb{N}} V_n(S) \subset \bigcup_{n \in \mathbb{N}} V_n(S^*) = V(S^*) \subset \bigcup_{n \in \mathbb{N}^*}^{*} V_n(S^*) = (V(S))^*$$

der Struktur links außen in diejenige rechts außen, d. h. $V(S) \subset (V(S))^*$, ist wie im ursprünglichen Falle von $\mathbb{R} \subset \mathbb{R}^*$ eine elementare Erweiterung (Parameter aus $V(S)$), die linksseitige und die rechtsseitige Erweiterung für sich genommen erhalten jeweils nur die Gültigkeit von Formeln mit beschränkten Quantoren und Parametern aus $V(S)$. Die Bilder von Elementen A von $V(S)$ in $V(S^*)$ heißen wieder standard und werden mit

A^* bezeichnet. Ist A eine unendliche Menge oder Struktur, so heißt A^* andererseits auch Nichtstandard-Modell von A, im Hinblick auf seine innere Struktur.

Für viele Zwecke genügen Formeln mit beschränkten Quantoren und damit die linksseitige Erweiterung $V(S) \subset V(S^*)$, für die gerade das Transferprinzip für Formeln mit beschränkten Quantoren gilt. Auch dafür hat sich der Begriff Nichtstandard-Erweiterung eingebürgert. In diesem Rahmen ergeben sich nun neue Charakterisierungen von klassischen Eigenschaften aus der Analysis. Die Riemannsche Integrierbarkeit einer reellen Funktion $f : [a, b] \to \mathbb{R}$ kann z. B. ausgedrückt werden durch die äquivalente Aussage:

Für alle ∗-endlichen Unterteilungen

$$a = a_0 \leq a_1 \leq \cdots \leq a_{n-1} \leq a_n \leq \cdots \leq a_{\omega-1} \leq a_\omega = b, \ \omega \in \mathbb{N}^* \setminus \mathbb{N},$$

deren Teilintervalle $[a_{n-1}, a_n]$ für $n = 1, \ldots, \omega$ infinitesimale Länge haben, und für jede beliebige Auswahl

$$\left\{x_n \in [a_{n-1}, a_n]\right\}_{n=1\cdots\omega}$$

von Zwischenwerten x_n sind die Riemannschen Summen

$$\sum_{n=1}^{n=\omega} f(x_n)(a_n - a_{n-1})$$

endlich und liegen in derselben Monade.

Ist diese Bedingung erfüllt, dann folgt erwartungsgemäß

$$^\circ \left(\sum_{n=1}^{n=\omega} f(x_n)(a_n - a_{n-1}) \right) = \int_a^b f(x) dx.$$

Die erwähnten Mengen von Unterteilungen bzw. Auswahlen sind in $V(\mathbb{R}^*)$ durch Formeln (mit beschränkten Quantoren und Parametern aus $V(\mathbb{R}^*)$) definierbare Teilmengen. Sie heißen auch intern definierbare Teilmengen. Für diese gilt nun das interne Definitionsprinzip:

Eine Teilmenge von $V(\mathbb{R}^*)$ ist genau dann intern definierbar, wenn sie sogar ein Element von $V(\mathbb{R}^*)$ ist.

Die letzteren heißen auch interne Teilmengen, während die übrigen externe Teilmengen genannt werden. Es gilt:

Standard-Elemente, d. h. Elemente A^* mit $A \in V(\mathbb{R})$, sind intern.

Zum Beispiel sind alle reellen Standard-Zahlen r^* mit $r \in \mathbb{R}$ intern. Doch ist ihre Gesamtheit $\mathbb{R}$ als Teilmenge von $\mathbb{R}^* \subset V(\mathbb{R}^*)$ eine externe Teilmenge. Weitere Beispiele für interne Mengen sind $\{0, 1, \cdots, \omega-1, \omega\}$ für $\omega \in \mathbb{N}^*$ beliebig. $\mathbb{N}^* \setminus \mathbb{N}$ ist dagegen eine externe Menge. Letzteres sieht man folgendermaßen: Wäre sie intern, dann hätte sie ein kleinstes Element $k \in \mathbb{N}^* \setminus \mathbb{N}$, weil das in $V(\mathbb{R})$ für alle Elemente, die Teilmengen von $\mathbb{N}$ sind, gilt, und somit auch in $V(\mathbb{R}^*)$ (wegen des Transferprinzips). Nun gilt aber im Gegenteil für jedes Element $L \in \mathbb{N}^* \setminus \mathbb{N}$ auch $L-1 \in \mathbb{N}^* \setminus \mathbb{N}$.

Da die Formeln, welche dem Transferprinzip unterliegen, ihre Aussagen nur über Elemente von $V(\mathbb{R}^*)$ machen, d. h. über interne Teilmengen, übertragen sich die Sätze der Analysis gerade auf die internen Teilmengen von $V(\mathbb{R}^*)$, aber nicht auf externe Mengen. So hat etwa jede nach unten beschränkte interne Teilmenge von $\mathbb{R}^*$ ein Infimum in $\mathbb{R}^*$, doch gilt das nicht mehr für die externe Teilmenge $(\mathbb{N}^* \setminus \mathbb{N}) \subset \mathbb{R}^*$.

Die weiter oben formulierten Charakterisierungen von klassischen Begriffen sind Beispiele von Aussagen über $V(\mathbb{R}^*)$, die sich auf externe Teilmengen beziehen, wie $° : E \to \mathbb{R}$ oder die Monade von 0. Damit können Beweise von klassischen Sätzen der Analysis vereinfacht werden. Doch kann wiederum jeder mit Hilfe von Nichtstandard-Methoden aus der Definition von $V(\mathbb{R})$ in der Zermelo-Fraenkelschen Mengenlehre mit Auswahlaxiom bewiesene Satz auch ohne Nichtstandard-Methoden bewiesen werden. Ein Beispiel jedoch für einen Satz der Analysis, der zuerst mit Nichtstandard-Analysis bewiesen wurde, ergab sich im Zusammenhang mit dem Invarianten-Unterraum-Problem für polynomial kompakte beschränkte Operatoren über einem Hilbertraum.

Die Zusammenhänge zwischen standard, intern und extern lassen sich auch axiomatisch beschreiben. Zu diesem Zweck wurde 1977 die interne Mengenlehre von E. Nelson entwickelt. Dabei handelt es sich um eine konservative Erweiterung der Zermelo-Fraenkelschen Mengenlehre mit Auswahlaxiom.

[1] Albeverio, S.; Fenstad, J.E.; Høøegh-Krohn, R.; Lindstrøm, T.: Nonstandard Methods in Stochastic Analysis and Mathematical Physics. Academic Press Orlando, 1986.

[2] Cutland, N. (Hrsg.): Nonstandard Analysis and its Applications. Cambridge University Press Cambridge UK, 1988.

[3] Keisler, H.J.: Elementary Calculus. Prindle, Weber & Schmidt Boston, 1976.

[4] Keisler, H.J.: Foundation of Infinitesimal Calculus. Prindle, Weber & Schmidt Boston, 1976.

[5] Nelson, E.: Radically Elementary Probability Theory. Princeton University Press Princeton, 1987.

[6] Richter, M.M.: Ideale Punkte, Monaden und Nichtstandard-Methoden. Friedr. Vieweg & Sohn Braunschweig, 1982.

[7] Robinson, A.: Introduction to Model Theory and to the Metamathematics of Algebra. North-Holland Publishing Company Amsterdam, 1963.

[8] Robinson, A.: Non-Standard Analysis. North-Holland Publishing Company Amsterdam, 1966.

[9] Stroyan, K.D.; Luxemburg, W.A.J.: Introduction to the Theory of Infinitesimals. Academic Press New York, 1976.

Topologie

F. Lemmermeyer

Die Topologie, wie sie heute verstanden wird, ist ein Kind des 20. Jahrhunderts und umfaßt eine ganze Reihe von Gebieten. Wie die ↑ Algebra ist die Topologie als universelle Sprache für weite Teile der Mathematik grundlegend geworden.

Die mengentheoretische Topologie verdankt wie die Cantorsche Mengenlehre ihre Entstehung der Untersuchung reellwertiger Funktionen auf Teilmengen der reellen Zahlen $\mathbb{R}$, und noch 1914 hat F. Hausdorff die erste axiomatische Einführung topologischer Räume in einem Buch mit dem Titel „Grundzüge der Mengenlehre" gegeben. Das heute gebräuchliche Axiomensystem wurde 1925 von Alexandrow formuliert, aber schon 1906 hatte Fréchet metrische Räume betrachtet. Die mengentheoretische Topologie umfaßt das Studium topologischer Räume und der stetigen Abbildungen zwischen ihnen; zentrale Begriffe sind hier Stetigkeit, Kompaktheit, Zusammenhang und, vor allem, Trennungseigenschaften (vgl. hierzu die ↓ Trennungsaxiome).

Ein Ziel der Topologie ist die Entwicklung von topologischen Invarianten, die es erlauben, nicht homöomorphe Räume als solche zu erkennen. Beispielsweise ist das Geschlecht einer zusammenhängenden kompakten orientierbaren 2-dimensionalen Mannigfaltigkeit eine solche Invariante; daß die Sphäre Geschlecht 0, der Torus dagegen Geschlecht 1 hat, impliziert insbesondere, daß es zwischen diesen beiden Objekten keinen Homöomorphismus geben kann. Die algebraische Topologie entstand aus dem Bemühen Poincarés heraus, eine andere solche Invariante, nämlich die Fundamentalgruppe eines topologischen Raums, zu verstehen. Im Laufe der Zeit wurden topologische Invarianten wie die Bettizahlen durch algebraische Objekte wie Homologie- und Kohomologiegruppen ersetzt; diese haben heute in weite Teile der Mathematik Einzug gehalten und sind zu einem guten Teil mitverantwortlich für die in der zweiten Hälfte des 20. Jahrhunderts aufgetretene Vereinheitlichung der Mathematik.

Tatsächlich ist die Topologie ein Band, das auf den ersten Blick weit voneinander entfernte Gebiete zu verbinden vermag: topologische Methoden erlauben den Nachweis, daß reelle Divisionsalgebren Dimension 1, 2, 4 oder 8 haben, die Theorie topologischer Gruppen erstreckt sich von Krulls Topologisierung unendlicher Galoisgruppen über Integration auf lokal-kompakten Gruppen bis hinein in die Theorie der Liegruppen, die Euler-Poincaré-Charakteristik geht sogar zurück auf Eulers klassische Formel $e - k + f = 2$ für die Beziehung zwischen der Anzahl der Ecken, Kanten und Flächen eines Polyeders, und die verschränkten Homomorphismen und Faktorensysteme bei Noether und Brauer werden heute in derselben kohomologischen Sprache beschrieben wie die de Rham-Kohomologie in der Integralrechnung auf Mannigfaltigkeiten.

Neben der algebraischen Revolution, die uns Homologie- und Kohomologiegruppen sowie Spektralsequenzen beschert hat, hat noch eine „landwirtschaftliche" Revolution stattgefunden, deren Objekte (wie Garben, Halme und Bündel) heute in der Differentialgeometrie ebenso Anwendung finden wie in der algebraischen Geometrie. Ein weiteres Indiz für die ungeheure Fruchtbarkeit topologischer Methoden ist die Tatsache, daß Teilgebiete der Topologie wie die Theorie der Knoten oder die K-Theorie im Laufe der Zeit zu eigenen Disziplinen herangewachsen sind.

Gute Einführungen in die mengentheoretische Topologie geben Jänich [2] und Ossa [4]; für die algebraische Topologie eignen sich Sato [8], Fulton [1], sowie Stöcker & Zieschang [10]. Das Buch [3] von Madsden & Tornehave sei als elementare Einführung in die de-Rham Kohomologie wärmstens empfohlen.

Trennungsaxiome

Trennungsaxiome beschreiben, wie gut sich in einer gegebenen Topologie Punkte bzw. disjunkte Mengen durch Umgebungen trennen lassen. So lassen sich z.B. in der trivialen Topologie Punkte $x, y \in X$ nie trennen, da jede Umgebung von y (es gibt nur eine, nämlich X selbst) auch x enthält. Dagegen besitzt in X bezüglich der diskreten Topologie jeder Punkt y eine Umgebung hat (nämlich sich selbst), welche die Umgebung $\{x\}$ eines Punktes $x \neq y$ nicht schneidet. Die Qualität solcher „Trennungen" ist nun Gegenstand der Trennungsaxiome; im Laufe der Zeit hat sich herausgestellt, daß die folgenden Situationen am häufigsten auftreten:

T_0: Für alle $x, y \in X$ mit $x \neq y$ gibt es eine Umgebung U von x mit $y \notin U$ *oder* eine Umgebung V von y mit $x \notin V$.

T_1: Für alle $x, y \in X$ mit $x \neq y$ gibt es eine Umgebung U von x mit $y \notin U$ *und* eine Umgebung V von y mit $x \notin V$.

T_2: Für alle $x, y \in X$ mit $x \neq y$ gibt es Umgebungen U von x und V von y mit $U \cap V = \varnothing$.

T_{2a}: Für alle $x, y \in X$ mit $x \neq y$ gibt es *abgeschlossene* Umgebungen U von x und V von y mit $U \cap V = \varnothing$.

T_3: Für alle abgeschlossenen $A \subseteq X$ und für alle $x \in X \setminus A$ gibt es offene Mengen $U, V \in \mathcal{O}$ mit $A \subseteq U$, $x \in V$ und $U \cap V = \varnothing$.

T_{3a}: Für alle abgeschlossenen Mengen $A \subseteq X$ und für alle $x \in X \setminus A$ gibt es eine stetige Abbildung $f : X \longrightarrow [0, 1]$ mit $f(x) = 0$ und $f(a) = 1$ für alle $a \in A$.

T_4: Für alle abgeschlossenen Mengen $A, B \subseteq X$ mit $A \cap B = \varnothing$ gibt es offene Mengen $U, V \in \mathcal{O}$ mit $A \subseteq U$, $B \subseteq V$ und $U \cap V = \varnothing$.

T_5: Für alle getrennten Mengen $A, B \subseteq X$ (das sind solche mit $A \cap \mathrm{Cl}(B) = \mathrm{Cl}(A) \cap B = \varnothing$) existieren offene Mengen $U, V \in \mathcal{O}$ mit $A \subseteq U$, $B \subseteq V$ und $U \cap V = \varnothing$.

Einen topologischen Raum, der die Trennungseigenschaft T_i besitzt, nennt man einen T_i-Raum. In einem T_2-Raum lassen sich also disjunkte Punkte, in einem T_4-Raum disjunkte abgeschlossene Mengen durch offene Mengen trennen. Ein topologischer Raum $(X, \mathcal{O})$ ist genau dann T_1-Raum, wenn seine Punkte abgeschlossen sind, und genau dann T_5-Raum, wenn jeder Teilraum ein T_4-Raum ist.

Ein Raum heißt auch Kolmogorow-, Fréchet- bzw. Hausdorff-Raum, wenn er ein T_0-, T_1 bzw. T_2-Raum ist. Ein topologischer Raum heißt

- regulär, wenn er T_3 und T_1 ist,

- vollständig regulär, wenn er T_{3a} und T_1 ist,

- normal, wenn er T_4 und T_1 ist,

- vollständig normal, wenn er T_5 und T_1 ist.

Metrische Räume sind vollständig normal.

Man muß hier beachten, daß auch andere Konventionen als die obigen verwendet werden. So nennen manche Autoren (insbesondere im anglo-amerikanischen Sprachraum) einen topologischen Raum regulär, wenn er T_3-Raum ist, während ein T_3-Raum dann regulärer T_0-Raum ist

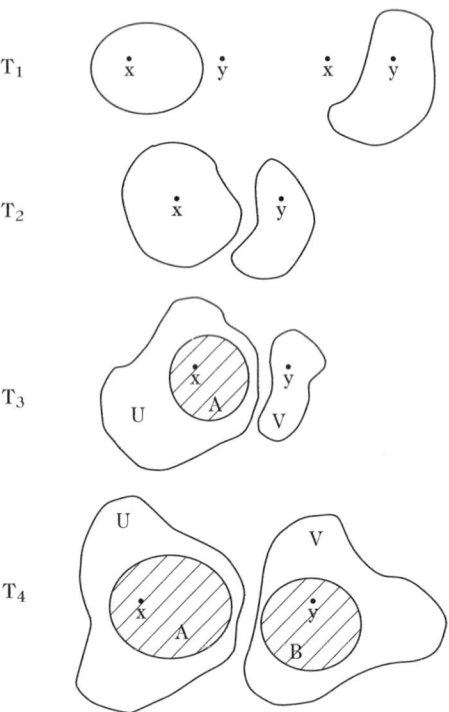

(und damit, wie man zeigen kann, sogar regulärer T_2-Raum). Entsprechende Variationen sind für die Begriffe vollständig regulär (oder auch Tychonow-Raum), normal und vollständig normal gebräuchlich.

Die Indizes der T_j sind ein grobes Maß für die Güte der Trennung: so gelten die Implikationen normal $\Longrightarrow$ regulär $\Longrightarrow T_{2a} \Longrightarrow T_2 \Longrightarrow T_1 \Longrightarrow T_0$ und $T_{3a} \Longrightarrow T_3$; in T_1-Räumen schließlich gilt sogar $T_5 \Longrightarrow T_4 \Longrightarrow T_3 \Longrightarrow T_2$. Für Beispiele, die zeigen, daß sich diese Implikationen i. allg. nicht umkehren lassen, sei auf [5] und [9] verwiesen.

Gegenstand der Untersuchungen sind auch Fragen wie die Vererbung der Trennungsaxiome auf Teilräume (gilt für T_j, $j = 0, 1, 2, 3$) oder Quotientenräume (gilt i. a. nur unter Zusatzvoraussetzungen).

[1] Fulton, W.: Algebraic Topology. A First Course. Springer-Verlag, 1995.

[2] Jänich, K.: Topologie. Springer-Verlag, 2001.

[3] Madsden, I.; Tornehave, J.: From Calculus to Cohomology. Cambridge Univ. Press, 1997.

[4] Ossa: Topologie. Vieweg, 1992.

[5] Preuss, G.: Allgemeine Topologie. Springer-Verlag Berlin, 1975.

[6] von Querenburg, B.: Mengentheoretische Topologie. Springer-Verlag Berlin, 1979.

[7] Rinow, W.: Lehrbuch der Topologie. VEB, 1975.

[8] Sato, H.: Algebraic Topology: An Intuitive Approach. Amer. Math. Soc., 1999.

[9] Steen, L.A.; Seebach, J.A. Jr: Counterexamples in topology. Dover New York, 1995.

[10] Stöcker, R., Zieschang, H.: Algebraische Topologie: Eine Einführung. Teubner, 1994.

Zahlentheorie

G. J. Wirsching

Der Gegenstand der Zahlentheorie ist es, Eigenschaften der *natürlichen Zahlen* 1, 2, 3, ... und deren Verknüpfungen (vor allem Addition, Multiplikation und Potenzbildung) aufzuspüren, zu beweisen, oder zu widerlegen. Gemeinsam mit der ↑ Geometrie bildet die Zahlentheorie den ältesten Zweig der Mathematik. Seit dem 18. Jahrhundert ist der Wissensstand so stark angewachsen, daß das gesamte Gebiet der Zahlentheorie für einen einzelnen Wissenschaftler kaum mehr überblickbar ist. Ausgehend von der historischen Entwicklung sollen hier einige wesentliche Motive, Teildisziplinen und Anwendungen beleuchtet werden.

Die ersten Motive, sich überhaupt mit Zahlen zu beschäftigen, sind wirtschaftlicher Natur: Im Handel und bei Erbschaftsangelegenheiten ist es wichtig, Güter sinnvoll und gerecht zu bewerten – und das ist ohne eine gewisse Vorstellung von Zahlen und Mengenverhältnissen kaum durchführbar. Die Entwicklung des Zahlbegriffs ist eng mit Zahldarstellungen verbunden, und diese wiederum mit Verfahren zur Durchführung der elementaren Rechenoperationen Addition, Subtraktion, Multiplikation und Division. Die griechischen Gelehrten der Antike unterschieden allerdings bereits zwischen *Logistik*, der Lehre vom Rechnen, und *Arithmetik*, die theoretische Fragen behandelt, also Zahlentheorie [9]. Aus heutiger Sicht lassen sich diese beiden Disziplinen nicht klar voneinander trennen, da beim „Rechnen", insbesondere, wenn man dies mit einem Computer macht, zahlentheoretische Resultate und Überlegungen eine wesentliche Rolle spielen.

Theoretische Fragen, mit denen sich griechische Gelehrte beschäftigten, betrafen z. B. das Gerade und Ungerade oder die Teilbarkeitslehre, die eng mit geometrischen Konstruktionen und mit *Proportionen* verbunden war. Zusammen mit der Euklidischen Geometrie entwickelte sich auch das Bedürfnis, etwa Zahlen a, b, c mit der Eigenschaft $a^2 + b^2 = c^2$ aufzufinden, oder natürliche Zahlen im Hinblick auf ihre Teilbarkeit zu untersuchen. So beschäftigte man sich etwa mit vollkommenen Zahlen oder mit befreundeten Zahlen. Besonders interessant sind diejenigen Zahlen, die nicht mehr weiter teilbar sind. Heute nennt man eine natürliche Zahl ≥ 2, die nur durch 1 und sich selbst teilbar ist, eine *Primzahl*; in manchen historischen Quellen wird auch die 1 als Primzahl betrachtet. In den Elementen des Euklid findet man einige bemerkenswerte Sätze über Primzahlen, die dort bereits sehr klar bewiesen werden, so z. B.: *Es gibt unendlich viele Primzahlen.*

Ein weiteres wichtiges Resultat ist die Eindeutigkeit der Primfaktorzerlegung, deren Beweis im wesentlichen ebenfalls auf Euklid zurückgeht:

Jede natürliche Zahl läßt sich als Produkt von nicht notwendigerweise verschiedenen Primzahlen darstellen, und die Faktoren dieses Produkts sind bis auf ihre Reihenfolge eindeutig bestimmt.

Die in der griechischen Mathematik der Antike gewonnene begriffliche Klarheit führte auch zu sehr merkwürdigen *negativen* Resultaten. Man konnte Sätze formulieren und beweisen, die die Unmöglichkeit gewisser Konstruktionen zum Inhalt hatten. Beispielsweise bewies der Pythagoräer Hippasos von Metapont im fünften Jahrhundert v.Chr. folgenden Satz über eine Proportion im Pentagramm:

Das Längenverhältnis zwischen einer Diagonale und einer Seite im regelmäßigen Fünfeck läßt sich nicht als Verhältnis zweier natürlicher Zahlen darstellen.

Das gemeinte Längenverhältnis (der ↑ **Goldene Schnitt**) hat die Größe $\phi = \frac{1}{2}(1+\sqrt{5})$, und Hippasos bewies, in moderner Sprache ausgedrückt, daß ϕ eine *irrationale Zahl* ist. Dies begründete eine Tradition negativer Resultate in der Zahlentheorie, die sehr interessante Früchte getragen hat, wie etwa die Unmöglichkeit der exakten Quadratur des Kreises mit Zirkel und Lineal. Um dies zu verstehen, beobachte man zunächst, daß die Quadratur des Kreises darauf hinausläuft, die durch die Kreiszahl π (das Verhältnis der Fläche eines Kreises mit Radius r zur Fläche eines Quadrats mit Seitenlänge r) gegebene Proportion zu konstruieren. Einen Hinweis auf Möglichkeit oder Unmöglichkeit einer derartigen Konstruktion könnte man gewinnen, wenn man irgendeine Form hätte, in der sich jede mögliche Konstruktion darstellen ließe. Eine solche Form gibt es in der Tat: Der goldene Schnitt ϕ, der mit Zirkel und Lineal konstruierbar ist, ist offenbar eine Nullstelle des Polynoms $X^2 - X - 1$. Es stellt sich heraus, daß jede mit Zirkel und Lineal konstruierbare Proportion als Nullstelle eines Polynoms

$$a_n X^n + a_{n-1} X^{n-1} + \ldots + a_1 X + a_0 \tag{1}$$

mit ganzen Koeffizienten $a_0, \ldots, a_n$ auftritt. Lindemann bewies jedoch 1882:

Die Zahl π ist nicht Wurzel einer algebraischen Gleichung irgendwelchen Grades mit rationalen Coeffizienten.

Diese Formulierung stammt aus der Originalarbeit und bedeutet, daß es zu keinem Grad n eine Auswahl von rationalen Koeffizienten $q_0, \ldots, q_n$ derart gibt, daß π die Gleichung

$$q_n \pi^n + q_{n-1} \pi^{n-1} + \ldots + q_1 \pi + q_0 = 0$$

erfüllt. Multipliziert man hier mit dem Hauptnenner, so erkennt man, daß es kein Polynom der Form (1) gibt, das π als Nullstelle besitzt. In heutiger Sprechweise heißt das: π ist *transzendent*, und deshalb gibt es keine Konstruktion von π mit Zirkel und Lineal. Interessant ist hierbei, daß die Transzendenz von π und also die Unmöglichkeit der Quadratur des Kreises letztlich eine subtile Eigenschaft der natürlichen Zahlen ist – und damit in das Gebiet der Zahlentheorie fällt.

Algebraische Ausdrücke sind Vorschriften, gemäß deren man aus gegebenen Zahlen durch Addition, Subtraktion und Multiplikation eine oder mehrere Zahlen errechnen kann, z. B. ein Polynom der Form (1). Mit Ansätzen einer Symbolschreibweise konnte Diophantos von Alexandria ca. 250 n. Chr. bereits Gleichungen mit algebraischen Ausdrücken bis zur sechsten Potenz und in mehreren Unbekannten behandeln. Ihm zu Ehren werden Gleichungen zwischen algebraischen Ausdrücken heute *diophantische Gleichungen* genannt. Diophantos interessierte sich besonders für *rationale Lösungen*, also für Zahlen, die sich als Bruch von ganzen Zahlen darstellen lassen, und die eine (oder mehrere) diophantische Gleichungen richtig machen. Die Grundideen der meisten heute benutzten Methoden, rationale Lösungen diophantischer Gleichungen zu ermitteln, lassen sich historisch bis Diophantos zurückverfolgen. Hierbei ist es besonders interessant, alle rationalen Lösungen zu bestimmen.

Leonhard Euler entdeckte die Zahlentheorie als mathematisch interessantes Forschungsgebiet im Briefwechsel mit Christian Goldbach [10]. Dieser Vorgang beleuchtet schlaglichtartig die Motive eines exzellenten Mathematikers zur Erforschung zahlentheoretischer Fragen und soll deshalb hier kurz skizziert werden. Alles begann mit einem *post scriptum* in einem Brief von Goldbach an Euler, datiert vom 1. Dezember 1729:

Notane Tibi est Fermatii observatio omnes numeros hujus formulae $2^{2^{x-1}} + 1$, nempe 3, 5, 17, etc. esse primus, quam tamen ipse fatebatur se demonstrare non posse, et post eum nemo, quod sciam, demonstravit.

(„Kennst Du nicht Fermats Beobachtung, alle Zahlen der Form $2^{2^{x-1}}$ + 1, etwa 3, 5, 17, usw., seien prim, von der er selbst zugab, sie nicht beweisen zu können, und die niemand, soweit ich weiß, bewiesen hat.") Die aus heutiger Sicht etwas merkwürdige Schreibweise mit $x - 1$ im höchsten Exponenten ist so zu erklären, daß man für x der Reihe nach die natürlichen Zahlen $1, 2, 3, 4, \ldots$ einsetzen möge, wodurch man die Primzahlen $3, 5, 17, 257, \ldots$ erhält. Euler antwortete auf Goldbach's *post scriptum* zunächst etwas kühl:

Nihil prorsus invenire potui, quod ad Fermatianam observationem spectaret.

(„Nichts nach vorne Gerichtetes habe ich finden können, was sich auf die Fermatsche Beobachtung beziehen würde.") Goldbach erwähnte die Fermatsche Beobachtung erneut in seinem nächsten Brief, und Euler begann tatsächlich, Fermat zu lesen. Im Juni 1730 schreibt er:

Incidi nuper, opera Fermatii legens, in aliud quoddam non inelegans theorema: *Numerum quemcunque esse summam quatuor quadratorum,* seu semper inveniri posse quatuor numeros quadratos, quorum summa aequalis sit numero dato, ut $7 = 1 + 1 + 1 + 4$. Sed tria quadrata nunquam invenientur, quorum summa sit 7.

Euler fand also die Behauptung Fermats, jede (natürliche) Zahl ließe sich als Summe von vier Quadraten darstellen, nicht aber als Summe dreier Quadrate, besonders interessant *(non inelegans)*. Von nun an kommt in der sehr umfangreichen Korrespondenz zwischen Euler und Goldbach immer wieder Zahlentheoretisches zur Sprache; 1742 entstehen hierbei die sog. Goldbach-Probleme. Übrigens zeigte Euler 1732, daß die von Goldbach erwähnte Formel bereits für $x = 6$ eine zusammengesetzte Zahl ergibt. Die Bemerkungen zur Darstellbarkeit natürlicher Zahlen als Summe von vier bzw. drei Quadraten motivierten den Vier-Quadrate-Satz von Lagrange, dessen Beweis Euler später wesentlich vereinfachte, sowie den Drei-Quadrate-Satz von Gauß. Eulers Beiträge zur Zahlentheorie sind enorm, sowohl die Tiefe der Resultate als auch die Breite der behandelten Themen betreffend. Beispielsweise löste er den Fall

$p = 3$ der Fermatschen Vermutung. Kombinatorische Probleme behandelte er mit der Technik der *erzeugenden Funktion*, womit die analytische Zahlentheorie begründet war. Den Satz von Euklid über die Unendlichkeit der Menge aller Primzahlen verschärfte er, indem er für die Summe der Kehrwerte der Primzahlen folgende Formel angab:

$$\sum_{p \text{ Primzahl}} \frac{1}{p} = \log \log \infty. \tag{2}$$

Tatsächlich hatte Euler nur gezeigt, daß die Summe der Kehrwerte unendlich groß wird; trotzdem ist die rechte Seite interessant: Euler gewann sie aus seiner Gleichung

$$\sum_{n=1}^{\infty} \frac{1}{n^s} = \prod_{p \text{ Primzahl}} \frac{1}{1 - p^{-s}}, \tag{3}$$

deren beide Seiten für alle komplexen Zahlen s mit Realteil > 1 konvergieren, indem er den Grenzübergang $s \to 1$ untersuchte. Die Gleichung (3) wurde später *Euler-Identität* genannt und bildet die Grundlage für die Zusammenhänge zwischen der Verteilung der Primzahlen und der Riemannschen ζ-Funktion. Eulers mathematische Intuition zeigte sich auch in seiner Verwendung des quadratischen Reziprozitätsgesetzes, das erst von Gauß vollständig bewiesen wurde, und in seinen Beiträgen zur Theorie elliptischer Kurven.

Inspiriert von Euler, wenngleich darüber hinausgehend, indem manches darin bewiesen war, was Euler empirisch entdeckt hatte, war Lagranges Werk über binäre qudratische Formen „Recherches d'arithmétiques". In Anlehnung an dieses Buch nannte Gauß sein erstes Buch zur Zahlentheorie „Disquisitiones arithmeticae". Nach Gauß, für den die Zahlentheorie die *Königin der mathematischen Wissenschaften* darstellte, wird aufgrund des zunehmenden Methodenarsenals allmählich die Unterscheidung verschiedener Zweige der Zahlentheorie nach den angewandten Methoden sinnvoll, obwohl die Unterscheidung nicht immer eindeutig ist.

Die enge Verbindung zwischen algebraischen Ausdrücken auf der einen Seite und Eigenschaften natürlicher Zahlen auf der anderen Seite fällt nach heutiger Terminologie in den Bereich der *algebraischen Zahlentheorie*. Dabei stellte sich heraus, daß zahlentheoretische

Probleme eine starke Motivation zur Entwicklung algebraischer Begriffe und Methoden bilden. So entwickelten sich viele Grundbegriffe der heutigen Algebra mit „der Entdeckung der arithmetischen Gesetze der *höheren Zahlkörper* unter den Händen von Gauß, Dirichlet, Kummer, Kronecker, Dedekind und Hilbert" [4]. Aus der Tatsache, daß sich gewisse Eigenschaften algebraischer Ausdrücke am besten in geometrischer Sprache ausdrücken lassen, ergibt sich über die diophantischen Gleichungen auch eine Verbindung zur Geometrie, wofür man heute den Ausdruck *arithmetische Geometrie* benutzt. Ein aktueller Höhepunkt einer derartigen Verbindung verschiedener mathematischer Disziplinen ist der Beweis der ↑ Fermatschen Vermutung (Wiles 1995):

Ist n eine beliebige natürliche Zahl ≥ 3, so gibt es kein Tripel (x, y, z) aus natürlichen Zahlen, das die Gleichung $x^n + y^n = z^n$ erfüllt.

Die Anwendung funktionentheoretischer Methoden in der Zahlentheorie führte zur *analytischen Zahlentheorie*. Diese war zunächst von Euler durch seinen virtuosen Umgang mit Potenzreihen initiiert worden, und erhielt durch Riemanns 1859 erschienene achtseitige Arbeit „Ueber die Anzahl der Primzahlen unter einer gegebenen Grösse" wesentliche neue Impulse. Diese Arbeit ist die einzige Publikation zur Zahlentheorie von Riemann; sie ist sehr knapp aufgeschrieben, besteht aus zahlreichen Aussagen und meist recht vagen Hinweisen auf Beweise, enthält die Riemannsche Vermutung, und ist insgesamt nur sehr schwer verständlich [3]. Dies erklärt, warum Riemanns Ideen erst mehr als 30 Jahre später wieder aufgegriffen wurden. Dennoch übte dieser Aufsatz einen großen Einfluß auf die Entwicklung der Zahlentheorie aus; die Riemannschen Ideen wurden z. B. von Landau, Hardy, Siegel, Polya, Selberg, Artin, Hecke und vielen anderen aufgegriffen, sorgfältig untersucht, und einem tieferen Verständnis zugeführt – allerdings ist es noch niemandem gelungen, die Riemannsche Vermutung zu beweisen oder zu widerlegen. Ein wichtiges Resultat in diesem Umkreis ist der 1896 von Hadamard und de la Vallée Poussin (unabhängig voneinander, und auf verschiedenen Wegen) unter Benutzung der Riemannschen Ideen bewiesene Primzahlsatz:

Bezeichnet $\pi(x)$ die Anzahl der Primzahlen unterhalb x, so gilt die asymptotische Gleichheit

$$\pi(x) \sim \frac{x}{\log x} \qquad \text{für } x \to \infty.$$

Mit Hilfe dieses Satzes läßt sich übrigens beweisen, daß Euler in seiner Formel (2) mit dem Ausdruck „$\log\log\infty$" die richtige Divergenzordnung der Summe erraten hatte.

Aus heutiger Sicht ist der Primzahlsatz eher als Anfangs-, denn als Endpunkt der mathematischen Ergebnisse über Fragen der Primzahlverteilung zu sehen. Will man etwa weitergehende Fragen über Primzahlzwillinge oder über die Goldbach-Probleme untersuchen, so sind wesentlich subtilere Methoden erforderlich [5]. Dabei kommen nicht nur funktionentheoretische Methoden, sondern auch solche aus Wahrscheinlichkeitstheorie und asymptotischer Analysis zum Einsatz. Auch ein Beweis der Riemannschen Vermutung (mit welchen Methoden auch immer) würde einen tieferen Einblick in die Regelmäßigkeit der Verteilung der Primzahlen geben. Die Verteilung von Primzahlen ist übrigens nicht nur ein vom alltäglichen Leben losgelöstes Problem: Manche (häufig benutzte) kryptographische Verfahren stehen damit in dem Zusammenhang, daß man mehr über deren Zuverlässigkeit wüßte, wenn die Riemannsche Vermutung (oder eine Verallgemeinerung davon) bewiesen wäre.

Bemerkenswert ist in diesem Zusammenhang das fruchtbare Zusammenspiel zwischen dem im 20. Jahrhundert aufkommenden Interesse an Algorithmen und Computertechnik einerseits und der Zahlentheorie andererseits. Aus dem Interesse an Algorithmen entstanden neue zahlentheoretische Fragen, z. B. das Collatz-Problem, das eine Fülle neuer Fragen aufwarf, von denen nur wenige heute beantwortet sind. Die Computertechnik machte es möglich, umfangreiche Berechnungen anzustellen, woraus das Bedürfnis entstand, diese auf solide mathematische Grundlagen zu stellen. So kamen z. B. bei Monte-Carlo-Simulationen sehr bald schon zahlentheoretische Methoden zum Tragen. Auch diese Entwicklung ist noch keineswegs abgeschlossen: Die sog. Quasi-Monte-Carlo-Methoden, zu deren Anwendungen technische Simulationen ebenso wie Risikoanalysen in der Finanzmathematik gehören, erfordern tiefliegende zahlentheoretische Überlegungen wie etwa die algebraisch-geometrische Untersuchung von Funktionenkörpern. Derartige Methoden werden auch bei der Konstruktion fehlerkorrigierender Codes zur sicheren Übertragung von Information eingesetzt. Bei kryptographischen Verfahren zum Verbergen von Information vor unberechtigtem Zugriff spielen nicht nur Fragen über die Primzahlverteilung eine Rolle, sondern es kommen auch zahlentheoretische Verfahren zum Einsatz. Diese betreffen z. B. Primzahltests, Faktorisieren natürlicher Zahlen, elliptische Kurven, oder auch Klassengruppen algebraischer Zahlkörper [1]. Diese Beispiele zeigen eindringlich, daß die vielfach übliche Unterscheidung zwischen „reiner" und „angewandter" Mathematik im Hinblick auf die Zahlentheorie keinen Sinn macht.

[1] Buchmann, Johannes: Einführung in die Kryptographie. Springer, Berlin, 1999.

[2] Bundschuh, Peter: Einführung in die Zahlentheorie. Springer, Berlin, 4. Auflage, 1998.

[3] Edwards, H.M.: Riemann's Zeta Function. Academic Press, New York, 1974.

[4] Leutbecher, Armin: Zahlentheorie. Eine Einführung in die Algebra. Springer, Berlin, 1996.

[5] Halberstam, H., and Richert, H.-E.: Sieve methods. Academic Press, London, 1974.

[6] Neukirch, Jürgen: Algebraische Zahlentheorie. Springer, Berlin, 1992.

[7] Scheid, Harald: Zahlentheorie. BI-Wissenschaftsverlag, Mannheim, 1994.

[8] Scriba, C.J. und Schreiber, P.: 5000 Jahre Geometrie. Springer, Berlin, 2001.

[9] Tropfke, Johannes: Geschichte der Elementarmathematik. de Gruyter, Berlin, 1980.

[10] Weil, André: Number Theory. An approach through history. Birkhäuser, Boston, 1984.

Approximationstheorie

G. Meinardus

In der Approximationstheorie (in der Folge abgekürzt durch AT) untersucht man Phänomene, die bei der angenäherten Darstellung von Funktionen auftreten. In den letzten Jahrzehnten hat sich dabei derjenige Teil der AT, der sich auf numerische Probleme anwenden läßt, in den Vordergrund geschoben. Das Prinzip der besten Annäherung nicht-elementarer Funktionen durch Polynome oder durch rationale Funktionen gewann durch die hektisch verlaufende technische Entwicklung der Computer ständig an Bedeutung, denn man benötigte schnelle und platzsparende Subroutinen. Inzwischen hat sich der Schwerpunkt der Forschung etwas verlagert. Dies wurde und wird durch neue, zum Teil unerwartete, Anwendungen motiviert. Trotzdem behalten die ursprünglichen Fragestellungen ihren prägenden Einfluß. Hinzu kommt, daß einige wesentliche Probleme noch nicht gelöst sind.

Einer der wichtigsten Begriffe in der linearen eindimensionalen AT ist die Haarsche Bedingung. Hier liegt der folgende Sachverhalt vor: Man möchte eine reelle Funktion $f \in C[a, b]$ auf einem reellen Intervall $[a, b]$ durch Funktionen aus einem Vektorraum $V \subset C[a, b]$ endlicher Dimension n approximieren. Der Raum V erfülle die Haarsche Bedingung, d. h. jede Funktion aus V, die nicht identisch auf dem Intervall $[a, b]$ verschwindet, besitzt höchstens $n - 1$ Nullstellen in diesem Intervall.

Unter Benutzung der Tschebyschew- oder Maximumnorm

$$\|g\| = \sup_{x \in [a,b]} |g(x)|, \quad g \in C[a, b]$$

sei noch die Minimalabweichung von f vom Raum V mit

$$\varrho_V(f) = \inf_{v \in V} \|f - v\|$$

bezeichnet.

Es ist heute relativ leicht, zu zeigen, daß es zu jeder Funktion f mit $f \in C[a, b]$ genau eine beste Approximation aus V gibt, d. h. ein $v_0 \in V$ mit der Eigenschaft

$$\|f - v_0\| = \varrho_V(f).$$

Ferner liegt ein oszillatorisches Verhalten der Fehlerfunktion $f - v_0$ vor, d. h. zu jedem $f \in C[a, b]$ gibt es $n + 1$ Zahlen x_ν mit

$$a \leq x_0 < x_1 < \cdots < x_n \leq b,$$

so daß die Beziehungen

$$f(x_\nu) - v(x_\nu) = -\Big(f(x_{\nu+1}) - v(x_{\nu+1})\Big)$$

für $\nu = 0, 1, \cdots, n - 1$ und

$$|f(x_0) - v(x_0)| = \varrho_V(f)$$

bestehen. Eine solche Menge von $n + 1$ Zahlen nennt man eine Alternante von f bezüglich V. Diese Eigenschaft liefert eine äußerst effektive Methode zur numerischen Konstruktion der besten Approximation, das sog. Austauschverfahren von Remez. Wichtig ist auch die Frage nach unteren Schranken für die Minimalabweichung $\varrho_V(f)$, denn aus derartigen Schranken erkennt man, welche Fehlernorm nicht unterschritten werden kann. Man gewinnt solche Schranken beispielsweise durch einfache Berechnung der Werte gewisser linearer Funktionale der Funktionalnorm 1, die den Raum V annullieren.

Die Haarsche Bedingung gestattet eine hohe Flexibilität bei der Wahl des approximierenden Raumes V. Eine umfangreiche Klasse bilden hier die sog. Pólya-Räume, auch Tschebyschew-Räume genannt. Für einige solcher Räume, speziell im Fall $V = \Pi_{n-1}[a, b]$, kann man asymptotische Aussagen für die Minimalabweichungen einzelner Funktionen gewinnen. Ein einfaches Beispiel bildet die Aussage für die Exponentialfunktion $f(x) = e^x$,

$$\varrho_{\Pi_n[-1,1]}(f) = \frac{1}{2^n(n + 1)!}(1 + O(1/n))$$

für $n \to \infty$. Insbesondere wird offenbar, wie eng der Zusammenhang zwischen polynomialer Approximation und holomorphen Funktionen ist.

Es sei an dieser Stelle vermerkt, daß die Verwendung anderer Normen bzw. Metriken stark von der speziellen Aufgabenstellung und von den Anwendungen abhängig ist. So ist z. B. die Approximation im L_1-Sinne wichtig bei der Behandlung von Randwertaufgaben bei gewöhnlichen Differentialgleichungen, sofern Defektabschätzungen in Betracht gezogen werden. Man kann jedoch sagen, daß die aus der gleichmäßigen Norm entspringende Metrik, möglicherweise mit geeigneten Gewichten, am häufigsten zugrunde gelegt wird

Zur Erzielung höherer Genauigkeiten bieten sich zur Approximation Familien V von Funktionen an, die durch eine vorgegebene Anzahl von Parametern definiert sind. Liegt dann kein Vektorraum vor, so spricht man von nicht-linearer Approximation. Beispiele liefern die rationale Approximation, bei der mit gegebenen Zahlen m und n aus $\mathbb{N}_0$ die Approximationsmenge $R_{m,n}$ aus rationalen Funktionen besteht:

$$R_{m,n} = \left(p/q \mid p(x) = \sum_{\nu=0}^{m} \beta_\nu x^\nu, \ q(x) = \sum_{\mu=0}^{n} \gamma_\mu x^\mu, \ x \in [a,b], \ q(x) \neq 0 \right),$$

und die exponentielle Approximation mit der Menge

$$E_k = \left(\sum_{\nu=0}^{k} \eta_\nu e^{\lambda_\nu x} \mid x \in [a,b] \right).$$

Im letzten Fall sind nicht nur die Koeffizienten η_ν sondern auch die exponentiellen Faktoren λ_ν freie Parameter. Ferner ist es für einige Anwendungen vernünftig, auch ein halb-unendliches Intervall zu betrachten.

Die obigen Beispiele zeigen bereits eine strukturelle Schwierigkeit auf: Eine direkte Übertragung der Haarschen Bedingung, etwa in Form der Interpolierbarkeit, ist nur in uninteressanten Sonderfällen möglich. Dagegen kann man mit Tangentialraum-Methoden weitreichende Resultate zur Charakterisierung bester Approximationen, der Gewinnung unterer Schranken für die Minimalabweichungen und bei Eindeutigkeitsaussagen erzielen, vorausgesetzt, die Funktionen der betreffenden Familie sind nach den Parametern differenzierbar. Das Problem der Bestimmung des Defektes bei der Länge einer Alternante spielt hier eine besondere Rolle: Der gegebene Parametervektor α habe die Form $\alpha = (\alpha_1, \alpha_2, \cdots, \alpha_n)$. Die Familie V bestehe aus den Funktionen $F(\alpha, x)$. Zu jedem Vektor α habe der Tangentialraum

$$T(\alpha) = \text{span}\left(\frac{\partial F}{\partial \alpha_1}, \frac{\partial F}{\partial \alpha_2}, \cdots, \frac{\partial F}{\partial \alpha_n} \right)$$

die Dimension $d(\alpha)$ und erfülle die Haarsche Bedingung. Dann gibt es, Existenz einer besten Approximation $F(\alpha, x)$ vorausgesetzt, zu jedem $f \in C[a, b]$ eine Alternante der Länge $d(\alpha) + 1$.

Die Charakterisierung einer besten Approximation, sowie Verfahren der numerischen Konstruktion, hängen wesentlich von der Dimension des Tangentialraums $T(\alpha)$ ab.

Wie bei der polynomialen Approximation gelingt es manchmal auch bei der rationalen Approximation, asymptotische Aussagen über die Minimalabweichung spezieller Funktionen zu gewinnen. So gilt für die Exponentialfunktion $f(x) = e^x$ die Aussage

$$\varrho_{R_{m,n}[-1,1]}(f) = \frac{m!\, n!}{2^{m+n}(m+n)!(m+n+1)!}(1 + o(1))$$

für $(m+n) \to \infty$, die sich auch numerisch als sehr präzise erwiesen hat. Für das halb-unendliche Intervall $[0, \infty)$, wobei natürlich $m \leq n$ gelten muß, gibt es hier noch viele offene Fragen.

Rationale Approximationen sind von großer Bedeutung in der Nachrichtentechnik. Aktuelle Probleme der Konstruktion digitaler Filter erfordern aber Modifikationen des Approximationskonzepts: Es werden rationale Approximationen auf disjunkten Intervallen benötigt, bei denen das Nennerpolynom zusätzlich Stabilitätsforderungen genügen muß.

Es liegt nahe, durch Unterteilung des Intervalles $[a, b]$ und geeignete Approximationen auf den Teilintervallen zu günstigeren Ergebnissen zu gelangen. An dieser Stelle kommen in der AT die ursprünglich in der mathematischen Statistik entwickelten Splinefunktionen ins Spiel. Der einfachste Typus ist folgendermaßen definiert: Die angesprochene Zerlegung des Intervalles $[a, b]$ ergibt n Teilintervalle $I_\nu = [\xi_{\nu-1}, \xi_\nu]$, für $\nu = 1, 2, \cdots, n$, mit der Anordnung der Knoten ξ_ν,

$$a = \xi_0 < \xi_1 < \cdots < \xi_n = b.$$

Zu gegebener natürlicher Zahl m mit $m \geq 2$ betrachtet man reelle Funktionen $s \in C^{m-2}[a, b]$, Splinefunktionen oder Splines genannt, deren Restriktion auf jedes der Teilintervalle I_ν mit einem Polynom

$$p_\nu \in \Pi_{m-1}[\xi_{\nu-1}, \xi_\nu]$$

übereinstimmt.

Der Vektorraum $S_{m,n}[a, b]$ dieser polynomialen Splines hat die Dimension $m + n - 1$. Er erfüllt wegen $S_{m,1}[a, b] = \Pi_{m-1}[a, b]$ nur für $n = 1$ die Haarsche Bedingung, und sonst nicht. Erhalten bleibt die schwache Form dieser Bedingung, daß nämlich jeder Spline $s \in S_{m,n}[a, b]$ höchstens $m + n - 2$ Vorzeichenwechsel auf dem Intervall (a, b) besitzt. Es gibt wichtige Interpolationssätze über diesen Splineraum und über zahlreiche seiner Unterräume. Häufig liefern interpolierende Splines bereits recht gute Approximationen. Die Konstruktion einer besten Approximation gestaltet sich jedoch schwieriger. Es existiert ein stets konvergentes iteratives Verfahren von einiger Komplexität. Daneben gibt es ein auf einer Glättung des Raumes beruhende Methode, bei der der Splineraum bijektiv auf einen Raum transformiert wird, der dann die Haarsche Bedingung erfüllt.

Die Einbeziehung der Knoten ξ_ν in den Approximationsprozeß führt auf ein nicht-lineares Approximationsproblem. Man spricht dann von Splines mit freien Knoten. Läßt man dann noch jede Bindung zwischen den Polynomen in aufeinanderfolgenden Intervallen fallen, so gelangt man zur segmentiellen Approximation. Im letzteren Fall muß der Spline an den inneren Knoten geeignet definiert werden.

Approximationen in mehreren reellen Variablen sind von großer Bedeutung für numerische und geometrische Anwendungen. Zunächst wird meist der gegebene mehrdimensionale Bereich mit Polyedern überdeckt. Damit beschränkt man sich auf die Behandlung von Quadern.

Die recht aufwendige Tensorprodukt-Methode besteht darin, die eindimensionalen Approximationsverfahren, wie etwa Interpolationsverfahren, auf jede der einzelnen Variablen anzuwenden. Ein anderer, sehr subtiler Weg erfordert zunächst die geeignete Zerlegung des Quaders in Teilquader und in gewisse Tetraeder. Anschließend werden rekursive Interpolationsalgorithmen eingesetzt. Man kann auf diese Weise erreichen, daß die interpolierenden und damit approximierenden multivariaten Polynome auf dem Gesamtquader hohen Differenzierbarkeitsklassen angehören.

Man gelangt oft zu guten Annäherungen durch Anwendung eines Eliminationsverfahrens. Ein einfaches Beispiel soll hier kurz geschildert werden. Es ist i. w. identisch mit dem bekannten Romberg-Verfahren zur numerischen Quadratur.

Es sei von einer univariaten oder multivariaten reellen Funktion f bekannt, daß sie als punktweise gebildeter Grenzwert einer reellen Folge $y_n(x)$ aufgefaßt werden kann. Diese Folge besitze nun eine asymptotische

Entwicklung

$$y_n(x) \;=\; f(x) + \sum_{\mu=1}^{m} c_\mu(x) n^{-2\mu} + O(n^{-2m-2})$$

für $m \to \infty$; $n = 1, 2, \cdots$. Dann wird die Folge $v_n(x)$, die als Linear-kombination

$$v_n(x) \;=\; y_{2n}(x) + \frac{1}{3}(y_{2n} - y_n),$$

definiert ist, i. a. ein besseres Konvergenzverhalten haben, da sie einer Entwicklung der Form

$$v_n(x) = f(x) + \sum_{\mu=2}^{m} \tilde c_\mu(x) n^{-2\mu} + O(n^{-2m-2})$$

genügt. Der nächste Schritt ergäbe eine Folge

$$w_n(x) \;=\; v_{2n}(x) + \frac{1}{15}(v_{2n}(x) - v_n(x)),$$

etc. Die Fortsetzung dieser Eliminationsmethode (auch (Richardson-)Extrapolation genannt) liegt auf der Hand. Dieses rekursive Verfahren garantiert eine hohe numerische Stabilität, jedoch muß die Existenz einer asymptotischen Entwicklung der Folge $y_n(x)$ nachgewiesen werden.

Wir erwähnen zum Abschluß, daß, im Zusammenhang mit gewöhn-lichen und partiellen Differentialgleichungen, eine relativ große Klasse von Aufgaben in der AT bearbeitet werden sollten. Es geht dabei häufig um Randwertprobleme, z. T. um solche mit freien Rändern, bei denen die zugehörigen Operatoren bezüglich einer gegebenen Halbordnung invers-monoton sind. Es gibt einige interessante und vielversprechende Beispiele, doch fehlt bis dato eine grundlegende Theorie.

[1] Meinardus, G.: Approximation von Funktionen und ihre numerische Be-handlung. Springer-Verlag Heidelberg, 1964.

[2] Müller, M.: Approximationstheorie. Akademische Verlagsgesellschaft Wies-baden, 1978.

[3] Nürnberger, G.: Approximation by Spline Functions. Springer-Verlag Heidel-berg, 1989.

[4] Powell, M.J.D.: Approximation Theory and Methods. Cambridge University Press, 1981.

Codierungstheorie

E.G. Giessmann

Die Codierungstheorie ist die mathematische Theorie der Verfahren zur fehlerfreien Übertragung von Nachrichten in unsicheren (gestörten) Kanälen. Durch Verwendung kombinatorischer und algebraischer Methoden werden fehlererkennende und fehlerkorrigierende Codes konstruiert und ihre Eigenschaften untersucht.

Ausgangspunkt für die Entwicklung der Codierungstheorie war der 1948 von Claude Shannon bewiesene Kanalcodierungssatz, der eigentlich zur Informationstheorie gehört. Jeder gestörte Kanal kann durch einen maximalen Informationsfluß, die Kanalkapazität, beschrieben werden, mit der die Nachrichten übertragen werden können (der ungestörte Kanal hat die Kapazität 1, der vollgestörte die Kapazität 0).

Nach dem Kanalcodierungssatz gibt es zu jeder Informationsrate, die kleiner als die Kanalkapazität ist, Codes, bei denen die Decodierfehlerwahrscheinlichkeit beliebig klein wird. Dieser überraschende (aber leider nicht konstruktive) Existenzsatz besagt, daß man die Kapazität fast voll ausnutzen kann und trotz Störungen auf dem Kanal die Codierung so auswählen kann, daß die Decodierfehler nur mit beliebig kleiner Wahrscheinlichkeit auftreten können. Ziel der Codierungstheorie ist die Konstruktion leicht implementierbarer Codes mit einfachen Decodierregeln, die gute fehlererkennende und fehlerkorrigierende Eigenschaften haben.

Nachrichten, die von einer Quelle zu einem Empfänger übertragen werden, werden im allgemeinen zweimal codiert. Bei der ersten (Quellen-)Codierung wird die Nachricht in Blöcke aufgeteilt und Redundanzen herausgefiltert, bei der zweiten (Kanal-)Codierung, wird einem Block der Länge k ein zu übertragender Block der Länge n zugeordnet.

Mit der Quellencodierung ist meist eine Kompression verbunden, die fehlerkorrigierenden Eigenschaften werden durch die Kanalcodierung und -decodierung garantiert. Betrachtet man Codierungen auf Nachrichten der Länge k, bei denen alle Codewörter die gleiche Länge n haben, so nennt man diese auch (n, k)-Blockcodes. Sind die Codierungen darüber hinaus lineare Abbildungen, bezeichnet man sie als lineare Codes.

Durch Codierung der Nachrichten (Elemente eines k-dimensionalen Raumes $\mathbb{F}_q^k$) in einen n-dimensionalen Raum ($\mathbb{F}_q^n$), bei der die Bildele-

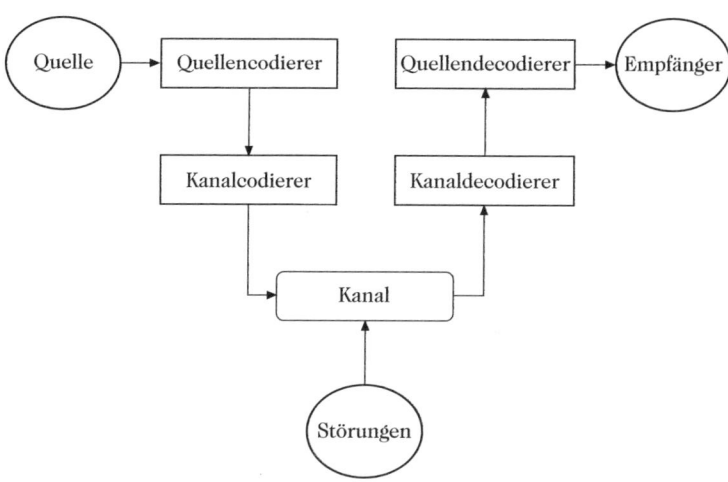

Schematische Darstellung der Nachrichtenübertragung

mente paarweise einen sog. Hamming-Abstand d_H nicht kleiner als d haben, kann man alle Fehler, die in höchstens $d/2$ Komponenten auftreten, erkennen und die, die in maximal $(d - 1)/2$ Komponenten die Nachricht verfälscht haben, korrigieren. Ein erkennbarer Fehler tritt beispielsweise auf, wenn man ein Wort c' empfängt, das kein Codewort ist. Man kann versuchen, den Fehler zu korrigieren, indem man c' durch das Codewort c_0 mit dem kleinsten Hamming-Abstand zu c' ersetzt, also

$$d_H(c_0, c') = \min_{c \in C}\{d_H(c, c')\}.$$

Die einfachste Codierung entsteht durch Anhängen eines Paritätsbits, die 1-Bit-Fehler entdeckt, aber wegen des zu geringen Abstands nicht korrigieren kann (minimaler Hamming-Abstand 2, Informationsrate $(n - 1)/n$).

Eine einfache 1-Bit-Fehler korrigierende Codierung entsteht durch dreimaliges Wiederholen jedes einzelnen Bits (minimaler Hamming-Abstand 3, Informationsrate 1/3). Allgemein gilt für einen (n, k)-Blockcode C, daß der minimale Hamming-Abstand des Codes nicht größer als $n - k + 1$ sein kann (Singleton-Schranke). Damit kann ein (n, k)-Blockcode bestenfalls $\lfloor (n - k)/2 \rfloor$ Fehler korrigieren.

Für einen linearen Code (die Codierung ist in diesem Fall eine lineare Abbildung von $\mathbb{Z}_q^k$ nach $\mathbb{Z}_q^n$) gilt zusätzlich die Plotkin-Schranke für den minimalen Abstand $d_{\min} = \min_{C \times C}(d_H)$ und damit für die fehlerkorrigierenden Eigenschaften dieses Codes

$$d_{\min} \leq \frac{n(q-1)q^{k-1}}{q^k - 1}.$$

Diese Schranken werden beispielsweise durch die Hamming-Codes mit Informationsrate

$$\frac{q^k - 1 - k(q-1)}{q^k - 1},$$

die einen Fehler sicher korrigieren, erreicht.

Gute Beispiele für praktisch verwendbare Blockcodes sind die linearen Codes, und darunter die zyklischen Codes, sowie die gut implementierbaren auf Schieberegistern basierenden Faltungscodes.

[1] Berlekamp, E.R.: Algebraic coding theory. McGraw-Hill New York, 1968.

[2] Blahut, R.E.: Theory and practice of error control codes. Addison-Wesley Reading, 1983.

[3] Heise, W.; Quattrocchi, P.: Informations- und Codierungstheorie. Springer-Verlag Berlin, 1989.

Fuzzy-Mengen

H. Rommelfanger

Eine Fuzzy-Menge oder *unscharfe Menge vom Typ* 1 ist eine Menge geordneter Paare

$$\widetilde{A} = \{(x, \mu_A(x)) \mid x \in X\},$$

bei der jedem Element x einer Grundmenge X ein Wert $\mu_A(x)$ zugeordnet wird, der die Zugehörigkeit dieses Elementes zur unscharfen (Teil-)Menge $\widetilde{A}$ angibt. Die Bewertungsfunktion

$$\mu_A : X \longrightarrow [0, 1]$$

wird Zugehörigkeitsfunktion (membership function), charakteristische Funktion oder Kompatibilitätsfunktion genannt.

Die Verwendung einer numerischen Skala, hier des Intervalls $[0, 1]$, erlaubt eine einfache und übersichtliche Darstellung der Zugehörigkeitsgrade. Um aber Fehlinterpretationen zu vermeiden, ist zu beachten, daß diese Zugehörigkeitswerte stets Ausdruck der subjektiven Einschätzung von Individuen oder von Gruppen sind. Die Zugehörigkeitswerte hängen darüber hinaus auch von der Grundmenge X ab.

Offensichtlich kommt in den Zugehörigkeitswerten eine „Ordnung" der Objekte der Grundmenge X zum Ausdruck. Die unscharfe (Teil-)Menge $\widetilde{A}$ wird durch das beschreibende Prädikat induziert.

In der Literatur werden Zugehörigkeitswerte auch mit $\mu_{\widetilde{A}}(x)$, $m_A(x)$ oder $\widetilde{A}(x)$ symbolisiert. Andere Darstellungsformen für unscharfe Mengen sind

$$\widetilde{A} = \mu_{\widetilde{A}}(x_1)/x_1 + \cdots + \mu_{\widetilde{A}}(x_n)/x_n = \sum_{i=1}^{n} \mu_{\widetilde{A}}(x_i)/x_i$$

auf einer endlichen Grundmenge X, und

$$\int_X \mu_{\widetilde{A}}(x)/x,$$

falls X eine überabzählbare Menge ist.

Wird die Wertemenge von μ_A beschränkt auf die zweielementige Menge $\{0, 1\}$, so entspricht die Fuzzy-Teilmenge

$$\widetilde{A} = \{(x, \mu_A(x)) \mid x \in X\}$$

der Menge

$$A = \{x \in X \mid \mu_A(x) = 1\}$$

die eine Teilmenge von X im klassischen Cantorschen Sinn ist.

Die Theorie unscharfer Mengen bietet zwar die Möglichkeit, Abstufungen in der Zugehörigkeit zu einer Menge beliebig genau zu beschreiben, in praktischen Anwendungsfällen ist dies aber kaum und auch dann nur mit beträchtlichem Aufwand möglich. Die benutzten Funktionen sind daher als mehr oder minder gute Darstellungsformen der subjektiven Vorstellung anzusehen. Bei der Modellierung benutzt man daher zumeist einfache Funktionsformen, wie das bei Fuzzy-Zahlen des L-R-Typs der Fall ist, oder stückweise lineare Funktionen, bei denen wenige festgelegte Punkte durch Geradenstücke verbunden werden (Fuzzy-Intervalle vom ε-λ-Typ). So läßt sich die unscharfe Menge „ungefähr gleich 8" auf $\mathbb{R}$ unter anderem beschreiben durch die Zugehörigkeitsfunktionen

$$\mu_A(x) = \left(1 + (x - 8)^2\right)^{-1}$$

oder

$$\mu_B(x) = \begin{cases} \frac{x-6,5}{1,5} & \text{für } 6,5 \leq x < 8, \\ \frac{10-x}{2} & \text{für } 8 \leq x \leq 10, \\ 0 & \text{sonst.} \end{cases}$$

Die Tatsache, daß in realen Problemen oft keine eindeutige Zuordnung der Elemente einer gegebenen Grundmenge X zu einer Teilmenge A vorgenommen werden kann, beruht häufig nicht auf stochastischer Unsicherheit, sondern auf intrinsischer oder informationaler Unschärfe. Die intrinsische Unschärfe ist Ausdruck der Unschärfe menschlicher Empfindung. Beispiele sind Ausdrücke wie „hoher Gewinn", „gute Konjunkturlage", „vertretbare Kosten", „kleines Kind", „alte Frau" usw. Hier geben Adjektive keine eindeutige Beschreibung. Es ist z. B. nicht exakt festgelegt, ab welchem Betrag ein Gewinn als „hoch" zu bezeichnen ist und wann nicht mehr. Abgesehen davon, daß die Festlegung einer unteren Grenze für „hohen Gewinn" nur subjektiv erfolgen kann, bleibt es stets ein Erklärungsproblem, warum ein Gewinn, der um 1 Cent unter dieser Grenze liegt, nicht mehr dieses Prädikat verdient.

Die informationale Unschärfe ist dadurch bedingt, daß der Begriff zwar exakt definierbar ist, man aber bei der praktischen Handhabung große Schwierigkeiten hat, die vielen dazugehörigen Informationen zu einem klaren Gesamturteil zu aggregieren. Als Beispiel betrachten wir den Begriff „kreditwürdig". Nach der in der Betriebswirtschaftslehre üblichen Definition ist eine Person (ein Unternehmen) dann kreditwürdig, wenn sie den Kredit wie vereinbart zurückzahlt. Es ist aber schwierig, wenn nicht gar unmöglich, ex ante festzustellen, ob eine Person diese Eigenschaft besitzt. Diese informationale Unschärfe liegt auch vor, wenn nur unvollständige Informationen vorliegen.

Die Bedeutung von Fuzzy-Mengen liegt darin, daß sie eine mathematische Formulierung unscharfer Größen oder unscharfer Relationen ermöglichen und somit eine realistischere Modellierung realer Probleme gestatten.

Nach der Veröffentlichung des grundlegenden Aufsatzes „Fuzzy Sets" von Zadeh in „Information and Control " im Jahre 1965 wurden Fuzzy-Systeme in fast allen Wissenschaftsgebieten entwickelt. Einen guten Überblick über die Weiterentwicklung der mathematischen Theorie und deren Anwendungen geben die 7 Bände „The Handbooks of Fuzzy Sets".

Die bekannteste Anwendung ist die Entwicklung von Fuzzy-Reglern, die sich zur Steuerung technischer und chemischer Prozesse weltweit etabliert haben (Fuzzy-Control).

[1] The Handbooks of Fuzzy Sets, Bd. 1–7. Kluwer Dordrecht, 1998–2000.

[2] Rommelfanger, H.: Fuzzy Decision Support-Systeme, Entscheiden bei Unschärfe. Springer Heidelberg, 1994.

[3] Zadeh, L.A.: Fuzzy Sets. In: Information and Control 8 , 1965.

Geometrische Datenverarbeitung – Die mathematische Basis des CAD

J. Wallner

Die Geometrische Datenverarbeitung befaßt sich mit der rechnerunterstützten Bearbeitung von geometrischen Daten, was hauptsächlich die Approximation und Interpolation von geometrischen Daten durch Kurven, Flächen, Bewegungsabläufe und andere geometrische Objekte bedeutet. Sie verknüpft Geometrie und Approximationstheorie und ist die mathematischen Grundlage des ↓ Computer-Aided Design.

Als einer der Ursprünge der geometrischen Datenverarbeitung werden die Arbeiten von P. de Casteljau und P. Bézier um 1960 gesehen, die das interaktive und rechnerunterstützte Design von Freiformkurven und Freiformflächen im Automobilbau ermöglichten. Dies geschah durch Bézierkurven und Bézierflächen, die durch ihre Kontrollpunkte in einer für den Designer durchsichtigen Weise festgelegt sind, und mit Hilfe des Algorithmus von de Casteljau in effizienter Weise ausgewertet werden können.

Das Modellieren von Freiformkurven und -flächen kann als *Approximation* von *regelmäßig* verteilten geometrischen Daten (den Kontrollpunkten) durch Kurven und Flächen interpretiert werden. Neben den polynomialen Bézierkurven und -flächen wurden viele Kurven- und Flächenschemata entwickelt – das prominenteste davon sind wohl die B-Splinekurven und B-Splineflächen. Die meisten entsprechen dem folgenden Muster: Eine Kurve oder Fläche ist durch Knotenvektoren und ein Kontrollpolygon oder -polyeder festgelegt, welches sie approximiert. Sie ist meist stückweise analytisch, global jedoch nur von einer endlichen Differenzierbarkeitsklasse, wobei die Stellen der niedrigsten Differenzierbarkeit durch die Knotenvektoren bestimmt sind. Ist die entstehende Kurve oder Fläche glatter als ihre Parametrisierung, spricht man von einer geometrischen Splinekurve oder geometrischen Splinefläche. Die für das Entwerfen von Freiformkurven und Freiformflächen geeigneten Kurven- und Flächenschemata haben interessante geometrische Form- und Unterteilungseigenschalten, wie die convex hull property, die variation diminishing property, oder die Eigenschaft, daß Teile von solchen Kurven und Flächen ebenfalls in das gleiche Schema passen. Diese

Eigenschaften sind für die formerhaltende Approximation von Datenpunkten und für Schnittalgorithmen für Freiformkurven und -flächen von Bedeutung.

Die *Interpolation* von regelmäßig verteilten Daten umfaßt die Interpolation mit Splinefunktionen, und von einem geometrischen Standpunkt aus betrachtet gehören dazu das Interpolieren von Punkten der Ebene oder des Raumes durch B-Splinekurven, oder die Interpolation von Punkten und Kurvennetzen mit Freiformflächen. Für Anwendungen wichtig ist die formerhaltende Interpolation, die durch die oben erwähnten geometrischen Eigenschaften der verwendeten Kurven- und Flächenschemata möglich wird.

Zur Interpolation von *unregelmäßig* verteilten Daten gehört das Problem der Konstruktion eines Flächenverbandes, der Punkte und Randkurven interpoliert, und die scattered data Interpolation, wo man beispielsweise eine Fläche durch eine großer Menge Datenpunkte legt. Die verwendeten Methoden umfassen etwa radiale Basisfunktionen oder Finite Elemente-Methoden zur Triangulierung und lokalen Interpolation von unregelmäßig verteilten Daten.

Als *Approximation* von *unregelmäßig* verteilten geometrischen Daten kann die Aufgabe interpretiert werden, ein Polyeder durch eine glatte Fläche anzunähern. Eine Möglichkeit bieten iterative diskrete Unterteilungsalgorithmen, die für viele Anwendungen schon nach wenigen Schritten ein ausreichend glattes Näherungspolyeder erzeugen. Ebenso zu diesem Problemkreis zählt die Approximation einer Punktwolke durch eine Kurve oder Fläche. Diese Konzepte lassen sich neben der Konstruktion von Kurven und Flächen noch auf andere Probleme anwenden. Ohne eine Aufzählung versuchen zu wollen, sei als Beispiel nur das Planen von Fräsbahnen erwähnt – das sind Scharen von Freiformkurven in einer bestimmten fünfdimensionalen Teilmannigfaltigkeit der euklidischen Bewegungsgruppe.

Die geometrische Datenverarbeitung umfaßt jedoch nicht nur die obenstehende systematische Beschreibung von Problemen der geometrischen Approximationstheorie, sondern befaßt sich auch mit denjenigen Eigenschaften von geometrischen Objekten, die in der Datenverarbeitung im weitesten Sinne von Interesse sind (z. B. im Computer-Aided Design und im computer vision). Darunter finden sich die Schnittalgorithmen für Flächen – die Unterteilungseigenschaften der B-Splines zusammen mit der convex hull property erlauben schnelle Algorithmen für die meisten Freiformflächen. Ein weiteres Beispiel sind

Ausrundungs- und Übergangsflächen zwischen Freiformflächen, die auf Bindefunktionen beruhen oder als Flächenverband angelegt sind.

Zur geometrischen Qualitätskontrolle gehört das Überprüfen des Krümmungsverhaltens von Kurven und Flächen, wozu sich geometrische Objekte eignen, die zu ihrer Konstruktion einer Ableitung bedürfen, wie Reflexionslinien oder Isophoten.

Computer-Aided Design

Durch den Einsatz des Rechners hat sich der Begriff der Entwurfs- oder Konstruktionszeichnung stark erweitert. Während der gedankliche Entwurfs- und Zusammenstellungsprozeß nach wie vor zum größten Teil bei einer Person, dem Designer bzw. Benutzer von CAD-Systemen liegt, eröffnen sich dem Benutzer von CAD-Software, beginnend mit dem Festhalten der Konstruktionsidee auf einem beständigen Medium (seit Jahrhunderten ein Blatt Papier, im CAD ein geeignetes elektronisches Speichermedium) eine Reihe von Möglichkeiten, die dem traditionellen Zeichner verschlossen blieben.

Die einfachste Möglichkeit, zum Entwurf eines Objektes einen Computer zu benutzen, ist es, mit Hilfe verschiedener Geräte ('Maus', 'Tastatur') eine Strichzeichnung in elektronischer Form abzulegen, was den Vorteil der leichten Korrigierbarkeit und Reproduzierbarkeit ('Drucker') bietet. Dieser Vorgang ist nichts anderes als eine klassische Bleistiftzeichnung unter Benützung eines alternativen Mediums und kann eigentlich noch nicht mit 'CAD' bezeichnet werden, ist aber meist die Grundlage für Weiteres. Was den Rechnereinsatz jedoch bereits auf dieser niedrigen Stufe effizient macht, ist die leichte Wiederverwendbarkeit und Modifizierbarkeit von bereits fertiggestellten Entwürfen, was beim Vorhandensein von vielen standardisierten oder ähnlichen Teilen die Konstruktion erheblich beschleunigen kann.

Eine sich mehr am geometrischen Standpunkt orientierende Vorgangsweise ist es, von beispielsweise prismatischen, kegelförmigen, rotationssymmetrischen Grundkörpern auszugehen und das zu entwerfende Objekt mit Hilfe von Durchnitts-, Vereinigungs- und Differenzenbildung zu erzeugen ('solid modeling'). Hier nehmen Algorithmen der Computergeometrie dem Anwender etwa das Bestimmen von Schnittkurven ab, wofür ein Konstrukteur der früheren Zeit die konstruktiven Verfahren der Darstellenden Geometrie bemühen mußte.

Einen besonderen Status haben Freiformkurven und Freiformflächen, denen der Designer nicht eine präzise mathematische Form geben möchte, aber die bestimmten Bedingungen genügen sollen, wie z.b. eine bereits gegebene Kurve berührend fortzusetzen, oder ein bestehendes Loch kantenfrei und in möglichst monotoner Weise auszufüllen. Meist werden für solche Zwecke Kurven und Flächen in Bernstein-Bézier-Darstellung und B-Splineflächen) eingesetzt. Dies ist ein Beispiel für die Anwendungen von Methoden der geometrischen Datenverarbeitung.

Nach der Eingabe und der dazu notwendigen Bearbeitung von geometrischen Objekten gehört die visuelle Darstellung des entworfenen Teils zu den Aufgaben eines CAD-Systems. Besonders in der Architektur ist es von großem Interesse, Bilder von diversen Außen- und Innenansichten eines in Planung befindlichen Gebäudes innerhalb seiner zukünftigen Umgebung betrachten, und es in virtueller Weise bewandern zu können ('virtual reality'), wobei der Benutzer je nach Leistungsfähigkeit des verwendeten Rechners einen mehr oder weniger realistischen Eindruck empfängt.

Diese Anwendung führt zu einem weiteren wesentlichen Punkt im Zusammenhang mit rechnergestützter Konstruktion: der möglichst direkten Weiterverwendung der im Rechner abgelegten Entwurfsdaten für andere Zwecke. Als Beispiele können hier der Entwurf von Mechanismen im Maschinenbau dienen, deren Bewegung verfolgt werden kann, oder das Weiterleiten der Konstruktionszeichnung zur automatisierten Fertigung ('computer-integrated manufacturing').

[1] Farin, G.: Curves and Surfaces for Computer Aided Geometric Design. Academic Press San Diego, 4th ed. 1997.

[2] Hoschek, J., Lasser, D.: Grundlagen der geometrischen Datenverarbeitung. Teubner-Verlag Stuttgart, 2. Auflage 1992.

Graphentheorie

H. J. Prömel

Die Graphentheorie als eigenständiges Forschungsgebiet ist noch recht jung, obwohl einige ihrer Wurzeln mehr als zweihundertfünfzig Jahre zurückreichen, vgl. hierzu auch ↑ Wurzeln der Graphentheorie. Mitte des neunzehnten Jahrhunderts bekam sie einen starken Impuls aus den sich zu jener Zeit schnell entwickelnden Naturwissenschaften. So enthalten Kirchhoffs Arbeit über elektrische Netzwerke 1847 und Cayleys Anzahluntersuchungen von chemischen Verbindungen in den 70er und 80er Jahren des neunzehnten Jahrhunderts grundlegende Resultate der Graphentheorie. James Joseph Sylvester benutzte 1878 in seiner Arbeit *Chemistry and Algebra* erstmalig das Wort „Graph" als Abkürzung für graphische Darstellungen, wie sie in der Chemie benutzt werden. Eine erste Monographie über die Anfänge der *Theorie der endlichen und unendlichen Graphen* hat der ungarische Mathematiker Dénes König (1884–1944) Mitte der dreißiger Jahre des zwanzigsten Jahrhunderts geschrieben, fast genau zweihundert Jahre nach Leonard Eulers *Solutio problematis ad geometriam situs pertinentis* (1736), einer der ersten graphentheoretischen Arbeit überhaupt, in der der Mathematiker, Physiker und Astronom Euler das Königsberger Brückenproblem studiert und löst. Heute spielt die Graphentheorie, eingebettet in die diskrete Mathematik, eine herausragende Rolle und ist eines der am schnellsten wachsenden Teilgebiete der Mathematik. Wesentlichen Anteil an der rasanten Entwicklung der Graphentheorie in der zweiten Hälfte des zwanzigsten Jahrhunderts hatte das Bestreben nach einer diskreten Modellierung unserer Welt und der Möglichkeit der Optimierung durch Einzug des Computers. In erster Linie sind hier Probleme aus der Informatik und der diskreten Optimierung zu nennen, die sich als graphentheoretische Probleme formulieren und mit graphentheoretischen Methoden lösen lassen. Aber auch in den Ingenieur- und Sozialwissenschaften hat sich die Graphentheorie zu einem unverzichtbaren Handwerkszeug entwickelt.

Grundlegende Begriffe und Fragestellungen. Ein Graph G ist ein Paar (V, E), wobei V die Menge der Knoten (engl. vertices) des Graphen ist und $E \subseteq [V]^2$, eine Teilmenge der zweielementigen Teilmengen von E, die Menge der Kanten (engl. edges) von G ist. Ein Teil des Reizes, den die Graphentheorie ausübt, liegt in der einfachen Visualisierung der zu untersuchenden Objekte. Der Kantengraph des Dodekaeders, einer der Platonischen Graphen, ist in Abbildung 1 dargestellt. Die Knoten sind dabei durch Punkte in der Ebene repräsentiert und je zwei Knoten, die eine Kante bilden, durch eine Linie verbunden.

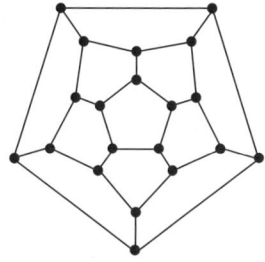

Abbildung 1: Das Dodekaeder

Eulersche Graphen, Hamiltonkreise und das Travelling Salesman Problem. In der Stadt Königsberg führten Mitte des siebzehnten Jahrhunderts sieben Brücken über den Pregel, der dort, wie die Abbildung 2 zeigt, den Kneiphof umschließt.

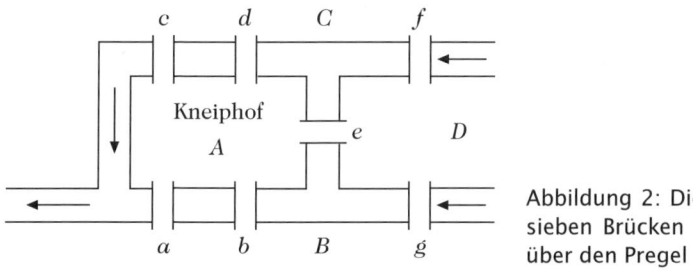

Abbildung 2: Die sieben Brücken über den Pregel

Die Frage, die über den damaligen Bürgermeister der Stadt Danzig, Carl Leonhard Gottlieb Ehler, an Euler herangetragen wurde, war die, ob es einen Rundgang durch Königsberg gäbe, der jede der Brücken genau einmal benutzt. Die Antwort auf diese Frage erachtete Euler als wichtig genug, um ihr 1736 die oben erwähnte dreizehnseitige Abhandlung zu widmen. Repräsentiert man die Brücken durch Kanten in einem Graphen, so erhält man eine Darstellung des Problems durch einen

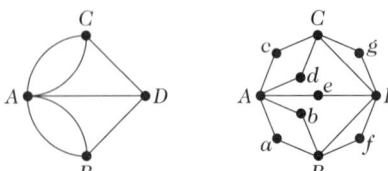

Abbildung 3: Das Königsberger Brückenproblem

Graphen (Abbildung 3), wobei es sich bei der einfachen Repräsentation links um einen sogenannten Multigraphen (zwei Knoten können mehr als eine Kante bilden) handelt. Euler zeigte, daß es keinen Rundgang der gewünschten Art geben kann, da die Graphen in Abbildung 3 jeweils Knoten ungeraden Grades besitzen, das heißt Knoten, deren Anzahl Nachbarn ungerade ist. Mehr noch, Euler behauptete, daß ein Graph genau dann einen geschlossenen Weg besitzt, der jede Kante genau einmal durchläuft, heute sagt man, daß er Eulersch ist, wenn jeder Knoten des Graphen geraden Grad besitzt. Eulers Intuition erwies sich als richtig, auch wenn ein vollständiger Beweis dieser Aussage erstmals von Carl Fridolin Bernhard Hierholzer 1873 gegeben wurde.

Aus heutiger Sicht und für vielfältige Anwendungen ist von besonderem Interesse, daß die Eigenschaft eines Graphen, Eulersch zu sein, algorithmisch einfach zu handhaben ist. Aus dem Beweis von Hierholzer ergibt sich ein linearer Algorithmus, das heißt ein Verfahren, dessen Laufzeit durch eine lineare Funktion in der Länge der Eingabe des Problems beschränkt ist und das entscheidet, ob ein gegebener Graph Eulersch ist. Wenn dies der Fall ist, findet der Algorithmus zudem einen Eulerkreis, also einen geschlossenen Weg durch den Graphen, der jede Kante genau einmal durchläuft. Damit ist die Eigenschaft, Eulersch zu sein, eine algorithmisch schnell zu testende Grapheneigenschaft.

Scheinbar eng mit dem Problem, einen geschlossenen Weg durch einen Graphen zu finden, der jede Kante genau einmal durchläuft, ist das Problem, einen geschlossenen Weg zu finden, der jeden *Knoten* genau einmal durchläuft. Ein solcher Kreis in einem Graphen heißt nach dem irischen Mathematiker Sir William Rowan Hamilton (1805–1865) ein Hamiltonkreis. Hamilton „erfand" 1857 ein Spiel, welches unter anderem das Auffinden eines Hamiltonkreises in dem Kantengraphen des Dodekaeders (siehe Abb. 1) verlangt. Während es in diesem Beispiel noch einfach ist, einen Hamiltonkreis zu finden, und dem Spiel, das

Hamilton für 25 Pfund an einen Spielehändler verkaufte, deshalb kein großer Erfolg beschieden war, erweist es sich im allgemeinen als schwer zu entscheiden, ob ein gegebener Graph einen Hamiltonkreis enthält. Die vollständige Enumeration aller möglichen Knotenfolgen mit dem anschließenden Test, ob eine Knotenfolge einen Hamiltonkreis bildet, ist bis heute – cum grano salis – die schnellste Strategie zu entscheiden, ob ein gegebener Graph einen Hamiltonkreis besitzt. Richard Karp bewies zudem 1972, daß dieses Problem zu der Klasse der *NP*-vollständigen Probleme gehört. Für kein Problem in dieser viele tausend Probleme umfassenden Klasse ist bis heute ein polynomialer Lösungsalgorithmus bekannt, und würde man für nur eins dieser Probleme einen solchen finden, hätte man bereits gezeigt, daß es für jedes Problem in der Klasse einen polynomialen Algorithmus gibt. Im Gegensatz zum Eulerkreisproblem ist das Hamiltonkreisproblem also ein algorithmisch schwer zu lösendes Problem. Eine entsprechend wichtige Rolle spielt in der Graphentheorie das Auffinden hinreichender Kriterien für die Existenz von Hamiltonkreisen in Graphen.

Einer breiteren Öffentlichkeit bekannt geworden ist das Hamiltonkreisproblem durch seine Optimierungsvariante, dem Problem des Handlungsreisenden oder *Travelling Salesman Problem*, das erstmals von Karl Menger (1902–1985) in einem Vortrag 1930 als „Botenproblem" formuliert wurde: Ein Handlungsreisender möchte n Städte besuchen und wieder an seinen Ausgangspunkt zurückkehren. Eine Fahrt zwischen den Städten i und j verursacht Kosten in Höhe von c_{ij} Einheiten. Der Handlungsreisende ist bemüht, eine Rundreise zu finden, die seine Reisekosten minimiert. In die Sprache der Graphentheorie übertragen liest sich das Problem wie folgt: Gegeben sei ein vollständiger Graph auf n Knoten, der mit K_n bezeichnet wird, mit zusätzlichen Gewichten oder Längen auf den Kanten. Gesucht wird ein kürzester Hamiltonkreis in diesem Graphen. Dieses Problem, von dem sich leicht zeigen läßt, das es mindestens so schwer ist wie das Problem, einen Hamiltonkreis in einem gegebenen Graphen zu finden (solche Probleme heißen *NP*-schwer), hat in den vergangenen Jahren eine große Aufmerksamkeit erfahren. Neben seiner Anwendungsrelevanz ist das Travelling Salesman Problem ein wichtiges Testproblem für die Qualität (nicht-polynomialer) Optimierungsalgorithmen geworden. Inzwischen ist man in der Lage, mit Hilfe intelligenter Enumerationsverfahren und schneller Computer das Travelling Salesman Problem für Graphen mit mehr als 10.000 Knoten optimal zu lösen. Eine Alternative dazu, die beste Lösung finden zu wollen, besteht darin, eine „gute" Lösung zu akzeptieren, die schnell (was hier in polynomialer Zeit heißen soll) gefunden werden kann. Sanjeev Arora zeigte 1996, daß sich die optimale Lösung eines euklidischen Travelling Salesman Problems (das heißt der zugrunde liegende Graph hat geographische Kantenlängen), die zu finden auch schon NP-schwer ist, in polynomialer Zeit beliebig genau approximieren läßt. Mit anderen Worten, zu jedem $\varepsilon > 0$ gibt es einen polynomialen Algorithmus, der zu einem gegebenen euklidischen Travelling Salesman Problems eine Rundreise findet, deren Länge höchstens um einen Faktor $(1 + \varepsilon)$ länger ist, als die (nicht bekannte!) Länge einer kürzesten Rundreise. Nicos Christofides zeigte 1976, daß sich die optimale Lösung des Travelling Salesman Problems in einem Graphen, dessen Kantenlängen der Dreiecksungleichung genügen, zumindest bis auf den Faktor 3/2 in polynomialer Zeit approximieren läßt. Für das allgemeine Travelling Salesman Problem ist das beweisbar unmöglich, es sei denn, alle NP-vollständigen Probleme lassen sich in polynomialer Zeit lösen.

Planarität, Einbettungen und Minoren. Ein Graph heißt *planar*, falls er so in die Ebene (oder auf eine Kugel) gezeichnet werden kann, daß sich verschiedene Kanten nicht kreuzen, das heißt, nur in Knoten berühren. Der Dodekaeder-Graph ist, wie Abbildung 1 zeigt, planar. Ein planarer Graph $G = (V, E, R)$ zusammen mit einer planaren Repräsentation in die Ebene heißt *ebener* Graph. R bezeichnet dabei die Gebiete (engl. regions) von G in der gegebenen Einbettung. Euler bewies 1752 die nach ihm benannte Polyederformel: Für jeden ebenen Graphen gilt $|V| - |E| + |R| = 2$. Allgemeiner gilt für jede orientierbare 2-dimensionale geschlossene Fläche S (diese Flächen sind bis auf Homöomorphie gerade die Kugeln mit h Henkeln für $h \geq 0$) und für jeden Graphen $G = (V, E)$, der sich in S, aber nicht in eine Fläche kreuzungsfrei einbetten läßt, die homöomorph zu einer Kugel mit weniger Henkeln ist als S, daß $|V| - |E| + |R| = e(S)$, wobei $e(S)$ die *Euler-Charakteristik* von S ist. Es läßt sich zeigen, daß $e(S) = 2 - 2h$, wenn S homöomorph zur Kugel mit h Henkeln ist. Es ist eine beliebte unterhaltungsmathematische Aufgabe nachzuweisen, daß der K_5 und der $K_{3,3}$ (siehe Abb. 4) keine kreuzungsfreie Einbettung in die Ebene besitzen.

Aus der Eulerschen Polyederformel läßt sich unmittelbar ein formaler Beweis für diesen Sachverhalt ableiten. Fügt man zusätzliche Knoten auf den Kanten des K_5 oder des $K_{3,3}$ ein, so ist der resultierende Graph eine *Unterteilung* des K_5 oder des $K_{3,3}$. Kazimierz Kuratowski (1896–1980)

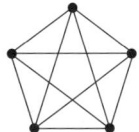 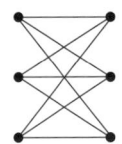

Abbildung 4: Der K_5 und der $K_{3,3}$

verband Topologie und Graphentheorie, indem er 1930 bewies, daß ein Graph G genau dann planar ist, wenn er keine Unterteilung des K_5 oder des $K_{3,3}$ als Subgraphen enthält. Klaus Wagner (1910–2000) zeigte 1937, daß eine analoge Charakterisierung auch gilt, verwendet man den Begriff des Minoren anstatt des (restriktiveren) Begriffs des topologischen Subgraphen. Ein Graph G enthält einen Graphen H als *Minor*, wenn man H aus G durch sukzessives Kontrahieren und Weglassen von Kanten erhalten kann.

Welche Graphen lassen sich in einen Torus (homöomorph zur Kugel mit einem Henkel) und welche in eine Brezelfläche (homöomorph zur Kugel mit zwei Henkeln) einbetten? Eines der bedeutendsten Ergebnisse der letzten beiden Dekaden des zwanzigsten Jahrhunderts in der Graphentheorie ist ein Analogon zum Satz von Wagner für Flächen mit kleinerer Euler-Charakteristik als der Ebene. Neil Robertson und Paul D. Seymour zeigten in mehreren Arbeiten zwischen 1986 und 1996, daß es zu jeder Fläche S eine endliche Familie $F(S)$ von Graphen gibt, so daß ein Graph G genau dann kreuzungsfrei in S einbettbar ist, wenn er keinen Graphen aus $F(S)$ als Minor enthält. Explizit sind die verbotenen Minoren jedoch bisher für keine orientierbare Fläche außer der Ebene bekannt. Das Problem zu entscheiden, ob ein gegebener Graph planar ist, und ihn in die Ebene einzubetten, wenn dies der Fall ist, ist, wie das Problem, einen Eulerkreis zu finden, ein algorithmisch einfaches Problem. Allgemeiner gilt sogar, daß es zu jeder Fläche S einen linearen Algorithmus gibt, der entscheidet, ob sich ein gegebener Graph kreuzungsfrei in S einbetten läßt, und gegebenenfalls eine solche Einbettung findet.

Die chromatische Zahl, der Vierfarbensatz und Hadwigers Vermutung. Ein sehr populäres Problem der Graphentheorie war das Vierfarbenproblem, das Francis Guthrie 1852 seinem Bruder Frederick, zu der Zeit Student der Mathematik in Cambridge, stellte: Stimmt es, daß die Länder jeder Landkarte stets mit höchstens vier Farben gefärbt werden können, wenn man fordert, daß aneinander grenzende Länder verschiedene Farben erhalten müssen? Allgemeiner bezeichnet man mit $\chi(G)$ die kleinste Zahl von Farben, die benötigt werden, um die Knoten des Graphen G so zu färben, daß je zwei, die eine Kante bilden, verschieden gefärbt sind. $\chi(G)$ heißt die *chromatische Zahl* von G. Offensichtlich gilt $\chi(K_4) = 4, \chi(K_5) = 5$ und $\chi(K_{3,3}) = 2$. In der Sprache der modernen Graphentheorie liest sich nun die Frage von Francis Guthrie wie folgt: Stimmt es, daß $\chi(G) \leq 4$ für jeden planaren Graphen G gilt? Alfred Bray Kempe (1849–1922) kündigte 1879 in dem Journal *Nature* eine Lösung des Problems an und publizierte noch im selben Jahr einen vermeintlichen Beweis des Vierfarbensatzes. Kempes Lösung wurde seinerzeit mit großer Euphorie aufgenommen und er selbst zum Fellow der Royal Society gewählt. 11 Jahre später, 1890, fand Percy John Heawood (1861–1955) einen Fehler in Kempes Beweis und korrigierte Kempes Ergebnis zu einem Fünffarbensatz. Heawood zeigte zudem eine obere Schranke für die chromatische Zahl von Graphen G, die sich in eine orientierbare geschlossene Fläche S der Euler-Charakteristik $e = e(S) \leq 1$ einbetten lassen:

$$\chi(G) \leq \left\lfloor \frac{7 + \sqrt{49 - 24e}}{2} \right\rfloor =: h(e) \ .$$

Die Euler-Charakteristik der Ebene, für die Heawoods Beweis nicht gilt, ist 2. Man beachte, daß in diesem Fall $\chi(G) \leq 4$ resultieren würde. Wie gut ist nun die obere Schranke für die chromatische Zahl, die durch die Heawood-Ungleichung gegeben wird? Heawood selbst glaubte bewiesen zu haben, daß es zu jeder orientierbaren geschlossenen Fläche S mit Euler-Charakteristik ≤ 1 auch einen Graphen G gibt, der sich in S einbetten läßt, und für dessen chromatische Zahl $\chi(G) = h(e)$ gilt. Doch Heawoods Beweis war unvollständig und es dauerte noch mehr als 75 Jahre, bevor Gerhard Ringel und J. W. T. Youngs einen vollständigen Beweis dieser als die Heawood-Vermutung bekannt gewordenen Frage geben konnten.

Der Vierfarbensatz wurde 1977 von Kenneth Appel und Wolfgang Haken endgültig bewiesen. Der Beweis beruht auf Ideen, die in rudimentärer Form bereits in Kempes Beweis enthalten sind, und die Mitte des zwanzigsten Jahrhunderts von Heinrich Heesch maßgeblich weiterentwickelt wurden. Appel und Haken zeigten, daß jeder ebene triangulierte Graph mindestens eine von fast 1500 sogenannten „unvermeidbaren Konfigurationen" enthalten muß. In einem zweiten Schritt wiesen sie dann mit Hilfe eines Computers nach, daß jeder Graph, der eine dieser Konfigurationen enthält, reduzierbar ist, das heißt, eine Vierfärbung des Graphen kann aus der Vierfärbung eines kleineren Graphen hergeleitet werden.

Es ist bekannt, daß es Graphen gibt, die nicht einmal einen K_3, ein Dreieck, als Subgraphen enthalten, jedoch eine beliebig große chromatische Zahl ℓ haben. Eine sehr tiefliegende Vermutung von Hugo Hadwiger, die dieser 1943 aufstellte, besagt, daß jeder Graph G mit $\chi(G) = \ell$ einen K_ℓ als Minor enthält. Für $\ell = 3$ und $\ell = 4$ ist die Vermutung schon seit langem als richtig bekannt, für $\ell = 5$ und $\ell = 6$ ist sie äquivalent zum Vierfarbensatz. Für $\ell \geq 7$ konnte sie bisher weder bewiesen noch widerlegt werden. Da man zeigen kann, daß allgemein der Fall ℓ der Vermutung aus dem Fall $\ell + 1$ folgt, würde ein Beweis der Hadwiger-Vermutung den Vierfarbensatz in einen allgemeineren Zusammenhang einordnen.

Die chromatische Zahl eines Graphen ist wie die Eigenschaft, ob ein gegebener Graph einen Hamilton-Kreis enthält, sehr schwer zu entscheiden. Schon die Frage, ob ein gegebener planarer Graph (von dem wir wissen, daß seine chromatische Zahl höchstens vier ist) die chromatische Zahl drei hat, ist NP-vollständig, das heißt, es ist derzeit kein polynomialer Algorithmus bekannt, der diese Frage beantwortet. Mehr noch, schon die Existenz eines polynomialen Algorithmus, der für ein festes $\varepsilon > 0$ entscheidet, ob die chromatische Zahl eines gegebenen Graphen G auf n Knoten kleiner oder gleich k ist, wobei

$$k \leq \chi(G) \cdot n^{1/7-\varepsilon}$$

ist, impliziert die Existenz eines polynomialen Algorithmus, der die chromatische Zahl von G bestimmt. Unter der Annahme $P \neq NP$ besagt dieses Resultat, daß sich die chromatische Zahl eines Graphen nicht nur nicht in polynomialer Zeit bestimmen läßt, sondern auch, daß eine vernünftige Approximation dieses wichtigen Parameters in polynomialer Zeit nicht möglich ist.

Extremale Graphen, der Satz von Ramsey und Szemerédis Lemma. Eine grundlegende Frage der extremalen Graphentheorie ist die nach der maximalen Anzahl von Kanten, die ein Graph auf n Knoten haben kann, so daß er eine gegebene Eigenschaft noch besitzt. Aus der Eulerschen Polyederformel folgt beispielsweise unmittelbar, daß die maximale Anzahl von Kanten, die ein planarer Graph auf n Knoten haben kann, $3n - 6$

ist. Von zentraler Bedeutung ist insbesondere das Problem, zu einem gegebenen Graphen H die maximale Anzahl $ex(n, H)$ von Kanten zu bestimmen, die ein Graph auf n Knoten höchstens haben kann, wenn er keine Kopie von H als Subgraphen enthält. W. Mantel zeigte bereits 1907, daß $ex(n, K_3) = \lfloor n^2/4 \rfloor$. Der ungarische Mathematiker Paul Turán studierte als erster die Funktion $ex(n, K_r)$ für allgemeines r. Er zeigte 1941, daß

$$ex(n, K_r) = \left(1 - \frac{1}{r-1} \right) n^2 + o(n^2).$$

Eine tiefliegende Verallgemeinerung des Satzes von Turán bewiesen Paul Erdős und Arthur Harold Stone 1946. Es bezeichne $K_r(m)$ den Graphen auf $r \cdot m$ Knoten, dessen Knotenmenge so in r gleich große Teile zerfällt, daß keine Kante in einem der Teile verläuft, jedoch jedes Knotenpaar mit Knoten aus verschiedenen Teilen eine Kante bildet. Also ist insbesondere $K_r(1) = K_r$. Erdős und Stone bewiesen nun, daß jeder Graph auf n Knoten für hinreichend großes n, der für beliebig kleines $\varepsilon > 0$ (das von n unabhängig ist) nur $\varepsilon \cdot n^2$ mehr als $ex(n, K_r)$ Kanten enthält, nicht nur einen K_r, sondern sogar bereits einen $K_r(m)$ (wobei $m = c \log n$ für eine absolute Konstante c gewählt werden kann) als Subgraphen enthält. Dieser Satz wird als der Fundamentalsatz der extremalen Graphentheorie bezeichnet. Eine unmittelbare Konsequenz daraus ist der folgende Zusammenhang zwischen $ex(n, H)$, für einen beliebigen Graphen H, und der chromatischen Zahl von H :

$$\lim_{n \to \infty} ex(n, H) \left(\begin{array}{c} n \\ 2 \end{array} \right)^{-1} = \frac{\chi(H) - 2}{\chi(H) - 1} .$$

Eine weitere Frage von großer Relevanz in der extremalen Graphentheorie ist, wie viele Graphen $f(n, H)$ es (asymptotisch) auf n Knoten gibt, die keine Kopie von H als Subgraphen enthalten. Kolaitis, Prömel und Rothschild gelang es 1986, eine Formel anzugeben, die $f(n, K_r)$ asymptotisch bestimmt. Für beliebiges H mit $\chi(H) \geq 3$ zeigten Erdős, Frankl und Rödl (1986), daß

$$f(n, H) = 2^{(1+o(1))ex(n,H)},$$

das heißt, sie konnten zumindest eine asymptotische Formel für $\log_2 f(n, H)$ beweisen. Eine Asymptotik für $f(n, H)$ (falls $H \neq K_r$) ist im allgemeinen nicht bekannt. Falls H ein Graph mit $\chi(H) = 2$ ist, konnte selbst eine asymptotische Formel für $\log_2 f(n, H)$ bisher nicht gezeigt werden.

Es ist eine einfache Beobachtung, daß, wenn auf einer Party sechs Leute zusammenstehen, sich entweder mindestens drei von ihnen paarweise kennen oder sich mindestens drei von ihnen sich paarweise nicht kennen. 1928 bewies Frank Plumpton Ramsey (1903–1930) in seiner Arbeit *On a problem of formal logic* einen Hilfssatz, der die obige offensichtliche Beobachtung stark verallgemeinert. Ramsey zeigte, daß es zu jeder natürlichen Zahl s eine kleinste natürliche Zahl $n = R(s)$ gibt, so daß es zu jeder Färbung der Kanten des K_n mit 2 Farben, sagen wir mit rot und blau, entweder einen roten K_s-Subgraphen, das heißt, einen K_s-Subgraphen, dessen Kanten alle rot sind, oder einen blauen K_s-Subgraphen des K_n gibt. Wie groß ist nun diese Ramseyfunktion $R(s)$? Erdős und Szekeres bewiesen bereits 1935, daß $R(s) \leq 4^s/\sqrt{s}$. Diese Schranke wurde in den folgenden Jahren zwar mehrmals leicht verbessert, jedoch blieb die Asymptotik im Logarithmus unverändert. Eine erste exponentielle untere Schranke für die Ramseyfunktion wurde von Erdős 1947 bewiesen. Er zeigte, daß $R(s) \geq 2^{s/2}$ für alle $s \geq 3$. Dieses Ergebnis ist besonders bemerkenswert, da es eines der ersten Resultate in der Graphentheorie war, das unter Zuhilfenahme des Zufalls erzielt wurde. Es löste eine stürmische Entwicklung aus, die letztlich zu einem eigenständigen Teilgebiet der Graphentheorie, der *Theorie zufälliger Graphen*, führte. Bis heute ist trotz heftigen Bemühens kein konstruktiver Beweis einer exponentiellen unteren Schranke für $R(s)$ bekannt, und auch elaborierte probabilistische Beweismethoden lieferten nur marginale Verbesserungen der Schranke von Erdős. Noch immer ist

$$\sqrt{2} < \liminf R(s)^{1/s} \leq \limsup R(s)^{1/s} < 4$$

der Stand des Wissens, und selbst die Existenz von $\lim R(s)^{1/s}$ konnte bisher nicht gezeigt werden. Wie das Partybeispiel zeigt, ist $R(3) = 6$. Wir wissen, daß $R(4) = 18$ und $43 \leq R(5) \leq 49$. Paul Erdős, der die extremale Graphentheorie wie kein anderer geprägt hat, schreibt zur Schwierigkeit, diese Zahlen exakt zu bestimmen: „Wenn ein außerirdisches Wesen einmal von den Menschen verlangen würde ‚Entweder ihr sagt mir den Wert von $R(5)$ oder ich vernichte die menschliche Rasse' dann wäre es vermutlich die beste Strategie, alle Computer und alle Wissenschaftler dieser Welt an diesem Problem arbeiten zu lassen. Wenn dieses außerirdische Wesen statt nach $R(5)$ nach $R(6)$ fragen würden, wäre es vermutlich die beste Strategie zu versuchen, es zu zerstören bevor es uns zerstört". Aus Ramseys Hilfssatz, den er Ende der zwanziger Jahre bewies, um die Vollständigkeit eines Modells der Logik erster Stufe nachzuweisen, entwickelte sich die *Ramsey Theorie*, ein Zweig der Kombinatorik, der weit über die Graphentheorie hinaus reicht.

[1] Aigner, M.: Graphentheorie – Eine Entwicklung aus dem 4-Farben Problem. B. G. Teubner Stuttgart, 1984.

[2] Bollobás, B.: Modern Graph Theory. Springer-Verlag New York, 1998.

[3] Bollobás, B.: Extremal Graph Theory. Academic Press London, 1978.

[4] Chartand, G.; Lesniak, L.: Graphs and Digraphs. Chapman and Hall London, 1996.

[5] Diestel, R.: Graphentheorie. Springer-Verlag Berlin Heidelberg New York, 1996.

[6] Jungnickel, D.: Graphen, Netzwerke und Algorithmen. BI-Wissenschafts-verlag Mannheim, 1994.

[7] König, D.: Theorie der endlichen und unendlichen Graphen – Mit einer Abhandlung von L. Euler. BSB B. G. Teubner Verlagsgesellschaft Leipzig, 1986.

[8] Volkmann, L.: Fundamente der Graphentheorie. Springer-Verlag Wien New York, 1996.

Komplexitätstheorie

I. Wegener

Die Komplexitätstheorie ist die Theorie zur Bestimmung der Ressourcen, die zur Lösung eines Problems notwendig sind. Die Komplexitätstheorie und die Theorie effizienter Algorithmen bilden die beiden Seiten einer Medaille. Ein algorithmisches Problem kann als gelöst gelten, wenn ein Algorithmus bekannt ist, der nicht wesentlich mehr Ressourcen verbraucht, als zur Lösung des Problems als notwendig nachgewiesen worden sind. Der Nachweis unterer Schranken für die zur Lösung eines Problems benötigten Ressourcen erweist sich als sehr schwierig, da für *alle* Algorithmen, die das Problem lösen, nachgewiesen werden muß, daß sie nicht mit weniger Ressourcen auskommen. Nur für recht einfache Situationen ist der Nachweis guter unterer Schranken gelungen. Ansonsten wird die Komplexität eines Problems relativ zu anderen Problemen gemessen. Die Hypothese, daß ein Problem nicht effizient, z. B. in polynomieller Zeit, lösbar ist, kann untermauert werden, indem aus der gegenteiligen Annahme Folgerungen abgeleitet werden, die im Widerspruch zu gut etablierten Hypothesen stehen.

Das wichtigste Teilgebiet der Komplexitätstheorie, das gleichzeitig den größten Einfluß auf die Entwicklung von Informatik und Mathematik hatte, ist die Theorie der NP-Vollständigkeit. Die Klasse der NP-vollständigen und darüber hinaus der gleichzeitig NP-leichten und NP-schweren Probleme enthält Probleme, die entweder alle in polynomieller oder alle nicht in polynomieller Zeit lösbar sind, d. h. entweder ist NP=P oder NP≠P. Die Hypothese NP≠P ist sehr gut begründet, da aus NP=P recht absurde, aber noch keine widerlegten Konsequenzen abgeleitet werden können. Die NP-Vollständigkeit eines Problems ist heutzutage für typische algorithmische Probleme das stärkste erreichbare Indiz dafür, daß sie nicht in polynomieller Zeit lösbar sind. Die Theorie der NP-Vollständigkeit bezieht sich auf die Möglichkeit oder Unmöglichkeit von Algorithmen mit polynomieller Rechenzeit. Für andere Ressourcentypen oder -grenzen wurden ähnliche Theorien entwickelt, z. B. für den nötigen Speicherplatzbedarf. Der Möglichkeit von Algorithmen, die eine pseudo-polynomielle Rechenzeit haben, also für Eingaben mit kleinen Zahlen effizient sind, steht der Begriff streng NP-vollständiges Problem gegenüber.

Bei einem Optimierungsproblem, das NP-schwer ist, gibt es aus algorithmischer Sicht den Ausweg, nur fast optimale Lösungen zu berechnen. Ein neuerer Meilenstein der Komplexitätstheorie besteht in der Entwicklung der PCP-Theorie, mit der unter der Annahme NP≠P (oder stärkerer Annahmen) für viele Optimierungsprobleme ausgeschlossen werden kann, daß es für sie polynomielle Algorithmen gibt, die fast optimale oder auch nur gute Lösungen garantieren.

Die Komplexitätstheorie hat auf alle Entwicklungen von neuen Algorithmentypen reagiert. Zu den verschiedenen Typen randomisierter Algorithmen gehören die Komplexitätsklassen ZPP, RP, BPP und PP. Auch für die von Parallelrechnern benötigten Ressourcen gibt es einen Zweig der Komplexitätstheorie.

Algorithmen modellieren Softwarelösungen und sollen Probleme für Eingaben beliebiger Länge lösen. Bei Hardwareproblemen ist die Eingabelänge vorgegeben, und jede Boolesche Funktion ist berechenbar. Hierzu gehört die Komplexitätstheorie für nicht-uniforme Berechnungsmodelle wie Schaltkreise oder Branchingprogramme.

Für alle betrachteten Situationen konnten mit der Komplexitätstheorie fundierte Hypothesen gebildet werden, mit denen Probleme als schwer, d. h. nicht effizient berechenbar klassifiziert werden können. Derartige negative Resultate geben bei der Entwicklung von Algorithmen Hinweise, welche Algorithmentypen zur Problemlösung ungeeignet oder geeignet sind.

Die Komplexität eines Problems ist jedoch nicht nur ein für die algorithmische Lösung wichtiges Merkmal, sondern auch ein darüber hinaus reichendes Strukturmerkmal. Der strukturelle Zweig der Komplexitätstheorie untersucht Beziehungen zwischen verschiedenen Komplexitätsklassen und den Abschluß von Komplexitätsklassen gegenüber Operationen auf den in ihnen enthaltenen Problemen. Zentrale Aspekte wie der Nichtdeterminismus werden auf allgemeine Weise untersucht. Die Klasse algorithmisch schwieriger Probleme wird noch weiter strukturiert, z. B. kann durch Einordnung eines Problems in die polynomielle Hierarchie der Schwierigkeitsgrad stärker spezifiziert werden. Ein Problem kann auch dann als besonders komplex gelten, wenn es als Orakel, also als beliebig benutzbares Modul, besonders viele andere schwierige Probleme einfach lösbar macht.

Die Ziele der Komplexitätstheorie liegen also einerseits in der Klassifikation von Problemen bzgl. der nötigen Ressourcen verschiedenen Typs zu ihrer Lösung, und andererseits in der Untersuchung der strukturellen Merkmale des Begriffs Komplexität. Die größte Herausforderung besteht darin, die NP$\neq$P-Hypothese zu beweisen.

[1] Garey, M.R.; Johnson, D.S.: Computers and Intractability – A Guide to the Theory of NP-Completeness. W.H. Freemen, San Francisco, 1979.

[2] Reischuk, K.R.: Einführung in die Komplexitätstheorie. Teubner-Verlag Stuttgart, 1990.

[3] Wegener, I.: Theoretische Informatik – eine algorithmenorientierte Einführung. Teubner-Verlag Stuttgart, 1993.

Neuronale Netze

B. Lenze

Im Rahmen der Theorie und Anwendung (künstlicher oder formaler) neuronaler Netze wird versucht, einige wesentliche Mechanismen realer neuronaler Strukturen so zu formalisieren, daß die entstehenden Paradigmen in verschiedenen Gebieten einsetzbar sind und zu neuen Einsichten oder Techniken führen (exemplarisch seien genannt: Biologie, Physik, Informatik, Mathematik). Aus der speziellen Sicht der Mathematik kann man den Begriff des neuronalen Netzes am besten über die Graphentheorie einführen, zumindest was die primäre Topologie des Netzes betrifft:

Es sei $G := (X, H, \gamma)$ ein schlichter gerichteter Graph mit einer endlichen nichtleeren Eckenmenge X, einer endlichen Kantenmenge H mit $H \cap X = \emptyset$ und einer Inzidenzabbildung $\gamma : H \to X \times X$. Ferner möge für alle Ecken $v \in X$ mit $\delta^+(v)$ der Außen- oder Ausgangsgrad und mit $\delta^-(v)$ der Innen- oder Eingangsgrad von v bezeichnet sein. Definiert man nun die Mengen $\tilde{X} \subset X$ und $\tilde{H} \subset H$ als

$$\tilde{X} := X \setminus \{v \in X \mid \delta^+(v) \cdot \delta^-(v) = 0\},$$

$$\tilde{H} := H \setminus \{h \in H \mid \gamma(h) \in (X \setminus \tilde{X}) \times (X \setminus \tilde{X})\},$$

und ist $\tilde{X}$ nichtleer, dann nennt man N,

$$N := (X, \tilde{X}, H, \tilde{H}, \gamma),$$

(formales) neuronales Netz.

Ferner sind folgende Bezeichnungen üblich:
- *Alle Elemente $v \in \tilde{X}$ heißen Knoten von N.*
- *Alle Elemente $h \in \tilde{H}$ heißen Vektoren von N.*
- *Alle Knoten $v \in \tilde{X}$, für die ein $w \in X \setminus \tilde{X}$ und ein $h \in \tilde{H}$ existiert mit der Eigenschaft $\gamma(h) = (w, v)$, heißen Eingangsknoten von N. Der Vektor $h \in \tilde{H}$ wird dann Eingangsvektor von N genannt. Besitzt N keine Eingangsknoten und -vektoren, dann wird N eingangsloses neuronales Netz genannt.*
- *Alle Knoten $v \in \tilde{X}$, für die ein $w \in X \setminus \tilde{X}$ und ein $h \in \tilde{H}$ existiert mit der Eigenschaft $\gamma(h) = (v, w)$, heißen Ausgangsknoten von N. Der Vektor $h \in \tilde{H}$*

wird dann Ausgangsvektor von N genannt. Besitzt N keine Ausgangsknoten und -vektoren, dann wird N ausgangsloses neuronales Netz genannt.

● *Besitzt der N induzierende schlichte gerichtete Graph G keine geschlossenen gerichteten Pfade, dann nennt man N (neuronales) Feed-Forward-Netz oder vorwärtsgerichtetes oder vorwärtsgekoppeltes (neuronales) Netz. Ansonsten nennt man N (neuronales) Feed-Back-Netz oder rekursives oder rückgekoppeltes (neuronales) Netz.*

Einige erklärende Worte zur obigen Definition, wobei im folgenden keine ein- oder ausgangslosen neuronalen Netze betrachtet werden: Zunächst ist klar, daß die Knotenmenge $\tilde{X}$ und die Vektorenmenge $\tilde{H}$ durch verschiedene schlichte (d. h. schlingen- und mehrfachkantenfreie) gerichtete Graphen G erzeugbar ist. Im allgemeinen gibt es aber einen naheliegenden Graph mit einer minimalen Anzahl von Ecken und Kanten, der dann üblicherweise kanonisch als Erzeuger fixiert wird.

Die Knotenmenge $\tilde{X}$ besteht genau aus den Ecken des gerichteten Graphen G, die sowohl Anfangsecken als auch Endecken sind. Salopp gesprochen sind dies Ecken, die wegen der Schlingenfreiheit sowohl erreichbar sind, als auch wieder verlassen werden können. Alle Ecken $v \in X$, die nur Anfangsecken, nur Endecken oder sogar nur isolierte Ecken sind, werden entfernt. Schließlich werden auch noch alle Kanten entfernt, die reine Anfangsecken mit reinen Endecken verbinden und nach Entfernung dieser Ecken keinen Bezug mehr zu den verbleibenden Ecken bzw. Knoten in $\tilde{X}$ hätten. Dies führt zur Menge $\tilde{H}$. Es ist natürlich klar, daß alle Ecken aus $X \setminus \tilde{X}$ und alle Kanten aus $H \setminus \tilde{H}$ auch nicht mehr skizziert werden, wenn es darum geht, sich die Topologie eines neuronalen Netzes zu veranschaulichen. Diese spielen nämlich in Hinblick auf die noch zu definierende Dynamik neuronaler Netze auch absolut keine Rolle mehr. Lediglich die Knoten aus $\tilde{X}$ und die Vektoren aus $\tilde{H}$ sind relevant (vgl. Abbildung).

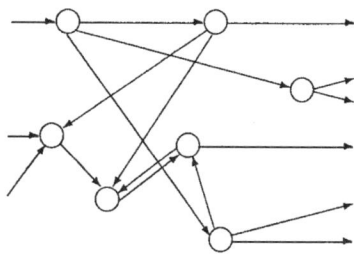

Struktur eines neuronalen Netzes

Im folgenden wird motiviert, warum man gewisse Ecken und Kanten entfernt, um zum Konzept formaler neuronaler Netze zu kommen. Dazu betrachtet man einen beliebigen Knoten v in einem neuronalen Netz N. Für ihn gilt

$$\delta^+(v) \cdot \delta^-(v) \neq 0,$$

d. h. auf ihm enden z. B. n Vektoren und beginnen m Vektoren. Denkt man sich nun über diese n eintreffenden Vektoren eine gewisse Information übergeben, so kann man sich vorstellen, daß der Knoten v diese Information in irgendeinem Sinne verarbeitet und über die m auf ihm beginnenden Vektoren die aufgearbeitete Information weitergibt. Genau dies ist aber die Wirkungsweise eines formalen Neurons, so daß es also wenig überrascht, daß man nun, um von der reinen Topologie eines neuronalen Netzes zu dessen Dynamik zu kommen, alle Knoten eines gegebenen Netzes N als – für jeden Knoten verschiedene – formale Neuronen mit Abbildungsvorschrift κ interpretiert. Spätestens an dieser Stelle wird nun auch klar, warum man den N induzierenden gerichteten Graph als schlicht vorausgesetzt hat: schlingenfrei, da ein formales Neuron nur (freie) Ein- und Ausgänge besitzt (direkte Rückkopplung muß im Neuron selbst implementiert werden oder über zusätzliche fanout neurons realisiert werden); mehrfachkantenfrei, da ein formales Neuron nur identische Ausgangssignale generiert und es deshalb wenig Sinn macht, ein nachgelagertes Neuron durch mehr als einen Vektor anzusteuern (sollte es dennoch einmal nötig sein, bedient man sich wieder zusätzlicher fanout neurons).

Konkret läßt sich die Funktionsweise eines solchen Netzes nun wie folgt beschreiben: Über die Eingangsvektoren von N erhalten zunächst die in den Eingangsknoten von N angesiedelten Neuronen (im folgenden auch Eingangsneuronen oder Eingabe-Neuronen genannt) gewisse Eingabewerte, die diskret oder kontinuierlich sein können. Diese verarbeiten die Information im Sinne formaler Neuronen und geben sie über die auf ihnen beginnenden Vektoren, die nun auch Verbindungen, Links oder (formale) Synapsen genannt werden, ins Netz weiter. Dabei ist es in vielen Fällen notwendig, die Knoten bzw. Neuronen des Netzes durchzunumerieren, um so festzulegen, in welcher Reihenfolge welche (Mengen von) Neuronen aktiv werden (Aspekt sequentiell/parallel).

Ferner ergänzt man i. allg. die Funktionalität der formalen Neuronen durch einen lokalen Speicher, in den das jeweilige Neuron ihm zugängliche Informationen ablegen kann und auf den es bei Bedarf gemäß einer gewissen Systematik zugreifen kann, um sein Ausgabeverhalten zu modifizieren. Man spricht in diesem Kontext (sequentielle/parallele Aktualisierung und lokaler Speicher) von Scheduling oder Signalfluß-kontrolle. Ist eine derartige Vorschrift gegeben, kann man über die Ausgangsknoten (bzw. Ausgangsneuronen oder Ausgabe-Neuronen) des Netzes (eventuell nach Verstreichen einer gewissen Zeit) die Reaktion des Netzes auf die primären Eingabewerte abgreifen. Berücksichtigt man all diese Randbedingungen, dann ist abbildungstheoretisch ein neuronales Netz N mit formalen Neuronen in den Knoten und vorgegebenem Scheduling nichts anderes als die spezielle Realisierung einer Funktion $\mathcal{N}$,

$$\mathcal{N} : \mathbb{R}^n \to \mathbb{R}^m,$$

im diskreten Fall, bzw.

$$\mathcal{N} : Abb(\mathbb{R}^k, \mathbb{R}^n) \to Abb(\mathbb{R}^k, \mathbb{R}^m),$$

im kontinuierlichen Fall, die dann wieder kurz und prägnant „das neuronale Netz" genannt wird. Dabei geht man davon aus, daß das Netz N genau n Eingangsvektoren und m Ausgangsvektoren besitzt und $\mathcal{N}$ in komplizierter Form von allen Parametern der einzelnen formalen Neuronen sowie dem vorgegebenen Scheduling abhängt.

Es sei mit Nachdruck darauf hingewiesen, daß in der Literatur begrifflich häufig nicht zwischen der Topologie eines neuronalen Netzes N und seiner endgültigen anwendbaren Realisierung im Sinne der Funktion $\mathcal{N}$ unterschieden wird: Beides wird neuronales Netz oder kurz Netz genannt, und aus dem jeweiligen Kontext ist i. allg. leicht zu entnehmen, in welchem Sinne der Begriff benutzt wird. Desweiteren ist es in vielen Fällen unmöglich, die Funktion $\mathcal{N}$ in lesbarer geschlossener Form darzustellen; in diesen Fällen entwickelt man die Wirkung des Netzes auf eine konkrete Eingabe Schritt für Schritt dem jeweiligen Scheduling folgend.

Ferner sei erwähnt, daß die oben skizzierte deterministische Dynamik im Kontext sogenannter probabilistischer neuronaler Netze durch stochastische Komponenten ergänzt oder vollständig ersetzt wird und dann natürlich auch in ein wahrscheinlichkeitstheoretisches Kalkül eingebettet werden muß.

Insgesamt beschreibt die bisher diskutierte Dynamik lediglich den sogenannten Ausführ-Modus eines neuronalen Netzes. Dieser ist natürlich erst dann sinnvoll einsetzbar, wenn das Netz zuvor in einem sogenannten Lern-Modus unter Anwendung einer Lernregel so konfiguriert wird, daß es in angemessener Weise auf gegebene Eingabewerte reagieren kann. Der Lern-Modus dient also der Einstellung der Parameter eines Netzes bzw. seiner formalen Neuronen in Abhängigkeit von einer gegebenen Problemstellung, wobei im Extremfall im Rahmen eines Lernprozesses sogar gestattet sein kann, daß die Topologie des primären Netzes verändert wird.

Grundsätzlich unterscheidet man zwischen überwachtem und unüberwachtem Lernen. Überwachtes Lernen liegt vor, wenn der Lernregel diskrete oder kontinuierliche Trainingswerte

$$(x^{(s)}, y^{(s)}) \in \mathbb{R}^n \times \mathbb{R}^m$$

bzw.

$$(x^{(s)}, y^{(s)}) \in Abb(\mathbb{R}^k, \mathbb{R}^n) \times Abb(\mathbb{R}^k, \mathbb{R}^m),$$

$1 \leq s \leq t$, mit konkreten Ein- und Ausgabewerten zur Verfügung stehen, und auf diese zur Korrektur und Justierung der Netzparameter zugegriffen werden kann. Im allgemeinen geht es beim überwachten Lernen dann darum, die die Netzfunktion $\mathcal{N}$ determinierenden Parameter (ggf. bis hin zur Netztopologie) so zu modifizieren, daß die Fehler $(y^{(s)} - \mathcal{N}(x^{(s)}))$, $1 \leq s \leq t$, im Sinne irgendeiner vorgegebenen Norm möglichst klein werden.

Im Unterschied dazu spricht man von unüberwachtem Lernen, wenn der Lernregel lediglich diskrete oder kontinuierliche Trainingswerte $x^{(s)} \in \mathbb{R}^n$ bzw. $x^{(s)} \in Abb(\mathbb{R}^k, \mathbb{R}^n)$, $1 \leq s \leq t$, für die Eingabe zur Verfügung stehen und ohne Kenntnis der zugehörigen korrekten Ausgabewerte eine Adaption der Netzparameter (ggf. bis hin zur Netztopologie) vorgenommen werden muß. Generelles Ziel beim unüberwachten Lernen ist es im allgemeinen, dafür zu sorgen, daß die Netzparameter so justiert werden, daß in irgendeinem Sinne ähnliche Eingabewerte auch zu ähnlichen oder sogar identischen Ausgaben des Netzes führen, d. h. $x \approx \tilde{x} \Rightarrow \mathcal{N}(x) \approx \mathcal{N}(\tilde{x})$ bzw. $x \approx \tilde{x} \Rightarrow \mathcal{N}(x) = \mathcal{N}(\tilde{x})$.

Erwähnt sei abschließend wieder, daß es sowohl für überwachtes als auch für unüberwachtes Lernen neben den deterministischen Varianten auch stochastische Realisierungen gibt, die dann wieder in einen wahrscheinlichkeitstheoretischen Kalkül eingebettet werden. Schließlich gibt es auch einige Implementierungen neuronaler Netze, bei denen keine eindeutige Trennung zwischen Ausführ- und Lern-Modus möglich ist, sondern Lernen und Ausführen ineinander übergehen. In diesem Zusammenhang und in Hinblick auf weitere Details sei auf die folgende Literatur verwiesen.

[1] Brause, R.: Neuronale Netze. B.G. Teubner Stuttgart, 1991.

[2] Hecht-Nielsen, R.: Neurocomputing. Addison-Wesley Reading Massachusetts, 1990.

[3] Hoffmann, N.: Kleines Handbuch Neuronale Netze. Vieweg Verlag Braunschweig-Wiesbaden, 1993.

[4] Kamp, Y.; Hasler, M.: Recursive Neural Networks for Associative Memory. Wiley Chichester, 1990.

[5] Kohonen, T.: Self-Organization and Associative Memory. Springer Verlag Berlin, 1984.

[6] Lenze, B.: Einführung in die Mathematik neuronaler Netze. Logos Verlag Berlin, 1997.

[7] Minsky, M.; Papert, S.: Perceptrons. MIT Press Cambridge Massachusetts, 1969.

[8] Müller, B.; Reinhardt, J.: Neural Networks. Springer Verlag Berlin, 1991.

[9] Schalkoff, R.J.: Artificial Neural Networks. McGraw-Hill New York, 1997.

[10] Zell, A.: Simulation Neuronaler Netze. Addison-Wesley Bonn, 1994.

Numerische Mathematik

R. Schaback

Die Numerische Mathematik befaßt sich mit der Entwicklung und der mathematischen Analyse von Verfahren, die *zahlenmäßige Lösungen mathematischer Probleme* berechnen.

Letztere stammen aus Anwendungsbereichen der Mathematik, z. B. in den Ingenieurwissenschaften, der Physik, der Ökonomie, usw.. Das *Wissenschaftliche Rechnen* ist mit der Numerischen Mathematik sehr eng verwandt, und die Grenzen sind nicht klar zu ziehen. Etwas pointiert ausgedrückt, ist man im Wissenschaftlichen Rechnen eher an der konkreten technischen Produktion der Lösung als an der mathematischen Analyse des Lösungsverfahrens interessiert, und deshalb kann man das Wissenschaftliche Rechnen auch als ein Anwendungsgebiet der Informatik sehen, in dem spezielle Rechnerstrukturen, z. B. massiv parallele Systeme, oft eine starke Rolle spielen.

Wegen der Vielfalt der technischen und wissenschaftlichen Aufgabenstellungen ist die Numerische Mathematik ein sehr breites Gebiet, das unter anderem die numerische Lösung von

- gewöhnlichen und partiellen Differentialgleichungen,
- Integralgleichungen,
- Optimierungsaufgaben,
- Approximationsproblemen für Funktionen, Kurven und Flächen,
- Eigenwert– und Verzweigungsproblemen

sowie alle numerischen *Simulationen* im weitesten Sinne umfaßt.

Weil sich die genannten Problemkreise in bezug auf ihren mathematischen Hintergrund und damit auch in bezug auf die sachgerechten Lösungsmethoden stark unterscheiden, erfordert die Lehre und Forschung in Numerischer Mathematik ein breites mathematisches Grundwissen. Es ist deshalb nicht möglich, im Rahmen eines kurzen Artikels alle Richtungen der Numerischen Mathematik darzustellen. Es können nur einige allgemeine, für alle numerischen Verfahren gültige Gesichtspunkte herausgearbeitet und typische Beispiele angegeben werden.

Die Verfahren der Numerischen Mathematik verwenden auf digitalen Rechenanlagen *Gleitkommazahlen* mit fester relativer Genauigkeit. Weil diese Zahlenmengen endlich sind, müssen numerische Verfahren zwangsläufig *Fehler* produzieren, und es gehört zu den zentralen Problemen der Numerischen Mathematik, diese Fehler abzuschätzen und mit dem Rechenaufwand zu vergleichen. Oft kann man durch erhöhten Rechenaufwand die Fehler reduzieren oder abschätzen, und das gilt besonders für spezielle Formen der Rechnerarithmetik, die es erlauben, gesicherte Fehlerabschätzungen numerisch zu berechnen.

Ferner sind numerische Rechnungen nicht immer stabil, d. h. kleine Fehler in den Eingabedaten eines Problems können eventuell große Fehler in der näherungsweisen Lösung bewirken. Deshalb ist die *Stabilitätsanalyse* ein weiteres wichtiges Aufgabenfeld der Numerischen Mathematik. Bei der Lösung linearer Gleichungssysteme

$$Ax = b, \quad x, b \in \mathbb{R}^n \setminus \{0\}, \ A \in \mathbb{R}^{n \times n} \tag{1}$$

ist beispielsweise der relative Fehler der Lösung x im wesentlichen beschränkt durch den relativen Fehler der Eingabedaten A und b multipliziert mit der *Kondition*

$$\kappa(A) := \|A\| \cdot \|A^{-1}\| \geq 1 \tag{2}$$

der Matrix, gemessen in einer Matrixnorm. Vom Gesichtspunkt der Stabilität her erweist es sich dann als sinnvoll, die Lösung des Systems (1) statt mit dem wohlbekannten Gaußschen Eliminationsverfahren durch eine *QR–Zerlegung* $A = Q \cdot R$ mit einer Orthogonalmatrix Q und einer oberen Dreiecksmatrix R über $Rx = Q^T b$ zu berechnen. Dieses Verfahren wird uns weiter unten noch einmal in ganz anderem Zusammenhang begegnen.

Die Stabilität eines numerischen Verfahrens zur Lösung eines Anwendungsproblems kann natürlich nicht besser sein als die des Problems selbst. Leider sind aber manche wichtigen Probleme *schlecht gestellt*, d. h. auch die exakte Lösung hängt nicht stetig von den Daten ab, von einer numerischen ganz zu schweigen. Dies gilt insbesondere für *inverse Probleme*, bei denen man typischerweise aus bestimmten Beobachtungen eines Systems auf dessen Eigenschaften schließen möchte (z. B. bei der Computertomographie oder der Bestimmung der Form von Körpern aus der Streuung von Schall– oder elektromagnetischen Wellen). In solchen Fällen wird durch *Regularisierung* eine künstliche Verbesserung der

Stabilität vorgenommen, die dann auch eine stabile numerische Behandlung möglich macht, was aber auf Kosten eines zusätzlichen Fehlers oder einer Veränderung des Problems geschieht.

Viele Probleme aus den Anwendungen lassen sich nicht durch endlich viele Zahlen beschreiben, etwa dann, wenn die Eingangsdaten oder die Ausgangsdaten aus reellen Funktionen einer oder mehrerer reeller Variablen bestehen. In solchen Fällen wird durch *Diskretisierung* zu einem neuen Problem übergegangen, das nur auf endlich vielen Daten arbeitet. Statt einer Funktion f benutzt man endlich viele Funktionswerte $f(x_1), \ldots, f(x_n)$, oder man ersetzt f näherungsweise durch eine Linearkombination

$$f \approx \sum_{j=1}^{n} \alpha_j \varphi_j \tag{3}$$

von Basisfunktionen φ_j, die beispielsweise als algebraische oder trigonometrische Polynome gewählt werden können. In beiden Fällen kann man mit Vektoren der Länge n weiterarbeiten, aber man hat natürlich zu untersuchen, wie sich der durch diese Vereinfachung bedingte *Diskretisierungsfehler* auswirkt. Eine typischer Fall ist die näherungsweise Berechnung eines bestimmten Integrals durch eine gewichtete Linearkombination der Funktionswerte, etwa durch die Simpson-Regel

$$\int_a^b f(x)dx \approx \frac{b-a}{6} \left(f(a) + 4f\left(\frac{a+b}{2}\right) + f(b) \right),$$

wobei die Eingabefunktion durch drei Funktionswerte diskretisiert wurde. Die näherungsweise Darstellung von Funktionen durch Linearkombinationen (3) ist aus der Theorie der Potenz– oder Fourierreihen wohlbekannt. Mit der schnellen Fouriertransformation lassen sich letztere sehr effizient und stabil auswerten, und Varianten dieser Technik (mit diskreter schneller Cosinustransformation) bilden die Grundlage von Kompressionsverfahren wie JPEG und MPEG für Bild– und Tonsignale.

Glatte Ansatzfunktionen wie algebraische oder trigonometrische Polynome führen aber nur bei sehr glatten Funktionen f zu brauchbaren Abschätzungen des Diskretisierungsfehlers, wie man beispielsweise am Restglied der Taylorformel ablesen kann. Deshalb studiert man in der Numerischen Mathematik bevorzugt Ansatzfunktionen mit begrenzter Glätte. Deren wichtigste Vertreter sind ↑ Splinefunktionen bzw. finite Elemente als uni– bzw. multivariate stückweise polynomiale Funktionen. Das einfachste Beispiel sind stetige Splines ersten Grades, also univariate Polygonzüge. Wie alle anderen Funktionen dieser Art erfordern sie eine Diskretisierung oder Triangulation ihres Definitionsbereichs, was bei großen Raumdimensionen problematisch werden kann. Abhilfe schaffen dann Ansätze

$$f(x) \approx \sum_{j=1}^{n} \alpha_j \phi(\|x - x_j\|_2), \; x, x_j \in \mathbb{R}^d$$

mit *radialen Basisfunktionen* $\phi : [0, \infty) \to \mathbb{R}$, deren Theorie zwar vielversprechend, aber noch nicht weit genug entwickelt ist. Dabei tritt in gewissen Fällen das erstaunliche Phänomen auf, daß die Ergebnisse mit steigender Raumdimension d immer besser werden.

Bei einer Diskretisierung (3) ist es numerisch sinnvoll, nach der besten Darstellung zu fragen, die nur k von Null verschiedene Koeffizienten hat, damit man die Funktion mit kleinstmöglichem Aufwand speichern oder weiterverarbeiten kann. Ist f als zeitabhängiges Signal aufzufassen, so bekommt man dadurch eine optimale Datenkompression für Speicher- oder Wiedergabezwecke. Bilden die Ansatzfunktionen φ_j ein vollständiges Orthonormalsystem bezüglich eines Skalarprodukts $(.\,,.)$ in einem Hilbertraum H, so ist für jedes $f \in H$ wegen

$$\|f - \sum_j \alpha_j \varphi_j\|^2 = \sum_j ((f, \varphi_j) - \alpha_j)^2$$

die Wahl $\alpha_j = (f, \varphi_j)$ für die k betragsgrößten Werte (f, φ_j) optimal. Diese nichtlineare Strategie wird erfolgreich im Zusammenhang mit ↑ Wavelets verwendet.

In vielen Anwendungen hat man *Operatorgleichungen* mit Integraloperatoren oder mit gewöhnlichen oder partiellen Differentialoperatoren zu lösen. Nach Diskretisierung bleibt dann normalerweise ein System von endlich vielen Gleichungen mit endlich vielen Unbekannten übrig, aber bei physikalisch–technischen Problemen kann die Anzahl der Unbekannten gigantisch sein. Davon weiter unten mehr.

Ist das resultierende System nicht linear, so wird ein weiterer Standardtrick der Numerischen Mathematik angewendet: die *Linearisierung*.

Dabei ersetzt man ein nichtlineares Problem durch eine Folge von linearen Problemen, die sich durch lokale Annäherung des ursprünglichen Problems durch lineare Ersatzprobleme ergeben. Die Lösungen der linearen Teilprobleme sind dann oft als *Iteration* einer festen Abbildung zu schreiben, und man hat die *Konvergenzgeschwindigkeit* einer solchen Iteration zu untersuchen. Der typische Fall einer Linearisierung und Iteration tritt schon bei einer einzigen nichtlinearen Gleichung der Form $f(x) = 0$ mit einer differenzierbaren reellen Funktion f auf. Das *Newtonverfahren* linearisiert die Funktion f an einer Stelle x_0 durch die Tangente

$$T_{x_0}(x) := f(x_0) + f'(x_0)(x - x_0)$$

und löst dann das lineare Ersatzproblem $T_{x_0}(x) = 0$. Iterativ angewandt, ergibt sich damit das Verfahren

$$x_{j+1} := x_j - f(x_j)/f'(x_j), \ j = 0, 1, 2, \ldots,$$

und man hat die Konvergenz sowie die Konvergenzgeschwindigkeit der Folge $\{x_j\}_j$ zu untersuchen. Verallgemeinert man die Situation auf ein nichtlineares System $f(x) = 0$ mit $f : \mathbb{R}^n \to \mathbb{R}^n$, so bekommt man eine Iteration, bei der man in jedem Schritt ein lineares Gleichungssystem

$$f(x_j) = \big(\mathrm{grad}\, f(x_j)\big) \big(x_j - x_{j+1}\big), \ j = 0, 1, 2, \ldots$$

zu lösen hat.

Die Lösung von *linearen Gleichungssystemen* der allgemeinen Form (1), die entweder auf direktem Wege oder nach einer Linearisierung auftreten, bildet eine der zentralen Aufgaben der Numerischen Mathematik. Weil solche Probleme auch innerhalb von Iterationen und mit großen Raumdimensionen n auftreten können, sind Effizienzgesichtspunkte besonders wichtig. Der Rechenaufwand des klassischen *Gaußschen Eliminationsverfahrens* steigt mit n wie n^3, und es ist ein offenes Problem, das aufwandsoptimale Rechenverfahren zu finden. Nach einer bahnbrechenden Arbeit von Volker Strassen (1969) gibt es ein Verfahren mit Aufwand $n^{\log_2 7} \approx n^{2,807}$, aber das Rennen nach immer kleineren Exponenten ist noch im Gange. Weil das Problem insgesamt $n^2 + n$ Eingabedaten hat, kann man erwarten, daß der Aufwand eines Optimalverfahrens mindestens proportional zu n^2 sein muß. Die obige Situation betrifft nur die *direkten* Verfahren, die beim Rechnen mit reellen Zahlen die Lösung fehlerlos nach endlich vielen arithmetischen Einzeloperationen berechnen würden. Wenn man aber nur eine vorgegebene relative Genauigkeit ε einer durch *Iteration* einer linearen Abbildung berechneten Näherungslösung anstrebt, kann man wieder auf einen Aufwand der Größenordnung n^2 hoffen. Weil jede Matrix–Vektor–Multiplikation den Aufwand n^2 hat, darf man in solchen Verfahren nur eine begrenzte Anzahl von Matrix–Vektor–Multiplikationen einsetzen, und diese Anzahl darf nicht von n, sondern nur von ε abhängen. Der Einfluß der Genauigkeit auf die Iterationszahl hat die Konsequenz, daß die Stabilität der Lösung eines solchen Systems eine wesentliche Rolle spielt, und deshalb darf die Kondition der Matrix nicht allzu groß sein. Man hat hier ein typisches Beispiel für die Rückwirkung der Stabilität eines Verfahrens auf dessen Effizienz.

Ein Verfahren, das für symmetrische und positiv definite Koeffizientenmatrizen mit fester Kondition den obigen Bedingungen genügt, ist das *Verfahren der konjugierten Gradienten*. Es reduziert bei jedem Schritt den relativen Fehler etwa um den Faktor

$$\frac{\sqrt{\kappa(A)} - 1}{\sqrt{\kappa(A)} + 1}$$

in Abhängigkeit von der Kondition (2) der Koeffizientenmatrix. Ferner benötigt es bei jedem Schritt nur eine Matrix–Vektor–Multiplikation und ein paar Skalarprodukte. Die Analyse dieses Verfahrens ist übrigens ein schönes Beispiel für das Zusammenwirken von Argumenten aus der ↑ Optimierung, der ↑ Approximationstheorie und der ↑ linearen Algebra, aber die Details würden hier zu weit führen.

Die großen Systeme, die durch Diskretisierung partieller Differentialoperatoren entstehen, haben nur *dünn besetzte* Koeffizientenmatrizen, d. h. von den n^2 möglichen Matrixelementen sind nur höchstens $k\,n$ mit einem von n unabhängigen $k \ll n$ von Null verschieden, wobei allerdings n in die Millionen gehen kann. Die Matrix–Vektor–Multiplikation hat dann nur einen Aufwand $k\,n$, und bei fester Kondition und vorgegebener Genauigkeit würde das Verfahren konjugierter Gradienten einen nur zu n proportionalen Aufwand haben, was alle denkbaren Effizienzwünsche erfüllen würde. Die bei der Diskretisierung von Differentialoperatoren auftretenden Matrizen haben aber leider im Normalfall eine mit einer positiven Potenz von n anwachsende Kondition, was die obige Argumentation zunichte macht. Deshalb verwendet man raffinierte

Zusatzstrategien, der neue Ansatz algebraischer ↑ Mehrgitterverfahren beispielsweise versucht, die erzielten Effizienzgewinne auch auf allgemeinere Situationen zu erweitern.

Eine weitere interessante Problemstellung tritt z. B. nach Diskretisierung von technischen Schwingungsproblemen auf: die Berechnung der Eigenwerte symmetrischer Matrizen $A \in \mathbb{R}^{n \times n}$. Führt man, beginnend mit $A_0 := A$, eine Iteration

$$A_j = Q_j \cdot R_j, \; A_{j+1} = R_j \cdot Q_j$$

aus, die eine QR–Zerlegung berechnet und dann einfach die Faktoren „verkehrt" wieder zusammenmultipliziert, so konvergieren unter gewissen Zusatzvoraussetzungen die Matrizen A_j gegen eine obere Dreiecksmatrix, die alle n Eigenwerte von A der Größe nach geordnet(!) in der Diagonale enthält. Mit diversen Zusatzstrategien (Reduktion auf Tridiagonalform, Spektralverschiebung, Abdividieren) kann man sowohl die Effizienz als auch die Konvergenzgeschwindigkeit ganz erheblich steigern. Unter praktisch durchaus realistischen Voraussetzungen ist der Aufwand, alle n Eigenwerte mit einer fest vorgegebenen relativen Genauigkeit auszurechnen, proportional zu n^3, also vergleichbar mit dem Aufwand des Gaußschen Eliminationsverfahrens zur Lösung eines linearen Gleichungssystems. Erstaunlich ist, daß man für die Lösung eines schwierigen nichtlinearen Problems größenordnungsmäßig denselben Aufwand benötigt wie für ein direkt lösbares lineares Problem mit vergleichbaren Eingabedaten.

Weiteres kann man den vielen Lehrbüchern zur Numerischen Mathematik entnehmen, die jeweils unterschiedliche Schwerpunkte innerhalb des oben umrissenen Spektrums setzen. Das Fernziel der Weiterentwicklung der Numerischen Mathematik ist natürlich, zu allen Problemen ein stabiles Lösungsverfahren zu finden, dessen Rechenaufwand nach Möglichkeit nur proportional zur Anzahl der Eingabedaten ist, wenn eine feste relative Genauigkeit des Ergebnisses verlangt wird.

Optimierung

H. Th. Jongen und K. Meer

Optimierungsprobleme begegnen uns auf Schritt und Tritt, und das nicht nur bei wissenschaftlichen Untersuchungen, sondern auch im Alltag. Man denke beispielsweise an so unterschiedliche Fragestellungen wie die optimale Nutzung von Ressourcen einer Firma, um den Gewinn zu optimieren, die Verteilung von Rechenzeiten eines Großrechners zur optimalen Verwendung der Rechnerkapazitäten, die Berechnung von Satellitenbahnen oder die Verkehrsplanung.

Mathematisch gesehen ist die Optimierung ein schon lange erforschtes und umfangreich entwickeltes Gebiet, das sich in zahlreiche Teilbereiche aufgliedert, in denen bisweilen auch methodisch sehr unterschiedlich verfahren wird. Allgemein bezeichnet man mathematisch mit dem Wort Optimierung die Theorie zur Lösung von Problemen, bei denen man für eine sogenannte Zielfunktion f einen globalen Extremalpunkt $\bar{x}$ sucht. Globale Extremalpunkte sind dabei zulässige Argumente $\bar{x}$, bei denen der Wert $f(\bar{x})$ größer oder gleich (bei Maximierungsproblemen) bzw. kleiner oder gleich (bei Minimierungsproblemen) als alle zum Vergleich zugelassenen anderen Werte $f(y)$ ist. Auch lokale Extremalpunkte sind häufig von Interesse; dabei bezieht sich die obige Definition nur auf lokal um $\bar{x}$ liegende Vergleichspunkte y.

Um den Begriff eines Extremalpunktes bzw. -wertes sinnvoll fassen zu können, muß der Wertebereich von f angeordnet sein. In vielen Fällen sind dies die reellen Zahlen oder Teilmengen davon (es gibt auch hier Ausnahmen, etwa bei der Optimierung vektorwertiger Funktionen).

Die Fragestellungen im Zusammenhang mit Extremalpunkten sind vielfach sehr unterschiedlich. Man beschäftigt sich u. a. mit der Existenz von Extremalpunkten, mit ihrer Struktur bei Störung des Problems, mit dem Auffinden notwendiger und hinreichender Bedingungen zu ihrer Charakterisierung und mit algorithmischen Fragestellungen nach der effizienten Lösbarkeit von Optimierungsaufgaben. Einige dieser verschiedenen Aspekte sollen im folgenden näher beleuchtet werden.

Ein erstes wichtiges Strukturmerkmal ist die Frage nach dem Vorhandensein von Nebenbedingungen. Reine bzw. unrestringierte Optimierungsaufgaben fragen nach Extremalpunkten von f auf dem maximalen Definitionsbereich. Bei Optimierungsproblemen mit Nebenbedingungen wird die Menge der zum Vergleich der Zielfunktionswerte zugelassenen Argumente durch weitere Forderungen eingeschränkt. Beide Typen unterscheiden sich i. allg. wesentlich im Hinblick auf die verwendeten Lösungstechniken. Ein weiteres Charakteristikum von Optimierungsproblemen ist die Frage nach der topologischen Beschaffenheit der Grundmenge, über der optimiert wird. Sucht man einen Extremalpunkt in einer endlichen bezw. abzählbaren Menge, so erhält man ein diskretes Optimierungsproblem. Lösungsstrategien sind dann häufig von kombinatorischer Struktur (kombinatorische Optimierung). Bei kontinuierlichen Grundmengen (wie etwa $\mathbb{R}^n$) erhält man i. allg. Probleme, die eher mittels analytischer Methoden behandelt werden. Dann spielt oftmals die Differentialrechnung eine wichtige Rolle. Lösungsverfahren für kontinuierliche Probleme (mit oder ohne Nebenbedingungen) sind üblicherweise stark von der Differenzierbarkeitsstruktur der Zielfunktion und der Nebenbedingungen abhängig. Ebenso hat die spezielle Art dieser Funktionen einen erheblichen Einfluß auf das Problem. Typische Beispiele sind hier etwa konvexe Optimierungsaufgaben. Liegt gar keine Differenzierbarkeit vor, so gehört das Problem in den Bereich der nicht-differenzierbaren Optimierung. Häufig treten Optimierungsaufgaben in Familien auf, bei denen eine Teilmenge der Variablen die Rolle von Parametern spielt. Dies führt zur parametrischen Optimierung.

Alle obigen Unterscheidungsmerkmale (und andere mehr) liefern nur ein grobes Bild der Vielfalt von Optimierungsproblemen. Sie können ebenfalls gemischt in einem derartigen Problem auftreten. Als Synonym für den Terminus Optimierung hat sich vielfach auch der Begriff der Programmierung (lineare Programmierung, mathematische Programmierung) eingebürgert.

Im weiteren wollen wir anhand einiger umfangreich untersuchter Optimierungsprobleme verschiedene der eben erwähnten Aspekte etwas genauer vorstellen. Dabei beschränken wir uns auf differenzierbare Problemstellungen.

Ein Minimierungsproblem (Übergang zur Maximierung durch Multiplikation der Zielfunktion mit –1) ist typischerweise von der Gestalt

$$\min\{f(x)|x \in M\} \, .$$

Dabei ist die *zulässige* Menge M eine Teilmenge eines $\mathbb{R}^n$ und $f : \mathbb{R}^n \to \mathbb{R}$. Ist $M = \mathbb{R}^n$, so handelt es sich sich um ein Problem *ohne Nebenbedingun-*

gen, andernfalls *mit Nebenbedingungen*. Im letzteren Fall ist M häufig von der Form

$$M = \{x \in \mathbb{R}^n | h_i(x) = 0, i \in I, g_j(x) \geq 0, j \in J\}, \tag{1}$$

wobei I und J endliche Indexmengen bezeichnen und h_i, g_j Funktionen von $\mathbb{R}^n$ nach $\mathbb{R}$ sind. Wie bereits angedeutet spielt die Differenzierbarkeitsstruktur der beteiligten Funktionen eine zentrale Rolle. Wir wollen hier davon ausgehen, daß f und alle h_i, g_j mindestens zweimal stetig differenzierbar sind.

Ein Punkt $\bar{x} \in M$ heißt *globaler Minimalpunkt* von f auf M, falls $f(\bar{x}) \leq f(y)$ für alle Punkte $y \in M$ gilt; er heißt *lokaler Minimalpunkt*, falls dies lediglich für alle Punkte y einer Umgebung $U \cap M$, $\emptyset \neq U \subseteq \mathbb{R}^n$ offen, zutrifft. Den zugehörigen Wert $f(\bar{x})$ nennt man den *globalen* (bzw. einen *lokalen*) Minimalwert von f auf M.

Zunächst ist bei einem Optimierungsproblem zu klären, ob globale Minimalpunkte existieren. Einer der wichtigsten Existenzsätze ist der **Extremwertsatz von K. Weierstraß:**
Seien $\emptyset \neq M \subset \mathbb{R}^n$ kompakt und $f : M \to \mathbb{R}$ stetig, dann existieren sowohl globale Maximal- als auch Minimalpunkte von f auf M.

Hat man (mit diesem oder ähnlichen Sätzen) die Existenz von Minimalpunkten sichergestellt, ergibt sich die Frage nach ihrer Charakterisierung, vor allem im Hinblick auf eine spätere Berechnung. Dies führt zu einer der zentralen Aufgaben der Optimierungstheorie, der Angabe notwendiger und hinreichender Optimialitätskriterien. Diese unterscheiden sich oftmals nach Struktur des jeweiligen Problems. Die wohl bekanntesten derartigen Bedingungen innerhalb der kontinuierlichen Optimierung finden sich im unrestringierten Fall $M = \mathbb{R}^n$. Hier gilt:
Sei $f : \mathbb{R}^n \to \mathbb{R}$ zweimal stetig differenzierbar (beachte: der Extremalsatz von Weierstraß ist auf $\mathbb{R}^n$ nicht unmittelbar anwendbar, weil $\mathbb{R}^n$ unbeschränkt und somit nicht kompakt ist).

a) *Ist $\bar{x}$ ein lokaler Minimalpunkt von f, dann gilt notwendigerweise $Df(\bar{x}) = 0$. Ferner ist die Hessematrix $D^2 f(\bar{x})$ positiv semi-definit, d. h. $h^t \cdot D^2 f(\bar{x}) \cdot h \geq 0 \; \forall \, h \in \mathbb{R}^n$.*

b) *Ist $\bar{x} \in \mathbb{R}$ ein Punkt mit $Df(\bar{x}) = 0$ und ist $D^2 f(\bar{x})$ positiv definit (d. h. $h^t \cdot D^2 f(\bar{x}) \cdot h > 0 \; \forall \, h \in \mathbb{R}^n \setminus \{0\}$), dann ist $\bar{x}$ ein lokaler Minimalpunkt von f auf M.*

Daß i. allg. die Bedingungen unter a) nicht hinreichend sind, zeigt das Beispiel $f(x) := x^3$ mit $\bar{x} := 0$; daß die Bedingungen unter b) nicht notwendig sind, zeigt $f(x) := x^4$ mit $\bar{x} := 0$.

Im restringierten Fall $M \neq \mathbb{R}^n$ werden derlei Aussagen in der Regel ungleich komplizierter, da man sich am Rand von M nicht mehr in jede beliebige Richtung bewegen darf. Hier spielt die sogenannte *Lagrange-Funktion* eine Schlüsselrolle. Sei M wie in (1) gegeben. Dann nennt man einen Punkt $\bar{x} \in M$ einen *Karush-Kuhn-Tucker-Punkt*, sofern es reelle Zahlen $\bar{\lambda}_i, i \in I$ und $\bar{\mu}_j, j \in J_0(\bar{x})$ gibt ($J_0(\bar{x}) := \{j \in J | g_j(\bar{x}) = 0\}$ sind die in $\bar{x}$ *aktiven* Nebenbedingungen unter den g_j), die die folgenden Bedingungen erfüllen:

$$Df(\bar{x}) = \sum_{i \in I} \bar{\lambda}_i \cdot Dh_i(\bar{x}) + \sum_{j \in J_0(\bar{x})} \bar{\mu}_j \cdot Dg_j(\bar{x}) \tag{2}$$

und $\bar{\mu}_j \geq 0$ für alle $j \in J_0(\bar{x})$.

Eine *Lagrange-Funktion* $L(x)$ wird nun aus den Lagrangeparametern $\bar{\lambda}_i$ und $\bar{\mu}_j$ eines KKT-Punktes gebildet:

$$L(x) := f(x) - \sum_{i \in I} \bar{\lambda}_i \cdot h_i(x) - \sum_{j \in J_0(\bar{x})} \bar{\mu}_j \cdot g_j(x). \tag{3}$$

Unter gewissen Regularitätsbedingungen erhält man nun z. B. notwendige Optimalitätsbedingungen der Art: jeder lokale Minimalpunkt $\bar{x}$ ist ein Karush-Kuhn-Tucker-Punkt, d. h. die zugehörige Lagrangefunktion erfüllt $DL(\bar{x}) = 0$. Ähnlich lassen sich die anderen der oben erwähnten Bedingungen erweitern. Die Lagrangeparameter zu einem Minimalpunkt geben im übrigen Informationen darüber, welche Nebenbedingungen man verändern muß, um am meisten von einer derartigen „Investition" zu profitieren (Schattenpreise).

Nach diesem kurzen Einblick in die Form von Optimalitätskriterien schließt sich eine Reihe anderer Fragen unmittelbar an: die obigen (und viele andere) Bedingungen legen es nahe, Minimalpunkte unter den Lösungen i. a. nicht-linerarer Gleichungssysteme der Form (3) zu suchen. Intuitiv könnte man also versuchen, alle solchen Lösungen zu ermitteln und darunter die globalen Minimalpunkte auszuwählen. Dies ist leider in der Regel undurchführbar, denn:

- die nicht-linearen Systeme sind nicht explizit lösbar oder haben zu viele Lösungen;

- selbst von einer gefundenen Lösung läßt sich i. allg. nicht effizient entscheiden, ob sie ein (auch nur lokaler) Minimalpunkt ist.

Vielfach sind daher numerische Approximationsmethoden sinnvoll, auch wenn sie keine Garantie liefern, das Problem exakt zu lösen. Zu den bekanntesten solchen Verfahren gehört die Methode des steilsten Abstiegs (mit ihren unzähligen Varianten), die versucht, in jedem Schritt einer Iteration den augenblicklich gefundenen Funktionswert $f(x)$ in Richtung des steilsten Abstiegs $-Df(x)$ von f in x zu reduzieren. Problematisch dabei ist das mögliche Verharren in lokalen Extrema.

Inwieweit exakte und/oder numerische Methoden benutzt werden müssen, hängt von den Strukturen von f und M ab. Wir möchten dies anhand zweier wichtiger Optimierungsprobleme näher erläutern. Zunächst werde angenommen, daß alle Funktionen h_i und g_j affin-linear sind (*lineare Nebenbedingungen*). Die Menge M ist dann ein *Polyeder* und zeichnet sich geometrisch durch eine Randstruktur aus, die aus affin-linearen Stücken verschiedener Dimensionen und speziell aus Ecken besteht. Ist die Zielfunktion f linear, d. h. $f(x) := c^t \cdot x$ für ein konstantes $c \in \mathbb{R}^n$, so erhält man das Problem der *linearen Programmierung* LP. Ist f ein Polynom vom Grad 2, so spricht man von *Quadratischer Programmierung* QP (unter linearen Nebenbedingungen). Die Lineare Programmierung ist z. B. von großer Bedeutung im Bereich des Operations Research, bei Transportproblemen und vielen weiteren Anwendungen. Sie zählt sicher zu einem der am besten studierten Optimierungsprobleme des 20. Jahrhunderts und hatte immensen Einfluß auf einige der heute bedeutendsten Familien von Optimierungsverfahren.

Optimalitätskriterien der oben beschriebenen Art garantieren im Falle der LP, daß Minimalpunkte (sofern existent) in einer Ecke von M liegen. Hierauf basiert der Mitte des letzten Jahrhunderts von Dantzig entwickelte Simplexalgorithmus, der mittels diverser Strategien die Menge der Eckpunkte von M durchsucht, bis ein optimaler gefunden ist. In gewissem Sinne ist das Problem damit diskretisiert, da nur noch in der endlichen Eckenmenge gesucht werden muß. Damit läßt sich LP auch als Problem der *kombinatorischen Optimierung* begreifen. Die Entscheidung, ob ein Eckpunkt optimal ist, kann hierbei relativ problemlos durchgeführt werden. Weitere algorithmische Fragen treten auf: das Optimum kann prinzipiell berechnet werden und wird dies auch in einem probabilistischen Sinne effizient (Resultat von K.H. Borgwardt), allerdings lassen sich bei allen bisherigen Varianten der Simplexmethode Spezialfälle konstruieren, bei denen exponentiell (in der Anzahl der Variablen) viele Ecken zu prüfen sind. Ein solches Verhalten wird als ineffizient betrachtet, da die Laufzeit des Verfahrens (zumindest im schlimmsten Fall) zu stark mit der Größe des Problems ansteigt (nämlich exponentiell statt nur polynomial).

Die Frage nach für jedes LP-Problem schnelleren, sogenannten *polynomialen Algorithmen* hat die Forschung innerhalb der LP enorm befruchtet und führte 1984 durch N. Karmarkar zum ersten einer neuen Familie von Verfahren, den sogenannten Inneren-Punkte Methoden. Diese lösen alle LP-Probleme (in einem gewissen, zu präzisierenden Sinne) effizient und werden mittlerweile auch erfolgreich für weitere Klassen von Optimierungsproblemen, etwa konvexen oder semi-definiten Aufgabenstellungen, eingesetzt.

Im Gegensatz zu diesen positiven Resultaten bzgl. der LP sind vergleichbare Ergebnisse für die QP bis heute unbekannt (und aufgrund komplexitätstheoretischer Untersuchungen auch eher unwahrscheinlich). Hier ist es bereits schwierig (d. h. NP-hart), algorithmisch zu entscheiden, ob ein Punkt ein lokaler Minimalpunkt ist. Dieser komplexitätstheoretische Unterschied zwischen LP und QP liegt daran, daß die lineare Programmierung ein kovexes Problem ist (sowohl die Zielfunktion als auch die Menge der zulässigen Punkte ist konvex), wohingegen die Quadratische Programmierung i. a. keine konvexe Zielfunktion besitzt.

Dies mag als ein kurzer Überblick über die verschiedenen Fragestellungen, die in der Optimierung studiert werden, genügen.

[1] Borgwardt, K.H.: Optimierung, Operations Research, Spieltheorie. Birkhäuser, 2001.

[2] Fletcher, R.: Practical Methods of Optimization. Wiley and Sons, 2. Ausgabe, 2000.

[3] Jongen, H.Th., Jonker, P., Twilt, F.: Nonlinear Optimization in Finite Dimensions. Kluwer, 2000.

[4] Jongen, H.Th., Meer, K., Triesch, E.: Optimization Theory. Kluwer, in Vorbereitung.

[5] Kall, P., Wallace, S.W.: Stochastic Programming. Wiley and Sons, 1994.

[6] Korte, B., Vygen, J.: Combinatorial Optimization. Springer, 2000.

[7] Macki, J., Strauss, A.: Introduction to Optimal Control Theory. Springer, 1982.

Mathematische Statistik und Wahrscheinlichkeitsrechnung

B. Grabowski

Gegenstand der Statistik und Wahrscheinlichkeitsrechnung. Mathematische Statistik und Wahrscheinlichkeitsrechnung sind zwei unterschiedliche Teildisziplinen der Mathematik, die ohne einander nicht denkbar sind und unter dem Sammelbegriff ‚Stochastik‘ zusammengefaßt werden. Die Voraussetzungen für den Einsatz stochastischer Methoden sind bei Massenerscheinungen gegeben. Unter Massenerscheinungen werden Vorgänge verstanden, die unter dem Einwirken von zufälligen Einflüssen in Gesamtheiten, sogenannten Grundgesamtheiten, stattfinden, welche aus einer großen Anzahl von gleichartigen Elementen bestehen. Aufgabe der Wahrscheinlichkeitsrechnung ist es, Gesetzmäßigkeiten derartiger Massenerscheinungen, also Gesetzmäßigkeiten des Zufalls, zu untersuchen bzw. mathematische Modelle dafür zu liefern. Die Wahrscheinlichkeitsrechnung ist zugleich das theoretische Fundament der mathematischen Statistik. Diese liefert Verfahren, um anhand von Stichproben Aufschlüsse über das betrachtete Merkmal in der Grundgesamtheit zu erhalten. Die Statistik wird in der Regel in die Teildisziplinen ‚Beschreibende Statistik‘ und ‚Schließende Statistik‘ unterteilt. Während es in der Beschreibenden Statistik um Methoden der Aufbereitung und Darstellung von Datenmaterial geht, stehen im Mittelpunkt der Schließenden Statistik Verfahren des Schlusses von der Stichprobe auf die Grundgesamtheit. Dieser Schluß wird mit Hilfe von Methoden der Wahrscheinlichkeitsrechnung durch Irrtums- bzw. Sicherheitswahrscheinlichkeiten bewertet.

Anfänge. Wahrscheinlichkeitsrechnung und Statistik haben sehr unterschiedliche historische Wurzeln. Die mathematische Statistik verarbeitet numerisches Datenmaterial, welches etwa bei statistischen Erhebungen, Beobachtungsreihen oder bei wiederholten Experimenten auftritt. Die Anfänge dieser Disziplin reichen in die Antike zurück, als derartige Erhebungen, wie z. B. Volkszählungen gemacht wurden, um die Basis für die Steuereintreibung zu erlangen, oder um Bestandsaufnahmen von Provinzen zu erhalten. Im 14. Jahrhundert wurden die ersten Versicherungsgesellschaften gegründet, und zwar in Holland und Italien; die Versicherungsobjekte waren Schiffe, und es ging um den Prozentsatz an Versicherungsprämien zur Abdeckung des Risikos bei Unfällen von Handelsschiffen. Aufgrund der sich über einen längeren Zeitraum erstreckenden Beobachtungen der Unfälle von Handelsschiffen wurde eine Prämie von 12–15% zur Abdeckung des Risikos verlangt. Erst im 18. Jahrhundert begann die Statistik sich als selbständige Disziplin zu entwickeln, indem sie dazu diente, Merkmale zu beschreiben, die den Zustand eines Staates charakterisieren. Aus dem lateinischen Wort ‚status', Zustand, hat sich dann der Begriff ‚Statistik' herausgebildet.

Auch die Wurzeln der Wahrscheinlichkeitsrechnung kann man in der Antike sehen, und zwar in der Beschäftigungen der Philosophen mit dem Zusammenhang zwischen Zufall und Kausalität. Aber erst im 16. Jahrhundert begann man mit systematischen Überlegungen zur Beschreibung von Zufallserscheinungen, welche wir als Vorläufer unserer heutigen Wahrscheinlichkeitsrechnung ansehen können. Dieses Bedürfnis zur Beschreibung des Zufalls entstand aus verschiedenen Ursachen heraus.

Glücksspiele, welch ein Glück für die Entwicklung der Wahrscheinlichkeitsrechnung. Zum einen begann in dieser Zeit die systematische Beschäftigung mit Problemen, welche bei Glücksspielen auftreten. Ein Pionier in dieser Richtung war der italienische Mathematiker Geronimo Cardano (1501–1576), der das nach ihm benannte Kardangelenk erfand und der sich als erster intensiv mit der Wahrscheinlichkeitsrechnung befaßte. Er verfaßte ein Buch mit dem Titel ‚Liber de ludo aleae', in welchem er systematisch die Möglichkeiten des Würfelspiels mit mehreren Würfeln untersuchte. Auch der große Galilei (1564–1642) beschäftigte sich mit dem Würfelspiel. Er stellte experimentell fest, daß bei wiederholtem Wurf mit drei Würfeln die Augensumme 10 öfter auftritt als die Augensumme 9, obwohl beide Summen bei 6 verschiedenen Kombinationen auftreten können. Seine experimentellen Untersuchungen bestätigte er, indem er für dieses konkrete Spiel herausfand, daß es bei insgesamt 216 Möglichkeiten, die bei einem Wurf mit 3 Würfeln auftreten können, für die Augensumme 10 insgesamt 27 günstige Fälle und für die Augensumme 9 nur 25 günstige Fälle gibt. Sogar der Universalgelehrte Gottfried Willhelm Leibniz (1646–1716) biß sich an wahrscheinlichkeitstheoretischen Überlegungen schon mal die Zähne aus.

Bis etwa Mitte des 17. Jahrhunderts wurden für einzelne spezielle Probleme immer wieder spezielle Lösungswege angegeben. Dann beschäftigten sich auch Pascal, Fermat und Huygens mit Fragen der Wahrscheinlichkeitsrechnung und gaben dem Gebiet eine einheitliche Theorie. Viele bezeichnen die drei Gelehrten als die eigentlichen Begründer der Wahrscheinlichkeitsrechnung. Auch ihr Interesse an der Wahrscheinlichkeitsrechnung war durch die Beschäftigung mit Glücksspielen entstanden. Der berühmte Mathematiker Blaise Pascal (1623–1662) wurde um Rat zu einem Würfelspiel gefragt, das damals in Frankreich insbesondere von adligen Müßiggängern gepflegt wurde. Bei diesem Spiel machte ein Spieler jeweils 4 Würfe. War unter den Augenzahlen keine Sechs, hatte er gewonnen, war eine Sechs dabei, gewann die Bank. Wie man wußte, bevorzugte dieses Spiel auf lange Sicht etwas die Bank. Um das Spiel etwas spannender zu gestalten, wurde folgende Variante vorgeschlagen: Es wird mit zwei Würfeln gewürfelt, und zwar nicht 4-, sondern 24-mal. Kommt dabei keine Doppelsechs, gewinnt der Spieler, sonst die Bank. Man vermutete, bei dieser Variante würden die Chancen ebenso sein wie bei der einfacheren Variante, denn die Wahrscheinlichkeit für eine Doppelsechs betrage 1/6 der Wahrscheinlichkeit für eine 6, so daß zum Ausgleich 6mal so oft geworfen werden müsse. Nun allerdings verlor die Bank auf lange Sicht, so daß der große Pascal für Klärung sorgen mußte. Ein weiteres Problem, mit dem sich sowohl Pascal als auch Fermat beschäftigten, wurde ihnen von einem leidenschaftlichen Spieler, dem Chevalier de Mere, gestellt: Zwei Spieler vereinbaren eine Serie von Kartenpartien. Sieger soll jener sein, der zuerst n Partien gewonnen hat. Nun wird die Spielserie zu einem Zeitpunkt abgebrochen, in dem der eine Spieler a Partien gewonnen hat, der andere b Partien. Wie soll der Einsatz unter den beiden Spielern aufgeteilt werden? Obwohl Fermat und Pascal mit unterschiedlichen Methoden an die Frage, wie der Einsatz bei vorzeitigem Abbruch eines Spieles aufzuteilen sei, herangingen, kamen sie zu gleichen Ergebnissen. 1654 entstand ein reger Briefverkehr zwischen Pascal, Fermat und Huygens über diese und andere Fragen der Wahrscheinlichkeitsrechnung. Die Korrespondenz zu diesem Thema gilt allgemein als Grundstein zur Wahrscheinlichkeitsrechnung.

Das Gesetz der großen Zahlen. Einen wesentlichen Schritt zur Weiterentwicklung der Wahrscheinlichkeitsrechnung machte Jakob Bernoulli (1655–1705). Sein Hauptwerk über die Wahrscheinlichkeitsrechnung ist die ‚Ars conjectandi', welche 1713 postum veröffentlicht wurde und aus 4 Teilen besteht. Im ersten Teil werden einige Aufgaben, die Huygens stellte, gelöst. Im zweiten Teil beschäftigt sich Bernoulli gründlich mit Permutationen und Kombinationen, welche er dann im 3. Teil auf Probleme des Glücksspiels anwendet. Zu erwähnen ist hier, daß Bernoulli zeigte, daß beim Wurf mit n Würfeln die Anzahl der Fälle mit Augenzahlsumme m gleich dem Koeffizienten von x^m bei der Entwicklung des Polynoms $(x + x^2 + x^3 + x^4 + x^5 + x^6)^n$ ist. Bernoulli benutzte damit als erster das Instrument der erzeugenden Funktion. Vom mathematischen Standpunkt am wichtigsten ist der 4. Abschnitt seines Werkes. Dieser enthält die Formulierung und den Beweis eines Satzes, den Bernoulli als ‚Hauptsatz' und ‚Goldenes Theorem' bezeichnete und der die Basis der nach ihm benannten beiden Theoreme bildete, die heute als ‚starkes' und ‚schwaches Gesetz der großen Zahl' bekannt sind. Bernoulli zeigte in seinem ‚Goldenen Theorem', daß die relative Häufigkeit $h_n(A)$ eines Ereignisses A bei der unabhängigen n-fachen Wiederholung eines Versuches V, bei dem A stets mit Wahrscheinlichkeit $p = P(A)$ eintrat, ‚in Wahrscheinlichkeit' gegen p konvergiert. Diese Aussage über das Grenzverhalten von relativen Häufigkeiten bildete die Grundlage für den empirischen und damit statistischen Zugang zum Wahrscheinlichkeitsbegriff.

Die Laplace-Wahrscheinlichkeit und der Satz von Bayes als Wurzel der Bayesschen Statistik. Im Laufe der Zeit wurden die Methoden der Wahrscheinlichkeitsrechnung auf immer mehr Probleme des täglichen Lebens angewendet. Daniel Bernoulli (1700–1782) beschäftigte sich mit der Wahrscheinlichkeit, in einem bestimmten Alter an Pocken zu sterben, und der Möglichkeit, durch gewisse Schutzmaßnahmen diese Wahrscheinlichkeit zu verringern. Er befaßte sich auch mit mit der Berechnung der Wahrscheinlichkeit für die Richtigkeit von Hypothesen, unter der Bedingung, daß schon Beobachtungsergebnisse vorliegen. Allerdings gab erst der Engländer Thomas Bayes (1702–1761) im Jahre 1764 eine Lösung für dieses Problem. Obwohl er als Geistlicher nur zwei mathematische Arbeiten schrieb, die nach seinem Tode erschienen, fand die Royal Society den mathematischen Laien 1742 für würdig, in ihre Gesellschaft aufzunehmen. Sein Verdienst besteht darin, als erster den Versuch unternommen zu haben, für statistische Schlüsse logische Grundlagen anzugeben. Der nach ihm benannte Satz gestattet, unter bestimmten Voraussetzungen Rückschlüsse aus wiederholten Beobachtungen auf zugrundeliegende Wahrscheinlichkeiten zu ziehen, und legte damit die Grundlage für das heute sehr große Gebiet der Bayesschen Statistik innerhalb der Schließenden Statistik.

Als wichtiger Meilenstein in der Geschichte der Wahrscheinlichkeitsrechnung und Statistik sind die Arbeiten von Pierre Simon Laplace (1749–1827) zu sehen. Die 1812 erschienene ‚Théorie analytique des probabilités' brachte eine erste geschlossene Darstellung des damals bekannten wahrscheinlichkeitstheoretischen Wissens und seiner Anwendungen. Diese enthält die berühmte, bereits mehr als 100 Jahre benutzte Definition der Wahrscheinlichkeit auf der Grundlage gleichmöglicher Fälle, den Begriff der mathematischen Erwartung und das von J. Bernoulli gefundene Gesetz der großen Zahlen. Laplace stellte viele philosophische Betrachtungen der Wahrscheinlichkeit an. Für ihn lag der Zufall im Unvermögen des menschlichen Geistes begründet, die Kompliziertheit der Dinge zu entwirren.

Die Kleinste-Quadrat-Methode und die Normalverteilung. Mit den sich schnell entwickelnden Naturwissenschaften wurde das Experiment als zentrales Hilfsmittel der Forschung eingeführt, so daß bald das Bedürfnis entstand, die bei wiederholten Messungen auftretenden Zufallsfehler abzuschätzen und zu eliminieren.

Laplace beschäftigte sich im Zusammenhang mit der Auswertung astronomischer Messungen mit der Entwicklung von günstigen Verfahren zur Ausgleichung von Meßfehlern. Noch 1799 empfahl er als Ziel der Fehleranalyse, die Absolutsumme der Meßfehler zu minimieren. Dieses Verfahren hat jedoch den Nachteil, daß ein großer Fehler genauso stark ins Gewicht fällt wie viele kleine. Diesem berechtigten Einwand entsprach Gauß (1777–1855) dadurch, daß er vorschlug, statt der Absolutsumme die Quadratsumme der Fehler zu minimieren. Seine Untersuchungen zu diesem Problem reichen, wie Briefe und Tagebuchnotizen zeigen, zurück bis in das Jahr 1794. Damit ist Gauß der Begründer der Methode der kleinsten Quadrate, und er hat das Verdienst, die Methode der kleinsten Quadrate erstmals aus den Gesetzen der Wahrscheinlichkeitsrechnung hergeleitet zu haben. Dazu mußte er ein Fehlerverteilungsgesetz entwickeln, das die Wahrscheinlichkeit eines Fehlers jeweils mitberücksichtigt. Er fand heraus, daß die Wahrscheinlichkeit eines Fehlers x proportional zu $e^{-h^2 \cdot x^2}$ (h=const.=Präzisionsmaß) ist, so daß die Fehlerverteilungsfunktion $\phi(x)$

durch Ausdruck

$$\phi(x) = \frac{h}{\sqrt{\pi}} e^{-h^2 \cdot x^2}$$

beschrieben werden kann (Gaußsches Fehlerverteilungsgesetz), dessen graphische Darstellung das Aussehen einer Glockenkurve hat. Gauß wandte die Methode der kleinsten Quadrate sowohl bei seinen astronomischen Rechnungen als auch bei seinen geodätischen Rechnungen (ab 1821) mit großem Erfolg in der Praxis an.

Das Buffonsche Nadelexperiment als Grundstein der Simulationsmethoden. Auch innermathematisch wurde die Wahrscheinlichkeitsrechnung angewendet. So ermittelte Buffon mit seinem berühmten Nadelexperiment Näherungswerte für die Zahl π und legte damit den Grundstein für die heutige moderne Simulation. Er zog dazu mehrere parallele Linien in einem Abstand $d > 0$. Eine Nadel der Länge k wird zufällig auf diese Raster geworfen. Buffon bewies, daß die Wahrscheinlichkeit p dafür, daß die Nadel eine der Parallellinien kreuzt, durch $p = 2 * k / (\pi * d)$ gegeben ist. Durch empirische Bestimmung von p kann man damit π näherungsweise ermitteln. Diese Methodik der Schätzung von unbekannten Größen durch Experimente, in denen Wahrscheinlichkeiten experimentell durch Häufigkeiten abgeschätzt werden, kennt man heute unter dem Begriff Monte-Carlo-Simulation.

Die Wurzeln der Korrelations- und Regressionsanalyse. Einen weiteren Meilenstein der Geschichte der Stochastik setzte Sir Francis Galton (1822–1911). Zur Auswertung umfangreichen statistischen Materials seines Vetters Charles Darwin (1809–1882) entwickelte er die Korrelationsrechnung und schuf damit die mathematischen Grundlagen der Vererbungslehre. 1877 führte er ein numerisches Maß der Regression ein, den Regressionskoeffizienten (er nannte ihn zunächst CO-Relation), und erklärte ihn in Termen einer bivariaten Normalverteilung mit elliptischen Konturen. Er bestimmte die Achsen der Ellipse und interpretierte Richtung und Länge der Achsen als Maß für den Einfluß bestimmter Faktoren auf die beobachteten Daten. Damit begründete er eine Methode, die wir heute Hauptkomponentenmethode nennen. Zusammen mit H. W. Watson (1827–1903) untersuchte Galton Verzweigungsprozesse in Zusammenhang mit dem Aussterben von Familiennamen. Bekannt ist das von ihm konstruierte Galton-Brett zur Demonstration der Binomialverteilung. Neben seinen Anwendungen der Statistik in der Vererbungslehre, Soziologie und Psychologie versuchte Galton sich auch (allerdings erfolglos) in der Entwicklung von Vorhersageformeln für die Metereologie. Seine Arbeiten wurden würdig von Fisher (1890–1962), über dessen Arbeiten wir unten noch berichten werden, fortgesetzt.

Entwicklung der Stochastik im 20. Jahrhundert zu einer modernen mathematischen Teildisziplin – Die russische Schule. Ab etwa 1850 entwickelte sich in Rußland eine starke Schule der Wahrscheinlichkeitsrechnung. Sie war charakterisiert durch die Merkmale der Schule Tschebyschews (1821–1894): klare Formulierung der Aufgabenstellung, Vollständigkeit der Resultate und konsequente Vermeidung geometrischer Hilfsmittel. Bekannt sind hier neben Tschebyschew vor allem A. M. Lyapunow und A. A. Markow (1856–1922). Die Tschebyschewsche Ungleichung, in der er eine Abschätzung von Wahrscheinlichkeiten nur auf der Basis der Kenntnis von Erwartungswert und Varianz einer Zufallsgröße gibt, wird heute in jeder Statistik-Grundvorlesung gelehrt. Markow und auch Lyapunow gaben wesentliche und fundamentale Impulse für die Theorie zeitabhängiger zufälliger Größen, der stochastischen Prozesse. In direktem Anschluß an Tschebyschew gelang es Markow, allgemeine Bedingungen für die Gültigkeit des Gesetzes der großen Zahlen anzugeben und unter sehr allgemeinen Voraussetzungen den zentralen Grenzwertsatz der Wahrscheinlichkeitsrechnung zu beweisen. Das Studium von Folgen unabhängiger Zufallsgrößen führte Markow zur Einführung der für die mathematische Bewältigung vieler physikalischer und technischer Probleme sehr wichtigen sogenannten Markow-Ketten; das sind stochastische Prozesse, bei denen die Wahrscheinlichkeit des Übergangs des Systems in einen neuen Zustand nur vom vorangegangenen Zustand, nicht aber von der gesamten vergangenen Systementwicklung abhängt. Markow erkannte, daß die für unabhängige Zufallsfolgen geltenden grundlegenden Sätze auch für Markow-Ketten bewiesen werden können. Er selbst verifizierte seine Theorie an Untersuchungen der Aufeinanderfolge von Vokalen und Konsonanten u. a. in den ersten Kapiteln aus A. Puschkins ‚Eugen Onegin' und schuf damit als erster eine Grundlage für die heutige nachrichtentechnische Codierungstheorie.

Um die Jahrhundertwende wurde die Notwendigkeit einer exakten Grundlegung der Wahrscheinlichkeit immer stärker empfunden. D. Hilbert stellte deshalb im sechsten seiner berühmten 23 Probleme die

Aufgabe, die Wahrscheinlichkeitsrechnung zu axiomatisieren. Es gab bis etwa 1930 zahlreiche Ansätze, dieses Problem zu lösen, die aber alle nicht befriedigten, bis A. N. Kolmogorow (1903–1987) 1933, auf Ideen E. Borels aufbauend, in seiner Monographie ‚Grundbegriffe der Wahrscheinlichkeitsrechnung' eine maßtheoretische Formulierung gab. Mit der Verwendung des Maßbegriffs in Funktionenräumen (Hauptsatz von Kolmogorow) gelang ihm dann die Einordnung der Theorie der stochastischen Prozesse in das axiomatische Gebäude. Damit schuf er den Ausgangspunkt für die weitere stürmische Entwicklung der Theorie stochastischer Prozesse. Von Kolmogorow stammen auch die Grundlagen der Theorie konkreter Typen von Prozessen. Er konnte mit der Einführung der unbeschränkt teilbaren Verteilungsgesetze die Klasse der Grenzverteilungen von Summen unabhängiger Zufallsgrößen charakterisieren und so für diesen wichtigen Zweig der Wahrscheinlichkeitsrechnung (zentrale Grenzwertsätze) neue Perspektiven eröffnen. Von Kolmogorow stammen notwendige und hinreichende Kriterien für die Gültigkeit des starken Gesetzes der großen Zahl, die auf einer wichtigen, nach Kolmogorow benannten Ungleichung beruhen. Gemeinsam mit Smirnow konstruierte Kolmogorow einen Test, um zu entscheiden, ob zwei Stichproben aus der gleichen Grundgesamtheit stammen oder nicht.

Varianz-Korrelations- und Regressionsanalyse – Geburt der modernen Biometrie. Sir Ronald Aylmer Fisher (1890–1962) gilt als Mitbegründer der modernen mathematischen Statistik, die er als Nachfolger Galtons erfolgreich auf biologische, medizinische und landwirtschaftliche Probleme anwandte. Insbesondere lieferte er Beiträge zur Entwicklung der ‚Biometrischen Genetik' und Evolutionstheorie. Seine grundlegenden Werke sind ‚Statistical Methods for Research Workers' (1925), ‚The Design of Experiment' (1935) und ‚Statistical Methods and Scientific Inference' (1956). Er fand die Verteilung des Korrelationskoeffizienten (1915) und des partiellen Korrelationskoeffizienten (1924), des Regressionskoeffizienten (1922) und des Verhältnisses zweier Varianzen, die F-Verteilung (1924), die Verteilung der Varianz-Kovarianz-Matrix und des multiplen Korrelationskoeffizienten (1928), sowie die Verteilung der Hauptkomponenten. Er förderte die Verbreitung der χ^2- und t-Verteilung, entwickelte die Maximum-Likelihood-Methode, die Varianzanalyse, die Kovarianz- und Diskriminanzanalyse. Weiterhin stellte er die Prinzipien der Versuchsplanung zusammen, insbesondere das der Randomisierung, das Prinzip der Faktorpläne und das Prinzip der Vermengung von Einflußgrößen.

Heutige Anwendungsgebiete. Heute besteht die mathematische Statistik und Wahrscheinlichkeitsrechnung aus einer Vielzahl großer, sich ständig weiterentwicklender Teilgebiete, von denen wir nur einige erwähnen konnten. Gleichzeitig entwickeln sich anwendungsorientierte Teilgebiete, die einen eigenen Namen bekommen, wie z. B. die Biometrie, die spezielle statistische Verfahren vereint, welche in Biologie, Medizin und Landwirtschaft angewendet werden.

Anwendungen der Statistik und Wahrscheinlichkeitsrechnung finden wir heute in allen Teilbereichen des Lebens. Neben den klassischen Feldern der Statistik, wie der Untersuchung von Bevölkerungsentwicklungen, der Versicherungsstatistik, der Biologie und Genetik, haben die modernen statistische Methoden auch Einzug gehalten in die Physik, die Metereologie, die Informatik und Kommunikationstechnik (Codierung, Mustererkennung, Simulation, Performance-Analyse von Rechner-Netzen) und vor allem in die Wirtschaft (Qualitätskontrolle, Versuchsplanung, Optimierung und Simulation wirtschaftlicher Abläufe).

[1] Fisher, R.A.: The Design of Experiments, 6. Auflage. Edinburgh/London, 1951.

[2] Fisher, R.A.: Statistical Methods for research workers. London, 1948.

[3] Börsch, A.; Simon, P.: Abhandlungen zur Methode der kleinsten Quadrate von Carl Friedrich Gauß. Berlin, 1887.

[4] Todhunter, I: A history of the mathematical theory of probability. New York, 1965.

Versicherungsmathematik

H.-J. Bartels

Die Versicherungsmathematik beschäftigt sich als Teilgebiet der Angewandten Mathematik mit Fragen der Versicherungspraxis, soweit diese mathematischen Methoden zugänglich sind und nicht etwa ökonomische oder juristische Aspekte zum Gegenstand haben.

Als Beginn der Versicherungsmathematik wird von einigen Autoren die Veröffentlichung der ersten empirisch gesicherten Sterbetafel durch den Astronomen Edmond Halley 1693 angesehen („An Estimate of the Degrees of Mortality of Mankind drawn from curious Tables of Births and Funerals at the City of Breslau with an Attempt to ascertain the Price of Annuities upon Lives"), wenngleich sich der Versicherungsgedanke bis in die Antike zurückverfolgen läßt: Aus der römischen Kaiserzeit (etwa um 130 n. Chr.) sind die Statuten einer Sterbegeldkasse überliefert, und die erste bekannte römische Bevölkerungstafel, die sogenannte Ulpian-Tafel mit einer Prognose der zukünftigen Lebensdauer in Abhängigkeit vom Alter, wird auf das Jahr 220 nach Christus datiert.

Den ersten Rückversicherungsverträgen und Seeversicherungen (etwa um 1300) und den später eingerichteten Tontinen ist allerdings gemeinsam, daß sie mathematisch nicht fundiert waren. Das noch heute in der Personenversicherung verbreitete Deterministische Modell ist dann auch erst im achtzehnten Jahrhundert in einer Zeit des allgemeinen Aufschwungs mathematischer Methoden entwickelt worden, und wurde mit dem Gesetz der großen Zahl (Jakob Bernoulli) und dem hierdurch bewirkten Ausgleich im Kollektiv begründet.

Wenn einem On dit zufolge Reine und Angewandte Mathematik überhaupt nichts miteinander zu tun haben (David Hilbert), dann haben das Mathematiker in früheren Jahrhunderten offenbar anders gesehen. Hierzu seien stellvertretend nur zwei Beispiele von herausragenden Mathematikern genannt, die auch für viele praktische Anwendungen Nützliches geleistet haben:

Leonard Euler (1707–1783) hat sich in vier Arbeiten mit Fragen der Kalkulation von Lebensversicherungen beschäftigt und dabei auch explizit das sogenannte Äquivalenzprinzip formuliert [2].

Das zweite Beispiel ist Carl Friedrich Gauß, der auf Bitte des Kurators der Universität Göttingen die finanzielle Lage der Göttinger Professoren-

Witwen und -Waisenkasse zu den Stichtagen 1. Oktober 1845 und 1. Oktober 1851 begutachtet hat. In der Einleitung des Gutachtens schreibt Gauß: „Erstlich haben von der Langwierigkeit solcher Rechnungen diejenigen Herren eine sehr falsche Vorstellung, welche glauben, daß sie binnen vier Wochen vollendet werden können... . Zweitens lassen sich die Rechnungen mit Gründlichkeit gar nicht führen, ohne die nöthigen Data, wovon zur Zeit gar Nichts vorliegt. Worin die erforderlichen Data bestehen, werde ich weiterhin angeben, ohne sie kann ich mich auf gar nichts einlassen;..." ([3], S. 119–188).

Der Verlauf der weiteren Entwicklungsgeschichte der Versicherungsmathematik ist eng verknüpft mit dem Namen zweier schwedischer Mathematiker: Filip Lundberg und Harald Cramér (1893–1985), die mit ihren fundamentalen Arbeiten zum Kollektiven Modell in der ersten Hälfte des zwanzigsten Jahrhunderts die Grundlagen der Risikotheorie schufen.

Die numerische bzw. approximative Berechnung der Gesamtschadenverteilung eines Versicherungskollektivs ist neben der Frage der langfristigen Stabilität des Risikoverlaufes eines der klassischen Grundprobleme der Risikotheorie. Hier sind gerade in letzter Zeit durch Computer-angepaßte Algorithmen (Nelson de Pril 1986, 1989) wichtige, für die Praxis relevante Fortschritte erzielt worden.

Weitere wichtige Teilgebiete der Risikotheorie beschäftigen sich mit der Theorie der Prämienkalkulation, der Bestimmung des Spätschadenpotentials (das sogenannte IBNR-Problem: Incurred But Not Reported), und der Credibility-Theorie. Überhaupt hat sich das Methodenspektrum der Versicherungsmathematik in den letzten Jahrzehnten deutlich erweitert. Hierzu gehört die Theorie der stochastischen Prozesse, die als Instrument F. Lundberg um 1903 bis 1909 noch nicht zur Verfügung stand; manche seiner eher kryptisch verpackten Ideen sind dann auch erst von H. Cramér mit der notwendigen mathematischen Genauigkeit beschrieben worden. Weiterentwickelt wurde die Ruintheorie dann in der zweiten Hälfte des zwanzigsten Jahrhunderts mit Methoden der Erneuerungstheorie (W. Feller 1966) und der Martingalmethode (H. Gerber 1973) vor allem durch die Schweizer Schule der Versicherungsmathematik (H. Ammeter, H. Bühlmann und H. Gerber).

Ein ganz aktueller Zweig der Versicherungsmathematik beschäftigt sich mit den Modellen der Finanzmathematik und deren Anwendung auf Fragen der Steuerung von Kapitalanlagen von Versicherungsunternehmen sowie deren Abstimmung mit den vorhandenen

Leistungsverpflichtungen. Hier hat sich innerhalb der Internationalen Aktuarvereinigung IAA eine eigene Sektion unter der Abkürzung AFIR (Actuarial Approach for Financial Risk) etabliert.

Vielfältige Methoden werden bei der Modellierung von komplexen Strukturen an den Finanzmärkten heute verwendet. Dazu gehören stochastische Prozesse, Methoden der stochastischen Analysis, der Potentialtheorie, die Theorie partieller Differentialgleichungen und deren numerische Behandlung, um ohne Anspruch auf Vollständigkeit die wichtigsten Gebiete aufzuzählen. Ein häufig geäußerter Kritikpunkt an der Versicherungsmathematik betrifft das vergleichsweise enge Methodenspektrum. Das trifft aus heutiger Sicht sicher für die klassische deterministische Theorie der Personenversicherung zu, nicht aber für die zuletzt genannten aktuellen Entwicklungen.

[1] Bühlmann, H.: Entwicklungstendenzen in der Risikotheorie, Jber. Dt. Math.-Verein. 90. Teubner-Verlag Stuttgart, 1988.

[2] Leonardi Euleri Opera Omnia: Series Prima, Band VII. Leipzig, Berlin, 1923.

[3] Gauß, C.F.: Werke, Band 4. Georg Olms Verlag, Hildesheim, 1973.

[4] Krengel, U.: Wahrscheinlichkeitstheorie, S. 457–489, in: Dokumente zur Geschichte der Mathematik, Band 6, Ein Jahrhundert Mathematik 1890–1990, Festschrift zum Jubiläum der DMV. Vieweg & Sohn Braunschweig, 1990.

Wavelets

I. Weinreich

Das Interesse an Wavelets begann etwa um 1980 und wuchs seitdem bis heute kontinuierlich an. Einige zentrale Ideen der Wavelettheorie existierten auf die eine oder andere Art schon früher in diversen Disziplinen.

Zu Beginn der 1980er Jahre verwendeten Wissenschaftler Wavelets – frz. Ondelettes – als Alternative zur ↑ Fourier-Analyse beispielsweise bei der Analyse akustischer oder seismischer Signale. Bei der klassischen Fourierzerlegung einer Funktion ist es nicht möglich, lokale Eigenschaften einer Funktion alleine aufgrund der Kenntnis einiger Fourierkoeffizienten zu analysieren. Demgegenüber hat die Wavelet-Zerlegung einen Vorteil: Die Waveletkoeffizienten spiegeln einfach, zuverlässig und präzise die Eigenschaften der zu analysierenden Funktion wider. Anstatt mit den unendlich ausgedehnten Sinus- und Cosinusfunktionen arbeitet man bei der Wavelet-Analyse mit Translationen und Dilatationen einer einzigen Grundfunktion, dem Wavelet (auch *mother wavelet* genannt).

Vorteilhaft ist, wenn man gut lokalisierte Funktionen verwenden kann. In diesem Fall haben kleine Änderungen im Signal nur kleine Auswirkungen auf die Koeffizienten in der Waveletdarstellung. Daß solche gut lokalisierten Wavelets, also Funktionen mit kompaktem Träger, existieren, die darüberhinaus auch über eine gewisse Glattheit verfügen, ist nicht von vornherein klar. 1987 wurden Wavelets mit kompaktem Träger und beliebiger Glattheit konstruiert. Dies hat wesentlich zum Erfolg der Waveletmethoden beigetragen.

Historisches. Als erste orthonormale Waveletbasis kann die 1910 von A. Haar konstruierte Haar-Basis angesehen werden. Das Haar-Wavelet h für den Hilbertraum $L_2(\mathbb{R})$ ist definiert als

$$h(x) = \left\{ \begin{array}{ll} 1 & \text{für } x \in [0, 1/2) \\ -1 & \text{für } x \in [1/2, 1) \\ 0 & \text{sonst.} \end{array} \right.$$

Ausgehend vom *mother wavelet* h wird eine Orthonormalbasis des $L_2(\mathbb{R})$ durch Translation und Dilatation der Funktion h gewonnen. Eine weitere Orthonormalbasis des L_2 wurde 1923 von Walsh konstruiert. Auch diese kann im Nachhinein als eine typische Basis aus sogenannten Wavelet-Paketen (*wavelet .packets*) interpretiert werden. Nach diesen beiden klassischen Beispielen gab es zahlreiche Entwicklungen in Mathematik und Ingenieurwissenschaften, die letztlich zur Etablierung der Wavelettheorie beigetragen haben. Wesentliche Impulse kamen aus der Spline-Approximationstheorie, der Signal- und Bildverarbeitung (Laplace-Pyramide, Filtertechniken), sowie der harmonischen Analysis. Der Begriff Wavelet wurde ca. 1982 in Frankreich von dem Geophysiker J. Morlet und dem mathematischen Physiker A. Grossmann eingeführt.

Der französische Mathematiker Yves Meyer ist als einer derjenigen Wissenschaftler anzusehen, die die mathematisch fundierte Grundlegung der Wavelettheorie entscheidend geprägt haben. 1985 konstruierte er eine Waveletbasis mit den in mathematischer Hinsicht interessanten Eigenschaften Glattheit und Orthogonalität. Ebenfalls in dieser Zeit wurde von S. Mallat und Y. Meyer ein wichtiges Fundament und zugleich ein wesentliches Hilfsmittel für die Konstruktion von Wavelets geschaffen, die *multiresolution analysis* oder Multiskalenzerlegung. Die erste Waveletbasis, bestehend aus orthogonalen, beliebig glatten Funktionen mit kompakten Trägern, wurde schließlich von Ingrid Daubechies 1987 konstruiert. Für viele Anwendungen ist die Eigenschaft der Daubechies-Wavelets, kompakten Träger zu haben, von besonderem Interesse. Speziell bewirken bei Verwendung gut lokalisierter Wavelets kleine Änderungen im Signal nur kleine Änderungen in wenigen Koeffizienten der Waveletdarstellung.

Was ist ein Wavelet? Eine Funktion ψ, von der ausgehend durch Translationen und Dilatationen eine Familie $\{\psi_{a,b}\}$ mit

$$\psi_{a,b}(x) = |a|^{-1/2} \psi \left(\frac{x-b}{a} \right), a, b \in \mathbb{R}, a \neq 0$$

erzeugt wird, heißt Wavelet. Man nennt ψ auch mother wavelet. Dabei heißt $a \in \mathbb{R} \setminus \{0\}$ der Skalenparameter und $b \in \mathbb{R}$ der Verschiebungsparameter. Hat man ein geeignetes Wavelet gewählt, können ähnlich wie mit Fourieranalyse auch mit Hilfe einer Waveletzerlegung Funktionen analysiert werden. Skalenwerte a mit $|a| \gg 1$ liefern eine breitere Funktion und dienen der Erfassung langwelliger Anteile der zu analysierenden Funktion, kleine Skalenparameter mit $|a| \ll 1$ liefern sehr schmale Wavelets und erfassen lokal präzise hochfrequente Funktionsanteile. Der Vorfaktor $|a|^{-1/2}$ dient der Normierung, damit $\|\psi\| = 1$ gilt.

Es gibt eine Vielzahl unterschiedlicher Wavelets, prinzipiell zugelassen sind alle quadratintegrierbaren Funktionen $\psi \in L_2(\mathbb{R})$, die die
Zulässigkeitsbedingung

$$\int_{\mathbb{R}} \frac{|\hat{\psi}(\xi)|^2}{|\xi|} d\xi < \infty$$

erfüllen. Eine wichtige Anwendung von Wavelets ist die Analyse und
Approximation von Funktionen bzw. diskreten Signalen. Dazu müssen
geeignete Basen $\{\psi_{a,b}\}$ aus Wavelets konstruiert werden. Für praktische
Anwendungen wird häufig eine Diskretisierung der Waveletfunktion ψ
vorgenommen. Gängig ist die Festlegung $a = 2$ und $b = 1$, in diesem
speziellen Fall bildet die Familie

$$\psi_{j,k} := 2^{j/2} \psi[2^j \cdot (-k)], \quad j, k \in \mathbb{Z}$$

eine orthonormale Basis des $L_2(\mathbb{R})$.

Die Wavelet-Transformierte einer Funktion hängt von der Wahl des Wavelets ψ ab. Es steht eine Vielzahl verschiedener Wavelets zur Verfügung.
Mit Hilfe der schnellen Wavelet-Transformation werden einer Funktion
ihre Waveletkoeffizienten zugeordnet, die zur Analyse derselben verwendet werden können. Mit einer entsprechenden Rücktransformation
wird die Synthese der Funktion aus den Waveletkoeffizienten vorgenommen. Bei der Auswahl eines geeigneten Wavelets hat man im Gegensatz
zur Fourieranalyse, wo die Basisfunktionen feststehen, viel Freiheit. In
der Praxis sind folgende Charakteristika von ψ von Interesse:

- Hat ψ kompakten Träger?

- Bildet die Menge $\psi_{j,k} := 2^{j/2} \psi[2^j \cdot (-k)]$ mit $j, k \in \mathbb{Z}$ eine Orthonormalbasis von L_2?

- Verfügt ψ über eine gewisse Anzahl verschwindender Momente?

Die Anzahl der verschwindenden Momente spielt bei der Kompression
von Daten eine Rolle. Hat ein Wavelet eine genügend große Anzahl verschwindender Momente, so sind die Waveletkoeffizienten in glatten
Bereichen der zu analysierenden Funktion klein – dort, wo Singularitäten auftreten, sind sie dagegen groß. Dieser Effekt ist für die
Datenkompression, bei der kleine Koeffizienten vernachlässigt werden,
von Interesse.

Multiskalenzerlegung. Die Konstruktion von Wavelets wird zumeist mit Hilfe der Multiskalenzerlegung $\{V_j\}_{j\in\mathbb{Z}}$ eines Funktionenraums, z. B. des $L_2(\mathbb{R})$, durchgeführt. Wichtig für eine solche Zerlegung ist eine Skalierungsfunktion ϕ, deren ganzzahligen Translate den Grundraum V_0 der Multiskalenzerlegung aufspannen:

$$V_0 := \overline{\operatorname{span}\{\phi(\cdot - k)|k \in \mathbb{Z}\}}.$$

Skalierungsfunktionen erfüllen wegen der Inklusion $V_0 \subset V_1$ die Skalierungsgleichung

$$\phi(x) = \sum_{k\in\mathbb{Z}} h_k \phi(2x - k).$$

Wavelets sollen dann das orthogonale Komplement W_0 von V_0 in V_1 aufspannen, d. h. es soll gelten

$$\langle \phi(\cdot - k), \psi(\cdot - l)\rangle = 0.$$

Die Verfeinerungsgleichung und die Orthogonalitätbedingung führen zu Bedingungen an die Waveletkoeffizienten $\{g_k\}_{k\in\mathbb{Z}}$ in der Darstellung

$$\psi(x) = \sum_{k\in\mathbb{Z}} g_k \phi(2x - k).$$

Viele Wavelettypen, z. B. die Daubechies-Wavelets, sind allein über ihre Koeffizienten gegeben.

Die Multiskalenzerlegung führt auch zu einem hierarchischen Schema für die Berechnung der Waveletkoeffizienten eines Eingabesignals f. In der Elektrotechnik spricht man von der Zerlegung in Teilbänder (*subband coding*) mit exakter Rekonstruktion. Das Vorgehen ist in der Abbildung schematisch dargestellt.

Dabei stehen H und $\bar{H}$ für Faltungen mit dem Filter $\{h_k\}_{k\in\mathbb{Z}}$, und das Symbol $2\downarrow$ bezeichnet das sogenannte *Downsampling* zur Zerlegung des Signals f. Beim Downsampling wird nur jeder zweite Eintrag des Ausgangssignals beibehalten. Für die Rekonstruktion mit Hilfe der Filterfolge $\{g_k\}_{k\in\mathbb{Z}}$ führen wir die Abkürzungen G und $\bar{G}$ ein. In der Praxis hat $\{g_k\}_{k\in\mathbb{Z}}$ ebenso wie $\{h_k\}_{k\in\mathbb{Z}}$ meist nur wenige von Null verschiedene

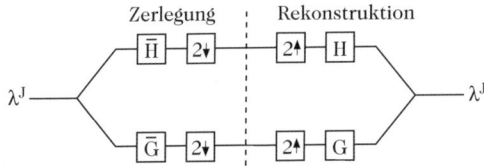

Schema zur Multiskalenzerlegung (Dekomposition und Rekonstruktion eines Signals - Teilbandzerlegung mit exakter Rekonstruktion)

Einträge. Im Schema wird das *Upsampling* mit 2 ↑ bezeichnet, dieser Vorgang dient der Rekonstruktion des Signals. Idee dabei ist, die Menge der Werte zu vergrößern, indem vorhandene Werte den geraden Indizes in einer neuen Folge zugeordnet werden, während Folgeglieder mit ungeraden Indizes den Wert 0 erhalten. Für jede orthonormale Basis aus Wavelets mit kompaktem Träger existieren assoziierte Paare endlicher Filter zur Teilbandzerlegung mit exakter Rekonstruktion.

Wavelet-Analyse versus Fourier-Analyse. Mit Hilfe der Fourier-Analyse können Charakteristika einer Funktion untersucht werden, indem die Funktion in mathematisch einfache Komponenten, in diesem Fall Sinus- und Cosinusfunktionen verschiedener Frequenzen und Amplituden, zerlegt wird. Die wohlbekannten trigonometrischen Funktionen sind einfach zu analysieren, prinzipielle Eigenschaften der Funktion selbst können daraus abgeleitet werden. Fourier-Analyse ist natürlicherweise besonders gut geeignet, periodische Phänome zu analysieren. Schwierig ist es, mit Hilfe der Fourier-Analyse Information über lokale Phänomene, beispielsweise eine Sprungstelle, zu gewinnen. Je schärfer ein Übergang ist, umso mehr Fourierkomponenten sind nötig, um das Verhalten zu beschreiben.

Wavelet-Analyse hingegen arbeitet mit den skalierten und translatierten Versionen eines einzigen Wavelets ψ. Ein mother wavelet ψ mit kompaktem Träger lebt auf einem endlichen Intervall. Eine Sprungstelle einer Funktion kann analysiert werden, indem nur diejenigen Versionen von ψ betrachtet werden, die sie überlappen. Feinere Details können mit entsprechend fein skalierten Versionen von ψ aufgelöst werden. Die lokale Analyse einer Funktion ist mit Hilfe von nur wenigen Basisfunktionen möglich.

Beispiele von Wavelets. Klassische Beispiele sind die Haar- und Walsh-Basis. Meyer-Wavelets und Daubechies-Wavelets haben ebenfalls orthogonale Translate und sind darüberhinaus beliebig glatt, letztere haben kompakten Träger. Verallgemeinerungen sind Prä-Wavelets (Orthognonalität nur bezgl. verschiedener Skalen), biorthogonale Wavelets und Wavelet-Pakete. Mehrdimensionale Wavelets erhält man durch Tensorprodukte oder direkt aus mehrdimensionalen Skalierungsfunktionen (z. B. Boxsplines).

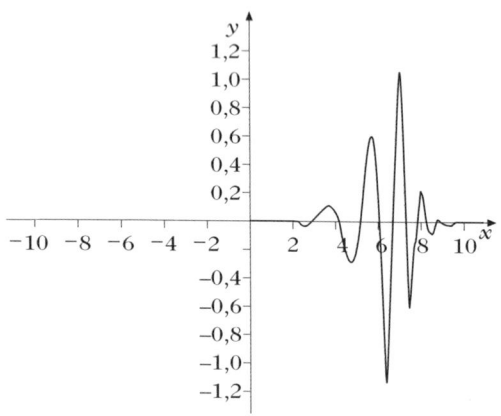

Daubechies-Wavelet

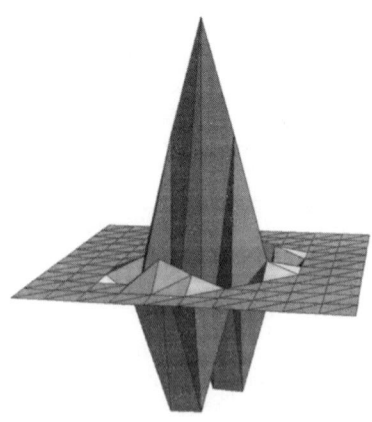

Zweidimensionales Wavelet

Anwendungen. Wichtige Anwendungen von Wavelets finden sich in der Bild- und Signalverarbeitung sowie in der Numerischen Mathematik. In der Signalanalyse werden Waveletmethoden beispielsweise zur Kompression, Entrauschung oder Kantenerkennung eingesetzt. Typischerweise besteht ein Signal aus einem diskreten Datensatz $\{\lambda^j\}$, der etwa eine Meßreihe darstellt oder mit einem Scanner erzeugt wurde. Die schnelle Waveletzerlegung des Signals kann durch die mehrfache Anwendung eines Hochpaßfilters D und eines Tiefpaßfilters H beschrieben werden.

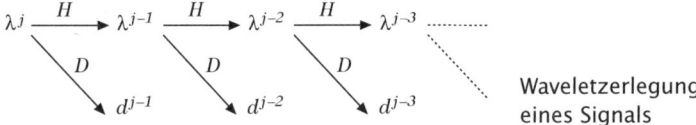

Waveletzerlegung eines Signals

Die schnelle Wavelet-Transformation liefert eine nichtredundante Zerlegung des Signals in Grobinformationen λ^{j-1}, λ^{j-2}, ... und immer gröbere Detailinformationen d^{j-1}, d^{j-2}, ... Effiziente Datenkompressionsstrategien basieren auf der Vernachlässigung hinreichend kleiner Waveletkoeffizienten. Ist etwa ein Signal in einem gewissen Bereich glatt, so ist der Anteil der Detailinformation gering. Daher sind die Waveletkoeffizienten entsprechend klein und man erreicht hohe Kompressionsraten. Die Waveletkoeffizienten sind in den Bereichen groß, in denen das Signal rauh ist; diesen Effekt nutzt man bei der Kantenerkennung. Genauere derartige Aussagen sind speziell dann möglich, wenn Wavelets mit einer höheren Anzahl verschwindender Momente verwendet werden.

In der Numerik bieten Wavelets beispielweise Vorteile bei der Verwendung von Galerkin-Verfahren zur Lösung elliptischer partieller Differentialgleichungen. Mit Wavelets lassen sich Basen gerade von denjenigen Funktionenräumen bilden, in denen sich Lösungsfunktionen befinden, zum Beispiel von Sobolewräumen. Sie können daher als Ansatzfunktionen bei Galerkin-Methoden verwendet werden.

[1] Chui, C.K.: An Introduction to Wavelets. Academic Press New York, 1992.

[2] Daubechies, I.: Ten Lectures on Wavelets. SIAM Publishers Philadelpia, 1992.

[3] Louis, A.K.; Maaß, P.; Rieder, A.: Wavelets, Theorie und Anwendungen. Teubner-Verlag Stuttgart, 1998.

[4] Mallat, S.: A Wavelet Tour of Signal Processing. Academic Press New York, 1998.

[5] Meyer, Y.: Ondelettes et Operateurs. Hermann Editeurs des Sciences et des Arts Paris, 1990.

Einzelne Facetten liefern ein Gesamtbild – „Highlights" aus verschiedenen Bereichen der Mathematik

Nachdem in den ersten beiden Teilen dieses Buches sowohl die historische Entwicklung als auch die aktuelle Bandbreite der modernen Mathematik ausgeleuchtet wurden, sollen in diesem dritten und letzten Teil einige punktuell ausgewählte Einzelthemen dieser Wissenschaft vorgestellt werden.

Hierzu gehört beispielsweise ein Beitrag über den *Satz des Pythagoras*, der – obwohl der Satz jedem Leser bereits seit Schultagen bekannt ist – vielleicht doch noch neue und interessante Informationen beinhaltet, oder auch der Aufsatz über die fast schon allgegenwärtige Zahl π, für den ähnliches gilt.

Daneben erfährt man aber auch auf durchaus vergnügliche Art und Weise, daß Mathematik und Humor keineswegs sich ausschließende Gegensätze sind, oder auch, was die Warteschlange im Supermarkt mit Mathematik zu tun hat.

Mathematik im 20. Jahrhundert – 100 Jahre Mathematik

Sir Michael Atiyah

1. Einleitung. Das 20. Jahrhundert war eine Epoche außerordentlicher Entfaltung und Weiterentwicklung der Mathematik. Da sich in einem kurzen Artikel unmöglich auch nur die wichtigsten Leistungen aufzählen lassen, konzentriere ich mich auf einige erkennbare Schlüsselthemen. Ich klammere auch einige bedeutsame Gebiete aus, etwa den gesamten Bereich von der Logik bis zu der Computerwissenschaft, der von einem Experten gesondert dargelegt werden sollte. Die Anwendungen – außer denen, die sich auf die Grundlagen der Physik beziehen – sollten ebenfalls nicht übergangen, aber an anderer Stelle gewürdigt werden.

2. Vom Lokalen zum Globalen. Mein erstes Thema läßt sich mit dem Schlagwort ‚Vom Lokalen zum Globalen‘ beschreiben: Eine Verlagerung des Schwerpunkts von lokalen Betrachtungen, aus denen sich die klassische Theorie (z. B. Potenzreihen) entwickelte, hin zur modernen globalen Sichtweise, die von der ↑ Topologie dominiert wird. In der Tat hat Henri Poincaré, einer der Pioniere der Topologie, vorausgesagt, daß sie der vorherrschende Forschungsbereich des 20. Jahrhunderts sein werde.

In der komplexen Analysis definierte Weierstraß analytische Funktionen durch konvergente Potenzreihen; Abel, Jacobi und ihre Nachfolger waren jedoch diejenigen, welche die Notwendigkeit einer globaleren geometrischen Herangehensweise sahen. Vergleichbar entwickelte sich die herkömmliche Vorstellung in der Theorie der Differentialgleichungen, explizite Lösungen zu finden, weiter in die modernere Theorie, in der die Lösungen implizit und eher durch ihr globales Verhalten definiert sind. Die Kenntnis ihrer Singularitäten ist dabei eingeschlossen. Ebenso ging in der Differentialgeometrie die klassische Methode, die mit Hilfe expliziter lokaler Formeln für Krümmungen und verwandten Begriffsbildungen arbeitet, in das umfassendere topologische Rahmenkonzept ein.

All dies kann man auch in der theoretischen Physik beobachten, wo man zwischen einem lokalem Modell, das normalerweise durch grundlegende Differentialgleichungen (den „Gesetzen" der Physik) beschrieben wird, und dem makroskopischen Bild großen Maßstabs unterscheidet. Die Chaos- oder die Katastrophentheorie sind typische Beispiele für diese Entwicklungen.

Sogar in der ↑ Zahlentheorie ist ein ähnlicher Prozeß im Gange. Die lokale Theorie behandelt die durch einzelne Primzahlen gegebenen Stellen, wohingegen die globale versucht, alle Primzahlen zu verknüpfen. Zu diesem Zweck hat man in der Tat topologische Ideen mit großem Erfolg in der Zahlentheorie eingeführt.

3. Vergrößerung der Dimension. In der klassischen Mathematik lag zu Beginn die Betonung auf einer kleinen Anzahl von Variablen, oft nur einer. So verstand man ursprünglich unter Funktionentheorie die Theorie einer komplexen Variablen. Im 20. Jahrhundert kam der Übergang zu zwei und mehr Variablen, neue höherdimensionale Phänomene tauchten auf und wurden mit topologischen Methoden bearbeitet, wie im obigen Abschnitt angesprochen.

Die ↑ Geometrie nahm mit Kurven und Oberflächen ihren Anfang, im 20. Jahrhundert aber wurde die n-dimensionale Geometrie gang und gäbe.

Man erhöhte nicht nur die Anzahl der unabhängigen Variablen, sondern auch die Anzahl der zu untersuchenden Funktionen. Es wurde selbstverständlich, Vektorfunktionen oder – allgemeiner – Tensorfelder zu erforschen.

Ein größerer Schritt war der Übergang in der Linearen Algebra und Matrizentheorie zum Hilbertraum und zur Operatortheorie, bei denen die Anzahl der Dimensionen unendlich ist. In gleicher Weise wurden Funktionen durch Funktionale ersetzt, also Funktionen auf dem unendlichdimensionalen Funktionenraum.

4. Vom Kommutativen zum Nichtkommutativen. Die nichtkommutative Algebra erschien zum ersten Mal im 19. Jahrhundert in den Arbeiten Hamiltons über die Quaternionen, Graßmanns über die äußeren Algebren, Cayleys über Matrizen und Galois' über die Gruppentheorie. Aber es blieb dem 20. Jahrhundert vorbehalten, diese Ideen zur vollen Blüte entwickelt zu sehen. Sie erstrecken sich inzwischen auf alle Bereiche der Mathematik, und aufgrund der Vertauschungsrelationen Heisenbergs haben sie eine unerwartete Anwendung in der Quantenphysik gefunden. Die Theorie der von Neumann-Algebren führt diese Beziehung sehr viel weiter, während in den letzten Jahren Alain Connes auch

Ideen der Topologie und Differentialgeometrie in seine „nichtkommutative Geometrie" integriert hat.

5. Vom Linearen zum Nichtlinearen. Der Großteil der klassischen Mathematik war linear. Dies traf insbesondere auf die euklidische Geometrie mit ihren Geraden und Ebenen zu. Im 19. Jahrhundert wurden erste Schritte auf allgemeinere Geometrien hin unternommen (Bolyai, Lobatschewski, Gauß, Riemann); sie erfuhren durch die Einsteinsche Theorie der allgemeinen Relativität einigen Ansporn. Nichtlineare Phänomene lassen sich typischerweise am besten untersuchen, indem man die Topologie, wie in Abschnitt 2 beschrieben, einbezieht.

Das Soliton ist in der Theorie der ↑ Differentialgleichungen ein typisches nichtlineares Phänomen. Es taucht in vielen Problemen auf und hat in der zweiten Hälfte des 20. Jahrhunderts eine große Wirkung ausgeübt. Sein theoretischer Rahmen ist sehr umfassend, und seine praktischen Anwendungen sind bedeutsam, zum Beispiel auf Signale in Glasfasern.

In der Grundlagenphysik sind die fundamentalen Gleichungen Clerk Maxwells linear. Im 20. Jahrhundert jedoch tauchten ihre nichtlinearen (Matrix-)Pendants auf, die Yang-Mills-Gleichungen, die Kernkräfte kurzer Reichweite beschreiben. Die Nichtlinearität in den Yang-Mills-Gleichungen rührt unmittelbar von der Nichtkommutativität der Matrizen her – wodurch der Bezug dieses Abschnitts zum vorherigen hergestellt ist.

6. Homologietheorie. Aufgrund der oben beschriebenen Themen wird klar, daß die Topologie eine der zentralen vereinheitlichenden Entwicklungen des 20. Jahrhunderts ist (wie von Poincaré vorausgesagt). Deshalb entwickelten sich die grundlegenden Techniken der Topologie zu universellen Methoden. Deren erste ist die Homologietheorie. Im wesentlichen erzeugt sie lineare Invarianten in nichtlinearen Situationen. Sie begann mit der Einführung des Begriffs der Zyklen in topologischen Räumen, die dann Perioden von Integralen liefern, wie in dem Werk von Riemann. Hodge führte diese Ideen in den dreißiger Jahren entscheidend weiter.

Eine andere Quelle der Homologie ist Hilberts Syzygientheorie der Polynomgleichungen, die im wesentlichen das Studium der Ideale und der Beziehungen zwischen ihren Erzeugenden ist. In Verbindung mit der topologischen Theorie führte dies letztendlich zu einem der Höhepunkte in der Mathematik des 20. Jahrhunderts – der Theorie der

Kohomologie von Garben. Sie begann mit Leray, wurde von Cartan, Serre, Grothendieck weiterentwickelt und reifte zu einem sehr einflußreichen Instrument in der algebraischen und analytischen Geometrie heran.

Hilberts Theorie war nur ein Beispiel von vielen rein algebraischen Zusammenhängen, in denen die Homologie bedeutsam wurde. So haben endliche Gruppen, Lie-Algebren ihre eigene Homologietheorie, und die algebraische Zahlentheorie ist heute vollständig von homologischen Konzepten durchdrungen.

7. K-Theorie. Ein weiteres Instrument, das der Homologietheorie im Geiste ähnlich ist, tauchte später auf. Dies ist die K-Theorie oder „stabile lineare Algebra" – das Studium additiver Invarianten von Matrizen. Sie wurde von Grothendieck in seiner Arbeit über den Riemann-Roch-Satz in die algebraische Geometrie eingeführt. Von Atiyah und Hirzebruch wurde sie dann in einen rein topologischen Kontext überführt und entwickelte sich zu einen machtvollen neuen Instrument. Insbesondere spielte sie in der Atiyah-Singer-Indextheorie über elliptische Differentialoperatoren eine wichtige Rolle.

Weitere Verallgemeinerungen folgten danach. Milnor und Quillen entwickelten eine rein algebraische Theorie, und diese weist tiefliegende Verbindungen zur Zahlentheorie auf.

In der ↑ Funktionalanalysis entwickelte Kasparow eine fruchtbare Theorie für (nichtkommutative) C^*-Algebren, die einen natürlichen Platz in Connes' nichtkommutativer Geometrie gefunden hat.

Zu guter Letzt ist erst unlängst deutlich geworden, daß die K-Theorie eine wichtige Rolle in der Quantenfeldtheorie und der Stringtheorie spielt, ein Punkt, auf den Witten mit Nachdruck hinweist.

8. Lie-Gruppen. Ein weiterer vereinheitlichender Faktor, der die Mathematik des 20. Jahrhunderts mitbestimmte, war die Theorie der Lie-Gruppen. Auch sie entstand am Ende des 19. Jahrhunderts durch die Arbeiten von Lie und Klein. Heute durchdringt sie viele Bereiche. In der allgemeinen Topologie war die Arbeit von Borel und Hirzebruch sehr einflußreich, und die nichtkommutative harmonische Analysis auf Lie-Gruppen ist das Vermächtnis von Harish-Chandra. In der Zahlentheorie wurde das ehrgeizige Langlands-Programm im begrifflichen Rahmen der Lie-Gruppen formuliert. Die Verbindungen zur Physik sind ebenfalls wichtig, wie ich nun näher ausführen werde.

9. Einfluß der Physik. Während des gesamten 20. Jahrhunderts stellte die Physik einen zentralen Anreiz für die Entwicklung mathematischer Ideen dar. Hier lediglich einige Höhepunkte: Die *Hamiltonsche Mechanik* führte zum Studium der symplektischen Geometrie, ein Thema von großem aktuellen Interesse. Die *Maxwellschen Gleichungen* waren der primäre Anstoß für Hodges Theorie harmonischer Formen. Die *Allgemeine Relativitätstheorie* regte die Differentialgeometrie an. Die *Quantenmechanik* gab der Theorie des Hilbertraums und der Spektraltheorie Auftrieb. Die *Kristallographie* spielte in der endlichen Gruppentheorie eine Rolle. Die *Elementarteilchen* führten zum Studium von unendlichdimensionalen Darstellungen der Lie-Gruppen. Die *Quantenfeldtheorie* und die *Stringtheorie* haben in den letzten 25 Jahren zu einer Unmenge an neuen Konzepten und Ergebnissen in vielen Bereichen der Mathematik geführt. Diese umfassen die Knoteninvarianten von Vaughan Jones, die spektakulären Ergebnisse von Donaldson zu vierdimensionalen Mannigfaltigkeiten, die Spiegelsymmetrien (und Formeln zum Zählen von Kurven), die Quantengruppen, die Monstergruppe. Auf formale Weise verwendet die Quantenfeldtheorie die Geometrie und Topologie von unterschiedlichen Funktionenräumen. Es wird eine Hauptaufgabe des 21. Jahrhunderts sein, ein besseres Verständnis für dieses gesamte Gebiet zu entwickeln.

(Übersetzung: Brigitte Post, unter Mitwirkung von Friedrich Hirzebruch)

Dieser Aufsatz geht auf eine Reihe von Vorträgen zurück, die der Verfasser im Millenium-Jahr in Trondheim, Leeds und Toronto gehalten hat.

Das Erlanger Programm von Felix Klein

H. S. M. Coxeter

Mit dem Erlanger Programm von 1872 [7] formulierte Felix Klein seine Idee, mit Hilfe von Transformationsgruppen verschiedene Geometrien voneinander zu unterscheiden.

Für jede Geometrie gibt es eine Hauptgruppe, unter welcher deren Lehrsätze richtig bleiben, und eine spezielle Untergruppe, welche ihre Begriffe ungeändert läßt. Da beispielsweise die Sätze Euklids gültig bleiben, wenn irgendeine Bewegung, Spiegelung oder Dilatation durchgeführt wird, besteht die Hauptgruppe der euklidischen Geometrie aus der Gruppe der Ähnlichkeiten, die durch Spiegelungen und Dilatationen erzeugt wird. Dilatationen können Längen oder Abstände ändern, wohingegen sämtliche Bewegungen durch Kompositionen von Spiegelungen erhalten werden können; deshalb besteht die spezielle Untergruppe aus der Gruppe der Isometrien, welche durch Spiegelungen erzeugt wird.

Da es in den nichteuklidischen Geometrien keine Entsprechung für die Ähnlichkeit gibt, fallen in einem solchen Fall die Hauptgruppe und die spezielle Untergruppe zusammen. Die sphärischen und hyperbolischen Geometrien unterscheiden sich von elliptischen Geometrien durch topologische Betrachtungen: Die elliptische Ebene (die aus einer Kugel durch Gleichsetzung von Gegenpunkten entsteht) ist nicht orientierbar, ebenso wie der elliptische Raum.

Die projektive Geometrie [2, Kapitel 14; 9] handelt von Punkten, Geraden und Ebenen, deren einzige Beziehung die der Inzidenz ist. Ihre Abstände und Winkel werden nicht gemessen und ihre Sätze bleiben richtig, wenn sie dualisiert werden. Ihre Hauptgruppe ist deshalb die Gruppe der Kollineationen und Korrelationen, von denen beide projektiv und antiprojektiv sind. Die spezielle Untergruppe, die von den Projektivitäten erzeugt wird, ist die Gruppe der projektiven Kollineationen. Indem man eine Gerade der projektiven Ebene (oder eine Ebene des projektiven Raumes) auszeichnet, leitet man die affine Geometrie her. Ihr geht es um Parallelität und Flächen (und Volumen), Winkel werden jedoch nicht gemessen. Die Hauptgruppe ist die Gruppe der Affinitäten [3], die spezielle Untergruppe ist die Gruppe der Äquiaffinitäten.

Die inversive Geometrie, welche Klein „Die Geometrie der reciproken Radien" nannte, handelt von Punkten und Kreisen (oder Kugeln). Ihre Hauptuntergruppe wird durch Inversionen erzeugt. Orthogonalität kann man mit dem Begriff der Berührung definieren, und aufgrund der Stetigkeit können Winkel gemessen werden. Anstelle des bekannten Abstands zwischen Punktepaaren gibt es den inversiven Abstand zwischen Paaren von Kreisen (oder Kugeln).

Ein Vergleich mit der euklidischen Geometrie zeigt, daß wir nur einen Punkt im Unendlichen unterscheiden können; die Kreise, die durch diesen Punkt gehen, werden mit den euklidischen Geraden gleichgesetzt. Zwei beliebige disjunkte Kreise können in konzentrische Kreise invertiert werden, und der inversive Abstand zwischen zwei disjunkten Kreisen kann durch $\log(a/b)$ beschrieben werden, wobei a und b (mit $a > b$) die Radien von zwei beliebigen konzentrischen Kreisen sind, in welche die beiden disjunkten Kreise invertiert werden können.

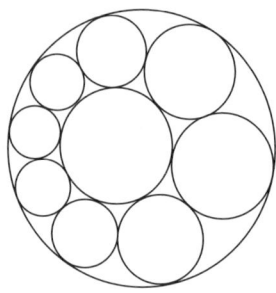

Bild 1

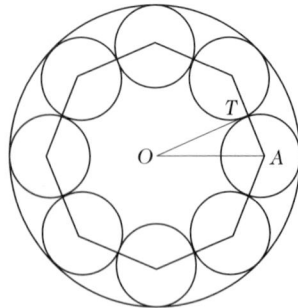

Bild 2

Ein gutes Beispiel für die Nützlichkeit des Erlanger Programms liefert der Schließungssatz von Steiner [2]. Angenommen, wir haben zwei (sich nicht schneidende) Kreise, deren einer im Inneren des anderen liegt, und einen Ring von Kreisen, die sowohl einander der Reihe nach als auch die beiden Ursprungskreise berühren (siehe Bild 1). Es kann dann vorkommen, daß der letzte Kreis den ersten berührt, so daß sich der Ring schließt. Wenn dies einmal auftritt, tritt dies immer auf, wie auch die Lage des ersten Kreises im Ring sein mag.

Da dieses Theorem nur Kreise und ihre Tangenteneigenschaften betrifft (zwei Kreise berühren sich, wenn sie nur einen gemeinsamen Punkt haben), ist es Teil der inversiven Geometrie. Man kann den Satz beweisen, indem man die beiden ursprünglichen Kreise in konzentrische invertiert, für welche die Behauptung offensichtlich gilt, wie in Bild 2 dargestellt.

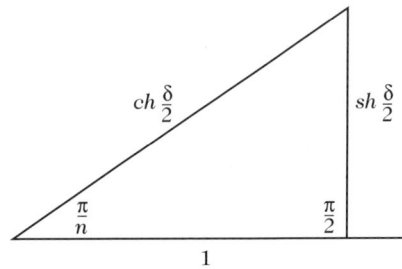

Bild 3

Genauer ausgedrückt: Besteht der Ring aus n Kreisen, müssen die beiden Grundkreise einen bestimmten inversiven Abstand δ, welcher eine Funktion von n [5, S. 127] ist, voneinander haben. Tatsächlich gilt wie in Bild 3:

$$\operatorname{sh}\frac{\delta}{2} = \tan\frac{\pi}{n},$$

$$\operatorname{ch}\frac{\delta}{2} = \sec\frac{\pi}{n},$$

$$\operatorname{th}\frac{\delta}{2} = \sin\frac{\pi}{n}.$$

Es kann vorkommen, daß zwei verschiedene Geometrien isomorphe Gruppen besitzen. Der offensichtlichste Fall liegt bei der inversiven Ebene und dem hyperbolischen dreidimensionalen Raum [1] vor. Die Gruppe der Homographien und Antihomographien, die durch Inversionen in die ∞^3 Kreise der Ebene erzeugt werden, ist isomorph zu der Gruppe der hyperbolischen Isometrien, die ihrerseits durch Spiegelungen in die ∞^3 Ebenen des hyperbolischen Raumes erzeugt werden. Dieser Isomorphismus läßt sich übersichtlich in einer Art „Wörterbuch" [8, S. 60–89; 4, S. 266] darstellen:

inverse Ebene	hyperbolischer Raum
Inversion	Spiegelung in einer Ebene
elliptische Homographie	Drehung um eine Gerade
Möbius-Involution	Halbdrehung
parabolische Homographie	Parallelverschiebung
eigentliche hyperbolische Homographie	Verschiebung
elliptische Antihomographie	Drehspiegelung
Anti-Inversion	zentrale Inversion
parabolische Antihomographie	Spiegelung an Parallelen
hyperbolische Antihomographie	Gleitspiegelung
loxodromische Homographie	Schraubung
uneigentliche hyperbolische Homopraphie	Halbschraubung

Als eine Transformation komplexer Zahlen [8, S. 85] entspricht die loxodromische Homographie $z' = e^{\alpha+i\beta}z$ der Schraubung, die aus einer Verschiebung um den Abstand α und einer Drehung (um dieselbe Achse) um den Winkel β hervorgeht. Insbesondere gleicht die uneigentliche hyperbolische Homographie $z' = -e^{\alpha}z$ einer Halbschraubung um α.

Die bemerkenswerte Leistungsfähigkeit des Erlanger Programms zeigt sich in seiner Anwendbarkeit auf Situationen, die Klein selbst sich noch nicht vorzustellen vermochte. So sind die verschiedenen endlichen Geometrien mit einer wichtigen Familie von Gruppen [6, S. 93] verbunden.

Genauer ausgedrückt: Klein schien sich im Jahr 1872 noch nicht darüber bewußt gewesen zu sein, daß von Staudt 1857 [10, S. 87–88] geäußert hatte, es gebe $(q^2 + q + 1)$ Punkte in der projektiven Ebene und $(q^3 + q^2 + q + 1)$ Punkte im dreidimensionalen Raum, vorausgesetzt, es liegen $(q+1)$ Punkte auf einer Geraden. Obwohl von Staudt die Möglichkeit einer endlichen Geometrie in Erwägung zog und damit die Ergebnisse von G. Fano vorwegnahm, hatte er nicht die leiseste Ahnung einer Beziehung zur Gruppentheorie: Er sollte niemals erfahren, daß q eine Potenz einer Primzahl sein sollte!

(Übersetzung: Brigitte Post)

[1] Coxeter, H.S.M.: The inversive plane and hyperbolic space. Abh. Math. Sem. Univ. Hamburg 29, 1966.

[2] Coxeter, H.S.M.: Unvergängliche Geometrie (2. Auflage). Birkhäuser, Basel, 1981.

[3] Coxeter, H.S.M.: Affine regularity. Abh. Math. Sem. Univ. Hamburg 62, 1992.

[4] Coxeter, H.S.M.: Non-Euclidean Geometry (6. Auflage). Mathematical Association of America, Washington, DC, 1998.

[5] Coxeter, H.S.M., Greitzer S.L.: Geometry Revisted. Mathematical Association of America, Washington, DC, 1967.

[6] Coxeter, H.S.M., Moser W.O.J.: Generators and Relations for Discrete Groups (4. Auflage). Springer-Verlag, Berlin, 1980.

[7] Klein, F.: The Erlanger Program. The Math. Intelligencer 0, 1977.

[8] Schwerdtfeger, Hans: The Geometry of Complex Numbers. University of Toronto Press, 1962.

[9] von Staudt, G.K.C.: Geometrie der Lage. Nürnberg, 1847.

[10] von Staudt, G.K.C.: Beiträge zur Geometrie der Lage. Nürnberg, 1856.

Die Fermatsche Vermutung

G. J. Wirsching

Mit dem endgültigen Beweis der Fermatschen Vermutung – seither korrekter Fermatscher Satz genannt – im Jahre 1995 konnte Andrew Wiles eines der bekanntesten und am längsten offenen mathematischen Probleme lösen. In diesem Artikel wird auf die interessante und teilweise vergnügliche Geschichte dieses Themas eingegangen.

Der Ursprung der Fermatschen Vermutung ist ziemlich gut dokumentiert. 1621 publizierte Bachet de Méziriac eine lateinische Übersetzung des Buchs *Arithmetika* von Diophantos. Dieses Buch enthält mehr als hundert einfache und weniger einfache Rechenaufgaben, bei denen Brüche (rationale Zahlen) als Lösungen gesucht sind. Pierre de Fermat studierte dieses Buch gegen Ende der 1630er Jahre, wobei er häufig den großzügigen Rand dazu benutzte, Kommentare, Ideen oder Erweiterungen zu Diophantos' Aufgaben aufzuschreiben. Das von Fermat benutzte Exemplar ist verloren gegangen, aber sein Sohn Samuel de Fermat kümmerte sich nach dem Tod seines Vaters 1665 um dessen Nachlaß, und gab 1670 eine umfangreiche Edition der Werke Fermats heraus. Diese enthält auch die berühmte Randnotiz neben Problem 8 des zweiten Bandes von Diophantos' *Arithmetika*, die Fermat um 1637 herum so aufschrieb:

> Cubum autem in duos cubos, aut quadrato-quadratum in
> duos quadrato-quadratos, et generaliter nullam in infinitum
> ultra quadratum potestatem in duos ejusdem nominis fas est
> dividere; cujus rei demonstrationem mirabilem sane detexi.
> Hanc marginis exiguitas non caperet.

Hier eine deutsche Übersetzung: „Es ist aber unmöglich, einen Kubus in zwei Kuben, oder ein Biquadrat in zwei Biquadrate, und allgemein bis ins Unendliche irgendeine Potenz jenseits des Quadrats in zwei ebensolche zu zerlegen; ich habe einen wirklich wunderbaren Beweis dieser Tatsache entdeckt. Diesen kann die Enge des Randes nicht fassen."

In heutiger Schreibweise behauptete Fermat also: Gegeben eine natürliche Zahl $n \geq 3$, dann hat die Gleichung $X^n + Y^n = Z^n$ keine Lösung bestehend aus von Null verschiedenen ganzen Zahlen X, Y, Z. Zur Abkürzung nennt man ein Lösungstripel (X, Y, Z) *trivial*, wenn wenigstens eine der drei Zahlen X, Y, Z gleich Null ist. Damit lautet die Fermatsche Vermutung:

Zu jedem ganzen Exponenten $n \geq 3$ besitzt die Gleichung

$$X^n + Y^n = Z^n \tag{1}$$

keine nicht-triviale ganzzahlige Lösung.

Fermats Nachlaß ist eine Fundgrube der Zahlentheorie. Er enthält zahllose Bemerkungen, Behauptungen und Beweisansätze, von denen einige Anlaß zu weitreichenden Untersuchungen gaben. Mittlerweile kann man jede Idee in Fermats Nachlaß in das Gebäude der Mathematik einordnen, also entweder beweisen oder widerlegen. Das Problem, das am längsten (bis 1995) offenstand, ist gerade die obenstehende Fermatsche Vermutung. Daher bekam diese im Laufe der Zeit mehr und mehr die Namen „Großer Satz von Fermat" oder auch „Fermat's Last Theorem", obwohl die Randnotiz in der zeitlichen Abfolge der Fermatschen Notizen eher am Anfang als am Ende stand.

Zu „Fermats Letztem Satz" enthält der Nachlaß keine weiteren Bemerkungen. Insbesondere hat sich der „wirklich wunderbare Beweis" von Fermat nirgends gefunden, und die meisten vermuten, daß Fermat beim Beweis seiner Behauptung zumindest gravierende Fehler unterlaufen sind. Möglicherweise hatte Fermat einen fehlerhaften Beweis, und vielleicht hat er die Fehlerhaftigkeit sogar später selbst bemerkt. Da sich die Randnotiz nur in seinen privaten Unterlagen befand, kam er nicht auf die Idee, eine Korrektur anzufügen. Auch vergaß er, seinen Sohn zu bitten, diese Randnotiz nicht zu publizieren. Diese These wird durch die Tatsache unterstützt, daß Fermat einerseits nie die volle Behauptung in seinen Briefen erwähnte, aber andererseits die Fälle $n = 4$ und $n = 3$ in mehreren Briefen erwähnte bzw. als Problem stellte. Der Fall $n = 4$ findet sich in einem für Sainte-Croix bestimmten Brief an Mersenne 1636 und in zwei weiteren Briefen an Mersenne 1638 und 1640. Den Fall $n = 3$ erwähnte Fermat in Briefen an Mersenne 1636, 1638 und 1643, an Sainte-Martin 1643, an Pascal 1654, an Digby (für Wallis) 1658 und an Carcavi 1659.

Durch Diophantos und Bachet übertragen, reichen die historischen Wurzeln der Fermatschen Gleichung (1) bis vor Pythagoras zurück. Ganzzahlige Lösungen der Gleichung für $n = 2$ heißen heute *Pythagoräische Tripel* und wurden auch schon vor Pythagoras studiert.

Seit ihrer Publikation hat die Fermatsche Vermutung sehr häufig das Interesse von Amateuren ebenso wie von renommierten Mathematikern erweckt. Dies hat, unter anderem, zu zahlreichen fehlerhaften Beweisen geführt. In [1] findet man eine mehrseitige Liste von publizierten Arbeiten mit falschen Beweisen der Fermatschen Vermutung. Darüberhinaus gibt es noch zahlreiche Autoren, die ihren falschen Beweis in kleinen Büchern oder Broschüren selbst herausgaben.

Am 27. Juni 1908 lobte die Königliche Gesellschaft der Wissenschaften zu Göttingen den *Wolfskehl-Preis* für einen Beweis der Fermatschen Behauptung aus. Dieser sollte aus dem Nachlaß von Paul Wolfskehl bezahlt werden und betrug einhunderttausend Mark. Allein im ersten Jahr nach der Auslobung des Preises wurden 621 falsche Beweise eingereicht.

Die Geschichte der Versuche, die Fermatsche Vermutung oder wenigstens Teilresultate zu beweisen, ist ein guter Leitfaden zum Studium großer Teile der Zahlentheorie [1, 3]. Ein technisch sehr aufwendiger Beweis gelang schließlich Andrew Wiles in einer 1995 publizierten Arbeit, die wesentlichen Gebrauch von Arbeiten zahlreicher anderer Mathematiker macht, vor allem Taniyama, Shimura, Frey, Serre, Ribet, und Taylor.

Doch nun zur historischen Entwicklung der Beweisansätze. Den Beweis für den Spezialfall $n = 4$ kann man aus Fermats Nachlaß rekonstruieren. In seiner Notiz zu Problem 20, Buch VI von Diophantos' *Arithmetika*, betrachtete er die Frage, ob die Fläche eines Pythagoräischen Dreiecks eine Quadratzahl sein kann. Er kam so zu der Gleichung

$$X^4 - Y^4 = Z^2, \tag{2}$$

von der er mit seiner Deszendenzmethode bewies, daß sie keine ganzzahlige Lösung $X \neq 0$, $Y \neq 0$ und $Z \neq 0$ besitzt. Daraus folgt, daß es kein Pythagoräisches Dreieck gibt, dessen Fläche eine Quadratzahl ist [1]. Zudem kann man aus (2) verhältnismäßig leicht herleiten, daß auch die Gleichung

$$X^4 + Y^4 = Z^4$$

keine aus von Null verschiedenen ganzen Zahlen bestehende Lösung besitzt.

Vielleicht hatte Fermat auch einen Beweis für den Fall $n = 3$, jedoch fand man keinen solchen in seinem Nachlaß. Euler unternahm 1770 einen Anlauf, den Fall der kubischen Gleichung

$$X^3 + Y^3 = Z^3$$

zu behandeln, wobei er wieder die Fermatsche Deszendenzmethode anwandte. Eulers Beweis enthielt eine Lücke, auf die Schumacher 1894 explizit hinwies. Man kann jedoch zeigen, daß es mit Eulers Methoden möglich ist, diese Lücke zu schließen. Gauß bewies den Fall $n = 3$ mit anderen Methoden, nämlich mittels Eisenstein-Zahlen.

Der erste Beweis für den Fall $n = 5$ stammt von Dirichlet (publiziert 1828); unabhängig davon und etwa gleichzeitig bewies auch Legendre diesen Fall. Ein wesentliches Argument in Dirichlet's Beweis ist die Tatsache, daß der Ganzheitsring des quadratischen Zahlkörpers $\mathbb{Q}(\sqrt{5})$ eine (bis auf Einheiten) eindeutige Primfaktorzerlegung zuläßt. Lamé bewies 1839 die Fermatsche Behauptung für $n = 7$; Lebesgue (V.A., nicht Henri) publizierte 1840 einen einfacheren Beweis, und Genocchi 1876 einen noch einfacheren.

Die erste Reduktion des allgemeinen Falls ist die auf Primzahlen $p > 2$. Für eine Zerlegung $n = pq$ gilt offenbar

$$X^n + Y^n = Z^n \iff (X^q)^p + (Y^q)^p = (Z^q)^p \; ;$$

also könnte man aus einer Lösung für den Exponenten n sofort eine Lösung für jeden Exponenten $p \mid n$ gewinnen. Damit genügt es, die Fermatsche Vermutung für Primzahlexponenten $p > 2$ zu beweisen.

Traditionsgemäß sagt man, der *erste Fall* der Fermatschen Behauptung sei richtig für eine Primzahl $p > 2$, wenn für ganze Zahlen x, y, z, die keine Vielfachen von p sind, stets gilt

$$x^p + y^p \neq z^p.$$

Etwas allgemeiner sagt man, der erste Fall der Fermatschen Behauptung gelte für den Exponenten $n = 2^k u$ (mit $k \geq 0$ und u ungerade), wenn für nicht-verschwindende ganze Zahlen x, y, z mit $\mathrm{ggT}(u, xyz) = 1$ stets gilt

$$x^n + y^n \neq z^n.$$

Komplementär hierzu sagt man, der *zweite Fall* der Fermatschen Behauptung gelte für den Exponenten $n = 2^k u$ (mit $k \geq 0$ und u ungerade), wenn für paarweise teilerfremde ganze Zahlen x, y, z mit $\mathrm{ggT}(u, xyz) \neq 1$ stets gilt

$$x^n + y^n \neq z^n.$$

Legendre publizierte 1823 einen Satz von Sophie Germain, der „d'un trait de plume" den ersten Fall der Fermatschen Behauptung für alle Primzahlen $p < 100$ erledigt.

Lamé behauptete 1847, er habe den allgemeinen Fall bewiesen. Es stellte sich jedoch heraus, daß er von der falschen Annahme ausgegangen war, daß es im Ganzheitsring eines beliebigen Kreisteilungskörpers eine eindeutige Primfaktorzerlegung gäbe.

Ebenfalls 1847 legte Kummer seine tiefgehenden Untersuchungen über Kreisteilungskörper und insbesondere deren Ganzheitsringe vor. Dabei war sein Hauptaugenmerk auf Verallgemeinerungen der Reziprozitätsgesetze gerichtet:

> „Der Fermatsche Satz ist zwar mehr ein Curiosum als ein Hauptpunkt der Wissenschaft."

Dennoch bewies er – in Anwendung seiner Untersuchungen – folgenden Satz:

Ist $p > 2$ eine reguläre Primzahl, so ist die Fermatsche Behauptung für den Exponenten p richtig.

Auf die formale Definition einer *regulären Primzahl* kann hier verzichtet werden; erwähnenswert ist: Die kleinste irreguläre Primzahl ist 37, und man kann zeigen, daß es unendlich viele irreguläre Primzahlen gibt. Andererseits ist die Frage, ob es unendlich viele reguläre Primzahlen gibt, ein noch ungelöstes Problem.

In Boston fand 1995 eine Konferenz über Fermat statt, bei der ein T-Shirt verkauft wurde, auf dem eine Kurzfassung des Wilesschen Beweises der Fermatschen Vermutung aufgedruckt war [3]. Darin sind fünf mathematische Aufsätze zitiert, nämlich von Frey 1986, Ribet 1990, Serre 1987, Taylor und Wiles 1995, und schließlich Wiles 1995. Hier eine deutsche Übersetzung des Kurzbeweises auf dem T-Shirt:

> *Fermats Letzter Satz:*
> Seien $n, a, b, c \in \mathbb{Z}$ mit $n > 2$. Falls $a^n + b^n = c^n$, dann ist $abc = 0$.
> *Beweis:* Der Beweis folgt einem Programm, das um 1985 herum von Frey und Serre formuliert wurde. Nach klassischen Resultaten von Fermat, Euler, Dirichlet, Legendre und Lamé können wir annehmen, daß $n = p$ eine Primzahl ≥ 11 ist. Angenommen, es gäbe $a, b, c \in \mathbb{Z}$ mit $abc \neq 0$ und

$a^p + b^p = c^p$. Ohne Beschränkung der Allgemeinheit können wir $2 \mid a$ und $b \equiv 1 \bmod 4$ annehmen. Frey bewies, daß die elliptische Kurve E mit der Gleichung

$$y^2 = x(x - a^p)(x - b^p)$$

folgende bemerkenswerten Eigenschaften hat: (1) E ist semi-stabil mit dem Führer $N_E = \prod_{\ell \mid abc} \ell$, and (2) $\overline{\rho}_{E,p}$ ist unverzweigt außerhalb $2p$ und flach an der Stelle p.

Nach dem Modularitätssatz von Wiles und Taylor-Wiles gibt es eine Eigenform $f \in S_2(\Gamma_0(N_E))$ derart, daß $\rho_{f,p} = \rho_{E,p}$. Ein Satz von Mazur impliziert, daß $\overline{\rho}_{E,p}$ irreduzibel ist, also folgt aus einem Satz von Ribet die Existenz einer Heckeschen Eigenform $g \in S_2(\Gamma_0(2))$ mit $\rho_{g,p} \equiv \rho_{f,p} \bmod \mathfrak{p}$ für ein $\mathfrak{p} \mid p$. Aber $X_0(2)$ hat Geschlecht Null, also ist $S_2(\Gamma_0(2)) = 0$. Das ist ein Widerspruch, und Fermats Letzter Satz ist bewiesen. Q.E.D.

Fernando Gouvêa bemerkte hierzu: „It doesn't fit the margin, but it does go on a shirt."

[1] Ribenboim, P.: Fermat's Last Theorem for Amateurs. Springer New York, 1999.

[2] Singh, S.: Fermat's Last Theorem. Fourth Estate London, 1997.

[3] van der Poorten, A.: Fermat's Last Theorem. Wiley New York, 1996.

Der Goldene Schnitt

G. J. Wirsching

Eine bestimmte geometrische Teilung einer Strecke, bei der sich die größere Teilstrecke zur kleineren so verhält wie die Gesamtstrecke zum größeren Teil, wird seit etwa dem 19. Jahrhundert als „Goldener Schnitt" bezeichnet.

Teilung einer Strecke im Goldenen Schnitt

Den Zahlenwert dieses Verhältnisses bezeichnet man meist mit dem Buchstaben ϕ. Die reelle Zahl ϕ ist die einzige positive Lösung der Gleichung

$$\phi = 1 + \frac{1}{\phi}, \tag{1}$$

hat also den Wert

$$\phi = \frac{1}{2} + \frac{1}{2}\sqrt{5}.$$

Die Zahl ϕ spielt in verschiedenen Teilgebieten der Mathematik eine Rolle, z. B. in der Spieltheorie, in der ↑ Graphentheorie, bei dynamischen Systemen, in der ↑ Zahlentheorie, und in vielen geometrischen Figuren und Konstruktionen. Daneben findet man den Goldenen Schnitt in zahlreichen biologischen Formationen sowie in Architektur, bildender Kunst, Musik und Poesie.

Die Bedeutung dieser Proportion in der Geschichte der Mathematik ist insofern überragend, als anhand des Goldenen Schnitts erstmals die *Inkommensurabilität* zweier geometrisch konstruierbarer Strecken entdeckt wurde. Dies war eine der überraschendsten und weitreichendsten Entdeckungen der frühen griechischen Mathematik. Der Ursprung liegt darin, daß sich pythagoräische Philosophen sehr stark für regelmäßige Körper, regelmäßige Flächen und Zahlenverhältnisse interessierten. Z. B. ist das Fünfeck wichtig, denn die Oberfläche des Dodekaeders, der „Sphäre aus 12 regelmäßigen Fünfecken", ist aus diesen Bestandteilen aufgebaut. Man findet nun mit einfachen geometrischen Überlegungen, daß der Schnittpunkt zweier benachbarter Diagonalen im regelmäßigen Fünfeck jede der Diagonalen im Goldenen Schnitt teilt (vgl. Abbildung).

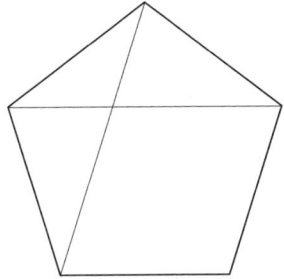

Zwei benachbarte Diagonalen im regelmäßigen Fünfeck

Zeichnet man in das regelmäßige Fünfeck alle fünf Diagonalen ein, so erhält man das sogenannte *Pentagramm*. Dieses war nicht nur bei den Pythagoräern als Erkennungszeichen in Gebrauch, es hat auch als *Drudenfuß* eine magische Bedeutung, auf die z. B. in Goethes „Faust" bei der Einführung des Mephistopheles angespielt wird. Das Pentagramm auf der Schwelle einer Tür schützt vor Dämonen und anderen bösen Kräften, deshalb hatte Mephistopheles als „ein Teil von jener Kraft, die stets das Böse will, und stets das Gute schafft", gewisse Schwierigkeiten bei der Überwindung des Drudenfußes. (Mephistopheles löste bekanntlich das Problem, indem er einer Ratte befahl, eine Ecke vom Pentagramm abzunagen und so den Zauber unwirksam zu machen.)

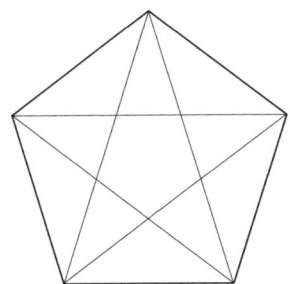

Das Pentagramm

In einem Aufsatz, der 1945 in den Annals of Math. erschien, weist der Altphilologe und Mathematikhistoriker Kurt von Fritz unter Anführung zahlreicher Details nach, daß die Inkommensurabilität in der ersten Hälfte des 5. Jahrhunderts v.Chr. entdeckt wurde, und zwar aller Wahrscheinlichkeit nach durch den pythagoräischen Philosophen Hippasos von Metapont anhand des Pentagramms. Hippasos war sehr daran interessiert, die im Pentagramm verborgenen Zahlenverhältnisse zu untersuchen. Er berechnete aufgrund rein geometrischer Überlegungen den Kettenbruch des Verhältnisses ϕ der Länge einer der Diagonalen zur Länge einer der Seiten des Pentagramms; in heutiger Schreibweise lautet sein Ergebnis:

$$\phi = 1 + \cfrac{1}{1 + \cfrac{1}{1 + \dots}} . \tag{2}$$

Eine Kettenbruchentwicklung dient dazu, eine Proportion möglichst genau als Verhältnis ganzer Zahlen auszudrücken. Ist die zu untersuchende Proportion rational, so erhält man einen endlichen Kettenbruch. Aber der durch (2) gegebene Kettenbruch ist offenbar nicht endlich, daher ist ϕ irrational. Geometrisch bedeutet das, daß Diagonale und Seite eines regelmäßigen Fünfecks inkommensurabel sind. Die Zahl ϕ in (2) ist tatsächlich der Goldene Schnitt, denn die Gleichung (1) folgt sofort aus (2).

Aufgrund dieser Beziehungen zum Pentagramm läßt sich der Goldene Schnitt recht einfach durch folgende Papierfaltung darstellen: Man nehme einen langen, schmalen Streifen Papier mit gleichmäßiger Breite, mache einen einfachen Knoten, ziehe ihn fest und drücke ihn platt. Man erhält so ein regelmäßiges Fünfeck, von dem eine Diagonale und vier Seiten sichtbar sind [1].

Eine geometrische Konstruktion der Proportion ϕ mit Zirkel und Lineal findet man bei Euklid. Die lateinischen Übersetzer der Bücher Euklids nannten den Goldenen Schnitt „proportio habens medium et duo extrema", also „eine Proportion, die eine Mitte und zwei Enden hat". Bei Kepler findet man die etwas präzisere Bezeichnung „Teilung im äußeren und mittleren Verhältnis". Zu Beginn des 16. Jahrhunderts benutzte der Venezianer Pacioli, vermutlich als erster, den Namen „divina proportio" (göttliche Proportion), der in der Folgezeit vielfach verwendet wurde. Daneben gab es auch die profanere Bezeichnung „sectio proportionalis" (proportionale Teilung) für den Goldenen Schnitt.

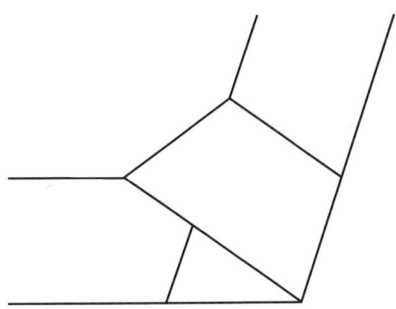

Plattgedrückter Knoten in
einem Papierstreifen

Ein *Goldenes Rechteck* ist, per definitionem, ein Rechteck mit der Eigenschaft, daß das Verhältnis der größeren zur kleiner Seite gerade der Goldene Schnitt ist. Schneidet man aus einem Goldenen Rechteck R_0 ein Quadrat heraus, so ist das verbleibende Rechteck R_1 wieder golden: das ist gerade die Relation

$$\phi = \frac{1}{\phi - 1},$$

die aus Gleichung (1) herleitbar ist.

Die *Goldene Spirale* ist eine spezielle logarithmische Spirale. Sie entsteht, indem man zunächst eine (komplexe) Bahnkurve $z(t) = e^{(a+ib)t}$ ansetzt und dann die reellen Parameter a, b so einstellt, daß nach einer Vierteldrehung $t = \pi/2$ aus dem Goldenen Rechteck R_1 gerade das große Goldene Rechteck R_0 wird. Dadurch sind sowohl der Ursprung des Koordinatensystems als auch die Parameter

$$a = \frac{2 \log \phi}{\pi}, \qquad b = 1$$

eindeutig festgelegt, und man kommt auf die Gleichung der Goldenen Spirale in Polarkoordinaten (r, ϑ):

$$r = \phi^{2\vartheta/\pi}.$$

Ein *Goldenes Dreieck* ist ein gleichschenkliges Dreieck mit der Eigenschaft, daß das Verhältnis eines Schenkels zur Basis der Goldene

Schnitt ist. Ähnlich wie man aus dem Goldenen Rechteck die Goldene Spirale gewinnt, gewinnt man aus dem Goldenen Dreieck die sogenannte *spira mirabilis*. Solche logarithmischen Spiralen findet man häufig in der Natur, etwa in Schneckenhäusern oder bei Muscheln. Dies liegt hauptsächlich daran, daß jede logarithmische Spirale eine gewisse Selbstähnlichkeit besitzt: Unter geeigneten Drehstreckungen bleibt sie invariant. Es ist nicht klar, ob ausgerechnet die Goldene Spirale oder die *spira mirabilis* besonders häufig in der Natur vorkommen.

Ein nachweisbarer Zusammenhang zwischen dem Goldenen Schnitt und biologischen Phänomenen ist durch die Fibonacci-Zahlen

$$1, 1, 2, 3, 5, 8, 13, 21, 34, 55, 89, \ldots$$

gegeben. Diese hängen zusammen mit der Anordnung von Blättern (oder Zweigen, Sprossen, usw.) an einem Stamm oder Stengel.

Beispielsweise zeigen Ulme und Linde eine 1/2-Phyllotaxis („Blattanordnung"), da Zweige und Blätter jeweils abwechselnd an gegenüberliegenden Seiten sprießen. Die Buche etwa zeigt eine 1/3-Phyllotaxis, da man den Blattstand des nächsten Blattes durch eine Drehung um 1/3 einer ganzen Drehung im Uhrzeigersinn erhält; dies entspricht einer Drehung um 2/3 gegen den Uhrzeigersinn. Entsprechend gibt es etwa bei der Eiche eine 2/5-Phyllotaxis, bei der Pappel eine 3/8-Phyllotaxis und bei der Weide eine 5/13-Phyllotaxis. Rechnet man in Drehungen gegen den Uhrzeigersinn, so scheinen bei der Phyllotaxis die Brüche zwischen aufeinanderfolgenden Fibonacci-Zahlen eine Rolle zu spielen:

$$\frac{1}{2}, \ \frac{2}{3}, \ \frac{3}{5}, \ \frac{5}{8}, \ \frac{8}{13}, \ \ldots$$

Man rechnet nun leicht nach (und kann auch durch vollständige Induktion allgemein beweisen), daß dies gerade die Kehrwerte der Näherungsbrüche der Kettenbruchentwicklung aus Gleichung (2) sind. Daher konvergiert die Folge dieser Brüche gegen ϕ^{-1}. Was den Zusammenhang zur Botanik betrifft, so gibt es bei manchen Pflanzen(teilen) (z. B. Sonnenblumen, Ananas, Tannenzapfen) ein mathematisches Modell, das das Auftreten der Fibonacci-Zahlen erklärt. Andererseits ist kein allgemeines Naturgesetz bekannt, das dieses Phänomen für jede Pflanzenart wirklich plausibel macht.

Innerhalb verschiedener Teilgebiete der Mathematik taucht der Goldene Schnitt manchmal ziemlich überraschend auf. Ein Beispiel ist das „Einsiedlerspiel" des britischen Mathematikers Conway: Das Spielfeld ist in kleine quadratische Felder aufgeteilt, und auf jedem Feld steht entweder eine Spielfigur oder nichts. Eine Spielfigur kann eine benachbarte überspringen, wenn das dahinterliegende Feld leer ist, danach wird die übersprungene Figur aus dem Spiel genommen. Zunächst befinden sich alle Spielfiguren unterhalb einer vorher festgelegten horizontalen Linie, dem Rand der „Wüste". Die Aufgabe ist nun, durch geschicktes Ziehen möglichst weit in die Wüste vorzudringen. Überraschenderweise kann man mit Hilfe des Goldenen Schnitts (und insbesondere unter Verwendung der sofort aus (1) ableitbaren Gleichung $\phi^2 = \phi + 1$) beweisen, daß es mit keiner aus endlich vielen Spielfiguren bestehenden Anfangskonfiguration möglich ist, die fünfte Reihe der Wüste zu erreichen.

Ein anderes Teilgebiet der Mathematik, in dem der Goldene Schnitt unvermutet auftaucht, ist die ↑ Graphentheorie. Im Zusammenhang mit dem Studium von Färbungen eines Graphen assoziiert man zu jedem Graphen G sein chromatisches Polynom $p(G; \lambda)$ (ein Polynom in der Unbestimmten λ). Berman und Tutte entdeckten 1969 das Phänomen, daß für jedes chromatische Polynom einerseits $p(G; \phi + 1) \neq 0$ gilt, daß aber andererseits in der Nähe von $\phi + 1$ eine Nullstelle von $p(G; \lambda)$ liegt, falls G eine sog. *Triangulierung* ist. 1970 konnte Tutte einen Grund dafür finden: er bewies die Abschätzung

$$|p(G; \phi + 1)| \leq \phi^{5-v},$$

wobei v die Anzahl der Ecken der Triangulierung G bezeichnet. Damit ist für große Eckenzahlen $p(G; \phi + 1)$ schon nahe bei 0, also liegt auch in der Nähe eine Nullstelle.

In der Chaos-Theorie findet man beim Studium des Übergangs von Ordnung zum Chaos immer wieder die Fibonacci-Zahlen oder den Goldenen Schnitt. Das liegt in vielen Fällen daran, daß die irrationale Zahl ϕ besonders schlecht durch rationale Zahlen approximierbar ist.

In der Architektur wurde der Goldene Schnitt vor allem im antiken Griechenland und in der Renaissance verwendet, Beispiele hierzu findet man in [1]. In der Bildenden Kunst ist ebenfalls eine Verwendung des Goldenen Schnitts als Kompositionsprinzip bei manchen Malern sehr wahrscheinlich. Z. B. ist es durchaus plausibel, daß Leonardo da Vinci den Goldenen Schnitt in vielfacher Weise in seinem Gemälde *Mona*

Lisa verwendete. Im allgemeinen zeigt aber das Auffinden der Proportion „Goldener Schnitt" an einem Gebäude oder in einem Gemälde noch nicht, daß diese Proportion tatsächlich als Konstruktionsprinzip zugrunde lag.

Was die Verwendung des Goldenen Schnitts als Kompositionsprinzip in der Musik betrifft, ist dies wohl in den meisten Fällen im nachhinein hineininterpretiert. Andererseits hat Lendvai in [2] eine sehr detaillierte Analyse der Musik von Béla Bartók vorgelegt, die es nahelegt, daß Bartók bei der Komposition tatsächlich den Goldenen Schnitt als Kompositionsprinzip verwendete.

[1] Beutelspacher, A.; Petri, B.: Der Goldene Schnitt. Spektrum Akademischer Verlag Heidelberg, 1996.

[2] Lendvai, E.: Béla Bartók. An analysis of his music. Kahn & Averill London, 1971.

Humor in der Mathematik

M. Sigg

Humor ist in der Mathematik völlig fehl am Platz. Wie in [9] überzeugend dargelegt wird, sind Versuche, „Mathematik durch Humor aufzulockern", lachhaft und Teil einer allgemeinen „Verwilderung wissenschaftlicher Sitten", und schon die „Idee, die ehrwürdige, ernsthafte Wissenschaft der Mathematik durch komische Wendungen, humoristische Verzierungen oder gar Witze (!) zu verwässern", ist „abwegig".

Es ist bekannt, daß echte Mathematiker (männliche wie weibliche) keinen Humor im üblichen Sinne besitzen. Dem gängigen Humor zugrundeliegende Mechanismen wie Übertreibung und Ironie sind ihnen gänzlich fremd — in der Mathematik ist alles präzise definiert, ein Ja ist ein Ja und ein Nein ein Nein. Was bewiesen ist, ist richtig, und was widerlegt ist, ist falsch, jetzt und in Ewigkeit. Was wahr, aber noch unbewiesen ist, wird irgendwann bewiesen, es sei denn, es ist unbeweisbar. Dann wird eben die Unbeweisbarkeit bewiesen.

Echte Mathematiker haben für die Beschäftigung mit Humor gar keine Zeit, denn diese ist in der Untersuchung offener mathematischer Fragen zweifellos besser angelegt. Daraus folgt umgekehrt sofort, daß Leute, die sich mit ‚Humor in der Mathematik' beschäftigen, keine echten Mathematiker sind. Es handelt sich dabei vielmehr meist um Personen, die der Mathematik geistig nicht gewachsen sind, Ausgestoßene und gescheiterte Existenzen also, die häufig auch in der Auseinandersetzung mit nebulösen Themen wie ‚Geschichte / Psychologie / Philosophie / Soziale Relevanz der Mathematik' oder gar ‚Unterhaltungsmathematik' eine bescheidene Ersatzbefriedigung finden.

Aus rein wissenschaftlichen Beweggründen seien im folgenden einige Erscheinungsformen der Verbindung von Mathematik mit Humor näher beleuchtet.

‚Lustige' Einkleidung mathematischer Aufgaben

Immer wieder wird versucht, mathematische Zusammenhänge umgangssprachlich auszudrücken oder ewige mathematische Wahrheiten dem gemeinen Volk durch die Einkleidung in ‚witzige' Gedanken und weltliche Geschichten nahezubringen. Dabei besteht die Gefahr, daß tiefe mathematische Erkenntnisse allgemeinverständlich erscheinen, ihrer Exklusivität beraubt und mit dem Schmutz der Trivialität besudelt werden – erschreckende Beispiele für diese Erscheinung sind in [9] zu finden. Dies ist der verbreiteten Ehrfurcht vor der Mathematik abträglich und läuft dem Bestreben der echten Mathematiker zuwider, der Mathematik ihren hart erarbeiteten Ruf einer nur wenigen Eingeweihten zugänglichen Geheimwissenschaft zu erhalten.

Musik und Mathematik
Echte Mathematiker hören nie Musik – sie würde beim Denken stören – und musizieren auch selbst nicht (Zeitverschwendung). Paul Erdős benutzte für Musik die Bezeichnung „noise", und Carl Friedrich Gauß bemerkte zu einem Beethoven-Konzert, das er auf Drängen von Johann Friedrich Pfaff besucht hatte: „Und was ist damit bewiesen?"

Verschiedentlich gab es Versuche, Mathematik mit Hilfe von Musik gefällig darzubieten, wie z. B. die *Hauptsatzkantate* von Friedrich Wille [9] – bedauerliche Entgleisungen, aber harmlos: Es ist glücklicherweise kein einziger Fall bekannt, wo auf diese Weise ein Nichtmathematiker einen Einblick in mathematische Geheimnisse erhalten hätte.

Gedichte über Mathematik(er)
Daß echte Mathematiker aufgrund der innigen, ja heldenhaften Hingabe an ihr Fach auf übliche gesellschaftliche Vergnügungen verzichten, wird gerne zum Anlaß genommen, sie als Sonderlinge und Lachfiguren darzustellen:

> *Gründlichkeit*
> *Franz Grillparzer [8]*
>
> *Wie viel, im Reich des Geistes gar,*
> *hängt ab von Ort und Zeit,*
> *Was falsch einst, gilt uns heut für wahr,*
> *Für dumm, was sonst gescheit.*
>
> *Und mancher, den die eigne Zeit*
> *Verspottet und verlacht,*
> *Lebt' er in unsern Tagen, heut,*
> *Sein Glück wär' längst gemacht.*
> *So jener Mathematikus*
> *Im heitern Paris,*
> *Setzt ins Theater nie den Fuß,*
> *Da Zahlen nur gewiß.*

Doch einst die Freunde brachten ihn
Ins Schauspielhaus mit Glück,
Man gab ein Schauspiel von Racine,
Des Meisters Meisterstück.

Da wird denn rings Begeistrung laut,
Man weint, man klatscht, man tobt,
Was man gehört, was man geschaut,
Wird e i n e s Munds gelobt.
Nur unser Mathematikus
Sah stieren Augs das Spiel,
Als ihn der Freunde Schar am Schluß
Befragt: wie's ihm gefiel,

Ob ihn ergriff der Dichtung Macht,
Des Unglücks Jammerruf?
Doch er erwidert mit Bedacht:
„Mais qu'est-ce que cela prouve?"

Da tönt Gelächter rings umher,
Das Wort durchläuft die Stadt,
Und ein Jahrhundert oder mehr
Lacht sich die Welt nicht satt.

O armer Mann, du kamst zu früh
Und nicht am rechten Ort;
In unsers Deutschlands Angst und Müh'
Erkennt man erst dein Wort,

Wo man Ideen nur begehrt,
Von Glut und Reiz entfernt,
Man, bis zum Halse schon gelehrt,
Noch im Theater lernt -

Dort ruft ein jeder Kritikus,
Was auch der Dichter schuf,
Wie jener Mathematikus:
„Mais qu'est-ce que cela prouve?"

Auch wenn die Rolle eines zerstreuten oder schußligen Professors zu besetzen ist, greift man häufig auf Mathematiker zurück:

Der Unfall des Mathematikers
Heinz Erhardt [6]

Es war sehr kalt, der Winter dräute,
da trat – und außerdem war's glatt –
Professor Wurzel aus dem Hause,
weil er was einzukaufen hat.

Kaum tat er seine ersten Schritte,
als ihn das Gleichgewicht verließ,
er rutschte aus und fiel und brach sich
die Beine und noch das und dies.

Jetzt liegt er nun, völlig gebrochen,
im Krankenhaus in Gips und spricht:
„Ich rechnete schon oft mit Brüchen,
mit solchen Brüchen aber nicht!"

Schließlich gibt es auch viele Gedichte über die Mathematik selbst und ihre Gegenstände:

Erster mathematischer Unfall
Ehrenfried Winkler [6]

Ein Rechteck fuhr mit dem Quadrat
auf einem schnellen Motorrad.
Doch kamen beide nicht sehr weit!
Zu hoch war die Geschwindigkeit.
Woran sie beide nicht gedacht,
in einer Kurve hat's gekracht.
Sie rammten eine Häuserwand,
an der man sie verunglückt fand.
Nun waren beide Invalid:
Ein Rhombus und ein Rhomboid.

Die Ballade vom armen Epsilon
Hubert Cremer [3]

Die Matrix sang ihr Schlummerlied
den Zeilen und Kolonnen,
schon hält das kleine Fehlerglied
ein süßer Traum umsponnen,

es schnarcht die alte ℘-Funktion,
und einsam weint ein bleiches,
junges, verlass'nes Epsilon
am Rand des Sternbereiches.

Du guter Vater Weierstraß,
Du Schöpfer unsrer Welt da,
ich fleh Dich einzig an um das:
Hilf finden mir ein Delta!
Und wenn's auch noch so winzig wär
und beinah Null am Ende,
das klarste Sein blieb öd und leer,
wenn sich kein Delta fände.

Vergebens schluchzt die arme Zahl
und ruft nach ihrem Retter,
es rauscht so trostlos und trivial
durch welke Riemann-Blätter;
die Strenge hat nicht Herz noch Ohr
für Liebesleidgefühle,
das arme Epsilon erfror
im eisigen Kalküle.

Moral:
Unstetig ist die Weltfunktion,
ihr werdet's nie ergründen,
zu manchem braven Epsilon
läßt sich kein Delta finden

Doch auch hier gilt: Das Lesen kostet Zeit, die dem Dienst an der Mathematik fehlt. Und, mal ehrlich: Liegt nicht z. B. in dem eleganten Beweis des Banachschen Fixpunktsatzes weitaus mehr Poesie?

Schlaue Sprüche
Die folgenden Äußerungen von Mathematikern und Nichtmathematikern seien ohne Stellungnahme wiedergegeben:

Der Ruf eines Mathematikers beruht auf der Anzahl seiner falschen Beweise.
(Abram Samoilovitch Besicovitch)

Strukturen sind die Waffen der Mathematiker. (Bourbaki)

Wer innerhalb eines Jahres $x^2 - 92y^2 = 1$ lösen kann, ist ein Mathematiker. (Brahmagupta)

Alles was lediglich wahrscheinlich ist, ist wahrscheinlich falsch. (René Descartes)

Seit die Mathematiker in die Relativitätstheorie eingedrungen sind, verstehe ich sie selbst nicht mehr. (Albert Einstein)

Wo sich die Gesetze der Mathematik auf die Wirklichkeit beziehen, sind sie unsicher; und wo sie sicher sind, beziehen sie sich nicht auf die Wirklichkeit. (Albert Einstein)

Ich glaube nicht an die Mathematik. (Albert Einstein)

Ein Mathematiker ist eine Maschine zur Umwandlung von Kaffee in Theoreme. (Paul Erdős)

Als Ablenkung vom Sexuellen genießt die Mathematik den größten Ruf. (Sigmund Freud)

Er ist ein Mathematiker und also hartnäckig. (Johann Wolfgang von Goethe)

Mit Mathematikern ist kein heiteres Verhältnis zu gewinnen. (Johann Wolfgang von Goethe)

Die Mathematiker sind eine Art Franzosen: Redet man zu ihnen, so übersetzen sie es in ihre Sprache, und alsbald ist es ganz etwas anderes. (Johann Wolfgang von Goethe)

Daß aber ein Mathematiker, aus dem Hexengewirre seiner Formeln heraus, zur Anschauung der Natur käme und Sinn und Verstand, unabhängig wie ein gesunder Mensch, brauchte, werd ich wohl nicht erleben. (Johann Wolfgang von Goethe)

Die kürzeste Verbindung zwischen zwei Aussagen über reelle Zahlen führt über komplexe Zahlen. (Jacques Salomon Hadamard)

Manche Menschen haben einen Gesichtskreis vom Radius Null und nennen ihn ihren Standpunkt. (David Hilbert)

Die Wichtigkeit einer wissenschaftlichen Arbeit kann man daran messen, wieviele frühere Veröffentlichungen durch sie überflüssig werden. (David Hilbert)

Die Physik ist für die Physiker viel zu schwer. (David Hilbert)

Es gibt keinen Unterschied zwischen reiner und angewandter Mathematik. Die beiden haben überhaupt nichts miteinander zu tun. (David Hilbert)

Die ganzen Zahlen hat der liebe Gott geschaffen, alles andere ist Menschenwerk. (Leopold Kronecker)

Die sogenannten Mathematiker von Profession haben sich, auf die Unmündigkeit der übrigen Menschen gestützt, einen Kredit von Tiefsinn erworben, der viel Ähnlichkeit mit dem von Heiligkeit hat, den die Theologen für sich haben. (Georg Christoph Lichtenberg)

Die Medizin macht die Menschen krank, die Mathematik macht sie traurig und die Theologie zu Sündern. (Martin Luther)

In der Mathematik versteht man die Dinge nicht. Man gewöhnt sich nur an sie. (John von Neumann)

Die Mathematiker, die nur Mathematiker sind, denken also richtig, aber nur unter der Voraussetzung, daß man ihnen alle Dinge durch Definitionen und Prinzipien erklärt; sonst sind sie beschränkt und unerträglich, denn sie denken nur dann richtig, wenn es um sehr klare Prinzipien geht. (Blaise Pascal)

Mathematik besteht daraus, offensichtliche Dinge auf die am wenigstens offensichtliche Art zu beweisen. (George Pólya)

So kann also die Mathematik definiert werden als diejenige Wissenschaft, in der wir niemals das kennen, worüber wir sprechen, und niemals wissen, ob das, worüber wir sprechen, wahr ist. (Bertrand Russell)

Mathematiker neigen zu Selbstzweifeln über nachlassende Konzentrationskraft wie andere Männer zu Besorgnis über ihre sexuelle Potenz. (Stanislaw Marcin Ulam)

Gott existiert, weil die Arithmetik konsistent ist, und der Teufel existiert, weil wir das nicht beweisen können. (André Weil)

Nicht unmittelbar auf die Mathematik gemünzt, aber recht treffend, sind diese Zitate:

„Ich habe bemerkt", sagte Herr K., „daß wir viele abschrecken von unserer Lehre dadurch, daß wir auf alles eine Antwort wissen. Könnten wir nicht im Interesse der Propaganda eine Liste der Fragen aufstellen, die uns ganz ungelöst erscheinen?" (Bertold Brecht, Geschichten vom Herrn Keuner)

Er [der Philosoph] glaubte nämlich, die Erkenntnis jeder Kleinigkeit, also zum Beispiel auch eines sich drehenden Kreisels, genüge zur Erkenntnis des Allgemeinen. Darum beschäftigte er sich nicht mit den großen Problemen, das schien ihm unökonomisch. War die kleinste Kleinigkeit wirklich erkannt, dann war alles erkannt, deshalb beschäftigte er sich nur mit dem sich drehenden Kreisel. (Franz Kafka, Der Kreisel)

Anekdoten über Mathematiker
Mathematiker werden als merkwürdige Menschen angesehen, und es gibt über sie eine Vielzahl von Anekdoten, die dies belegen sollen ([1], [5]). Dem Wissenden ist natürlich klar, daß der seltsame Ruf der Mathematiker gerade auf solchen Geschichten beruht und überhaupt nichts mit der Wirklichkeit zu tun hat.

Als David Hilbert hörte, daß einer seiner Studenten die Mathematik an den Nagel gehängt hatte, um Dichter zu werden, meinte er: „Das wundert mich nicht. Für die Mathematik hatte der zu wenig Phantasie, aber zum Dichten reicht's."

David Hilbert war für sein schwaches Kopfrechnen berühmt. Einmal stand er in seiner Vorlesung vor dem Problem, 8 mal 7 ausrechnen zu müssen: „Nun meine Herren, wieviel ist wohl 8 mal 7?" „55?" Ein anderer: „57!" Darauf Hilbert: „Aber meine Herren, die Lösung kann doch nur entweder 55 oder 57 sein!"

Isaac Newton prahlte gegenüber seinem Freund John Wallis „Mein Hund Diamond kennt sich ein bißchen in der Mathematik aus. Vor dem Mittagessen hat er heute zwei Sätze bewiesen.", worauf Wallis „Ihr Hund muß ja genial sein!" antwortete. „Ach nein", meinte Newton, „der erste Satz war falsch, und im zweiten hat er eine pathologische Ausnahme übersehen."

Norbert Wiener wurde von einem Studenten mit einer mathematischen Frage angesprochen. Wiener erörterte das Problem und fragte dann, aus welcher Richtung er gekommen sei. Der Student zeigte sie ihm. „Aha", sagte Wiener, „dann habe ich noch nicht gegessen", und setzte seinen Weg zur Mensa fort.

Kreisquadrierer, Winkeldreiteiler und andere
Nicht aus Spaß, sondern ganz im Ernst ‚lösen' auch heute noch unterbeschäftigte Nicht- oder Möchtegernmathematiker Aufgaben, deren

Unlösbarkeit längst bewiesen ist, oder entdecken sensationelle Zusammenhänge, die von der etablierten Wissenschaft bisher übersehen wurden oder von der Regierung (vermutlich zusammen mit abgestürzten UFOs und dergleichen) unter Verschluß gehalten werden. Kuriositäten dieser und ähnlicher Art sind in [4] und [7] zu finden.

Witze
Die angeblich kürzesten mathematischen Witze „*Es gibt einen Witz.*" und „$\varepsilon < 0$" mit den Steigerungen „$\varepsilon \ll 0$" und „$\varepsilon \to -\infty$" seien nur kurz erwähnt, ebenso Witze, die in irgendeiner Weise mit verirrten Ballonfahrern, der Existenz mindestens eines mindestens einseitig schwarzen Schafes oder dem Fangen von Löwen in der Wüste zu tun haben.

Bedauerlicherweise beruhen viele Witze über Mathematiker auf schäbigen Vorurteilen — daß Mathematiker irgendwie merkwürdig und lebensfremd seien etwa, oder daß sie pingelig, besserwisserisch und häufig eingebildet und selbstherrlich seien [2]. Das ist reiner Unsinn — in Wahrheit sind die Nichtmathematiker meist diejenigen, mit denen etwas nicht stimmt. Unzutreffend ist auch die Behauptung, daß man Mathematiker an der gehäuften Verwendung von Wörtern wie „hinreichend", „notwendig", „mindestens", „höchstens", „modulo", „trivial", „offensichtlich", „elementar" usw. erkennen könne. Ferner haben Mathematiker den Ruf, immer alles ganz genau wissen zu wollen, alle Dinge mit seltsamen eigenen Bezeichnungen zu versehen und auch einfachste Zusammenhänge soweit zu formalisieren, daß niemand außer (höchstens) ihnen selbst noch versteht, worum es überhaupt geht. Modulo seltener Ausnahmen sind auch dies offensichtlich unhaltbare Unterstellungen.

Bevor man sich ernsthaft mit dem Thema *mathematischer Witz* auseinandersetzen kann, muß dieser Begriff präzisiert werden. Es sei $\mathbb{S}$ die Menge der endlichen nicht-leeren Zeichenreihen über dem (endlichen) Alphabet A, bestehend aus den lateinischen Buchstaben und den üblichen Satzzeichen. Es ist also A die Menge der kleinen und großen Buchstaben und der Satzzeichen und

$$\mathbb{S} := \bigcup_{n=1}^{\infty} A^n \, .$$

M sei die Menge aller Mathematiker. M ist durch die bisherigen Ausführungen hinreichend klar beschrieben. Für $m \in M$ und $s \in \mathbb{S}$ bedeute

$w_m(s)$, daß

- m in s einen Bezug zur Mathematik erkennt, und

- m bei der Begegnung mit s mindestens zu einer heiteren Gemüts-
reaktion veranlaßt wird.

Wir führen damit die *mathematischen Witze* ein mittels

$$\mathbb{W} := \left\{ s \in \mathbb{S} \ \middle| \ \#\{m \in M \mid w_m(s)\} \geq \frac{\#M}{2} \right\}.$$

Einwände, daß diese Definition etwas ‚schwammig' sei, kann man
mit dem Hinweis vom Tisch fegen, daß auf ähnliche Weise die meisten Mathematiker den Begriff *mathematischer Beweis* erklären würden.
Wohldefiniertheit hin oder her, sofort stellt sich die Frage nach der Mächtigkeit von $\mathbb{W}$. Als abzählbare Vereinigung endlicher Mengen ist $\mathbb{S}$ und
damit auch die Teilmenge $\mathbb{W}$ höchstens abzählbar. Tatsächlich gilt der
Satz: $\mathbb{W}$ *ist abzählbar unendlich.*

Beweis (nach David Alberts, persönliche Mitteilung): Es bleibt zu zei-
gen, daß $\mathbb{W}$ nicht endlich ist. $\mathbb{W}$ ist nicht leer, denn folgende Zeichenreihe
etwa ist ein Element von $\mathbb{W}$:

> *Ein Statistiker ist ein Kerl, der mit dem Kopf im Backofen und den Füßen im
> Eisschrank behauptet, im Durchschnitt fühle er sich ganz wohl.*

Durch Vertauschen der Teilzeichenreihen „Backofen" und „Eis-
schrank" erhält man ein weiteres Element von $\mathbb{W}$. Folglich gilt $\#\mathbb{W} \geq 2$.
Angenommen, $\mathbb{W}$ wäre endlich, etwa $\mathbb{W} = \{s_1, \ldots, s_k\}$ mit $2 \leq k \in \mathbb{N}$,
wobei $s_j \in A^{n_j}$ sei mit geeigneten $n_j \in \mathbb{N}$ für $1 \leq j \leq k$. Dann bilde man
die Verkettung $s := s_1 \cdots s_k$. Mit $n := \sum_{j=1}^{k} n_j$ ist $s \in A^n$. Wegen $n > n_j$
gilt $s \neq s_j$ für $1 \leq j \leq k$, also $s \notin \mathbb{W}$. Andererseits folgt für alle $m \in M$
schon aus $w_m(s_1)$ offensichtlich $w_m(s)$, d. h. es gilt $s \in \mathbb{W}$: Widerspruch.
Also ist $\mathbb{W}$ nicht endlich. Q.E.D.

Verallgemeinert man den in der Definition von $\mathbb{W}$ benutzten Wert $\frac{1}{2}$,
so erhält man eine feinere Strukturierung von $\mathbb{S}$. Dazu seien für $g \in [0, 1]$

$$\mathbb{W}_g := \left\{ s \in \mathbb{S} \ \middle| \ \#\{m \in M \mid w_m(s)\} \geq g \, \#M \right\}$$

die *Witze vom Schmunzelgrad g.* Offensichtlich gilt $\mathbb{W}_0 = \mathbb{S}$ und $\mathbb{W}_{\frac{1}{2}} = \mathbb{W}$, und bezeichnet $\mathbb{P}(\mathbb{S})$ die Potenzmenge von $\mathbb{S}$, so ist die durch $\gamma(g) := \mathbb{W}_g$ definierte Abbildung

$$\gamma : \big([0,1], \leq\big) \longrightarrow \big(\mathbb{P}(\mathbb{S}), \supset\big)$$

isoton, d. h. ordnungserhaltend. Für $s \in \mathbb{S}$ heißt

$$\omega(s) := \sup\big\{g \in [0,1] \,\big|\, s \in \mathbb{W}_g\big\}$$

die *Witzigkeit* von s und $\omega : \mathbb{S} \to [0,1]$ die *Witzigkeitsfunktion*. Definiert man für $s \in \mathbb{S}$ durch

$$\lambda(s) := \min\{n \in \mathbb{N} \mid s \in A^n\}$$

die Abbildung $\lambda : \mathbb{S} \to \mathbb{N}$, so wird durch

$$\varphi(s) := \frac{\omega(s)}{\lambda(s)}$$

die *Witzeffizienzfunktion* $\varphi : \mathbb{S} \to [0,1]$ erklärt. Liebhaber ‚anschaulicher‘ Umschreibungen würden sagen, ein Witz sei umso wirkungsvoller, je kürzer er ist und je mehr Leute darüber lachen. Die Untersuchung topologischer Eigenschaften (bei Einführung bestimmter Topologien auf $\mathbb{W}_g$) von ω und φ und ihrer Einschränkungen auf die Witzmengen $\mathbb{W}_g$ sowie weiterer *witztheoretischer Funktionen* ist Gegenstand der *analytischen Witztheorie*. Hingegen befaßt sich die *algebraische Witztheorie* mit Zeichenreihenoperationen auf $\mathbb{S}$, deren Einschränkungen auf gewisse Äquivalenzklassen in $\mathbb{W}_g$ und der Verträglichkeit dieser Klassenbildung mit den witztheoretischen Funktionen.

Verhältnismäßig einfach ist die Klassifizierung von Elementen von $\mathbb{W}$ nach rein inhaltlichen Gesichtspunkten. Meist niedrige φ-, aber hohe ω-Werte erreichen Zeichenreihen aus $\mathbb{W}$, die neben „Mathematiker“ auch Teilzeichenreihen wie „Physiker“ oder „Ingenieur“ enthalten, wie folgende Beispiele zeigen (die teilweise allerdings auch mit anderen Permutationen dieser Teilzeichenreihen bekannt sind):

Mathematiker und Physiker fahren mit der Bahn zu einer wissenschaftlichen Tagung. Jeder Physiker hat eine Fahrkarte gekauft, doch die Mathematiker haben alle zusammen nur eine einzige Fahrkarte. Die Physiker freuen sich und denken: „Diese weltfremden Mathematikertrottel. Man wird sie beim nächsten Halt aus dem Zug werfen!" Der Schaffner kommt. Die Mathematiker verstecken sich in der Zugtoilette. Der Schaffner klopft an die Toilettentür: „Die Fahrkarte bitte!" Die Mathematiker stecken ihre Fahrkarte unter der Tür durch, der Schaffner knipst ab und geht weiter. Die Physiker staunen: „Schau mal einer die Mathematiker an, diese Eierköpfe haben manchmal ganz nützliche Ideen. Das können wir auch!" Gesagt, getan, bei der Rückfahrt haben die Physiker nur eine Fahrkarte gelöst. Aber hoppla: Die Mathematiker haben gar keine Fahrkarte! Die Physiker freuen sich diebisch, die Mathematiker lächeln nur still vor sich hin. Der Schaffner nähert sich. Die Mathematiker verschwinden in die eine Zugtoilette, die Physiker in die andere. Kurz bevor der Schaffner da ist, schleicht ein Mathematiker wieder heraus und klopft bei den Physikern: „Die Fahrkarte bitte!"

Merke: Verwende nie mathematische Methoden, ohne sie zu verstehen.

Ein Ingenieur und ein Mathematiker sitzen in einer Physikvorlesung. Es geht um Stringtheorie, und der Vortragende tobt in Räumen mit elf Dimensionen herum. Der Mathematiker genießt die Sache offenbar, doch dem armen Ingenieur wird ganz schwindlig und schlecht. Froh, daß die Qual ein Ende hat, fragt er hinterher den Mathematiker: „Nun sagen Sie bloß, Sie haben diesen entsetzlichen Kram verstanden!" Der Mathematiker zögert einen Moment — man merkt seine Mühe, sich auf Ingenieursniveau runterzudenken. „Ja sicher", meint er schließlich, „man muß sich die Dinge eben veranschaulichen." „Veranschaulichen??? Wie können Sie sich denn elf Dimensionen veranschaulichen???" „Nun, ich stelle mir zuerst einen n-dimensionalen Raum vor und spezialisiere dann auf den Fall $n = 11$."

Der Vermessungsingenieur hat Grippe. Deswegen werden der Physiker und der Informatiker auf den Universitätshof geschickt, um die Höhe eines Fahnenmasts zu bestimmen. „Theodolit" ist ein Fremdwort, und so versuchen sie verzweifelt und vergeblich, mit dem Maßband bis zur Mastspitze zu klettern. Ein Mathematiker kommt zufällig vorbei und hat Mitleid mit den beiden. Er zieht die Fahnenstange aus der Halterung, legt sie auf den Boden, vermißt sie, stellt sie wieder auf und geht weiter. Physiker und Informatiker stehen minutenlang sprachlos da. Da schlägt sich der Physiker an die Stirn: „Typisch Mathematiker, zu nichts zu gebrauchen! Wir wollen die Höhe des Masts, und er liefert uns seine Länge!"

Ein Mathematiker, ein Physiker und ein Philosoph stehen auf dem Dach eines brennenden Hochhauses. Die Feuerwehr hat ein Sprungtuch ausgebreitet.

*Der Philosoph meint: „Wenn es einen Gott gibt, wird er mir schon helfen".
Er springt und landet weit neben dem Ziel. Der Physiker nimmt seinen
Taschenrechner, rechnet ein paar Formeln durch, springt und landet mitten
im Tuch. Der Mathematiker kritzelt eine Weile auf seinem Notizblock herum,
nimmt Anlauf, springt und fliegt nach oben davon. Vorzeichenfehler!*

*Ein Rechtsanwalt, ein Arzt und ein Mathematiker unterhalten sich, ob es
besser sei, verheiratet zu sein oder eine Freundin zu haben. Der Rechtsanwalt
behaupt, eine Freundin sei auf jeden Fall besser, denn die meisten Ehen gingen
in die Brüche und endeten in einer Scheidung und teuren Rechtsstreitigkeiten.
Der Arzt sieht die Sache von seiner Warte und meint, die Ehe biete Sicherheit,
fördere einen geregelten Lebenswandel und sei daher gesünder. Der Mathematiker indes, nach seiner Meinung gefragt, meint: „Geld? Gesundheit? Das
kümmert mich alles nicht. Ich habe sowohl eine Frau als auch eine Freundin.
Der Freundin erzähle ich, daß ich Zeit für meine Frau brauche, und meine Frau
denkt, ich sei bei der Freundin. In der Zeit kann ich ungestört Mathematik
machen."*

Kurzcharakterisierungen von Mathematikern haben höhere φ-Werte:

*Woran erkennen Sie einen extrovertierten Mathematiker? – Ein extrovertier-
ter Mathematiker schaut auf I h r e Füße, während er mit Ihnen spricht.*

*Ein Ingenieur glaubt, daß seine Gleichungen eine Annäherung an die Wirk-
lichkeit sind. Ein Physiker glaubt, daß die Wirklichkeit eine Annäherung an
seine Gleichungen ist. Ein Mathematiker käme nie auf die Idee, sich über so
etwas den Kopf zu zerbrechen.*

*Ein Mathematiker ist ein Mensch, der einen ihm vorgetragenen Gedanken
nicht nur unmittelbar begreift, sondern auch sofort erkennt, auf welchem
Denkfehler er beruht.*

Zum Teil sehr hohe φ-Werte erreichen kurze Zeichenreihen, die Bezug
auf mathematische Objekte nehmen. Diese Zeichenreihen werden von
Nichtmathematikern meist nicht als Witze erkannt:

Was ist gelb, krumm, normiert und vollständig? – Ein Bananachraum.

Was ist ein Häufungspunkt von Polen? – Warschau.

*Was ist ein Polarbär? – Ein rechteckiger Bär nach einer Koordinatentransfor-
mation.*

Was ist nahrhaft und kommutiert? – Eine abelsche Suppe!

Was ist groß und grau, schwimmt im Meer und läßt sich nicht orientieren?
– Möbius Dick.

„Die Nummer, die Sie gewählt haben, ist rein imaginär. Bitte drehen Sie Ihr
Telefon um 90 Grad und versuchen Sie es erneut."

F i bb ooo nnnnn aaaaaaaa cccccccccccc ccccccccccccccccccccc
iiiiiiiiiiiiiiiiiiiiiiiiiiiiiiiiiiii.

Treffen sich zwei Geraden in der euklidischen Ebene. Sagt die eine: „Jetzt gibst
Du einen aus, beim nächsten Mal bin ich dran."

Im Raum der differenzierbaren Funktionen findet ein Tanzball statt. Auf der
Tanzfläche tanzen Cosinus und Sinus auf und ab, die Polynome bilden einen
Ring um die Identität, und der Tangens macht die tollsten Sprünge. Nur die
Exponentialfunktion steht den ganzen Abend alleine herum. Aus Mitleid geht
der Logarithmus irgendwann zu ihr hin und sagt: „Mensch, integrier dich
doch mal!" „Schon versucht", jammert die Exponentialfunktion, „das hat aber
auch nichts geändert!"

Die Exponentialfunktion geht mit einem ihrer Näherungspolynome und einer
additiven Konstante spazieren, als plötzlich der Differentialoperator um die
Ecke kommt. Die Konstante ergreift die Flucht, auch dem Polynom fährt der
Schreck in alle Glieder, nur die Exponentialfunktion bleibt gelassen und feixt
den Differentialoperator an: „Ich bin e^x, und Du kannst mir nix!" Worauf der
Differentialoperator meint: „Und ich bin $\frac{d}{dy}$!"

Wie oft kann man 7 von 83 abziehen, und was bleibt am Ende übrig? – Man
kann so oft man will 7 von 83 abziehen, und es bleibt jedesmal 76 übrig.

Erste Grundregel der Ingenieursmathematik: Alle Reihen konvergieren, und
zwar gegen den ersten Term.

Beliebt sind ‚Beweise' folgender Art:

Satz: Eine Katze hat mindestens neun Schwänze.

Beweis: Keine Katze hat acht Schwänze. Eine Katze hat mehr Schwänze als
keine Katze. Also hat eine Katze mindestens neun Schwänze.

Die Negation einer falschen Aussage ist nicht immer eine wahre Aussage. So ist etwa die Aussage „Dieser Satz enthält sechs Wörter" falsch, aber ihre Negation „Dieser Satz enthält nicht sechs Wörter" auch.

Schließlich noch einige Elemente von $\mathbb{W}$, die sich keiner der bisherigen Klassen eindeutig zuordnen lassen:

„Kennen Sie den Witz über den Stochastiker?" – „Wahrscheinlich."

Mitten im mathematischen Vortrag erhebt einer der Anwesenden die Hand und ruft: „Ich habe zu dem, was Sie hier erzählen, ein Gegenbeispiel!" Darauf der Vortragende: „Egal, ich habe zwei Beweise!"

„Was ist denn mit Deiner Freundin, der Mathematikerin?" „Die habe ich verlassen. Ich rufe sie an, und da erzählt sie mir, daß sie im Bett liegt und sich mit 3 Unbekannten rumplagt!"

Amerikanische Mathematiker haben eine neue ganze Zahl entdeckt. Sie liegt irgendwo zwischen 27 und 28. Man weiß noch nicht, wie sie da hingeraten ist und was sie da treibt, aber sie scheint sich sehr merkwürdig zu verhalten, wenn man sie in manche Gleichungen einsetzt.

Zwei Mathematiker in einer Bar streiten sich über den mathematischen Bildungsstand von Durchschnittsbürgern. Der eine, der meint, daß die meisten Leute strohdumm seien und keine Ahnung hätten, muß mal auf die Toilette. Inzwischen ruft der andere die Kellnerin und sagt ihr, daß er sie später etwas fragen werde, und darauf solle sie doch „Ein Drittel x hoch drei" antworten. Nachdem er es ihr mehrfach geduldig vorgesagt hat, scheint es einigermaßen zu klappen, und im Weggehen murmelt sie vor sich hin: „Eindrittelixhochdrei, eindrittelixhochdrei, ..." Der Freund kommt zurück, und der andere meint: „Ich beweise Dir nachher an der Kellnerin, daß die meisten Menschen doch etwas von Mathematik verstehen." Als die Kellnerin das Geschirr abräumt, fragt er sie nach der Stammfunktion von x^2. Sie antwortet beiläufig: „Ein Drittel x hoch drei." Der Freund ist völlig von den Socken, sein Weltbild fällt zusammen. Und im Weggehen meint die Kellnerin über die Schulter: „Plus eine beliebige Konstante."

Es gibt drei Sorten von Mathematikern: Solche, die bis 3 zählen können, und solche, die dies nicht können.

[1] Ahrens, W.: Mathematiker-Anekdoten. Teubner Leipzig, 1940.

[2] Beutelspacher, A.: „In Mathe war ich immer schlecht …". Vieweg Braunschweig / Wiesbaden, 1996.

[3] Cremer, H.: Carmina Mathematica. J.A. Mayer Aachen, 1972.

[4] Dudley, U.: Mathematik zwischen Wahn und Witz. Birkhäuser Basel, 1995.

[5] Ehlers, A.: Liebes Hertz! Physiker und Mathematiker in Anekdoten. Birkhäuser Basel, 1994.

[6] Hornschuh, H.-D.: Humor rund um die Mathematik. Manz, 1989.

[7] Kracke, H.: Mathe-musische Knobelisken. Dümmler Bonn, 1992.

[8] Radbruch, K.: Mathematische Spuren in der Literatur. Wissenschaftliche Buchgesellschaft Darmstadt, 1997.

[9] Wille, F.: Humor in der Mathematik. Vandenhoeck & Ruprecht Göttingen, 1984.

π

M. Sigg

Die Zahl π, auch als *Kreiszahl*, *Kreisteilungszahl*, *Archimedes-Konstante* oder *Ludolphsche Zahl* bekannt, ist das, wie schon Archimedes von Syrakus bewies, für alle Kreise der euklidischen Ebene gleiche Verhältnis von Kreisumfang U zu Kreisdurchmesser d:

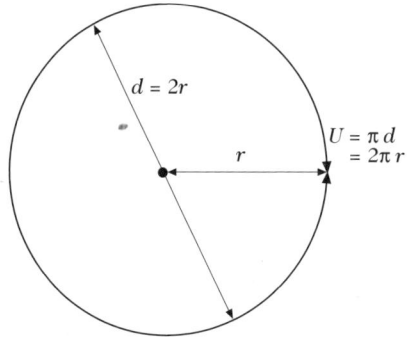

Der Umfang eines Kreises mit Radius r beträgt also $U = 2\pi r$, der Flächeninhalt eines Kreises mit Radius r ist $F = \pi r^2$. Auch in den Formeln für die Oberfläche und das Volumen der n-dimensionalen Kugel tritt π auf. Die Zahl π ist die bekannteste mathematische Konstante und hat eine Geschichte von vielen tausend Jahren. Schon die frühesten mathematischen Überlieferungen geben Zeugnis von der Beschäftigung mit π, welche immer von dem Wunsch geprägt war, die Natur dieser Zahl zu verstehen und ihren Wert möglichst genau zu bestimmen. Derzeit sind ca. 1241 Milliarden Dezimalstellen von π bekannt (Yasumasa Kanada, Dezember 2002), wobei die Darstellung

$$\pi = 3.141\,592\,653\,589\,793\,238\,462\,643\ldots$$

wegen der im Jahr 1761 von Johann Heinrich Lambert bewiesenen Irrationalität von π weder abbricht noch periodisch wird. Die 1882 von Carl Louis Ferdinand von Lindemann bewiesene Transzendenz von π zeigt insbesondere, daß die Quadratur des Kreises mit Zirkel und Lineal nicht möglich ist. Kurt Mahler konnte 1953 beweisen, daß π keine Liouville-Zahl ist, und 1984 zeigten David Volvovich Chudnovsky und Gregory Volvovich Chudnovsky $|\pi - \frac{p}{q}| > q^{-14.65}$[65] für alle hinreichend großen natürlichen Zahlen p und q (man vermutet, daß 14. 65 durch $2 + \varepsilon$ mit beliebig kleinem $\varepsilon > 0$ ersetzt werden kann). Es ist nicht bekannt, ob π normal ist, d. h. in seiner Dezimaldarstellung alle endlichen Ziffernkombinationen mit gleicher Häufigkeit vorkommen, doch die bisherigen empirischen Untersuchungen deuten darauf hin. Die Bezeichnung π im heutigen Sinn wurde 1706 von William Jones in Anlehnung an das Wort „Peripherie" eingeführt, setze sich aber erst durch, nachdem Leonhard Euler sie ab 1748 benutzte.

Zusammenhang mit den Winkelfunktionen. Cosinus- und Sinusfunktion sind 2π-periodisch, erfüllen die Gleichungen

$$\cos(x + \pi) = -\cos x \, , \, \cos(\pi - x) = -\cos x$$

$$\sin(x + \pi) = -\sin x \, , \, \sin(\pi - x) = \sin x$$

$$\cos(x + \tfrac{\pi}{2}) = -\sin x \, , \, \cos(\tfrac{\pi}{2} - x) = \sin x$$

$$\sin(x + \tfrac{\pi}{2}) = \cos x \, , \, \sin(\tfrac{\pi}{2} - x) = \cos x$$

und nehmen z. B. an den Stellen $\frac{\pi}{6}, \frac{\pi}{4}, \frac{\pi}{3}, \frac{\pi}{2}$ einfache algebraische Werte an:

x	0	$\dfrac{\pi}{6}$	$\dfrac{\pi}{4}$	$\dfrac{\pi}{3}$	$\dfrac{\pi}{2}$
$\cos x$	1	$\dfrac{\sqrt{3}}{2}$	$\dfrac{\sqrt{2}}{2}$	$\dfrac{1}{2}$	0
$\sin x$	0	$\dfrac{1}{2}$	$\dfrac{\sqrt{2}}{2}$	$\dfrac{\sqrt{3}}{2}$	1

Ferner gilt $\cos \frac{\pi}{5} = \frac{\tau}{2}$ mit der Zahl $\tau = (\sqrt{5} + 1)/2$ des ↑ Goldenen Schnitts. Durchläuft φ das Intervall $[0, 2\pi]$, so durchlaufen die Punkte $(\cos \varphi, \sin \varphi)$ den Einheitskreis. Zurückgehend auf Richard Baltzer 1875 und Edmund Landau 1934 wird in der Analysis heute oft $\frac{\pi}{2}$ als die kleinste positive Nullstelle der Cosinusfunktion definiert, nachdem man die komplexe Exponentialfunktion über ihre Potenzreihe und mit ihr oder ebenfalls direkt über Potenzreihen die Winkelfunktionen eingeführt hat. Es gilt die Euler-Formel $\exp(ix) = \cos(x) + i\sin(x)$ für $x \in \mathbb{C}$, woraus durch Einsetzen von $x = \pi$ die Identität

$$e^{i\pi} = -1$$

folgt, die die Konstanten e und π auf eine überraschende Weise verbindet und ebenfalls Euler-Formel genannt wird.

Frühe Näherungen. Auf im Jahr 1936 gefundenen babylonischen Keilschrifttafeln aus der Zeit zwischen 1900 und 1600 v. Chr. wird für π der Näherungswert $3\frac{1}{8} = 3.125$ benutzt. Das im Jahr 1855 entdeckte, etwa von 1650 v. Chr. stammende ägyptische Ahmes-Rhind Papyrus gibt den Wert $(16/9)^2 = 3.16049\ldots$ an, der möglicherweise von der Annäherung der Fläche eines Kreises vom Durchmesser 9 durch sieben Quadrate der Seitenlänge 3 stammt:

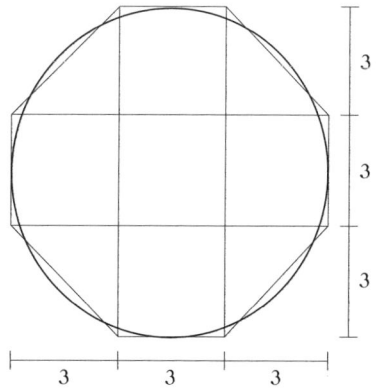

Es ist $\pi\left(\frac{9}{2}\right)^2 \approx 7 \cdot 3^2$, also

$$\pi \approx 4 \cdot \frac{63}{81} \approx 4 \cdot \frac{64}{81} = \frac{256}{81}.$$

In vielen Texten über π ist zu lesen, daß sich aus Angaben in der Bibel (1 Könige 7,23 und 2 Chronik 4,2; aus dem sechsten bzw. dritten Jhdt. v. Chr.) der Näherungswert 3 für π ableiten ließe. Solche Deutungen sind unseriös und lagen sicher nicht in der Absicht der Bibelautoren. Auch die Behauptung, der sich aus diesen Bibelstellen ergebende Wert 3 sei mit der jüdischen Zahlenmystik zu erklären, ist nicht stichhaltig. Die angegebenen Größen sind eher durch die menschliche Vorliebe für ‚runde' Zahlen (zehn Ellen Durchmesser, dreißig Ellen Umfang) bedingt sowie durch die ganz und gar nicht mystische Tatsache, daß π wesentlich näher bei 3 als bei 4 liegt.

Um 500 v. Chr. war in Indien vermutlich der Näherungswert $\sqrt{10} = 3.162\ldots$ bekannt. Um 150 n. Chr. benutzte der griechische Astronom Klaudios Ptolemaios den Wert $3\frac{17}{120} = 3.1416$, und um 500 n. Chr. findet man bei dem Inder Āryabhaṭa die Näherung $3\frac{177}{1250} = 3.1416$. Die Chinesen kannten u. a. 130 n. Chr. den Näherungswert $\sqrt{10}$ und im dritten Jhdt. den Wert $\frac{142}{45}$, und im fünften Jahrhundert fand Tsu Ch'ung Chih die Näherung

$$\frac{355}{113} = 3.14159292\ldots,$$

die in Indien im 15. Jahrhundert und im Abendland erst 1573 von Valentinus Otho und 1585 von Adrian Anthonisz entdeckt wurde. Der Inder Kerala Gargya Nīlakaṇṭha gab um 1500 den noch besseren Wert

$$\frac{104\,348}{33\,215} = 3.1415926539\ldots$$

an, der schon im 15. Jahrhundert auch bei dem Araber Ġiyāṯ ad-Dīn Ǧamšīd Mašūd al-Kāšī zu finden ist.

Der Archimedes-Algorithmus. Da die Zahl π irrational ist, kann sie nicht als Bruch ganzer Zahlen dargestellt werden, und wegen ihrer Transzendenz kann man sie auch nicht als Nullstelle eines ganzzahligen Polynoms, insbesondere nicht als Wurzelausdruck, schreiben. Mit den elementaren arithmetischen Operationen und Wurzelfunktionen läßt sich π daher nur als Grenzwert einer Folge darstellen, günstigstenfalls als unendliche Reihe oder als unendliches Produkt. Wegen der geometrischen Bedeutung von π erwachsen die meisten dieser Darstellungen aus geometrischen Zusammenhängen oder aus Eigenschaften der Winkelfunktionen oder ihrer Umkehrfunktionen. Als erster fand im dritten Jahrhundert v. Chr. Archimedes ein Iterationsverfahren, mit dem π im Prinzip beliebig genau berechnet werden kann, indem er einem Kreis regelmäßige Vielecke ein- und umschrieb. Mit dem regelmäßigen 96-Eck kam er zur Abschätzung

$$3.1408\ldots = 3\frac{10}{71} < \pi < 3\frac{10}{70} = 3.1428\ldots,$$

wobei er Quadratwurzeln durch rationale Zahlen annäherte. Durch den Archimedes-Algorithmus ermittelte 1424 al-Kāšī mit dem $3 \cdot 2^{28}$-Eck die ersten 14 Dezimalstellen von π, und 1596 berechnete der Holländer Ludolph van Ceulen mit einem $60 \cdot 2^{33}$-Eck 20 und später mit einem 2^{62}-Eck sogar 35 Stellen, weshalb π oft als *Ludolphsche Zahl* bezeichnet wurde. Im Jahr 1621 kam Willebrordus Snellius mit einem verbesserten Verfahren mittels eines 2^{30}-Ecks auf 34 Stellen, und 1630 Christoph Grienberger auf 39 Stellen. Mit Christian Huygens, der 1654 mit einer weiteren Verbesserung des Archimedes-Algorithmus mit nur 60 Ecken neun Stellen errechnete, waren die Möglichkeiten dieses klassischen Verfahrens ausgeschöpft.

Unendliche Produkte. Aus dem Archimedes-Algorithmus (beginnend mit einem Quadrat) leitete 1579 François Viète mit trigonometrischen Überlegungen die Darstellung (Produktformel von Vieta)

$$\frac{2}{\pi} = \frac{\sqrt{2}}{2} \cdot \frac{\sqrt{2+\sqrt{2}}}{2} \cdot \frac{\sqrt{2+\sqrt{2+\sqrt{2}}}}{2} \cdot \ldots$$

her, 1650 fand John Wallis das Wallis-Produkt

$$\frac{\pi}{2} = \prod_{n=1}^{\infty} \frac{2n \cdot 2n}{(2n-1)(2n+1)} = \prod_{n=1}^{\infty} \frac{4n^2}{4n^2-1},$$

und 1748 gab Euler Produktdarstellungen für Potenzen von π wie z. B.

$$\frac{\pi^2}{6} = \prod_{p \text{ prim}} \frac{p^2}{p^2-1}$$

an. Wegen der langsamen Konvergenz sind diese unendlichen Produkte für praktische Rechnungen schlecht geeignet

Kettenbrüche. Aus dem Wallis-Produkt leitete um 1656 William Lord Viscount Brouncker den unregelmäßigen Kettenbruch

$$\frac{4}{\pi} = 1 + \cfrac{1^2}{2 + \cfrac{3^2}{2 + \cfrac{5^2}{2 + \cfrac{7^2}{2 + \cdots}}}}$$

ab, 1737 gab Euler den unregelmäßigen Kettenbruch

$$\frac{\pi}{2} = 1 + \cfrac{2}{3 + \cfrac{1 \cdot 3}{4 + \cfrac{3 \cdot 5}{4 + \cfrac{5 \cdot 7}{4 + \cdots}}}}$$

an, und Leo J. Lange fand 1999 die Darstellung

$$\pi = 3 + \cfrac{1^2}{6 + \cfrac{3^2}{6 + \cfrac{5^2}{6 + \cfrac{7^2}{6 + \cdots}}}}$$

Es sind viele weitere unregelmäßige Kettenbrüche im Zusammenhang mit π bekannt, aber kein Bildungsgesetz für die regelmäßige Kettenbruchentwicklung von π. Man kann nur mit Hilfe hinreichend genauer Näherungswerte für π abbrechende regelmäßige Kettenbrüche ausrechnen. Im Jahr 1685 hat Wallis die ersten 34 Elemente der regelmäßigen Kettenbruchentwicklung bestimmt, die mit

$$\pi = [\,3\,;\,7, 15, 1, 292, 1, 1, 1, 2, 1, 3, 1, 14, 2, \ldots\,]$$

beginnt und die ersten rationalen Näherungswerte

$$\frac{3}{1}\,,\ \frac{22}{7}\,,\ \frac{333}{106}\,,\ \frac{355}{113}\,,\ \frac{103\,993}{33\,102}$$

hat, wobei $\frac{355}{113}$ der schon oben erwähnte, in China 500 n. Chr. bekannte Bruch ist. William Gosper hat 1985 über 17 Millionen Elemente der regelmäßigen Kettenbruchentwicklung von π berechnet.

Unendliche Reihen. Im Jahr 1665 gab Isaac Newton mit der Formel

$$\pi = \frac{3}{4}\sqrt{3} + 6 \sum_{n=0}^{\infty} (-1)^n \binom{\frac{1}{2}}{n} \frac{1}{(2n+3)4^n}$$

die Newton-Reihe für π an. Ausgehend von der 1674 von Gottfried Wilhelm Leibniz gefundenen, schlecht konvergierenden Leibniz-Reihe

$$\frac{\pi}{4} = \sum_{n=0}^{\infty} \frac{(-1)^n}{2n+1}$$

kommt man durch konvergenzbeschleunigende Umformungen zu den Darstellungen

$$\frac{\pi}{2} = 1 + 2 \sum_{n=1}^{\infty} \frac{(-1)^{n+1}}{4n^2-1} = \cdots = \sum_{n=1}^{\infty} \frac{2^n}{n\binom{2n}{n}}.$$

Euler entdeckte 1734 bei seiner Untersuchung der (später so benannten) Riemannschen ζ-Funktion und damit verwandter Reihen zahlreiche Darstellungen wie

$$\frac{\pi^2}{6} = \sum_{n=1}^{\infty} \frac{1}{n^2} \quad , \quad \frac{\pi^4}{90} = \sum_{n=1}^{\infty} \frac{1}{n^4}$$

$$\frac{\pi^6}{945} = \sum_{n=1}^{\infty} \frac{1}{n^6} \quad , \quad \frac{\pi^8}{9450} = \sum_{n=1}^{\infty} \frac{1}{n^8}$$

$$\frac{\pi^2}{12} = \sum_{n=1}^{\infty} \frac{(-1)^{n-1}}{n^2} \quad , \quad \frac{\pi^2}{8} = \sum_{n=1}^{\infty} \frac{1}{(2n-1)^2}$$

$$\frac{\pi^3}{32} = \sum_{n=1}^{\infty} \frac{(-1)^{n-1}}{(2n-1)^3} \quad , \quad \frac{\pi^4}{96} = \sum_{n=1}^{\infty} \frac{1}{(2n-1)^4}.$$

Gut geeignet für eine schnelle Berechnung vieler Dezimalstellen sind Arcustangensreihen für π. Im Jahr 1699 berechnete Abraham Sharp mit der Sharp-Reihe 72 Dezimalstellen von π und 1719 Thomas Fantet de Lagny 127 Stellen (mit einem Fehler in der 113. Stelle), und 1706 ermittelte John Machin 100 Dezimalstellen. Weiter erreichten 1794 Georg Vega 136 Stellen (mit

$$\frac{\pi}{4} = 2 \arctan \frac{1}{3} + \arctan \frac{1}{7}\Big),$$

1841 William Rutherford 208 Stellen (davon die ersten 152 richtig), 1844 Johann Martin Zacharias Dase 200 Stellen, 1847 Thomas Clausen 248 und 1853 Rutherford 440 Stellen. Im Jahr 1874 kam William Shanks auf 707 Stellen, von denen aber nur die ersten 526 richtig waren, wie erst 1946 Donald Fraser Ferguson feststellte, der von Hand 530 und 1947 mit einem Tischrechner 808 Stellen ermittelte. Spätere Rekorde kamen mit Hilfe von Computern zustande.

Unabhängig von der europäischen Entwicklung fanden im 18. und 19. Jahrhundert auch japanische Mathematiker Reihen- und Kettenbruchdarstellungen und berechneten Näherungen zu π. Takebe Kenko kam 1722 auf 41, und Matsunaga Ryohitsu berechnete 1739 aus der Arcussinusreihe für π die ersten 50 Dezimalstellen.

Integrale. Es gibt eine Reihe von Möglichkeiten, π als Integral zu schreiben. Aus dem geometrischen Zusammenhang ergibt sich π als Fläche des Einheitskreises oder als Bogenlänge des halben Einheitskreises:

$$\pi = 2\int_{-1}^{1} \sqrt{1-x^2}\,dx \quad , \quad \pi = \int_{-1}^{1} \frac{dt}{\sqrt{1-t^2}}$$

Aus $\tan\frac{\pi}{3} = \sqrt{3}$ sowie $\tan\frac{\pi}{2} = \infty$ und der Integraldarstellung der Arcustangensfunktion erhält man die Formeln

$$\frac{\pi}{3} = \int_{0}^{\sqrt{3}} \frac{dt}{1+t^2} \quad , \quad \frac{\pi}{2} = \int_{0}^{\infty} \frac{dt}{1+t^2}.$$

Im Jahr 1841 benutzte Karl Theodor Wilhelm Weierstraß solch eine Integralformel zur Definition von π.

Monte-Carlo-Methoden. Wegen seiner geometrischen Bedeutung ist π ein Musterbeispiel für Größen, die sich zur Annäherung durch Monte-Carlo-Methoden eignen. Zum Beispiel fallen in ein Quadrat $\frac{4}{\pi}$-mal so viele zufällige Regentropfen, wie in den einbeschriebenen Kreis, d. h. für Zufallszahlen $x_1, y_1, x_2, y_2, \ldots \in [0, 1]$ und $N \in \mathbb{N}$ gilt:

$$\frac{1}{N} \#\{n \leq N \mid x_n^2 + y_n^2 \leq 1\} \; \to \; \frac{\pi}{4} \quad (N \to \infty)$$

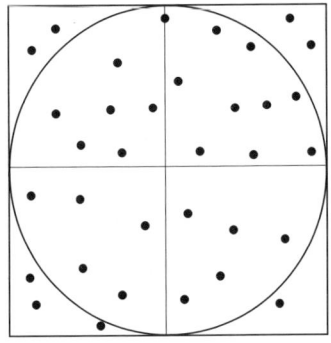

Ein weiterer probabilistischer Zugang ist mit dem Buffonschen Nadelproblem gegeben. Solche Verfahren sind allerdings wegen der langsamen Konvergenz völlig ungeeignet, um viele Stellen von π zu berechnen.

Moderne Algorithmen. Im Jahr 1914 fand Srinivasa Ramanujan die schnell konvergierende Reihe

$$\frac{1}{\pi} = \frac{\sqrt{8}}{9801} \sum_{n=0}^{\infty} \frac{(4n)!}{(n!)^4} \cdot \frac{1103 + 26390n}{396^{4n}},$$

die man über eine Modulargleichung gewinnen kann. Jedes Reihenglied erhöht die Anzahl der richtigen Stellen etwa um 8. Mit Hilfe von Modulfunktionen fanden 1987 Jonathan Michael Borwein und Peter Benjanim Borwein die Reihe

$$\frac{1}{\pi} = 12 \sum_{n=0}^{\infty} \frac{(-1)^n (6n)!}{(n!)^3 (3n)!} \cdot \frac{A + nB}{C^{n+\frac{1}{2}}}$$

mit

$$A = \quad 212\,175\,710\,912\sqrt{61} + \quad 1\,657\,145\,277\,365$$

$$B = 13\,773\,980\,892\,672\sqrt{61} + 107\,578\,229\,802\,750$$

$$C = \left(5280(236\,674 + 30\,303\sqrt{61})\right)^3,$$

bei der jedes Glied die Anzahl der richtigen Stellen um etwa 25 erhöht. Richard Peirce Brent und Eugene Salamin entdeckten 1976 den quadratisch konvergierenden Brent-Salamin-Algorithmus, den man auch als „Gauß-Legendre-Algorithmus" bezeichnet, weil die zugrundeliegende Formel schon um 1800 von Carl Friedrich Gauß bei seinen Untersuchungen zu dem auf Joseph Louis Lagrange zurückgehenden arithmetisch-geometrischen Mittel gefunden wurde. Die Borwein-Iterationsverfahren von 1984 sind ebenfalls von quadratischer und von höherer Ordnung. Im Jahr 1991 entwickelte Stanley Rabinowitz einen auf der Formel

$$\pi = 2\sum_{n=0}^{\infty} \frac{1 \cdot 2 \cdot \cdots \cdot n}{3 \cdot 5 \cdot \cdots \cdot (2n+1)}$$

beruhenden Tröpfelalgorithmus für π, also einen Algorithmus, der anfängliche Dezimalstellen schon ‚herauströpfelt', während die späteren Stellen noch gar nicht berechnet sind, und 1995 fanden David Bailey, Peter Borwein und Simon Plouffe die BBP-Formel

$$\pi = \sum_{n=0}^{\infty} \left(\frac{4}{8n+1} - \frac{2}{8n+4} - \frac{1}{8n+5} - \frac{1}{8n+6} \right) \frac{1}{16^n}$$

zur Ziffernextraktion im Hexadezimalsystem, also zum Ermitteln von Ziffern ohne Berechnung der vorangehenden Ziffern.

Erstaunliche Näherungen. Auf Alexander Craig Aitken geht die überraschende Erkenntnis zurück, daß die Zahl

$$\sqrt[3]{e^{\pi\sqrt{163}} - 744} = 640320 - \alpha$$

‚fast' ganz ist — es gilt $0 < \alpha < 10^{-24}$, d. h. man hat mit recht hoher Genauigkeit

$$\pi \approx \frac{\ln\left(640320^3 + 744\right)}{\sqrt{163}}.$$

Auch diese Tatsache findet eine Erklärung erst in der Theorie der Modulargleichungen. Weitere verblüffende Näherungen leiteten 1992 die Gebrüder Borwein aus modularen Identitäten her. Beispielsweise stimmt die Zahl

$$\frac{1}{10^{10}} \left(\sum_{n=-\infty}^{\infty} e^{-(n^2/10^{10})} \right)^2$$

in mehr als den ersten 42 Milliarden Dezimalstellen mit π überein, ist aber doch verschieden von π.

Mit Computern erzielte Stellenrekorde. Ab der Mitte des 20. Jahrhunderts wurden programmierbare Rechner für die Ermittlung von immer mehr Dezimalstellen von π benutzt, wobei zunächst Arcustangensreihen die besten Verfahren lieferten. Die erste bekannt gewordene solche Rechnung wurde auf Anregung von John von Neumann im Jahr 1949 durch George Walter Reitwiesner auf dem ENIAC (Electronic Numerical Integrator and Calculator, ein 30-Tonnen-Ungetüm mit etwa 18000 Röhren) in den Ballistic Research Laboratories (Aberdeen, Maryland) durchgeführt und lieferte innerhalb von 70 Stunden mittels der Formel von Machin 2037 Dezimalstellen von π. In den folgenden Jahren konnte u. a. mit den Formeln von Machin, von Klingenstierna und von Størmer die Stellenanzahl immer weiter gesteigert werden. Im Jahr 1973 erreichten Jean Guilloud und Martine Bouyer auf einem CDC 7600 (Franlab, Rueil-Malmaison) mit der Formel von Gauß in etwa 23 Stunden ca. eine Million Dezimalstellen.

Arcustangensreihen bieten leider nur eine lineare Konvergenz. Vor allem durch die neuen, quadratisch und schneller konvergierenden Iterationsmethoden von Brent und Salamin und den Gebrüdern Borwein, durch die Entdeckung schneller Verfahren zur Multiplikation großer Zahlen (Schönhage-Strassen-Algorithmus, 1971), aber auch durch die Fortschritte in der Geschwindigkeit und Speicherkapazität von Computern konnte die Anzahl der errechneten Stellen in den letzten Jahren jedoch noch deutlich erhöht werden. Im Dezember 2002 erreichte Yasumasa Kanada (Universität Tokio) auf einem Hitachi SR8000 Parallelrechner (etwa 1 Terabyte Speicher) mit Arcustangensformeln für die Rechnung und die Kontrollrechnung innerhalb von etwa 602 Stunden 1 241 100 000 000 Dezimalstellen. In den davorliegenden Jahren hatten mit Formeln vom Ramanujan-Typ und teilweise mit selbstgebauten Parallelrechnern mehrfach auch die Gebrüder Chudnovsky den Stellenrekord erobert.

Neben diesen Rechnungen ist auch die Jagd nach einzelnen Ziffern mit Hilfe der oben erwähnten BBP-Formel erwähnenswert. Bailey, Borwein und Plouffe ermittelten damit 1995 die zehnmilliardste Hexadezimalstelle von π. Fabrice Bellard berechnete 1996 mit einer ähnlichen Formel die 100-milliardste und 1997 die 250-milliardste Stelle, und Colin Percival konnte mittels einer über das Internet auf viele Computer verteilten Rechnung im August 1998 die 1.25-billionste und im Februar 1999 die zehnbillionste Hexadezimalstelle sowie im September 2000 die billiardste Binärstelle von π berechnen.

Langlaufende Rechnungen mit Ergebniskontrolle sind ein guter Zuverlässigkeitstest für Computer, aber der Beweggrund für die Jagd nach immer mehr Stellen von π ist wohl eher menschliches Rekordfieber. Für praktische Zwecke hat die Kenntnis so vieler Stellen von π keine Bedeutung (für tatsächliche Anwendungen reichen wenige Dezimalstellen aus), und die Suche nach Regelmäßigkeiten oder statistischen Auffälligkeiten in der Ziffernfolge von π war bisher erfolglos. Von Archimedes bis in die jüngste Gegenwart hat jedoch die Beschäftigung mit π den Fortschritt in der Mathematik vorangetrieben und immer neue Zusammenhänge und Algorithmen zutage gebracht.

[1] Arndt, J.; Haenel, Ch.: Pi. Algorithmen, Computer, Arithmetik. Springer Berlin, 2000.

[2] Beckmann, P.: A History of π. The Golem Press Boulder Colorado, 1977.

[3] Berggren, L; Borwein, J. M.; Borwein, P. B.: Pi: A Source Book. Springer Berlin, 1999.

[4] Blatner, D.: Pi. Magie einer Zahl. Rowohlt Reinbek, 2000.

[5] Delahaye, J.-P.: Pi – Die Story. Birkhäuser Basel, 1999.

[6] Ebbinghaus, H.-D.; et al.: Zahlen. Springer Berlin, 1992.

Der Satz des Pythagoras

A. Filler

I. Der Satz des Pythagoras beinhaltet einen grundlegenden Zusammenhang zwischen den Seiten rechtwinkliger Dreiecke:
In jedem rechtwinkligen Dreieck ist der Flächeninhalt des Quadrates über der Hypotenuse gleich der Summe der Flächeninhalte der Quadrate über den Katheten.

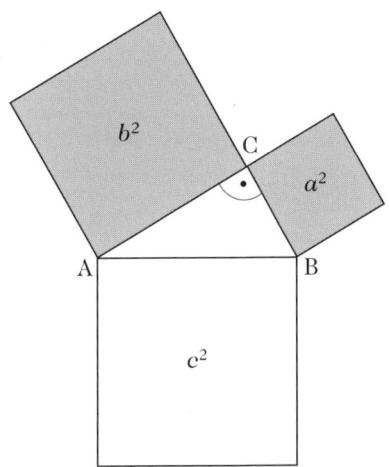

Satz des Pythagoras: Abbildung 1

Dabei sind die Katheten die dem rechten Winkel benachbarten Seiten und die Hypotenuse die dem rechten Winkel gegenüberliegende Seite des gegebenen rechtwinkligen Dreiecks. Werden die Katheten mit a und b sowie die Hypotenuse mit c bezeichnet, so läßt sich der Satz des Pythagoras durch die Gleichung

$$a^2 + b^2 = c^2$$

angeben.

Obwohl der Name des Lehrsatzes auf Pythagoras von Samos zurückgeht, waren diesem Satz vergleichbare Aussagen schon lange vor der

Antike, nämlich nachgewiesenermaßen bereits im Babylonischen Reich, bekannt. Nach einer Hypothese B. L. van der Waerdens gab es sogar schon um 3000 v. Chr. wesentliche Bestandteile einer mathematischen Theorie, in denen die Aussage des Satzes des Pythagoras enthalten war (siehe [4]).

II. Beweise für den Satz des Pythagoras. Wegen der großen Bedeutung des Satzes des Pythagoras sind etwa 400 verschiedene Beweise für ihn bekannt (in [1] findet sich eine umfangreiche Zusammenstellung unterschiedlicher Beweismöglichkeiten). Die Idee eines elementaren Beweises ist in Abbildung 2 dargestellt. Die beiden großen Quadrate haben jeweils die Seitenlänge $a + b$ und deshalb gleiche Flächeninhalte $(a + b)^2$. Außer den grau eingefärbten Quadraten enthalten diese beiden Quadrate jeweils viermal das Dreieck $\triangle ABC$. Die weißen Flächen haben also in beiden Quadraten jeweils den gleichen Flächeninhalt. Deshalb muß der Flächeninhalt der grauen Flächen in den beiden großen Quadraten ebenfalls gleich sein. Im linken Bild beträgt der Inhalt der beiden grau eingefärbten Quadrate $a^2 + b^2$; der Flächeninhalt des eingefärbten Quadrates im rechten Bild ist c^2, es gilt also $a^2 + b^2 = c^2$.

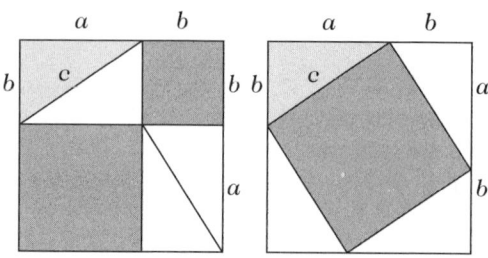

Satz des Pythagoras: Abbildung 2

Ein anderer Beweis kann mit Hilfe der Flächeninhaltsformel für rechtwinklige Dreiecke und der binomischen Formeln geführt werden. Im rechten Bild von Abbildung 2 gilt, da der Flächeninhalt der vier Dreiecke jeweils $\frac{ab}{2}$ beträgt, nämlich

$$c^2 = (a + b)^2 - 4 \cdot \frac{ab}{2} = (a + b)^2 - 2ab = a^2 + b^2.$$

In der analytischen Geometrie kann unter Nutzung des Skalarproduktes ein sehr einfacher *vektorieller Beweis* für den Satz des Pythagoras geführt werden. Da in einem bei C rechtwinkligen Dreieck ABC die Vektoren $a = \overrightarrow{CB}$ und $b = \overrightarrow{CA}$ orthogonal zueinander sind, ist ihr Skalarprodukt Null und es gilt:

$$c^2 \;=\; c \cdot c = \overrightarrow{AB} \cdot \overrightarrow{AB} = \left(\overrightarrow{AC} + \overrightarrow{CB}\right)^2 = (a - b)^2$$
$$= a \cdot a + b \cdot b - 2a \cdot b = a \cdot a + b \cdot b = a^2 + b^2.$$

III. Die Satzgruppe des Pythagoras. Eng verwandt mit dem Satz des Pythagoras sind der Höhensatz des Euklid und der *Kathetensatz*:
In jedem rechtwinkligen Dreieck hat das Quadrat über einer Kathete den gleichen Flächeninhalt wie das Rechteck, das aus der Hypotenuse und dem der Kathete zugehörigen Hypotenusenabschnitt gebildet wird.

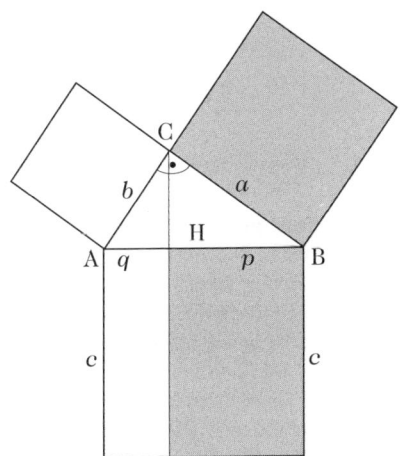

Satz des Pythagoras: Abbildung 3

Mit den Bezeichnungen aus Abbildung 3 gilt also $a^2 = p \cdot c$ und $b^2 = q \cdot c$. Der Satz des Pythagoras sowie der Höhen- und der Kathetensatz werden oft zusammenfassend als *Satzgruppe des Pythagoras* bezeichnet. Der Satz des Pythagoras kann dabei mit Hilfe des (zuvor z. B. unter Ausnutzung von Ähnlichkeitsverhältnissen in zwei rechtwinkligen Teildreiecken zu beweisenden) Kathetensatzes nachgewiesen werden. Aus $a^2 = p \cdot c$ und $b^2 = q \cdot c$ folgt nämlich

$$a^2 + b^2 = p \cdot c + q \cdot c = (p + q) \cdot c = c^2 \;\;.$$

IV. Anwendungen des Satzes des Pythagoras. Viele Anwendungen des Satzes des Pythagoras in der Elementargeometrie basieren auf der Zerlegung geometrischer Figuren in rechtwinklige Dreiecke. So läßt sich z. B. die Länge der Diagonalen eines Rechtecks berechnen. Durch Anwendung des Satzes des Pythagoras auf eines der rechtwinkligen Teildreiecke des gegebenen Rechtecks (mit einer Diagonalen als Hypotenuse, siehe Abb. 4) ergibt sich für die Länge d der Diagonale unmittelbar $d^2 = a^2 + b^2$ bzw.

$$d = \sqrt{a^2 + b^2}.$$

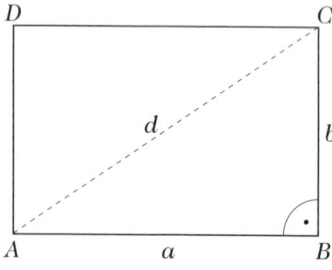

Satz des Pythagoras: Abbildung 4

Berechnungen von Rechtecksdiagonalen mit Hilfe einer dem Satz des Pythagoras vergleichbaren Vorschrift wurden bereits im alten Babylon durchgeführt (ca. 1700 v. Chr.). Vielfach wurde der Satz selbst auch nicht als Zusammenhang zwischen Seitenlängen rechtwinkliger Dreiecke, sondern als Zusammenhang zwischen Rechtecksseiten und -diagonalen formuliert.

Auch die Länge der Raumdiagonalen eines Quaders kann mit Hilfe des Satzes des Pythagoras bestimmt werden. Für die Länge der Diagonale d eines der begrenzenden Rechtecke des Quaders (Rechteck *ABCD* in Abb. 5) gilt $d^2 = a^2 + b^2$. Wird nun der Quader entlang dieser Diagonalen „zerschnitten", so entsteht das Rechteck *ACGE*, dessen Seiten die Höhe c des Quaders und die Diagonale d sind. Die Diagonale dieses Rechtecks ist gerade die Raumdiagonale r des Quaders, für die deshalb nach dem Satz des Pythagoras gilt:

$$r^2 = d^2 + c^2 = a^2 + b^2 + c^2 \quad bzw. \quad r = \sqrt{a^2 + b^2 + c^2}.$$

Nach demselben Verfahren wie bei der Berechnung der Diagonalen in Rechtecken und Quadern kann mit Hilfe des Satzes des Pythago-

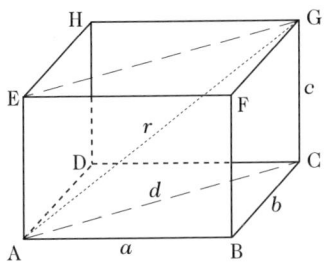

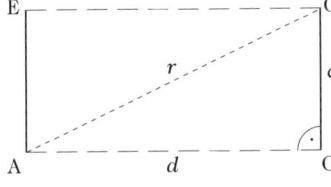

Satz des Pythagoras: Abbildung 5

ras der *Abstand zweier Punkte* der Ebene oder des Raumes berechnet
werden, deren Koordinaten bezüglich eines kartesischen Koordinatensystems gegeben sind. Die Verbindungsstrecke zweier Punkte P_1 und
P_2 kann nämlich als Diagonale eines Rechtecks (in der Ebene) bzw.
als Raumdiagonale eines Quaders (im Raum) aufgefaßt werden, dessen Kantenlängen die Differenzen $x_2 - x_1$, $y_2 - y_1$ und (nur im Raum)
$z_2 - z_1$ der Koordinaten der Punkte sind. Für den Abstand zweier Punkte
$P_1(x_1; y_1)$ und $P_2(x_2; y_2)$ der Ebene gilt daher

$$|P_1P_2| = \sqrt{(x_2 - x_1)^2 + (y_2 - y_1)^2}\,,$$

und für den Abstand zweier Punkte $P_1(x_1; y_1; z_1)$ und $P_2(x_2; y_2; z_2)$ des
Raumes

$$|P_1P_2| = \sqrt{(x_2 - x_1)^2 + (y_2 - y_1)^2 + (z_2 - z_1)^2}\,.$$

V. Die Umkehrung des Satzes des Pythagoras. Die Umkehrung des Satzes
des Pythagoras besagt, daß der durch diesen Satz gegebene Zusammenhang zwischen den Seitenlängen *nur* in rechtwinkligen Dreiecken
besteht:

Wenn für die Seitenlängen a, b und c eines Dreiecks △ABC die Gleichung $a^2 + b^2 = c^2$ erfüllt ist, so ist dieses Dreieck rechtwinklig, und c ist seine Hypotenuse.

Mit Hilfe der Umkehrung des Pythagoräischen Lehrsatzes läßt sich also anhand der Seitenlängen eines gegebenen Dreiecks ermitteln, ob dieses rechtwinklig ist. Dies ist oft sinnvoll, da sich, beispielsweise bei großen Flächen im Gelände, Abstände leichter und genauer messen lassen als Winkel. Bereits um 2300 v. Chr. wendeten im alten Ägypten die sogenannten Harpedonapten (Seilspanner) pythagoräische Dreiecke an, um nach den zweimal jährlich stattfindenden Überschwemmungen des Nil die Ländereien wieder rechtwinklig abzustecken. Dazu benutzten sie Seile mit zwölf gleich langen Abschnitten, die durch Knoten markiert waren, und spannten daraus Dreiecke mit Seitenlängen von 3, 4 und 5 Seilabschnitten. Da $3^2 + 4^2 = 5^2$ gilt, sind derartige Dreiecke rechtwinklig.

VI. Verallgemeinerungen des Satzes des Pythagoras. Die bekannteste Verallgemeinerung des Satzes des Pythagoras ist der Cosinussatz, der für beliebige (schiefwinklige) Dreiecke gilt. Dieser Satz beinhaltet sowohl die Aussage des Satzes des Pythagoras als auch dessen Umkehrung: Ist ein Dreieck rechtwinklig, so ist der Cosinus eines der Winkel (der hier als γ bezeichnet sei) Null, und die Gleichung

$$c^2 = a^2 + b^2 - 2\,a\,b \cdot \cos\gamma$$

des Cosinussatzes nimmt die Gestalt des Satzes des Pythagoras an; gilt umgekehrt z. B. $a^2 + b^2 = c^2$, so muß der Cosinus des der Seite c gegenüberliegenden Winkels Null, der Winkel selbst also ein rechter sein.

Eine weitere Verallgemeinerung des Satzes des Pythagoras auf beliebige (nicht notwendig rechtwinklige) Dreiecke ist der *Satz von Pappos*.

VII. Pythagoräische Zahlentripel. Rechtwinklige Dreiecke mit ganzzahligen Längen aller drei Seiten werden als *pythagoräische Dreiecke*, die Zahlenwerte der Seitenlängen solcher Dreiecke als pythagoräische Zahlentripel bezeichnet. Ein pythagoräisches Zahlentripel ist also ein Tripel $(a; b; c)$ dreier natürlicher Zahlen a, b und c, für die $a^2 + b^2 = c^2$ gilt. Die bekanntesten pythagoräischen Zahlentripel sind $(3; 4; 5)$, $(6; 8; 10)$ und $(5; 12; 13)$. Werden alle drei Zahlen eines pythagoräischen Zahlentripels mit derselben (beliebigen) natürlichen Zahl k multipliziert, so entsteht wieder ein pythagoräisches Zahlentripel, denn es gilt

$$(ka)^2 + (kb)^2 = k^2(a^2 + b^2) = (kc)^2 .$$

Allein daraus ergibt sich bereits, daß es unendlich viele pythagoräische Zahlentripel gibt.

Bei der Existenz unendlich vieler pythagoräischer Zahlentripel liegt natürlich die Frage nahe, ob auch Tripel natürlicher Zahlen $(a; b; c)$ existieren, für die $a^n + b^n = c^n$ mit $n > 2$ gilt. Erstaunlicherweise gibt es für keine natürliche Zahl n, die größer als 2 ist, ein solches Zahlentripel. Der Beweis dieser bereits um 1637 von Fermat behaupteten Tatsache war sehr lange eines der größten Probleme der Mathematik und gelang vollständig erst 1995 dem britischen Mathematiker Andrew Wiles. Siehe hierzu den Artikel zur ↑ Fermatschen Vermutung.

[1] Fraedrich, A. M.: Die Satzgruppe des Pythagoras. B.I. Wissenschaftsverlag Mannheim, 1994.

[2] Lietzmann, W.: Der pythagoreische Lehrsatz. 9. Auflage, B. G. Teubner Verlagsgesellschaft Leipzig, 1968.

[3] Lietzmann, W.: Von der pythagoreischen Gleichung zum Fermatschen Problem. B. G. Teubner Verlagsgesellschaft Leipzig und Berlin, 1937.

[4] Waerden, B. L. van der: Geometry and Algebra in Ancient Civilizations. Springer Berlin, 1983.

Iteration rationaler Funktionen: Von Julia-Mengen, Dendriten und Apfelmännchen

R. Brück

Die Theorie der Iteration rationaler Funktionen untersucht das Verhalten einer rekursiv definierten Folge

$$z_{n+1} = f(z_n)$$

für $n \to \infty$ in Abhängigkeit vom Startwert z_0, wobei f eine rationale Funktion ist. Die Theorie wurde um 1920 von den französischen Mathematikern Pierre Fatou und Gaston Julia unabhängig voneinander begründet. Dabei wird die Riemannsche Zahlenkugel $\widehat{\mathbb{C}}$ in zwei Mengen zerlegt, die heute ihre Namen tragen. Die Fatou-Menge ist, grob gesagt, diejenige Menge von Startwerten z_0 derart, daß geringe Änderungen von z_0 keinen Einfluß auf das Verhalten von (z_n) haben. Für die übrigen Startwerte, die die Julia-Menge bilden, verhält sich (z_n) chaotisch.

Mehr als 60 Jahre nach diesen fundamentalen Arbeiten bekam die Thematik durch die Möglichkeiten der modernen Computergrafik, eindrucksvolle Bilder von Julia-Mengen zu produzieren, erneuten Auftrieb.

Grundlegende Definitionen. Es sei f eine rationale Funktion vom Grad d. Es wird f immer als stetige Funktion von $\widehat{\mathbb{C}}$ auf $\widehat{\mathbb{C}}$ betrachtet, genauer als eigentliche meromorphe Abbildung von $\widehat{\mathbb{C}}$ auf $\widehat{\mathbb{C}}$ vom Abbildungsgrad d. Dabei ist die Stetigkeit bezüglich der Topologie von $\widehat{\mathbb{C}}$ zu verstehen. Auch sämtliche topologische Aussagen beziehen sich im folgenden immer auf diese Topologie. Für $n \in \mathbb{N}$ wird die n-te iterierte Abbildung von f mit f^n bezeichnet, wobei noch $f^0(z) = z$ gesetzt wird. Dann ist f^n wieder eine rationale Funktion vom Grad d^n.

Die Fatou-Menge $\mathcal{F} = \mathcal{F}(f)$ von f ist definiert als die Menge aller $z \in \widehat{\mathbb{C}}$ derart, daß die Folge (f^n) in einer Umgebung von z eine normale Familie bildet. Das Komplement $\widehat{\mathbb{C}} \setminus \mathcal{F}$ von $\mathcal{F}$ heißt Julia-Menge von f und wird mit $\mathcal{J} = \mathcal{J}(f)$ bezeichnet. Offensichtlich ist $\mathcal{F}$ eine offene und $\mathcal{J}$ eine kompakte Menge. Es gilt $\mathcal{F} \cap \mathcal{J} = \varnothing$ und $\mathcal{F} \cup \mathcal{J} = \widehat{\mathbb{C}}$. Die Fatou-Menge besitzt also höchstens abzählbar viele Zusammenhangskomponenten, und diese heißen stabile Gebiete von f. Fatou hat die Menge $\mathcal{F}$ zum Ausgangspunkt seiner Untersuchungen gewählt.

Zwei rationale Funktionen f und g heißen konjugiert, falls eine Möbius-Transformation M existiert mit $g = M \circ f \circ M^{-1}$. Man schreibt dann $f \sim g$. Dadurch wird eine Äquivalenzrelation auf der Menge aller rationalen Funktionen definiert. Ist $f \sim g$, so gilt $g^n = M \circ f^n \circ M^{-1}$ und daher $\mathcal{F}(g) = M(\mathcal{F}(f))$ und $\mathcal{J}(g) = M(\mathcal{J}(f))$. Jedes quadratische Polynom kann man zu einem Polynom der Form $z^2 + c$ mit $c \in \mathbb{C}$ konjugieren; ebenso zu einem Polynom der Form $\lambda z + z^2$ mit $\lambda \in \mathbb{C}$. Ist $\infty \in \mathcal{J}(f)$ und $\mathcal{J}(f) \neq \widehat{\mathbb{C}}$, so existiert stets eine zu f konjugierte Funktion g mit $\infty \notin \mathcal{J}(g)$.

Ist $E \subset \widehat{\mathbb{C}}$ eine nicht leere Menge, so heißt

$$O^+(E) := \{ f^n(z) : z \in E, \, n \in \mathbb{N}_0 \}$$

der Orbit oder die Bahn von E. Für $z_0 \in \widehat{\mathbb{C}}$ schreibt man statt $O^+(\{z_0\})$ kurz $O^+(z_0)$, und jeder Punkt $f^n(z_0) \in O^+(z_0)$ mit $n \in \mathbb{N}$ heißt ein Nachfolger von z_0. Die Menge $O^+(z_0)$ wird oft auch als Folge aufgefaßt. Weiter heißt

$$O^-(E) := \bigcup_{n=1}^{\infty} f^{-n}(E)$$

der Rückwärtsorbit von E; dabei ist

$$f^{-n}(E) = \{ z \in \widehat{\mathbb{C}} : f^n(z) \in E \}.$$

Jeder Punkt aus $O^-(z_0)$ heißt ein Vorgänger von z_0. Schließlich nennt man $O^+(E) \cup O^-(E)$ den großen Orbit von E.

Eine zentrale Rolle spielen die Fixpunkte oder allgemeiner die periodischen Punkte von f. Dabei heißt $\zeta \in \widehat{\mathbb{C}}$ ein periodischer Punkt von f mit der Periode $p \in \mathbb{N}$, falls ζ ein Fixpunkt von f^p aber kein Fixpunkt von f^n für $1 \leq n < p$ ist. Dann heißt die Menge

$$\alpha := \{ \zeta, f(\zeta), \ldots, f^{p-1}(\zeta) \}$$

ein Zyklus der Länge p oder kurz p-Zyklus. Alle Elemente von α sind periodische Punkte von f mit der Periode p. Die 1-Zyklen von f sind gerade die Fixpunkte von f. Der Multiplikator $\lambda = \lambda(\alpha)$ ist definiert als der Multiplikator des Fixpunktes ζ von f^p. Er hängt nur von α aber nicht von der speziellen Wahl des periodischen Punktes in α ab. Sind f und g konjugiert, d. h. $g = M \circ f \circ M^{-1}$, und ist α ein p-Zyklus von

f mit Multiplikator λ, so ist $M(\alpha)$ ein p-Zyklus von g mit Multiplikator λ. Schließlich heißt ein Punkt $\zeta \in \widehat{\mathbb{C}}$ präperiodisch, falls $f^m(\zeta)$ für ein $m \in \mathbb{N}_0$ ein periodischer Punkt von f ist. Äquivalent dazu ist, daß der Orbit $O^+(\zeta)$ eine endliche Menge ist. Ist ζ präperiodisch, aber nicht periodisch, so heißt ζ auch strikt präperiodisch.

Die Zyklen α von f werden wie folgt in Klassen eingeteilt. Man nennt α

(i) superattraktiv, falls $\lambda = 0$,

(ii) attraktiv oder anziehend, falls $0 < |\lambda| < 1$,

(iii) indifferent oder neutral, falls $|\lambda| = 1$,

(iv) abstoßend oder repulsiv, falls $|\lambda| > 1$.

Man überlegt sich leicht, daß (super)attraktive Zyklen stets in $\mathcal{F}$ und abstoßende Zyklen in $\mathcal{J}$ liegen. Indifferente Zyklen können sowohl in $\mathcal{F}$ als auch in $\mathcal{J}$ liegen. Sie werden daher nochmals genauer klassifiziert. Gilt $(\lambda(\alpha))^m = 1$ für ein $m \in \mathbb{N}$, so heißt α ein rational indifferenter Zyklus oder ein Leau-Zyklus. Diese Zyklen liegen immer in $\mathcal{J}$. Falls $(\lambda(\alpha))^m \neq 1$ für alle $m \in \mathbb{N}$, so heißt α ein irrational indifferenter Zyklus. Gilt zusätzlich $\alpha \subset \mathcal{F}$, so heißt α ein Siegel-Zyklus, andernfalls ein Cremer-Zyklus.

Ein Punkt $z_0 \in \widehat{\mathbb{C}}$ heißt kritischer Punkt von f, falls $f'(z_0) = 0$ oder z_0 eine mehrfache Polstelle von f ist. Die Menge aller dieser Punkte wird mit $\mathcal{C}(f)$ bezeichnet. Insgesamt besitzt f genau $2d-2$ kritische Punkte, wobei die Nullstellenordnung der Nullstellen von f' zu berücksichtigen und eine k-fache Polstelle von f $(k-1)$-fach zu zählen ist. Ist f ein Polynom mit $d \geq 2$, so ist ∞ ein $(d-1)$-facher kritischer Punkt und ein superattraktiver Fixpunkt von f. Eine Menge $E \subset \widehat{\mathbb{C}}$ heißt invariant, falls $f(E) \subset E$, und rückwärts invariant, falls $f^{-1}(E) \subset E$. Hat E beide Eigenschaften, so heißt E vollständig invariant. Dann gilt $f(E) = f^{-1}(E) = E$. Ein Gebiet $G \subset \widehat{\mathbb{C}}$ heißt hyperbolisch, falls das Komplement $\widehat{\mathbb{C}} \setminus G$ mindestens drei Punkte enthält.

Iteration von Möbius-Transformationen. Für konstante Funktionen und die Abbildung id mit id $(z) = z$ gilt trivialerweise $\mathcal{F} = \widehat{\mathbb{C}}$. Nun sei M eine Möbius-Transformation mit $M \neq$ id. Dann besitzt M höchstens zwei Fixpunkte in $\widehat{\mathbb{C}}$. Hat M genau einen Fixpunkt ζ, so gilt $\mathcal{F} = \widehat{\mathbb{C}} \setminus \{\zeta\}$ und $\mathcal{J} = \{\zeta\}$. Sind ζ und ω zwei verschiedene Fixpunkte von M, so können zwei Fälle eintreten:

(i) Es ist ζ attraktiv und ω abstoßend. Dann ist $\mathcal{F} = \widehat{\mathbb{C}} \setminus \{\omega\}$ und $\mathcal{J} = \{\omega\}$.

(ii) Beide Fixpunkte sind indifferent. Dann ist $\mathcal{F} = \widehat{\mathbb{C}}$ und $\mathcal{J} = \varnothing$.

Mit diesen Ergebnissen ist die Iteration rationaler Funktionen vom Grad $d \leq 1$ vollständig abgehandelt und im folgenden wird stets $d \geq 2$ vorausgesetzt.

Eigenschaften der Julia-Menge. Die Julia-Menge $\mathcal{J}$ ist stets nicht leer und perfekt, d. h. jeder Punkt von $\mathcal{J}$ ist ein Häufungspunkt von $\mathcal{J}$. Insbesondere enthält $\mathcal{J}$ überabzählbar viele Elemente. Die Julia- und die Fatou-Menge sind immer vollständig invariant. Weiter gilt $\mathcal{J}(f) = \mathcal{J}(f^p)$ und $\mathcal{F}(f) = \mathcal{F}(f^p)$ für jedes $p \in \mathbb{N}$.

Sind f und g vertauschbare Funktionen, d. h. $f \circ g = g \circ f$, so gilt $\mathcal{J}(f) = \mathcal{J}(g)$ und $\mathcal{F}(f) = \mathcal{F}(g)$. Ist $G \subset \widehat{\mathbb{C}}$ ein hyperbolisches Gebiet und invariant, so ist $G \subset \mathcal{F}$. Für eine kompakte Menge $K \subset \widehat{\mathbb{C}}$ mit mindestens drei Punkten, die rückwärts invariant ist, gilt $\mathcal{J} \subset K$, d. h. $\mathcal{J}$ ist die kleinste kompakte rückwärts invariante Menge. Die Julia-Menge $\mathcal{J}$ ist entweder nirgends dicht in $\widehat{\mathbb{C}}$ (d. h. $\mathcal{J}$ enthält keine inneren Punkte) oder es gilt $\mathcal{J} = \widehat{\mathbb{C}}$. Der letzte Fall kann tatsächlich eintreten, wie ein Beispiel von Lattès (1918) zeigt:

$$f(z) = \frac{(z^2 + 1)^2}{4z(z^2 - 1)}.$$

Eine wichtige Rolle spielt die Ausnahmemenge von f. Ist $G \subset \widehat{\mathbb{C}}$ ein Gebiet mit $G \cap \mathcal{J} \neq \varnothing$, so enthält die Menge $\mathcal{E}(G) := \widehat{\mathbb{C}} \setminus O^+(G)$ höchstens zwei Elemente. Es gilt $\mathcal{E}(G) \subset \mathcal{F}$, und falls $\mathcal{E}(G) = \varnothing$, so existiert ein $m \in \mathbb{N}$ mit

$$\widehat{\mathbb{C}} = G \cup f(G) \cup \cdots \cup f^m(G).$$

Diese Menge hängt nicht von G sondern nur von f ab. Sie heißt Ausnahmemenge von f und wird mit $\mathcal{E} = \mathcal{E}(f)$ bezeichnet. Jeder Punkt in $\mathcal{E}$ heißt ein Ausnahmepunkt von f. Ist f ein Polynom, so ist ∞ ein Ausnahmepunkt von f. Enthält $\mathcal{E}$ genau einen Punkt, so ist f konjugiert zu einem Polynom. Falls $\mathcal{E}$ genau zwei Punkte enthält, so ist f konjugiert zu $g(z) = z^d$ oder zu $h(z) = z^{-d}$. Schließlich ist jeder Ausnahmepunkt von f ein superattraktiver periodischer Punkt der Periode 1 oder 2.

Für jedes $a \in \widehat{\mathbb{C}} \setminus \mathcal{E}$ ist $\mathcal{J}$ im Abschluß des Rückwärtsorbits von a enthalten, d. h. $\mathcal{J} \subset \overline{O^-(a)}$. Ist $a \in \mathcal{J}$, so gilt sogar $\mathcal{J} = \overline{O^-(a)}$. Für den Orbit von a ist diese Aussage im allgemeinen nicht gültig. Jedoch gibt es eine dichte Teilmenge B von $\mathcal{J}$ mit $\mathcal{J} = \overline{O^+(a)}$ für jedes $a \in B$.

Abstoßende Zyklen von f liegen stets in $\mathcal{J}$. Genauer gilt folgender zentraler Satz:

Die Julia-Menge $\mathcal{J}(f)$ ist der Abschluß der abstoßenden Zyklen von f.

Julia hat diese Aussage als Definition für die Menge $\mathcal{J}$ gewählt und hieraus die Theorie aufgebaut. Als Folgerung erhält man, daß die Julia-Menge selbstähnlich ist, d. h. zu jedem Gebiet $G \subset \widehat{\mathbb{C}}$ mit $G \cap \mathcal{J} \neq \varnothing$ gibt es ein $n_0 = n_0(G) \in \mathbb{N}$ mit $f^n(G \cap \mathcal{J}) = \mathcal{J}$ für alle $n \geq n_0$. Besonders interessant ist, daß man für G eine beliebig kleine Kreisscheibe wählen darf. Außerdem ist in einem solchen Gebiet G keine Teilfolge von (f^n) eine normale Familie. Schließlich ist $\mathcal{J}$ entweder eine zusammenhängende Menge, oder sie besitzt überabzählbar viele Zusammenhangskomponenten.

Eigenschaften stabiler Gebiete. Ist U ein stabiles Gebiet von f, so ist auch $f(U)$ ein stabiles Gebiet von f. Für jede Vereinigung U_0 von stabilen Gebieten, die rückwärts invariant ist, gilt $\partial U_0 = \mathcal{J}$. Ist insbesondere U ein vollständig invariantes stabiles Gebiet, so ist $\partial U = \mathcal{J}$, und alle weiteren stabilen Gebiete sind einfach zusammenhängend. Falls $\mathcal{F} \neq \varnothing$, so ist die Anzahl stabiler Gebiete entweder 1, 2 oder unendlich. Es existieren höchstens zwei vollständig invariante stabile Gebiete. Falls es genau zwei gibt, so ist jedes einfach zusammenhängend und enthält genau $d - 1$ kritische Punkte von f.

Beispiel 1. Es sei $f(z) = z^d$. Dann gilt $f^n(z) = z^{d^n}$. Man erhält sofort $f^n \to 0$ $(n \to \infty)$ kompakt in $\mathbb{E} = \{z \in \mathbb{C} : |z| < 1\}$ und $f^n \to \infty$ $(n \to \infty)$ kompakt in $\Delta = \widehat{\mathbb{C}} \setminus \overline{\mathbb{E}}$. Die Fatou-Menge besteht also aus den beiden stabilen Gebieten $\mathbb{E}$ und $\Delta = \mathcal{A}(\infty)$, und es gilt $\mathcal{J} = \mathbb{T} = \partial\mathbb{E}$. f besitzt die superattraktiven Fixpunkte $0 \in \mathbb{E}$ und $\infty \in \Delta$ sowie den abstoßenden Fixpunkt $1 \in \mathcal{J}$. Die kritischen Punkte von f sind 0 und ∞. Für $g(z) = z^{-d}$ gilt ebenfalls $\mathcal{J} = \mathbb{T}$. In diesem Fall ist $\alpha = \{0, \infty\}$ ein superattraktiver 2-Zyklus. Es gilt $g(\mathbb{E}) = \Delta$ und $g(\Delta) = \mathbb{E}$.

Beispiel 2. Es sei T_d das Tschebyschew-Polynom 1. Art vom Grad $d \geq 2$. Dann gilt $\cos(dz) = T_d(\cos z)$. Es folgt $(T_d)^n(\cos z) = \cos(d^n z)$, und hieraus erhält man $\mathcal{J} = [-1, 1]$. Daher gilt $\mathcal{F} = \mathcal{A}(\infty) = \widehat{\mathbb{C}} \setminus [-1, 1]$.

Newtonverfahren. Es sei p ein Polynom vom Grad $d \geq 2$. Zur näherungsweisen Bestimmung der Nullstellen von p kann man das Newtonverfahren benutzen. Dies führt auf die Iteration der rationalen Funktion vom Grad d

$$F(z) = z - \frac{p(z)}{p'(z)} \, .$$

Man nennt F auch die zu p gehörige Newton-Funktion. Es ist $z_0 \in \mathbb{C}$ eine Nullstelle von p genau dann, wenn z_0 ein Fixpunkt von F ist. Ist z_0 eine einfache Nullstelle von p, d. h. $p'(z_0) \neq 0$, so ist z_0 ein superattraktiver Fixpunkt von F. Hat z_0 die Nullstellenordnung $m \geq 2$, so ist z_0 ein attraktiver Fixpunkt von F mit Multiplikator $\lambda(z_0) = 1 - \frac{1}{m}$. Ist z_0 eine Nullstelle von p und $U(z_0)$ die Menge aller $z \in \mathbb{C}$ derart, daß $(F^n(z))$ gegen z_0 konvergiert, so ist $U(z_0)$ eine Vereinigung von stabilen Gebieten, die rückwärts invariant ist. Daher gilt $\partial U(z_0) = \mathcal{J}(F)$. Weiter ist $\infty \in \mathcal{J}(F)$.

Ist zum Beispiel $p(z) = z^2 - 1$, so ist $F(z) = \frac{1}{2} \left(z + \frac{1}{z} \right)$ und man erhält $\mathcal{J}(F) = \{ iy : y \in \mathbb{R} \} \cup \{\infty\}$. Es gilt $\lim_{n \to \infty} F^n(z) = 1$ für $\operatorname{Re} z > 0$ und $\lim_{n \to \infty} F^n(z) = -1$ für $\operatorname{Re} z < 0$. Für $p(z) = z^3 - 1$ sieht $\mathcal{J}(F)$ wesentlich komplizierter aus. In diesem Fall ist $\mathcal{F}(F)$ eine Vereinigung von drei disjunkten offenen Mengen $U(z_1)$, $U(z_2)$, $U(z_3)$, die alle den gleichen Rand $\mathcal{J}(F)$ haben, wobei z_1, z_2, z_3 die Nullstellen von p sind.

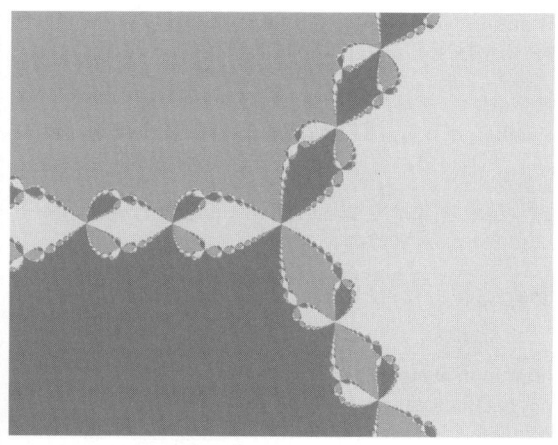

Newtonverfahren für $z^3 - 1$

Klassifikation stabiler Gebiete. Ist U ein stabiles Gebiet von f, so ist auch $f^n(U)$ für jedes $n \in \mathbb{N}$ ein stabiles Gebiet von f. Es gibt daher drei Möglichkeiten dafür, wie sich U unter Iteration verhält. Man nennt U

(i) periodisch, falls $f^p(U) = U$ für ein $p \in \mathbb{N}$,

(ii) präperiodisch, falls $f^m(U)$ für ein $m \in \mathbb{N}_0$ periodisch ist,

(iii) wandernd, falls $f^m(U) \neq f^n(U)$ für alle $m, n \in \mathbb{N}_0$ mit $m \neq n$.

Gilt speziell $f(U) = U$, so heißt U ein Fixgebiet oder ein invariantes stabiles Gebiet.

Fatou-Cremer-Klassifikation. Die periodischen stabilen Gebiete einer rationalen Funktion f können vollständig klassifiziert werden. Es zeigt sich, daß es nur fünf Arten gibt. Wegen $\mathcal{F}(f) = \mathcal{F}(f^p)$ für jedes $p \in \mathbb{N}$ kann man sich dabei auf die Klassifikation der Fixgebiete U beschränken. Zunächst erfolgt eine Grobeinteilung. Es ist U entweder

(i) ein Fatou-Gebiet, d. h. (f^n) ist in U kompakt konvergent gegen einen Fixpunkt $\zeta \in \overline{U}$, oder

(ii) ein Rotationsgebiet, falls keine der Grenzfunktionen von (f^n) in U konstant ist.

Die Fatou-Gebiete können weiter unterteilt werden, was bereits durch Fatou vorgenommen wurde. Ein Fatou-Gebiet U mit Fixpunkt ζ ist entweder

(a) ein Böttcher-Gebiet, d. h. $\zeta \in U$ ist ein superattraktiver Fixpunkt von f, oder

(b) ein Schröder-Gebiet, d. h. $\zeta \in U$ ist ein attraktiver Fixpunkt von f, oder

(c) ein Leau-Gebiet, d. h. $\zeta \in \partial U$ ist ein Fixpunkt mit Multiplikator $\lambda(\zeta) = 1$.

Ein Leau-Gebiet nennt man auch lokales parabolisches Becken. Das stabile Gebiet $\mathcal{A}(\infty)$ eines Polynoms ist stets ein Böttcher-Gebiet. Ist p ein Polynom und F die zugehörige Newton-Funktion, so liefern die einfachen Nullstellen von p Böttcher-Gebiete von F, während die mehrfachen

Nullstellen von p in Schröder-Gebieten von F liegen. Das quadratische Polynom $f(z) = z + z^2$ besitzt ein Leau-Gebiet mit Fixpunkt 0. Es ist nicht schwer, ein Polynom zu konstruieren, das Böttcher-, Schröder und Leau-Gebiete besitzt.

Ebenso können die Rotationsgebiete weiter unterteilt werden, was 1932 von Cremer durchgeführt wurde. Ein Rotationsgebiet U ist entweder

(d) eine Siegel-Scheibe, d. h. U ist einfach zusammenhängend und enthält einen irrational indifferenten Fixpunkt, oder

(e) ein Arnold-Herman-Ring, d. h. U ist zweifach zusammenhängend.

In beiden Fällen ist f eine konforme Abbildung von U auf sich. Dabei können Arnold-Herman-Ringe bei Polynomen nicht auftreten. Cremer und Julia vermuteten zunächst, daß es gar keine Rotationsgebiete gibt. Dies wurde jedoch später widerlegt.,

Es erhebt sich die Frage, wieviele Zyklen periodischer Gebiete überhaupt vorkommen können. Dazu sei $n_{(\text{super})\text{attr}}$ die Anzahl der (super)attraktiven Zyklen und n_{indiff} die Anzahl der indifferenten Zyklen. (Dabei ist zu beachten, daß in n_{indiff} neben der Anzahl der Leau- und Siegel-Zyklen auch die der Cremer-Zyklen enthalten ist.) Bereits Fatou zeigte

$$n_{(\text{super})\text{attr}} + n_{\text{indiff}} \leq 4(d-1).$$

Bezeichnet n_{AH} noch die Anzahl von Zyklen, die aus Arnold-Herman-Ringen bestehen, so zeigte Sullivan

$$n_{(\text{super})\text{attr}} + n_{\text{indiff}} + n_{\text{AH}} \leq 8(d-1).$$

Schließlich fand Shishikura 1987 die scharfe Abschätzung

$$n_{(\text{super})\text{attr}} + n_{\text{indiff}} + 2n_{\text{AH}} \leq 2(d-1)$$

und

$$n_{\text{AH}} < d - 1.$$

Kritische Punkte. Eine wichtige Rolle spielt die Menge $\mathcal{C}$ der kritischen Punkte von f sowie die kritische Grenzmenge $\mathcal{C}^+$, die aus allen Häufungspunkten des Orbits $O^+(\mathcal{C})$ besteht. Es gilt folgender Satz:

Es sei f eine rationale Funktion vom Grad $d \geq 2$ und $\{U_0, U_1, \ldots, U_{p-1}\}$ mit $p \in \mathbb{N}$ ein Zyklus von Böttcher-, Schröder- oder Leau-Gebieten von f. Dann gilt $U_j \cap \mathcal{C} \neq \varnothing$ für ein $j \in \{0, 1, \ldots, p-1\}$.

Für Siegel-Scheiben bzw. Arnold-Herman-Ringe U von f ist zwar $U \cap \mathcal{C} = \varnothing$, es gilt aber folgende Aussage:

Es sei f eine rationale Funktion vom Grad $d \geq 2$ und $\{U_0, U_1, \ldots, U_{p-1}\}$ mit $p \in \mathbb{N}$ ein Zyklus von Siegel-Scheiben oder Arnold-Herman-Ringen von f. Dann gilt $\partial U_j \subset \mathcal{C}^+$ für alle $j = 0, 1, \ldots, p-1$.

Weiterhin gilt:

Es sei f eine rationale Funktion vom Grad $d \geq 2$ und α ein Cremer-Zyklus. Dann gilt $\alpha \subset \mathcal{C}^+$.

Diese Ergebnisse über kritische Punkte können dazu benutzt werden, rationale Funktionen mit $\mathcal{J} = \widehat{\mathbb{C}}$ zu konstruieren. Sind nämlich alle kritischen Punkte z_0 von f strikt präperiodisch, so gilt $\mathcal{J} = \widehat{\mathbb{C}}$. Zum Beispiel ist dies der Fall für $f(z) = \left(1 - \frac{2}{z}\right)^2$, denn die kritischen Punkte sind $z_1 = 2$ (Nullstelle von f') und $z_2 = 0$ (zweifache Polstelle), und es gilt $2 \mapsto 0 \mapsto \infty \mapsto 1 \mapsto 1$. Das oben erwähnte Beispiel von Lattès ist vom gleichen Typ.

Ist P ein Polynom, so ist $\mathcal{F} \neq \varnothing$, da $\mathcal{A}(\infty) \subset \mathcal{F}$. Erfüllen jedoch die endlichen kritischen Punkte von P die obige Voraussetzung, so ist $\mathcal{J}$ zusammenhängend und stimmt mit der ausgefüllten Julia-Menge überein; insbesondere ist $\mathcal{F} = \mathcal{A}(\infty)$ ein einfach zusammenhängendes Gebiet. In diesem Fall ist also $\mathcal{J}$ ein Dendrit. Ein Beispiel für ein solches Polynom ist $P(z) = z^2 + i$, denn für den einzigen endlichen kritischen Punkt $z_0 = 0$ gilt $0 \mapsto i \mapsto -1 + i \mapsto -i \mapsto -1 + i$.

Ist f eine rationale Funktion, $\infty \notin \mathcal{J}$ und $\mathcal{J} \cap \mathcal{C}^+ = \varnothing$, so ist f expandierend auf $\mathcal{J}$, d. h. es existieren Konstanten $\delta > 0$ und $\kappa > 1$ mit

$$|(f^n)'(z)| \geq \delta \kappa^n \qquad (E)$$

für alle $n \in \mathbb{N}$ und $z \in \mathcal{J}$. Im Fall $\infty \in \mathcal{J}$ ist diese Bedingung an den Polstellen von f und an $z = \infty$ geeignet zu modifizieren. Ist umgekehrt f expandierend auf $\mathcal{J}$, so gilt $\mathcal{J} \cap \mathcal{C}^+ = \varnothing$. Eine rationale Funktion mit einer (und damit beiden) dieser Eigenschaften nennt man hyperbolisch. Falls f hyperbolisch und $\mathcal{F}$ ein Gebiet ist, so erhält man aus (E), daß $\mathcal{J}$ total unzusammenhängend ist, d. h. jede Zusammenhangskomponente ist einpunktig. Solche Mengen nennt man auch Cantor-Mengen. Für Polynome gilt dies zum Beispiel, falls $\mathcal{C} \subset \mathcal{A}(\infty)$. Insbesondere ist diese Bedingung erfüllt für die quadratischen Polynome $f(z) = z^2 + c$ mit $|c| > 2$.

Eine Cantor-Menge: Julia-Menge des Polynoms $z^2 - \frac{153}{200} + \frac{3}{25} i$

Ein bisher ungelöstes Problem ist, ob die Julia-Menge eine Nullmenge (bezüglich des zweidimensionalen Lebesgue-Maßes) ist, sofern $\mathcal{F} \neq \varnothing$. Ist $\mathcal{F} \neq \varnothing$, so liegen für fast alle $z \in \mathcal{J}$ die Häufungspunkte des Orbits $O^+(z)$ in $\mathcal{C}^+$. Hieraus ergibt sich folgender Satz.

Es sei f eine rationale Funktion und $\overline{O^+(\mathcal{C})} \cap \mathcal{J}$ eine endliche Menge. Dann ist entweder $\mathcal{J} = \widehat{\mathbb{C}}$ oder $\mathcal{J}$ eine Nullmenge. Insbesondere ist $\mathcal{J}$ für jede hyperbolische Funktion eine Nullmenge.

Geometrie der Julia-Menge. Julia-Mengen sind bis auf „wenige" Ausnahmen sehr komplizierte Mengen. Für $f(z) = z^d$ ist $\mathcal{J} = \mathbb{T}$. Dies gilt allgemeiner auch für gewisse Blaschke-Produkte

$$B(z) = \lambda \prod_{k=1}^{d} \frac{z - a_k}{1 - \bar{a}_k z},$$

wobei $|\lambda| = 1$ und $a_k \in \mathbb{E}$. Dann sind $\mathbb{E}$ und Δ invariante Gebiete, also $\mathbb{E} \cup \Delta \subset \mathcal{F}$ und $\mathcal{J} \subset \mathbb{T}$. Es gibt drei mögliche Fälle:

(1) B besitzt einen (super)attraktiven Fixpunkt $\zeta \in \mathbb{E}$. Dann sind $\mathbb{E}$ und Δ vollständig invariant, $\mathcal{J} = \mathbb{T}$ und B hyperbolisch.

(2) B besitzt einen (super)attraktiven Fixpunkt $\zeta \in \mathbb{T}$. Dann ist $\mathcal{F}$ ein Gebiet und B hyperbolisch, also $\mathcal{J}$ eine Cantor-Menge.

(3) B besitzt einen indifferenten Fixpunkt $\zeta \in \mathbb{T}$. Dann ist $B'(\zeta) = 1$ und somit ζ Zentrum einer Leau-Blume, bestehend aus ein oder zwei Leau-Gebieten. Im ersten Fall ist $\mathcal{J}$ eine Cantor-Menge und im zweiten gilt $\mathcal{J} = \mathbb{T}$.

Für die Tschebyschew-Polynome T_d gilt nach obigem Beispiel $\mathcal{J} = [-1, 1]$, während man für die Koebe-Funktion $k(z) = z/(1 - z)^2$ erhält: $\mathcal{J} = [0, \infty]$. Diese Beispiele sind in einem gewissen Sinne die einzigen Funktionen, deren Julia-Menge eine glatte Kurve ist, wie der folgende Satz zeigt.
Es sei U ein Fixgebiet der rationalen Funktion f.

(a) *Ist ∂U eine analytische Jordan-Kurve, so ist ∂U eine Kreislinie und f konjugiert zu einem Blaschke-Produkt.*

(b) *Ist ∂U ein analytischer Jordan-Bogen, so ist $\mathcal{J} = \partial U$ ein Kreisbogen in $\widehat{\mathbb{C}}$, und es gilt $f \circ h = h \circ B$ mit einem Blaschke-Produkt B und einer rationalen Funktion h vom Grad 2. Die Funktion h bildet $\mathbb{E}$ und Δ konform auf U ab.*

Zum Beispiel gilt für $f = T_d$

$$h(z) = \tfrac{1}{2}\left(z + \tfrac{1}{z}\right), \quad B(z) = z^d.$$

Für Polynome gilt speziell:
Es sei P ein Polynom vom Grad $d \geq 2$ und $\mathcal{J}$ ein Jordan-Bogen. Dann ist P konjugiert zum Tschebyschew-Polynom T_d oder $-T_d$ und daher $\mathcal{J}$ eine Strecke in $\mathbb{C}$.

Im allgemeinen müssen Julia-Mengen keine Kurven sein, denn ist zum Beispiel $f(z) = \lambda z + z^2$ und 0 ein irrational indifferenter Fixpunkt, aber nicht Zentrum einer Siegel-Scheibe von f, so kann man zeigen, daß $\mathcal{J} = \partial \mathcal{A}(\infty)$ keine Kurve ist. Andererseits gilt:
Es sei U ein einfach zusammenhängendes Böttcher- oder Schröder-Gebiet der rationalen Funktion f und jeder kritische Punkt von f in $\mathcal{J}$ strikt präperiodisch.

Dann ist ∂U eine Kurve. Ist U sogar vollständig invariant, so ist $\mathcal{J} = \partial U$ eine Kurve.

Diese Kurve kann jedoch eine sehr komplizierte Struktur haben. Falls nämlich $\mathcal{J}$ eine Kurve ist, so ist diese entweder eine Jordan-Kurve oder jeder Punkt ein Doppelpunkt, d. h. wird mindestens zweimal „durchlaufen". Ein Beispiel hierfür ist das Polynom $P(z) = z^2 - 1$.

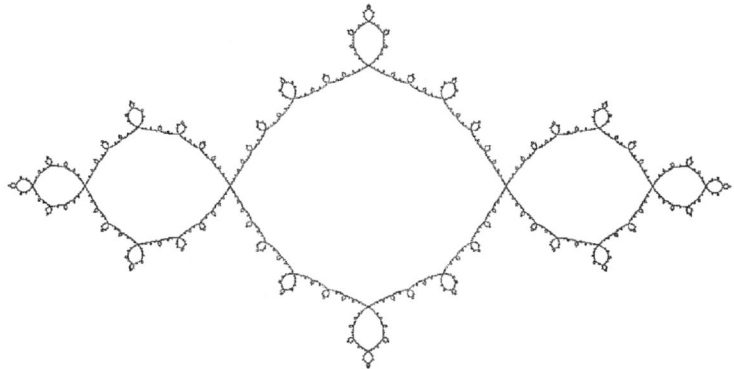

Julia-Menge des Polynoms $z^2 - 1$

Dynamik in der Julia-Menge. Für $f(z) = z^2$ gilt $\mathcal{J} = \mathbb{T}$ und $f(e^{2\pi i t}) = e^{2 \cdot 2\pi i t}$. Schreibt man t als Dualzahl $t = 0, \tau_1 \tau_2 \tau_3 \ldots$ mit $\tau_k \in \{0, 1\}$ und $\sigma_k = \tau_k + 1$, so kann man die Dynamik von f auf $\mathcal{J}$ symbolisch durch den Shift-Operator

$$(\sigma_1 \sigma_2 \sigma_3 \ldots) \mapsto (\sigma_2 \sigma_3 \sigma_4 \ldots)$$

in dem Symbolraum $\Sigma_2 = \{1, 2\}^{\mathbb{N}}$ aller Folgen (σ_k) mit $\sigma_k \in \{1, 2\}$ beschreiben.

Nun sei allgemeiner f eine rationale Funktion vom Grad $d \geq 2$ und $\Sigma = \Sigma_d := \{1, 2, \ldots, d\}^{\mathbb{N}}$. Führt man auf Σ die Metrik

$$d(\sigma, \tau) := \sum_{k=1}^{\infty} \frac{|\sigma_k - \tau_k|}{d^k}$$

ein, so wird Σ zu einem kompakten, total unzusammenhängenden metrischen Raum. Ist f hyperbolisch, so existiert eine stetige Abbildung $\Phi_f \colon \Sigma \to \mathcal{J}$ mit $\Phi_f \circ S = f \circ \Phi_f$, wobei $S \colon \Sigma \to \Sigma$ mit

$(\sigma_1\sigma_2\sigma_3 \dots) \mapsto (\sigma_2\sigma_3\sigma_4 \dots)$ der Shift-Operator ist. Im allgemeinen ist Φ_f nicht bijektiv, denn sonst wäre Φ_f wegen der Kompaktkeit von Σ und $\mathcal{J}$ ein Homömorphismus und somit $\mathcal{J}$ eine Cantor-Menge. Dies ist jedoch der Fall, wenn zusätzlich $\mathcal{F}$ ein Gebiet ist.

Besonderes Interesse hat die Iteration quadratischer Polynome

$$f_c(z) = z^2 + c$$

gefunden. Hierfür ist von entscheidender Bedeutung, ob der Paramater $c \in \mathbb{C}$ in der Mandelbrot-Menge liegt oder nicht. Es sei f_c^n die n-te iterierte Abbildung von f_c. Die Mandelbrot-Menge $\mathcal{M}$ ist die Menge aller $c \in \mathbb{C}$ derart, daß die Folge $(f_c^n(0))$ beschränkt ist. Die Namensgebung stammt von Douady, da Mandelbrot (1980) die erste Computergraphik von $\mathcal{M}$ erzeugt hat. Aufgrund des Aussehens nennt man $\mathcal{M}$ auch „Apfelmännchen". Es zeigt sich, daß $\mathcal{M}$ eine sehr komplizierte Menge ist.

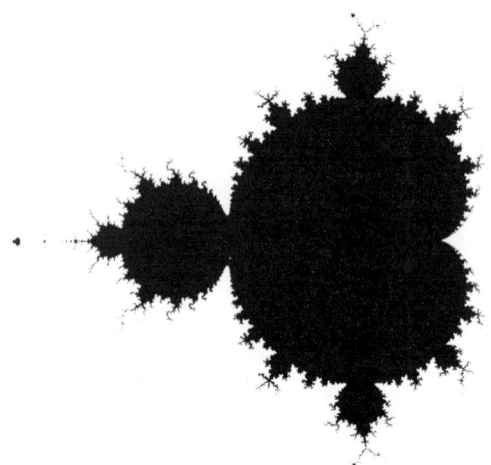

Mandelbrot-Menge, das „Apfelmänn-chen"

Die Definition der Menge $\mathcal{M}$ ist u. a. durch folgende Tatsache motiviert. Ist $c \in \mathcal{M}$, so ist die Julia-Menge $\mathcal{J}_c$ von f_c zusammenhängend. Für $c \notin \mathcal{M}$ ist hingegen $\mathcal{J}_c$ total unzusammenhängend (eine Cantor-Menge), d. h. jede Zusammenhangskomponente von $\mathcal{J}_c$ besteht nur aus einem Punkt.

Einige elementare Eigenschaften von $\mathcal{M}$:

(1) Für $c \notin \mathcal{M}$ gilt $f_c^n(0) \to \infty$ ($n \to \infty$).

(2) Es gilt

$$\mathcal{M} = \{\, c \in \mathbb{C} : |f_c^n(0)| \leq 2 \text{ für alle } n \in \mathbb{N}_0 \,\}.$$

(3) Es ist $\mathcal{M}$ eine kompakte Menge und $|c| \leq 2$ für alle $c \in \mathcal{M}$. Weiter ist $\mathcal{M}$ symmetrisch bezüglich der reellen Achse.

(4) Es ist $\mathcal{M} \cap \mathbb{R} = \left[-2, \frac{1}{4}\right]$. Weiter enthält $\mathcal{M}$ die Kardioide

$$\mathcal{H}_0 := \{\, w \in \mathbb{C} : |1 - \sqrt{1 - 4w}| < 1 \,\},$$

die man auch Hauptkardioide nennt. Man erhält $\mathcal{H}_0$ als Bild der offenen Kreisscheibe $B_{1/2}(0)$ unter der Abbildung

$$z \mapsto w = z - z^2 = \frac{1}{4} - \left(z - \frac{1}{2}\right)^2.$$

(5) Es ist $G_{\mathcal{M}} := \widehat{\mathbb{C}} \setminus \mathcal{M}$ ein Gebiet in $\widehat{\mathbb{C}}$.

(6) Jede Zusammenhangskomponente der Menge $\mathcal{M}^\circ$ der inneren Punkte von $\mathcal{M}$ ist ein einfach zusammenhängendes Gebiet.

Die Eigenschaft (2) kann dazu benutzt werden, eine grobe Computergraphik von $\mathcal{M}$ anzufertigen. Jedem Pixel P entspricht eine komplexe Zahl $c = x + iy$ mit $x, y \in [-2, 2]$. Für ein festes $N \in \mathbb{N}$ (z. B. $N = 25$) berechnet man $f_c^n(0)$. Ist $|f_c^n(0)| > 2$ für ein $n \in \{1, \dots, N\}$, so färbt man das Pixel P weiß, andernfalls schwarz.

[1] Beardon, A.F.: Iteration of Rational Functions. Springer-Verlag New York, 1991.

[2] Steinmetz, N.: Rational Iteration. Walter de Gruyter Berlin, 1993.

Iterative Lösung linearer Gleichungssysteme

H. Faßbender

Die Lösung linearer Gleichungssysteme ist eine der Grundaufgaben der (numerischen) Mathematik. Man unterscheidet hierbei prinzipiell zwischen direkten und iterativen Verfahren; letztere werden in diesem Artikel vorgestellt. In neuerer Zeit verwendet man, insbesondere bei Gleichungssystemen, die bei der Diskretisierung partieller Differentialgleichungen auftreten, auch sog. ↑ Mehrgitterverfahren, auf die in einem eigenen Beitrag eingegangen wird.

Unter der iterativen Lösung linearer Gleichungssysteme $Ax = b$ mit $A \in \mathbb{R}^{n \times n}, b \in \mathbb{R}^n$ versteht man Verfahren, welche die Lösung als Grenzwert einer unendlichen Folge von Näherungslösungen berechnen. Ein Iterationsschritt besteht häufig in der Ausführung einer Matrix-Vektor-Multiplikation. Während direkte Verfahren zumindest theoretisch die exakte Lösung des Problems berechnen, sind bei iterativen Verfahren Fragen der Konvergenz und Konvergenzgeschwindigkeit von Bedeutung. Die klassischen Iterationsverfahren beruhen auf dem Umschreiben des linearen Gleichungssystems $Ax = b$ in eine Fixpunktgleichung

$$x = Tx + f$$

mit einer geeigneten Matrix $T \in \mathbb{R}^{n \times n}$ und einem Vektor $f \in \mathbb{R}^n$. Ist die Fixpunktgleichung eindeutig lösbar, so wählt man einen Startvektor $x^{(0)} \in \mathbb{R}^n$ und bildet die Folge

$$x^{(k+1)} = Tx^{(k)} + f$$

für $k = 1, 2, \ldots$. Sind alle Eigenwerte von T betragsmäßig kleiner als 1, dann konvergiert diese Folge gegen die Lösung x der Gleichung $Ax = b$. Eine Fixpunktgleichung der Form $x = Tx + f$ erhält man dabei aus $Ax = b$ typischerweise aus einer Zerlegung von A in $A = B - C$ mit $B, C \in \mathbb{R}^{n \times n}$, B nichtsingulär, denn dann ist $(B - C)x = b$, bzw.

$$x = B^{-1}Cx + B^{-1}b.$$

Man erhält also ein System $x = Tx + f$ mit $T = B^{-1}C$ und $f = B^{-1}b$.
Die prominentesten Vertreter dieser Iterationsverfahren sind das Jacobi-Verfahren, das Gauß-Seidel-Verfahren und das SOR-Verfahren.

Die Konvergenzgeschwindigkeit einer Fixpunktiteration hängt von den Eigenwerten von T ab. Nur wenn alle Eigenwerte von T betragsmäßig kleiner als 1 sind, d. h. wenn

$$\varrho(T) = \max\{|\lambda|, \lambda \text{ Eigenwert von } T\} < 1,$$

tritt Konvergenz ein. Je kleiner $\varrho(T)$ ist, desto schneller ist die Konvergenz. Falls $\varrho(T)$ nahe bei 1 ist, so ist die Konvergenz recht langsam und man kann versuchen, mittels Relaxation oder polynomieller Konvergenzbeschleunigung aus der gegebenen Fixpunktiteration eine schneller konvergierende herzuleiten.

Moderne Iterationsverfahren sind häufig Krylow-Raum-basierte Verfahren. Dabei wird, ausgehend von einem (beliebigen) Startvektor $x^{(0)}$, eine Folge von Näherungsvektoren $x^{(k)}$ an die gesuchte Lösung x gebildet. $x^{(k)}$ wird dazu aus einem verschobenen Krylow-Raum

$$\{x^{(0)}\} + \mathcal{K}_k(B, r^{(0)})$$

mit

$$\mathcal{K}_k(B, r^{(0)}) = \{r^{(0)}, Br^{(0)}, B^2r^{(0)}, \dots, B^{k-1}r^{(0)}\}$$

und $r^{(0)} = b - Ax^{(0)}$ so gewählt, daß eine Bedingung der Art

$$b - Ax^{(k)} \perp \mathcal{L}_k$$

erfüllt ist. Die verschiedenen Versionen von Krylow-Raum-Verfahren unterscheiden sich in der Wahl der Matrix B und des k-dimensionalen Raums $\mathcal{L}_k$.

Das älteste Verfahren dieser Klasse ist das konjugierte Gradientenverfahren, welches lineare Gleichungssysteme $Ax = b$ mit symmetrisch positiv definiten Matrizen $A \in \mathbb{R}^{n \times n}$ löst. Die nächste Näherung $x^{(k)}$ wird so gewählt, daß $x^{(k)}$ den Ausdruck

$$(x - x^{(k)})^T A (x - x^{(k)})$$

über dem verschobenen Krylow-Raum

$$\{x^{(0)}\} + \mathcal{K}_k(A, r^{(0)})$$

minimiert. Pro Iterationsschritt wird lediglich eine Matrix-Vektor-Multiplikation benötigt; die Matrix A selbst bleibt unverändert. Das Verfahren ist daher insbesondere für große, sparse Koeffizientenmatrizen A geeignet. Zur Berechnung der k-ten Iterierten wird lediglich Information aus dem $(k-1)$-ten Schritt benötigt. Information aus den Schritten $1, 2, \ldots, k-2$ muß nicht gespeichert werden. Theoretisch ist bei exakter Rechnung spätestens nach n Schritten die gesuchte Lösung $x^{(n)}$ berechnet. Doch aufgrund von Rundungsfehlern ist dies in der Praxis i. a. nicht der Fall. Man setzt das Verfahren einfach solange fort, bis $x^{(k)}$ eine genügend gute Näherung an die gesuchte Lösung x ist, d. h. bis $b - Ax^{(k)}$ klein genug ist. Das Konvergenzverhalten wird wesentlich durch die Kondition der Matrix A bestimmt. Hat A eine kleine Kondition, so wird das konjugierte Gradientenverfahren in der Regel schnell konvergieren. Hat A aber eine große Kondition, tritt Konvergenz häufig nur sehr langsam ein. Um dieses Problem zu beheben, kann man versuchen, das Gleichungssystem $Ax = b$ in ein äquivalentes Gleichungssystem $\widetilde{A}\widetilde{x} = \widetilde{b}$ zu überführen, für welches das Iterationsverfahren ein besseres Konvergenzverhalten hat. Diese Technik wird Vorkonditionierung genannt und kann die Konvergenz des konjugierten Gradientenverfahrens erheblich verbessern.

Ein wesentlicher Punkt bei der Herleitung des konjugierten Gradientenverfahrens ist die Restriktion auf symmetrisch positiv definite Matrizen. Um das konjugierte Gradientenverfahren für beliebige (unsymmetrische oder symmetrische, nicht positiv definite) Matrizen zu verallgemeinern, wurden zahlreiche Ansätze vorgeschlagen. So ist z. B. das lineare Gleichungssystem $Ax = b$ mit beliebiger $(n \times n)$-Matrix A äquivalent zu dem linearen Gleichungssystem

$$A^T Ax = A^T b \, ,$$

dessen Koeffizientenmatrix $A^T A$ symmetrisch positiv definit ist. Wendet man nun das konjugierte Gradientenverfahren auf $A^T Ax = A^T b$ an, so erhält man das CGNR-Verfahren (Conjugate Gradient applied to Normal equations minimizing the Residual), welches die Iterierte $x^{(k)}$ so berechnet, daß

$$(b - Ax^{(k)})^T (b - Ax^{(k)})$$

über

$$\{x^{(0)}\} + \mathcal{K}_k(A^T A, A^T r^{(0)})$$

minimiert wird. Bei diesem Verfahren bestimmt die Kondition von $A^T A$ im wesentlichen die Konvergenzrate. Da die Kondition von $A^T A$ das Quadrat der Kondition von A sein kann, wird das CGNR-Verfahren schon für Matrizen A mit nicht allzu großer Kondition nicht gut konvergieren.

Weitere Varianten unterscheiden sich hauptsächlich in der Wahl des Krylow-Raums und der Minimierungsaufgabe. So minimiert das GCR-Verfahren (Generalized Conjugate Residual)

$$(b - Ax^{(k)})^T (b - Ax^{(k)})$$

über

$$\{x^{(0)}\} + \mathcal{K}_k(A, r^{(0)}) :$$

Hier hat man nicht das Problem der eventuell großen Kondition von $A^T A$, dafür benötigt man aber zur Berechnung der k-ten Iterierten Informationen aus allen vorangegangenen Schritten, d. h. mit wachsendem k wird mehr und mehr Speicherplatz benötigt. Darüberhinaus kann das GCR-Verfahren zusammenbrechen, ohne eine Lösung des linearen Gleichungssystems zu berechnen. Dieses Problem kann man durch Wahl einer geeigneten Basis für den Krylow-Raum $\mathcal{K}_k(A, r^{(0)})$ beheben. Dies führt dann auf das GMRES-Verfahren (Generalized Minimal RESidual), welches nicht zusammenbrechen kann und die minimale Anzahl von Matrix-Vektor-Multiplikationen zur Minimierung von

$$(b - Ax^{(k)})^T (b - Ax^{(k)})$$

über einem gegebenen Krylow-Raum benötigt. Die benötigte orthogonale Basis des $\mathcal{K}_k(A, r^{(0)})$ wird mittels des Arnoldi-Verfahrens berechnet.

Zwei weitere, häufig verwendete Varianten beruhen statt auf dem Arnoldi-Verfahren zur Berechnung einer orthogonalen Basis eines Krylow-Raums auf dem unsymmetrischen Lanczos-Verfahren. Das BiCG-Verfahren (BiConjugate Gradient-Verfahren) und das QMR-Verfahren (Quasi Minimal Residual-Verfahren) können allerdings zusammenbrechen, so daß hier sogenannte look-ahead-Methoden angewendet werden sollten, um diese Verfahren stets durchführen zu können.

In der Literatur existieren zahlreiche weitere Varianten von Krylow-Raum-basierten Verfahren. Jedes dieser Verfahren hat gewisse Vor- und Nachteile, für jedes Verfahren lassen sich Beispiele finden, für welche das jeweilige Verfahren besonders gut oder besonders schlecht geeignet ist. Eine allgemeine Regel, welches Verfahren wann angewendet werden sollte, gibt es (noch) nicht.

[1] Deuflhard, P. und Hohmann, A.: Numerische Mathematik, Band 1. de Gruyter, 1993.

[2] Golub, G.H. und van Loan, C.F.: Matrix Computations. John Hopkins University Press, 1996.

[3] Hackbusch, W.: Iterative Lösung großer schwachbesetzer Gleichungssysteme. B.G. Teubner Stuttgart, 1993.

[4] Kielbasinski, A; Schwetlick H.: Numerische lineare Algebra. Verlag H. Deutsch Frankfurt, 1988.

[5] Saad, Y.: Iterative Methods for Sparse Linear Systems. The Pws Series in Computer Science, 1996.

[6] Schwarz, H.R.: Numerische Mathematik. B.G. Teubner Stuttgart, 1993.

[7] Stoer, J. und Bulirsch, R.: Numerische Mathematik I und II. Springer Heidelberg/Berlin, 1994/1991.

Mehrgitterverfahren

W. Hackbusch

Die Lösung linearer Gleichungssysteme ist ein Grundproblem einer Vielzahl von Anwendungen. Bei Anwendungen mit physikalischen Hintergrund (z. B. Kontinuums- oder Strömungsmechanik) treten Gleichungssysteme als Diskretisierung partieller Differentialgleichungen auf. Ihre Dimension ist im wesentlichen nur durch den zur Verfügung stehenden Speicherplatz noch oben beschränkt. Zur Zeit steht die Lösung von bis zu Millionen von Gleichungen an. Hierzu können nur Verfahren verwendet werden, deren Aufwand proportional zur Dimension des Gleichungssystems steigt. Seit man Computer einsetzt, versucht man, effizientere Lösungsverfahren zu konstruieren. Mehrgitterverfahren waren die ersten, die dieses Ziel für eine große Klasse von Problemen erreichten. Die Mehrgittermethode enthält Komponenten, die problemabhängig gewählt werden müssen. Es handelt sich also eher um eine Lösungsstrategie als um einen feststehenden Algorithmus.

1 Die Mehrgitterhierarchie. Das Mehrgitterverfahren ist eine Iteration zur Lösung linearer oder nichtlinearer Gleichungen, die als Diskretisierung partieller Differentialgleichungen (vornehmlich von elliptischem Typ) entstehen. Der Diskretisierungshintergrund ist entscheidend, da er zu einer Hierarchie von diskreten Gleichungen führt. Ein Randwertproblem (Differentialgleichung samt Randbedingung) sei notiert als

$$Lu = f. \tag{1}$$

Im einfachsten Fall kann zur Diskretisierung ein Differenzenverfahren mit der Gitterweite h verwendet werden. Die diskrete Gleichung lautet

$$L_h u_h = f_h. \tag{2}$$

Sei $h_0, h_1 = h_0/2, \ldots, h_\ell = h_0/2^\ell, \ldots$ eine Folge von Schrittweiten, die für die maximale Stufenzahl $\ell = \ell_{max}$ die Schrittweite $h = h_{\ell_{max}}$ aus (2) ergebe. Dann ist (2) die feinste Diskretisierung in der *Diskretisierungshierarchie*

$$L_0 u_0 = f_0, \ldots, L_\ell u_\ell = f_\ell, \ldots \tag{3}$$

für $\ell = 0, \ldots, \ell_{\max}$, wobei L_ℓ die Abkürzung für L_{h_ℓ} ist (analog u_ℓ, f_ℓ).

Im Fall einer FE-Diskretisierung („FE-" kürzt „Finite-Element-" ab) wird diese durch einen FE-Raum V beschrieben, der z. B. aus stückweise linearen Elementen über Dreiecken einer Triangulation $\mathcal{T}$ bestehen kann. Falls diese Triangulation das letzte Element in einer Folge $\mathcal{T}_0$, $\mathcal{T}_1, \ldots, \mathcal{T}_\ell, \ldots, \mathcal{T}_{\ell_{\max}}$ ist, wobei $\mathcal{T}_{\ell+1}$ jeweils durch eine Verfeinerung der Triangulation $\mathcal{T}_\ell$ entsteht, so gilt für die zugehörigen FE-Räume die Inklusion

$$V_0 \subset \ldots \subset V_{\ell-1} \subset V_\ell \subset \ldots \subset V_{\ell_{\max}} = V.$$

Der größte FE-Raum $V_{\ell_{\max}}$ stimmt mit dem obigen Raum V überein, für den die FE-Diskretisierung gelöst werden soll. Jeder Raum V_ℓ führt zu einer Diskretisierung $L_\ell u_\ell = f_\ell$ in der Hierarchie (3).

Mehrgitterverfahren lösen das Gleichungssystem $L_{\ell_{\max}} u_{\ell_{\max}} = f_{\ell_{\max}}$, wobei sie von den *Grobgittermatrizen* L_ℓ ($0 \leq \ell < \ell_{\max}$) Gebrauch machen. Die geschachtelte Iteration (siehe unten) löst sogar alle Gleichungen in (3).

2 Was leisten Mehrgitterverfahren? Ziel aller schnellen Iterationsverfahren ist es, ein Gleichungssystem mit n Gleichungen und Unbekannten mit einem (Zeit- bzw. Rechen-)Aufwand proportional zu n zu lösen. Da ein Iterationsschritt mit einer schwachbesetzten Matrix n Operationen kostet, muß die gewünschte Genauigkeit mit einer festen Anzahl von Iterationsschritten erreichbar sein. Dies bedeutet, daß die Konvergenzgeschwindigkeit nicht nur < 1, sondern auch unabhängig von n (d. h. unabhängig vom Diskretisierungsparameter h_ℓ bzw. der Dimension von V_ℓ) sein muß. Diese optimale Konvergenz kann ein Mehrgitterverfahren in sehr allgemeinen Fällen erreichen. „Allgemein" heißt hier, daß keine speziellen algebraischen Eigenschaften der Matrix L_ℓ, insbesondere weder Symmetrie noch positive Definitheit, vorliegen müssen.

3 Struktur der Mehrgitteriteration.

3.1 Glättungsiterationen. Übliche klassische Iterationsverfahren wie das Jacobi- oder das Gauß-Seidel-Verfahren oder die einfache

Richardson-Iteration

$$\mathcal{S}_h : (u_h, f_h) \mapsto u_h - \frac{1}{\|L_h\|}(L_h u_h - f_h) \tag{4}$$

wirken als *Glättungsiteration*, d. h. sie reduzieren die oszillierenden Fehleranteile wesentlich besser als die glatten. Im symmetrisch positiv definiten Fall ist $\|L_h\| = \lambda_n$ der größte Eigenwert. Die (oszillierenden) Eigenvektoren von L_h zu Eigenwerten in $[\lambda_n/2, \lambda_n]$ werden durch (4) um den Faktor $0 \leq 1 - \omega\lambda_\nu \leq 1/2$ reduziert. Wenn (4) nur langsam konvergiert, liegt es an den Fehlerkomponenten von $u_h - u_h^{exakt}$, die zu den niedrigen Eigenwerten gehören. Wenige Schritte einer Glättungsiteration liefern eine Näherung $\tilde{u}_h$, deren Fehler $\tilde{u}_h - u_h^{exakt}$ „glatt" ist und damit im Gitter der gröberen Schrittweite H repräsentiert werden kann.

3.2 Zweigitterverfahren. Das Zweigitterverfahren, obwohl nicht für die praktische Anwendung geeignet, ist der wesentliche Schritt zur Konstruktion und der Analyse des Mehrgitterverfahrens. Es werden nur die Stufen ℓ und $\ell - 1$ betrachtet, die der feinen Schrittweite h und der groben Schrittweite H (z. B. $H = 2h$) entsprechen. Die zugehörigen Matrizen aus (3) seien L_h und L_H.

Zuerst wird aus dem Startwert u_h mit wenigen Glättungsschritten $\tilde{u}_h$ erzeugt. Die Zahl der Glättungsschritte ist oft 2 oder 3. Der *Defekt*

$$d_h := L_h \tilde{u}_h - f_h$$

wird berechnet. Offenbar ist $L_h \delta u_h = d_h$ die Gleichung für die *exakte Korrektur*: $u_h := \tilde{u}_h - \delta u_h$ erfüllt

$$L_h u_h = L_h \tilde{u}_h - L_h \delta u_h = d_h + f_h - d_h = f_h\,.$$

Natürlich ist die direkte Lösung von $L_h \delta u_h = d_h$ ebenso schwierig wie diejenige von $L_h u_h = f_h$. Da die Korrektur δu_h aber gleichzeitig der *Fehler* $\tilde{u}_h - u_h^{exakt}$ und daher glatt ist, kann $L_h \delta u_h = d_h$ näherungsweise im groben Gitter gelöst werden. Im Zweigitterfall wird

$$L_H v_H = r d_h \tag{5}$$

direkt gelöst, wobei die *Restriktion* r eine geeignete lineare Abbildung vom Gitter der Schrittweite h in das gröbere Gitter H darstellt. Im eindimensionalen äquidistanten Fall mit $H = 2h$ ist

$$(rd_h)(x) := \frac{1}{4}d_h(x-h) + \frac{1}{2}d_h(x) + \frac{1}{4}d_h(x+h)$$

für alle $x = 2\nu h$ ($\nu \in \mathbb{Z}$) eine kanonische Wahl.

Anschließend wird die Lösung v_H von (5) mittels einer *Prolongation* p (Interpolation) vom H-Gitter in das feinere h-Gitter transportiert. Im eindimensionalen Fall übernimmt man die Werte $v_H(2\nu h)$ und interpoliert dazwischen linear: $(pv_H)(x) := \frac{1}{2}v_H(x-h) + \frac{1}{2}v_H(x+h)$ für alle $x = (2\nu+1)h$ ($\nu \in \mathbb{Z}$). Da pv_H ein Ersatz für δu_h ist und $u_h^{exakt} = \tilde{u}_h - \delta u_h$ gilt, wird

$$u_h^{neu} = \tilde{u}_h - pv_H$$

als neuer Iterationswert definiert. Oft ist p die adjungierte Abbildung zu r.

In algorithmischer Schreibweise lautet das Zweigitterverfahren der Stufe ℓ ($h_\ell = h$, $h_{\ell-1} = H$):

> function $ZGM(\ell, u, f)$: Gitterfunktion;
> begin for $i := 1$ to ν do $u := \mathcal{S}_\ell(u, f)$;   (vgl. (4))
> $d := L_\ell u - f$;   (Defektberechnung)
> $d := rd$;   (Restriktion auf Stufe $\ell - 1$)
> $v := L_{\ell-1}^{-1}d$;   (exakte Lsg. der Grobgittergl.)
> $u = u - pv$;   (Grobgitterkorrektur)
> $ZGM := u$ (neue Iterierte)
> end;

Die Abbildungen $\mathcal{S}_\ell$, r und p sind im allgemeinen problemabhängig.

3.3   Mehrgitterverfahren. Im Zweigitterverfahren ZGM wird die Grobgittergleichung noch exakt gelöst. Im Mehrgitterfall ersetzt man die exakte Lösung durch Annäherung mittels γ Iterationen einer Zweigittermethode auf den Stufen $\ell - 1$ und $\ell - 2$. Gleiches geschieht auf der Stufe $\ell - 2$, bis man auf der Stufe 0 (gröbstes Gitter, d. h. kleinste Anzahl von Gleichungen) exakt löst. Es entsteht der folgende rekursive Algorithmus:

```
function MGM(ℓ, u, f): Gitterfunktion;
if ℓ = 0 then u := L₀⁻¹f else
begin for i := 1 to ν do u := 𝒮ₗ(u, f);
    d := r(Lₗu − f);        (Defektrestriktion)
    v := 0;                 (Startwert für Korrektur)
    for i := 1 to γ do v := MGM(ℓ − 1, v, d);
    u = u − pv;             (Grobgitterkorrektur)
    MGM := u               (neue Iterierte)
end;
```

Gängige Werte für γ sind $\gamma = 1$ (sogenannter V-Zyklus) und $\gamma = 2$ (W-Zyklus). Obwohl bei $\gamma = 2$ eine Iteration auf der Stufe ℓ zu *zwei* Iterationen auf Stufe $\ell - 1$, *vier* Iterationen auf Stufe $\ell - 2$ usw. führt, nimmt der Rechenaufwand ab (im zweidimensionalen Fall und $h_{\ell-1} = 2h_\ell$ viertelt sich jeweils der Rechenaufwand für die Durchführung von $\mathcal{S}_h$, r und p.) Der oben angegebene Algorithmus verwendet nur eine *Vor*glättung. Möglich ist auch die reine Nachglättung, d. h. $u := \mathcal{S}_\ell(u, f)$ nach der Grobgitterkorrektur $u = u - pv$ oder eine symmetrische Vor- und Nachglättung.

3.4   Geschachtelte Iteration. Bei einer diskretisierten Differentialgleichung ist es unnötig, solange zu iterieren, bis die letzte Dezimalstelle fixiert ist. Es reicht, wenn der Iterationsfehler $u_\ell - u_\ell^{exakt}$ die Größenordnung des ohnehin unvermeidlichen Diskretisierungsfehlers hat. Die Schwierigkeit bei diesem Abbruchkriterium ist, daß man oft den Diskretisierungsfehler nicht genau genug kennt. Hier bietet die geschachtelte Iteration eine elegante Lösung. Auch ohne Kenntnis des Diskretisierungsfehler liefert der Algorithmus eine Approximation der richtigen Güte.

```
u₀ := L₀⁻¹f₀;        (Lösung auf gröbstem Gitter)
for ℓ := 1 to ℓ_max do
begin uℓ := p u_{ℓ-1};   (Startwert auf Stufe ℓ)
    for i := 1 to m do uℓ := MGM(ℓ, uℓ, fℓ)
end;
```

Der entscheidende Punkt ist, daß der Startwert bereits einen Fehler in der Größenordnung des Diskretisierungsfehlers $u_\ell^{exakt} - pu_{\ell-1}^{exakt}$ besitzt. Als Iterationsanzahl reicht oft $m = 1$ aus! Im Prinzip kann die Mehrgitteriteration MGM durch jede andere ersetzt werden, wenn die Konvergenzrate nur unabhängig von der Dimension (d. h. von ℓ) ist. Die geschachtelte Iteration liefert Resultate für alle Stufen $\ell := 1, \ldots, \ell_{\max}$. Trotzdem ist der Rechenaufwand für $\ell < \ell_{\max}$ nur ein Bruchteil des ohnehin auftretenden Aufwandes für $\ell_{\max}$.

4 Ein Beispiel. Einfachstes Testbeispiel ist die Poisson-Gleichung

$$-\Delta u := -u_{xx} - u_{yy} = f \quad in \ \Omega = (0,1) \times (0,1)$$

diskretisiert durch den 5-Punkt-Differenzenstern $-\Delta_h u := 4u(x, y) - u(x - h, y) - u(x + h, y) - u(x, y - h) - u(x, y + h)$ oder durch die FE-Methode mit stückweise linearen Funktionen auf einer regelmäßigen Triangulierung. Beide Verfahren führen bis auf einen Faktor zur gleichen Matrix in $L_h u_h = f_h$. Am Rand des Quadrates Ω werden Dirichlet-Werte vorgeschrieben. f_h und die Randwerte seien so gewählt, daß sich $u_h(x, y) = x^2 + y^2$ als diskrete Lösung von $L_h u_h = f_h$ ergibt. Da L_h positiv definit ist, kann die gröbstmögliche Schrittweite $h_0 := 1/2$ als Schrittweite der Stufe $\ell = 0$ gewählt werden. Die weiteren Gitterweiten sind daher $h_\ell = 2^{-1-\ell}$. Die folgende Tabelle zeigt den Iterationsfehler $e_m := \|u_\ell^{(m)} - u_\ell^{exakt}\|_\infty$ nach m Mehrgitteriterationsschritten (Start mit $u_\ell^{(0)} = 0$, W-Zyklus, 2 Vorglättungsschritte mit den Gauß-Seidel-Verfahren) auf der Stufe $\ell = 7$ (entspricht $h_\ell = 1/256$ und 65025 Unbekannten).

m	e_m	Quot.	m	e_m	Quot.
0	1.984E-0	–	5	3.102E-06	0.0594
1	3.038E-1	0.1531	6	1.884E-07	0.0607
2	1.605E-2	0.0528	7	1.166E-08	0.0619
3	9.017E-4	0.0562	8	7.713E-10	0.0662
4	5.219E-5	0.0579	9	5.218E-11	0.0677

Die letzte Spalte zeigt die Fehlerverbesserung, die der Konvergenzrate 0.067 entspricht. Ähnliche Raten ergeben sich für andere Schrittweiten. Die obigen Resultate werden nur zur Demonstration der Konvergenzgeschwindigkeit mit $u_\ell^{(0)} = 0$ gestartet. Billiger ist die geschachtelte Iteration.

5 Nichtlineare Gleichungen. Die Kombination des Newton-Verfahrens mit dem oben beschriebenen Mehrgitterverfahren für das entstehende lineare System ist eine naheliegende Möglichkeit.

Die Berechnung der Funktionalmatrix läßt sich aber sogar vermeiden, wenn man das nichtlineare System $\mathcal{L}(u) = f$ mit dem *nichtlinearen Mehrgitterverfahren* löst. Sei

$$\mathcal{L}_\ell(u_\ell) = f_\ell \qquad \text{für } \ell = 0, \ldots, \ell_{\max}$$

die Hierarchie der diskreten Probleme. Die geschachtelte Iteration bestimmt neben den Näherungen $\tilde{u}_\ell$ auch deren Defekt $\tilde{f}_\ell := \mathcal{L}_\ell(\tilde{u}_\ell)$:

> löse $\mathcal{L}_0(\tilde{u}_0) = f_0$ approximativ; (zB mit Newton)
> for $\ell := 1$ to $\ell_{\max}$ do
> begin $\tilde{f}_{\ell-1} := \mathcal{L}_{\ell-1}(\tilde{u}_{\ell-1})$;　　　(Defekt von $\tilde{u}_{\ell-1}$)
> 　　　$\tilde{u}_\ell := p\,\tilde{u}_{\ell-1}$;　　　(Startwert auf Stufe ℓ)
> 　　　for $i := 1$ to m do $\tilde{u}_\ell := NMGM(\ell, \tilde{u}_\ell, f_\ell)$
> end;

Die nachfolgend definierte Iteration *NMGM* verwendet $\tilde{u}_{\ell-1}, \tilde{f}_{\ell-1}$ als Bezugspunkt der Stufe $\ell-1$.

> function $NMGM(\ell, u, f)$: Gitterfunktion;
> if $\ell = 0$ then „löse $\mathcal{L}_0(u) = f$ approximativ"
> else begin for $i := 1$ to ν do $u := \mathcal{S}_\ell(u, f)$;
> 　　　$d := r(\mathcal{L}_\ell(u_\ell) - f_\ell)$;　　　(Defektrestriktion)
> 　　　$\varepsilon := \varepsilon(d)$;　　　(kleiner positiver Faktor)
> 　　　$\delta := \tilde{f}_{\ell-1} - \varepsilon * d$;
> 　　　$v := \tilde{u}_{\ell-1}$;　　　(Startwert für Korrektur)
> 　　　for $i := 1$ to γ do $v := NMGM(\ell-1, v, \delta)$;
> 　　　$u := u + p(v - \tilde{u}_{\ell-1})/\varepsilon$;(Grobgitterkorrektur)
> 　　　$NMGM := u$　　　(neue Iterierte)
> end;

Dabei ist $\mathcal{S}_\ell(u, f)$ eine nichtlineare Glättungsiteration für $\mathcal{L}_\ell(u_\ell) = f_\ell$. Das Analogon von (4) lautet

$$\mathcal{S}_\ell(u_\ell, f_\ell) = u_h - (\mathcal{L}_\ell(u_\ell) - f_\ell)/\|L_\ell\| \,,$$

wobei $L_\ell(u_\ell) = \partial\mathcal{L}_\ell(u_\ell)/\partial u_\ell$. Der Faktor $\varepsilon(d)$ kann z. B. als $\sigma/\|d\|$ mit kleinem σ gewählt werden.

Wenn $L_\ell(u_\ell)$ Lipschitz-stetig ist und weitere technische Bedingungen erfüllt sind, läßt sich zeigen, daß die Iteration *NMGM* asymptotisch mit der Geschwindigkeit konvergiert, mit der die lineare Iteration *MGM* konvergiert, wenn sie auf das linearisierte Problem mit den Matrizen

$L_\ell := \partial\mathcal{L}_\ell(u_\ell^{exakt})/\partial u_\ell$ angewandt wird. Es sind auch andere Festsetzungen von $\tilde{u}_{\ell-1}, \tilde{f}_{\ell-1}, \varepsilon$ (wie im FAS-Verfahren) möglich (vgl. [1,§9]).

6 Eigenwertprobleme. Das kontinuierliche Eigenwertproblem zum Differentialoperator L aus (1) lautet $Lu = \lambda u$, wobei u homogene Randbedingungen erfülle. Die Hierarchie diskreter Eigenwertaufgaben ist

$$L_\ell u_\ell = \lambda u_\ell \quad \text{für } \ell = 0, \dots, \ell_{max}$$

(evtl. statt λI auch mit der Massematrix in λM_ℓ). Wieder basiert das Zweigitterverfahren auf einer Glättung und einer Grobgitterkorrektur mit Hilfe des Defektes $d_\ell = L_\ell u_\ell - \lambda u_\ell$, nur ist die Interpretation von d_ℓ als rechte Seite für die Bestimmung der Korrektur δu_ℓ aus $(L_\ell - \lambda I)\delta u_\ell = d_\ell$ problematisch, da $L_\ell - \lambda I$ für den Eigenwert λ singulär ist. Trotzdem ist $(L_\ell - \lambda I)\delta u_\ell = d_\ell$ lösbar, da die rechte Seite d_ℓ im Bildraum liegt. Die Unbestimmtheit von δu_ℓ ist harmlos, da sie gerade im Eigenraum liegt. Für die restringierte Ersatzgleichung $(L_{\ell-1} - \lambda I)v_{\ell-1} = rd_{\ell-1}$ gilt diese Aussage nur näherungsweise, deshalb sind geeignete Projektionen erforderlich. Falls L_ℓ nicht symmetrisch ist, können die Rechts- und Linkseigenvektoren simultan berechnet werden. In der Kombination mit dem Ritz-Verfahren kann eine Gruppe von Eigenpaaren gemeinsam behandelt werden (vgl. [1,§12]).

7 Lösung von Integralgleichungen. Fredholmsche Integralgleichungen zweiter Art haben die Gestalt $\lambda u = Ku + f$ ($\lambda \neq 0$) mit dem Integraloperator

$$(Ku)(x) := \int_D k(x,y)u(y)dy \quad \text{für } x \in D,$$

wobei der Kern k und die Inhomogenität f gegeben sind.

Die Picard-Iteration $u \mapsto u^{neu} := \frac{1}{\lambda}(Ku - f)$ konvergiert nur für $|\lambda| > \rho(K)$, hat aber in vielen wichtigen Anwendungsfällen eine glättende Wirkung: Nichtglatte Funktionen e werden in nur einem Schritt in ein glattes $\frac{1}{\lambda}Ke$ abgebildet. Dies ermöglicht die folgende *Mehrgitteriteration zweiter Art*, wobei von der Hierarchie $\lambda u_\ell = K_\ell u_\ell + f_\ell$ diskreter Gleichungen ausgegangen wird.

```
function MGM(ℓ, u, f): Gitterfunktion;
if ℓ = 0 then u := (λI - K₀)⁻¹f else
begin u := ⅟λ(Kℓ * u + f);        (Picard-Iteration)
      d := r(λuℓ - Kℓu - fℓ);     (Defektrestriktion)
      v := 0;                     (Startwert für Korrektur)
      for i := 1 to 2 do v := MGM(ℓ - 1, v, d);
      u = u - pv;                 (Grobgitterkorrektur)
      MGM := u                    (neue Iterierte)
end; {vgl. [1,§16]}
```

Wegen der starken Glättung zeigt diese Iteration Konvergenzraten $O(h_\ell^\alpha)$ mit $\alpha > 0$, die bei steigender Dimension (fallender Schrittweite h_ℓ) immer schneller werden.

Der Operator K muß kein Integraloperator mit bekanntem Kern k sein. Die obige Iteration hat die gleichen Eigenschaften für die Fixpunktgleichung $\lambda u = Ku + f$, solange K entsprechende glättende Wirkung besitzt. Die nichtlineare Fixpunktgleichung $\lambda u = \mathcal{K}(u)$ läßt sich mit dem Analogon des nichtlinearen Verfahrens aus Abschnitt 5 lösen.

8 Abschließende Bemerkungen.

Es gibt eine reiche Literatur zur Mehrgitterbehandlung von Problemen, die von weiteren kritischen Parametern abhängen und mit speziellen Glättungen oder speziellen Grobgittern behandelt werden. Verschiedene Mehrgittervarianten können (z. B. für positiv definite L_ℓ) auch im Rahmen der Teilraum-Iterationen diskutiert werden. In diesem Falle sind die obigen Algorithmen die *multiplikativen* Entsprechungen der additiven Teilraum-Iterationen. Letztere haben deutlich andere Eigenschaften, was die Rolle der Glättung betrifft. Mehrgitterverfahren lassen sich parallelisieren. Im Falle lokaler (adaptiver) Gitterverfeinerungen läßt sich der Algorithmus anpassen.

Das erste Zweigitterverfahren wurde 1960 von Brakhage für Integralgleichungen beschrieben. Weiteres zur Geschichte der Mehrgitterverfahren findet sich in der Monographie [1] aus dem Jahr 1985. Der Band [3] zur ersten Mehrgitterkonferenz von 1981 enthält einen allgemeinen Einführungsteil. Die Monographie [4] geht auf strömungsdynamische Probleme ein. In [2] ist den Mehrgitterverfahren ein umfangreiches Kapitel gewidmet.

[1] W. Hackbusch: Multi-Grid Methods and Applications. SCM 4. Springer-Verlag Berlin, 1985.

[2] W. Hackbusch: Iterative Lösung großer schwachbesetzter Gleichungssysteme, 2. Auflage. Teubner Stuttgart, 1993.

[3] W. Hackbusch und U. Trottenberg (Hrsg.): *Multigrid Methods*. Lecture Notes in Mathematics 960. Springer-Verlag Berlin, 1982.

[4] P. Wesseling: An Introduction to Multigrid Methods. Wiley Chichester, 1991.

Splinefunktionen

G. Nürnberger, G. Walz, und F. Zeilfelder

Ein grundlegendes Problem der Angewandten Mathematik ist es, Objekte (beispielsweise Autokarosserien oder architektonische Konstruktionen) und Prozesse (beispielsweise Strömungsvorgänge im Windkanal) durch mathematische Modelle zu beschreiben. Dabei werden Objekte häufig durch Funktionen möglichst einfacher Struktur und Prozesse durch Differentialgleichungen beschrieben.

Für den Mathematiker ergibt sich somit das Problem, mathematische Beschreibungen für Objekte und Prozesse der realen Welt zu entwickeln und Abläufe mit Hilfe des Computers zu simulieren. Aufgaben diese Typs treten in der industriellen Fertigung (beispielsweise bei computergesteuerten Werkzeugmaschinen), in der Medizin (bei der Visualisierung von Körperorganen oder der Simulation von Krankheitsverläufen), in der Physik (Wärmeleitung, Schwingungen, Strömungsvorgänge), bei der Bildübertragung, der Signalverarbeitung und vielen anderen Gebieten auf. Im allgemeinen können mathematische Modelle die Realität nicht exakt beschreiben, und die daraus resultierenden mathematischen Probleme sind häufig nur näherungsweise lösbar. Bei der approximativen Lösung solcher Probleme spielen Splinefunktionen, die wir unten noch näher beschreiben werden, eine zentrale Rolle. Grob gesprochen sind Splinefunktionen (kurz Splines genannt) zusammengesetzte Polynomstücke. Die einfachsten Splinekurven sind somit Streckenzüge, und die einfachsten Splineoberflächen (also Splines in zwei Variablen) bestehen aus stetig zusammengesetzten Dreiecken (Abbildung 1).

Kurven und Oberflächen dieses Typs wurden bereits in der klassischen Numerischen Mathematik verwendet, beispielsweise zur näherungsweisen Berechnung von Integralen oder der näherungsweisen Lösung von Differentialgleichungen. Streckenzüge und Dreiecksoberflächen besitzen für die Darstellung von glatten Objekten den Nachteil, daß sie selbst nicht glatt (das heißt nicht differenzierbar) sind.

Historisch gesehen traten glatte Splines erstmalig in einer Arbeit von L. Collatz und W. Quade im Jahr 1938 im Zusammenhang mit der Behandlung von Fourierreihen auf. Mitte des 20. Jahrhunderts wurden glatte Splinefunktionen von I. J. Schoenberg eingeführt und systema-

Abbildung 1: Eine Dreiecksoberfläche.

tisch entwickelt. Inzwischen gibt es eine sehr umfangreiche Literatur von mehreren tausend Veröffentlichungen über glatte Splines. Splines bestehen aus mehreren Polynomstücken, die glatt zusammengesetzt sind.

Um Splines genauer zu beschreiben, betrachten wir zunächst den klassischen Fall der Polynome. Gegeben sei ein Polynom p vom Grad m, also eine Funktion des Typs

$$p(x) = a_0 + a_1 x + \ldots + a_m x^m,$$

wobei $a_0, a_1, \ldots, a_m$, fest vorgegebene reelle Zahlen sind und die Variable x die reelle Achse (oder ein Teilintervall davon) durchläuft.

Polynome kann man unter anderem zur Lösung von Interpolationsproblemen verwenden. Dabei gibt man sich Punkte $x_1 < \ldots < x_{m+1}$ der x-Achse und reelle Zahlen $z_1, \ldots, z_{m+1}$ vor und erhält ein eindeutiges Polynom p vom Grad m mit der Eigenschaft

$$p(x_i) = z_i, \quad i = 1, \ldots, m+1.$$

Durch geeignete Wahl der Punkte x_i und der Zahlen z_i kann man sich auf diese Weise Kurven mit einem ungefähr vorgegebenen Verlauf konstruieren.

Interpolationsprobleme dieses Typs sind zwar immer eindeutig lösbar, jedoch sind die Polynome im allgemeinen nicht flexibel genug, um komplizierte Funktionen optimal zu approximieren. So weiß man bereits seit dem Beginn des 20. Jahrhunderts, daß durch eine Erhöhung des Polynomgrads nicht unbedingt eine bessere Näherung bei der obigen

Interpolation entsteht. Darüberhinaus treten bei dieser (polynomialen) Interpolation lineare Gleichungssysteme auf, welche schlecht konditioniert sind. Dies wirkt sich insbesondere für hohe Grade sehr negativ auf die Berechnungen der interpolierenden Polynome aus. Deshalb verwendet man in der Praxis häufig Splines. Der Grundgedanke hierbei ist, daß man sich die gewünschte Flexibilität bei der Näherung komplizierter Funktionen verschaffen kann, indem man mehrere Polynomstücke eines festen vorgegebenen Grades benutzt. Dieser Grad m ist typischerweise klein, zum Beispiel zwei, drei oder vier, während andererseits die Anzahl der Polynomstücke n relativ groß ist, zum Beispiel $n = 1000$. Auf diese Art und Weise erhält man die benötigte große Anzahl von Freiheitsgraden, welche für gute Näherungen notwendig sind.

Genauer besteht nun ein Spline s (vom Grad m) aus Polynomstücken (vom Grad m) auf Knotenintervallen

$$[k_0, k_1], \ [k_1, k_2], \ \ldots, \ [k_{n-1}, k_n]$$

der x-Achse, die an den den Knoten k_i $(m-1)$-mal stetig differenzierbar zusammengesetzt werden, die Funktion s entstammt also der Differenzierbarkeitsklasse $C^{(m-1)}[k_0, k_n]$. Falls $m \geq 2$ ist, so handelt es sich um einen glatten Spline. Eine Ausnahme bilden lediglich die Streckenzüge, die an den Knoten nur stetig zusammengefügt werden.

Ein solcher Spline besitzt $n + m$ Freiheitsgrade, während die Polynome vom Grad m nur $m + 1$ Freiheitsgrade besitzen.

Man nennt einen derartigen Spline auch genauer einen Spline mit einfachen Knoten; ohne auf Einzelheiten einzugehen sei an dieser Stelle die Möglichkeit erwähnt, diese Definition zu verallgemeinern, indem man an den einzelnen Knoten unterschiedliche Differenzierbarkeitsordnungen vorschreibt. Man spricht dann auch von Splines mit mehrfachen Knoten, da man dies formal auch so interpretieren kann, daß eine gewisse Anzahl von Knoten k_i zu einem einzigen zusammengefaßt wird. Für Einzelheiten hierzu wird auf die weiterführende Literatur, beispielsweise [3] und [5], verwiesen.

Splines werden zur Konstruktion und Rekonstruktion (aus Meßdaten) von komplizierten Kurven verwendet. Dabei gibt man sich Punkte $x_1 < \ldots < x_{n+m}$ der x-Achse und reelle Zahlen $z_1, \ldots, z_{n+m}$ vor, und erhält durch Interpolation einen eindeutigen Spline s mit der Eigenschaft

$$s(x_i) = z_i, \ i = 1, \ldots, n + m.$$

Interpolationsprobleme dieses Typs sind allerdings im Gegensatz zum oben erwähnten Polynomfall nicht immer lösbar, vielmehr genau dann, wenn die Lagebedingung

$$x_i < k_i < x_{i+m+1}, \quad i = 1, \ldots, n-1,$$

gilt. Man spricht in diesem Zusammenhang von der Schoenberg-Whitney Bedingung und nennt solche Punktmengen Lagrange-Interpolationsmengen.

Diese Bedingung läßt sich durch geeignete Wahl der Knoten k_i stets erfüllen – und hierin liegt unter anderem die Stärke und Flexibilität der Splines begründet. Auf diese Weise können auch Funktionen f, beispielsweise $f(x) = \exp(x)$ (Exponentialfunktion) oder $f(x) = \sqrt{x}$ (Quadratwurzel) mit hoher Genauigkeit approximiert werden, indem man $z_i = f(x_i)$, $i = 1, \ldots, n+m$, setzt. Zur Berechnung der Splines müssen lineare Gleichungssysteme gelöst werden, die eine Reihe von angenehmen strukturellen Eigenschaften besitzen. Beispielsweise treten hierbei sogenannte Bandmatrizen auf.

In manchen technischen Anwendungen werden Kurven nur unter ästhetischen Gesichtspunkten konstruiert (unter Verzicht auf die exakte Darstellung). Auf dem Gebiet des Computer-Aided Design (CAD) wird folgende Methode verwendet, die wir kurz für den klassischen Fall von Polynomen beschreiben. Es soll ein Polynom q (vom Grad m) konstruiert werden, das in der Nähe von vorgegebenen Punkten $(\frac{i+j}{m}, z_{i,j})$, $i+j = m$, in der Ebene verläuft. Zur Lösung dieser Aufgabe wird im CAD das Bernstein-Polynom

$$q(x) = \sum_{i+j=m} z_{i,j} \frac{m!}{i!j!} (1-x)^i x^j, \quad x \in [0,1],$$

benutzt. An dieser Darstellung von q erkennt man, daß die linearen Polynome $p_1(x) = 1 - x$ und $p_2(x) = x$, welche die Werte 0 und 1 an den Randpunkten des Intervalls $[0,1]$ annehmen, als Bausteine verwendet werden. Für den Anwender eines interaktiven CAD-Systems besteht die Möglichkeit, die Form der zum Polynom q gehörigen Kurve durch verschiedene Wahlen der Kontrollpunkte $(\frac{i+j}{m}, z_{i,j})$, $i+j = m$, schnell abzuändern. Analoge Ansätze sind für Splinekurven bekannt, wobei anstelle der Polynome $(1-x)^i x^j$, $i+j = m$, die B-Splinefunktionen als Basisfunktionen verwendet werden.

Von fundamentaler Bedeutung für die eingangs genannten Anwendungsgebiete (Karosseriebau, Werkzeugmaschinen, Visualisierung von Organen,...) ist die Darstellung von Oberflächen durch bivariate Splines. Dies sind Splines $s(x, y)$ in zwei reellen Veränderlichen, welche über einem Teilbereich der Ebene festgelegt sind.

Für den Fall, daß die Splines $s(x, y)$ auf einem Rechteck R definiert werden, kann man Tensorprodukte

$$s(x, y) = s_1(x)s_2(y)$$

von Splines in einer Variablen verwenden. Die Theorie dieser Tensorprodukt-Splines unterscheidet sich aufgrund dieser Definition nur wenig von derjenigen der univariaten Splines und kann als weitestgehend abgeschlossen angesehen werden.

Die Probleme werden sehr viel komplexer, wenn man Splineoberflächen über allgemeineren Teilmengen der Ebene konstruieren möchte. Dies ist für vielerlei Anwendungen unumgänglich. In dieser allgemeineren Situation werden Splineoberflächen über einer Triangulierung T eines Teilbereichs der Ebene definiert (das heißt einem System von Dreiecken $\{T_l\}$ wie in Abbildung 2, wobei $(x, y) \in T$).

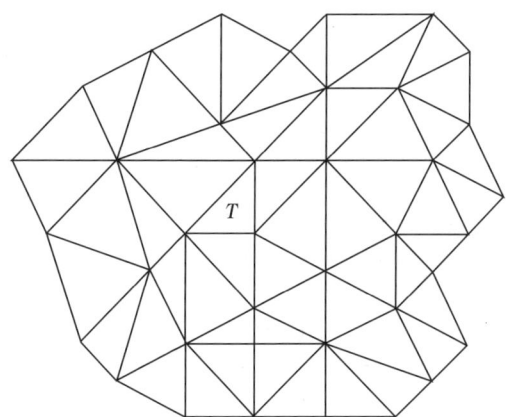

Abbildung 2: Triangulierung eines Grundbereichs in der Ebene.

In Analogie zu Splinekurven besteht ein bivariater Spline $s(x, y)$ (vom Grad m) aus bivariaten Polynomstücken (vom Grad m) auf den Dreiecken T_l von T, die an den den Kanten benachbarter Dreiecke r-mal stetig differenzierbar zusammengesetzt werden.

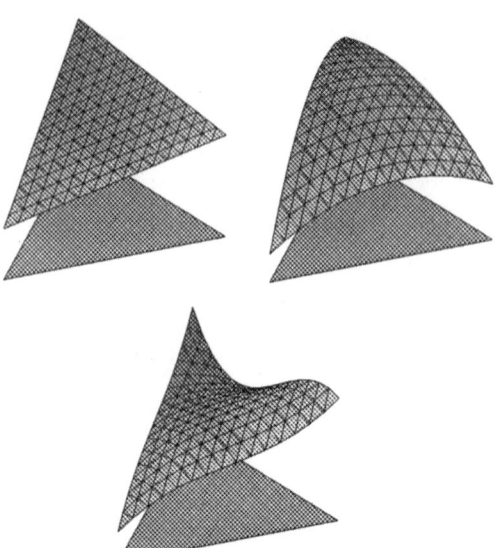

Abbildung 3: Bivariate Polynome vom Grad 1, 2 und 3.

Differenzierbarkeit ist hierbei im Sinne der beiden Variablen x und y gemeint, und als bivariates Polynome p (vom Grad m) bezeichnet man hierbei eine Funktion des Typs

$$p(x, y) = \sum_{0 \leq i+j \leq m} a_{i,j} x^i y^j,$$

wobei $a_{i,j}$, $0 \leq i+j \leq m$, fest vorgegebene Zahlen sind, vgl. Abbildung 3.

Dreiecksoberflächen wie in Abbildung 1 bestehen aus linearen (das heißt $m = 1$), bivariaten Polynomstücken, die entlang den Kanten nur stetig zusammengefügt werden – sie sind also nicht differenzierbar und bilden ebenso wie die oben beschriebenen Streckenzüge eine Ausnahme. Abbildung 4 zeigt Beispiele differenzierbarer bivariater Splines.

Im Gegensatz zu den Dreiecksoberflächen besitzen glatte bivariate Splines $s(x, y)$ eine sehr komplexe Struktur, die bis heute noch nicht vollständig durchschaut wird. Hierbei treten Phänomene und mathematische Probleme auf, die in der Theorie der Splines in einer Variablen in dieser Form nicht bestehen.

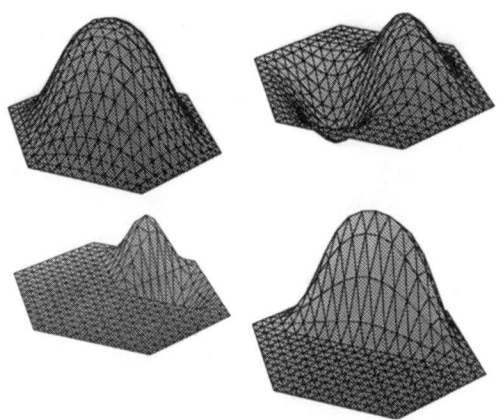

Abbildung 4: Bivariate Splines vom Grad 5.

Trotz beachtlicher Fortschritte seit Beginn der 80er Jahre gibt es weiterhin eine Reihe offener Fragen und ungelöster Standardprobleme in der Theorie bivariater Splines. So kennt man beispielsweise die Anzahl der Freiheitsgrade einmal differenzierbarer, bivariater Splines $s(x, y)$ hinsichtlich einer beliebigen Triangulierung T nur, wenn der Grad größer oder gleich vier ist. Für kubische (das heißt $m = 3$) bivariate Splines, welche einmal differenzierbar sind, wird vermutet, daß die Anzahl der Freiheitsgrade immer einer gewissen explizit angebbaren Formel genügt - bewiesen ist diese aber bis heute nicht. Betrachtet man einmal differenzierbare, bivariate Splines vom Grad zwei, weiß man darüberhinaus, daß man im allgemeinen nur eine sehr kleine Anzahl von Freiheitsgraden erwarten darf, selbst wenn man sehr viele Dreiecke verwendet. Darüberhinaus können sich in diesem Fall Sprünge in der Anzahl der Freiheitsgrade ergeben, wenn die Gesamtgeometrie der Triangulierung eine minimale Abänderung erfährt.

Allgemein zeigt sich, daß die Struktur bivariater Splines umso komplexer wird, je näher der Grad des Splines m bei dessen Differenzierbarkeitsordnung r liegt.

Zur Analyse und Konstruktion bivariater Splines benutzt man häufig die folgende Darstellung der zugehörigen bivariaten Polynomstücke. Diese wird darüberhinaus (analog dem oben angesprochenen Fall polynomialer Kurven) im Gebiet des CAD zur Oberflächenkonstruktion verwendet. Für vorgegebene Punkte

$$\left(\frac{i+j+k}{m}, z_{i,j,k}\right), \quad i+j+k = m,$$

im Raum betrachtet man die sogenannte Bernstein-Darstellung eines bivariaten Polynoms $q(x, y)$ (vom Grad m),

$$q(x, y) = \sum_{i+j+k=m} z_{i,j,k} \frac{m!}{i!j!k!} (1 - x - y)^i x^j y^k,$$

wobei $(x, y) \in T_0$. Hierbei sind $p_1(x, y) = (1 - x - y)$, $p_2(x, y) = x$, und $p_3(x, y) = y$ diejenigen bivariaten linearen Polynome, welche in zwei Eckpunkten des Dreiecks T_0 mit den Ecken $(0, 0)$, $(0, 1)$, $(1, 0)$ den Wert 0, und im dritten Eckpunkt den Wert 1 annehmen. Polynomiale Oberflächen können durch verschiedene Wahlen der Kontrollpunkte

$$\left(\frac{i+j+k}{m}, z_{i,j,k}\right), \quad i+j+k = m,$$

schnell entworfen und abgeändert werden. Durch Anwendung des deCasteljau-Algorithmus lassen sich bivariate Polynome effizient berechnen und visualisieren.

Durch Verwendung der Bernstein-Darstellung bivariater Polynome lassen sich Formeln angeben, die die Differenzierbarkeit für bivariate Splines über die Kanten einer Triangulierung T beschreiben. Diese werden bei der Konstruktion glatter Oberflächen durch differenzierbare, bivariate Splines verwendet. Für diese Konstruktionen findet man in der klassischen Literatur der 70er Jahre zwei charakteristische Vorgehensweisen, die wir hier kurz beispielhaft beschreiben:

Abbildung 5 zeigt ein Finites Element. Es handelt sich hierbei um die Konstruktion eines bivariaten, differenzierbaren Splines vom Grad fünf. Dieser Spline $s(x, y)$ ist durch die Vorgabe der Funktionswerte, der beiden ersten Ableitungen und der drei zweiten Ableitungen in allen Eckpunkten (dies ist im Bild durch entsprechende Kreise angedeutet) sowie der ersten orthogonalen Ableitung in den Mittelpunkten jeder Kante von T eindeutig festgelegt. Damit diese Vorgehensweise so funktionieren kann, muß man jedoch zusätzlich fordern, daß $s(x, y)$ zweimal differenzierbar in allen Eckpunkten von T ist.

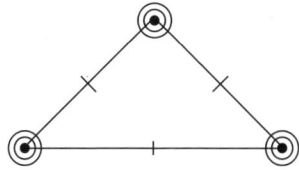

Abbildung 5: Ein differenzierbares Finites Element vom Grad 5.

Um Splines kleinerer Grade zu verwenden, werden die gegebenen Dreiecke einer Triangulierung T oftmals weiter unterteilt. In Abbildung 6 wird diese Vorgehensweise anhand der sogenannten Clough-Tocher Zerlegung veranschaulicht. Hierbei wird jedes Dreieck von T zunächst in drei Teildreiecke zerlegt. Man erhält so eine neue Triangulierung. Nun konstruiert man einen bivariaten, differenzierbaren Spline $s(x, y)$ vom Grad drei hinsichtlich dieser neuen Triangulierung, indem man die Funktionswerte und die beiden ersten Ableitungen in allen Eckpunkten von T sowie die ersten orthogonalen Ableitung in den Mittelpunkten jeder Kante von T für $s(x, y)$ festlegt.

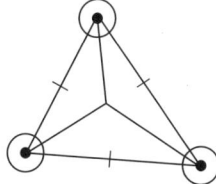

Abbildung 6: Clough-Tocher Zerlegung für kubische bivariate Splines.

Bereits oben wurde angesprochen, daß im Gegensatz zu Splines in einer Variablen selbst Standardprobleme für bivariate Splines schwierig

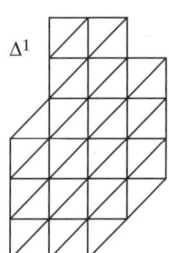

Δ^1

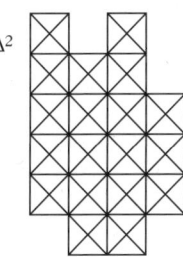

Δ^2

Abbildung 7: Gleichmäßige Triangulierungen.

und zum Teil ungelöst sind. So wurden beispielsweise erst seit Beginn der 90er Jahre Lagrange-Interpolationspunkte für bivariate Splines konstruiert. Dies zunächst für gleichmäßige Triangulierungen (siehe Abbildung 7) – in neuester Zeit auch für allgemeinere Klassen von Triangulierungen. An der Universität Mannheim wurden diese Interpolationsmethoden für die Konstruktion von glatten Oberflächen mit bivariaten Splines entwickelt.

Abbildung 8 zeigt eine solche Splineoberfläche, welche zur Approximation eines Terrains verwendet wurde.

Abbildung 8: Ein an etwa 200.000 Punkten interpolierender glatter Spline.

[1] Collatz, L.; Quade, W.: Zur Interpolationstheorie der reellen periodischen Funktionen. Sitzungsber. Preuss. Akad. Wiss., 1938.

[2] de Boor, C.: A Pracical Guide to Splines. Springer-Verlag New York, 1978.

[3] Nürnberger, G.: Approximation by Spline Functions. Springer-Verlag Berlin/Heidelberg/New York, 1989.

[4] Nürnberger, G.; Zeilfelder, F.: Developments in Bivariate Spline Interpolation. J. Comp. Appl. Math. 121, 2000.

[5] Schoenberg, I.J.: Cardinal Spline Interpolation. CBMS 12, SIAM, Philadelphia, 1973.

[6] Schumaker, L.L.: Spline Functions: Basic Theory. John Wiley and Sons New York/Chichester, 1980.

[7] Walz, G.: Spline-Funktionen im Komplexen. B.I.-Wissenschaftsverlag Mannheim, 1991.

Warteschlangentheorie

B. Grabowski

Die Warteschlangentheorie, auch Bedienungstheorie genannt, ist ein Teilgebiet der Wahrscheinlichkeitsrechnung, welches sich mit der Modellierung und Analyse von sogenannten Bedienungssystemen beschäftigt. Beispiele für Bedienungssysteme sind Telefonzentralen, Fertigungsprozesse, Reparaturwerkstätten, Läden, Krankenhäuser, Häfen, u. v. a. m..

Ein solches System besteht aus einer gewissen Zahl von Bedienungseinheiten, auch Server genannt, (Apparate, Leitungen, Maschinen, Geräte, Kassen, Ärzte, Ankerplätze usw.), und sogenannten Forderungen (Aufträge, Fertigungslose, Kunden, Patienten, Schiffe usw.), die ‚bedient' werden wollen, bzw. in der ‚Warteschlange' stehen. Die Forderungen treffen nacheinander oder in Gruppen zu gewissen zufälligen Zeitpunkten ein und bilden den sogenannten Forderungsstrom. Die zufälligen Zeitabstände zwischen zwei Forderungen heißen Zwischenankunfts- bzw. Pausenzeiten. Die Bedienung einer Forderung dauert ebenfalls eine zufällige Bedienzeit. Danach wird der Bedienapparat wieder frei zur Bedienung einer anderen Forderung.

Die Bedienungssysteme werden wesentlich durch die für Pausen- und Bedienzeiten verwendeten Verteilungen charakterisiert. Jedes Bedienungssystem hat darüber hinaus eine bestimmte Bedienorganisation, die die Behandlung der Forderung durch das System charakterisiert. Solche Charakteristika von Bedienungssystemen sind u.a.:

1. Die Verlustart: Man unterscheidet reine Warte-, reine Verlust-, und gemischte Warteverlustsysteme. (Eine Telefonzentrale beispielsweise ist dann ein reines Verlustsystem, wenn eintreffende Anrufer das Besetztzeichen hören, wenn die Leitung besetzt ist).

2. Die Aufnahmekapazität der Warteschlange: In reinen Wartesystemen ist diese unendlich groß; bei Warte-Verlustsystemen ist sie beschränkt.

3. Die Warteschlangendisziplin, d. h. Regeln, nach welchen ein Kunde aus der Warteschlange ausgewählt wird. Man unterscheidet zum Beispiel zwischen FIFO (first-in-first-out, d. h. wer zuerst

kommt, wird zuerst bedient), LIFO (last-in-first-out, d. h. wer zuletzt kommt, wird zuerst bedient), und verschiedenen Prioritätsregeln.

4. Die Zugänglichkeit der Apparate: Es wird festgelegt, wieviele Apparate den Kunden bedienen, und ob die Apparate unabhängig voneinander arbeiten oder nicht.

Da die Zwischenankunfts- und Bedienzeiten zufällig sind, sind es auch die interessierenden Kenngrößen eines Systems, wie der sich in jedem Zeitpunkt ergebende Systemzustand und Größen zur Charakterisierung des Schicksals der Forderungen, wie Warte- und Verweilzeiten. Grundaufgabe der Warteschlangentheorie ist es, für ein Bedienungssystem aus den gegebenen Charakteristika, insbesondere den Pausen- und Bedienzeitverteilungen, verschiedene wichtige Kenngrößen des Systems und der Forderungen zu berechnen oder zu schätzen. Im einzelnen werden zum Beispiel Kenngrößen der folgenden Art bestimmt:

1. Die Wahrscheinlichkeit, daß eine eintreffende Forderung verloren geht, (z. B. weil die Warteschlange voll ist).

2. Die Wahrscheinlichkeit, daß eine eintreffende Forderung warten muß.

3. Die Verteilungsfunktion bzw. der Erwartungswert der zufälligen Wartezeit.

4. Die Wahrscheinlichkeitsverteilung bzw. der Erwartungswert der Warteschlangenlänge.

5. Die Wahrscheinlichkeitsverteilung für die Anzahl belegter Bedienungsgeräte im System.

6. Die Wahrscheinlichkeit dafür, daß ein Bedienungsgerät belegt ist (Auslastung des Gerätes).

7. Die Wahrscheinlichkeitsverteilung für die Gesamtzahl der Forderungen im System.

Die mathematischen Methoden zur Berechnung der Kenngrößen hängen vom Typ des Bedienungssystems ab. Sind sämtliche Pausenzeiten unabhängig und exponentialverteilt mit konstantem Parameter, und gilt das gleiche für die Bedienzeiten, so ist der zufällige Prozeß der Anzahl der Forderungen im System zur Zeit t eine homogene Markow-Kette. Solche Bedienungssysteme werden auch Markowsche Systeme genannt. Diese sind sehr gut untersucht worden. Die Bestimmung der zeitabhängigen Kenngrößen bzw. Zustandswahrscheinlichkeiten führt zur Aufstellung und Lösung von Systemen von Differentialgleichungen.

Meist wird das Bedienungssystem im sogenannten eingeschwungenen, stationären Zustand (auch Gleichgewichtszustand genannt) betrachtet, in dem man annimmt, daß sich die Charakteristika des Bedienungssystems im Ablauf der Zeit nicht mehr ändern. Dann sind auch die o.g. Wahrscheinlichkeiten für die Zustände des Bedienungsytems nicht mehr zeitabhängig. Diese bilden die stationären Zustandswahrscheinlichkeiten. Das System von Differentialgleichungen zu ihrer Bestimmung geht dann über in ein System linearer algebraischer Gleichungen, das relativ leicht lösbar ist. Andererseits werden die Kenngrößen des Systems nicht für jeden beliebigen Zeitpunkt, sondern für den Grenzfall $t \to \infty$ bestimmt. Antwort auf die Frage nach der Existenz entsprechender Grenzwerte geben die sogenannten statistischen Ergodensätze.

Besitzen nicht sämtliche Pausen- und Bedienzeiten eine Exponentialverteilung, sondern auch Erlang- oder Hypererlangverteilungen, können auf der Basis der Erlangschen Phasenmethode ebenfalls Markowsche Ketten zur Analyse des Systems herangezogen werden. Bei beliebigen Verteilungen lassen sich auf der Basis dieser Methode noch approximative Aussagen für die Kenngrößen gewinnen.

Betrachtet man Systeme mit anderen Systemzuständen, z. B. mit Ausfall- und Reparaturzeiten, so erfordert das die Einführung anderer Prozesse, wie z. B. Erneuerungs- oder Punktprozesse. Aus dieser Aufgabenstellung heraus hat sich die Erneuerungstheorie gebildet.

Schließlich ist es oft wichtig, Kenngrößen von Bedienungssystemen nicht in beliebigen Zeitpunkten, sondern in besonders interessierenden, sogenannten eingebetteten Zeitpunkten, zu bestimmen. Man hat es dann mit den eingebetteten stochastischen Prozessen zu tun. Eine interessante Aufgabe der Warteschlangentheorie besteht dann darin, Methoden zur Herleitung von Beziehungen zwischen stationären Charakteristika bzw. Kenngrößen in eingebetteten und beliebigen Zeitpunkten zu entwickeln.

Sehr komplexe Systeme lassen sich nur unzureichend durch Bedienungsmodelle beschreiben. Mit der Entwicklung der Computer- und

Softwaretechnik geht man dazu über, parallel zur Beschreibung durch bedienungstheoretische Modelle das Verhalten der Forderungen in solchen Systeme zu simulieren und die o.g. Kenngrößen auf der Basis mehrerer Simulationsläufe zu schätzen. Statistische Fragestellungen sind dann wieder die nach der Güte solcher Schätzungen. In den letzten Jahren sind komfortable Simulationsprachen zur Simulation paralleler Abläufe in Bedienungssystemen entwickelt worden.

Die Hauptanwendung von Methoden der Warteschlangentheorie und der Simulation von Bedienungssystemen ist die Optimierung von Fertigungsabläufen. Hier geht es zum Beispiel um folgende Fragen:

(a) Wieviele Maschinen eines bestimmten Typs werden benötigt, um eine unverzügliche Bearbeitung der Teile zu gewährleisten? Sind es zu wenige, bilden sich Warteschlangen, und damit Zeitverzögerungen, die zu finanziellen Verlusten führen können. Sind es zu viele, so kommt es zu einer übermäßigen Ausweitung von Stillstandszeiten und damit ebenfalls zu finanziellen Verlusten.

(b) Wieviele lokale und zentrale Lagerplätze muß man in der Fertigungshalle höchstens einrichten, um die wartenden Aufträge zwischenzulagern?

(c) Welche Mischung von Produkten ist in das Fertigungssystem einzuschleusen, so daß die Auslastung der Maschinen gleichmäßig hoch ist?

(d) Welche Warteschlangendisziplin wirkt sich am günstigsten auf die Verweilzeit der Lose im System aus? Ist beispielsweise die Regel, aus der Warteschlange das Los mit der kürzesten Bearbeitungszeit (KOZ-Kürzeste Operationszeitregel) zuerst zu entnehmen besser als die sogenannte Lieferterminregel (LT), die besagt, dasjenige Los zu entnehmen, das die kürzeste noch verbleibende Zeit bis zur Auslieferung hat?

[1] Gnedenko, B. W.; König, D.: Handbuch der Bedienungstheorie Bd. 1 und 2. Akademie-Verlag Berlin, 1983/84.

[2] Gnedenko, B. V.; Kovalenko, I. N.: Introduction to queueing theory (2nd ed.). Birkhäuser-Verlag Boston, 1989.

[3] Kleinrock, L.: Queuing Systems, Theory, Vol. I & II. John Wiley New York, 1975.

[4] König, D.; Stoyan D.: Methoden der Bedienungstheorie. Vieweg-Verlag Braunschweig, 1976.

Zufällige Graphen

H.-J. Prömel und A. Taraz

Die Theorie zufälliger Graphen hat sich in jüngerer Zeit als ein äußerst lebendiges Teilgebiet der ↑ Graphentheorie herauskristallisiert. Sie verbindet Methoden der Kombinatorik mit denen der Wahrscheinlichkeitstheorie und schlägt mit ihren Resultaten Brücken von der Diskreten Mathematik bis hin zu Teilgebieten der Theoretischen Informatik.

Modell. Um das zugrundeliegende Zufallsexperiment zu beschreiben, sind zunächst einige einfache Definitionen notwendig. Ein Graph G besteht aus einer Knotenmenge $V = V(G)$ und einer Kantenmenge $E = E(G)$, wobei $E \subseteq [V]^2$ ist. Graphen werden häufig wie folgt visualisiert. Die Knoten sind durch Punkte in der Ebene repräsentiert, und je zwei Knoten, die eine Kante bilden, sind durch eine Linie verbunden (Abbildung 1). Ein Subgraph H von G ist durch eine Knotenmenge $V(H) \subseteq V(G)$ und eine Kantenmenge $E(H) \subseteq [V(H)]^2 \cap E(G)$ gegeben.

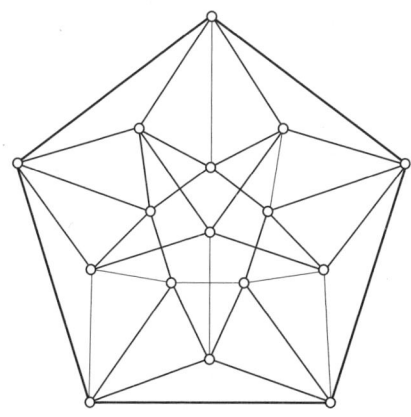

Abbildung 1: Beispiel für die Visualisierung eines Graphen

Sei n eine natürliche Zahl, und sei $p = p(n)$ eine Funktion mit Werten zwischen 0 und 1. Ein zufälliger Graph, mit $G_{n,p}$ bezeichnet, wird dadurch generiert, daß in einem Zufallsexperiment jede auf der Knotenmenge $\{1, \ldots, n\}$ mögliche Kante unabhängig mit Wahrscheinlichkeit p

existiert. Wählt man $p = 1/2$, so sind alle Graphen als Ausgang des Experiments gleichwahrscheinlich, d. h. man erhält die Gleichverteilung auf der Klasse aller Graphen.

Probabilistische Methode. Lange bevor zufällige Graphen als eigenständiger Forschungsgegenstand auftraten, wurden sie als Hilfsmittel für Existenzbeweise benutzt. Die Grundidee ist hierbei die folgende: Um die Existenz eines Objekts mit einer gewünschten Struktur nachzuweisen, generiert man durch ein (geeignet abgestimmtes) Zufallsexperiment ein zufälliges Objekt und zeigt, daß die Wahrscheinlichkeit, daß das Objekt die gewünschte Struktur hat, positiv ist. Dieser Ansatz, oft als die *Probabilistische Methode* bezeichnet, wurde maßgeblich von Paul Erdős geprägt. Die beiden folgenden Beispiele gehen auf Erdős zurück.

Das erste prominente Beispiel der Probabilistischen Methode stammt aus dem Jahre 1947 und befaßt sich mit Cliquen, stabilen Mengen und der Ramseyfunktion. Eine Clique (bzw. eine stabile Menge) in einem Graph ist ein Subgraph, der dadurch definiert ist, daß jedes (bzw. keines) seiner Knotenpaare eine Kante bildet. Frank P. Ramsey hatte bereits 1930 bewiesen, daß zu je zwei natürlichen Zahlen s und t eine kleinste natürliche Zahl $R(s, t)$ existiert, so daß jeder Graph auf n Knoten eine Clique der Größe s oder eine stabile Menge der Größe t enthalten muß. Auf der Suche nach unteren Schranken für $R(s, t)$ betrachtete Erdős den zufälligen Graphen $G_{n,1/2}$. Die Wahrscheinlichkeit dafür, daß eine festgewählte Menge von s Knoten in $G_{n,1/2}$ eine Clique bildet, beträgt offensichtlich genau $2^{-\binom{s}{2}}$. Somit ist die Wahrscheinlichkeit, daß $G_{n,1/2}$ eine Clique oder eine stabile Menge der Größe s besitzt, höchstens

$$2\binom{n}{s}2^{-\binom{s}{2}},$$

und es läßt sich leicht nachrechnen, daß dieser Ausdruck für $s \geq 2 \log n$ echt kleiner als 1 ist. (Hier und im weiteren bezeichne $\log$ den Logarithmus zur Basis 2.) Daraus folgt, daß es einen Graphen auf $2^{s/2}$ Knoten gibt, der weder eine Clique noch eine stabile Menge der Größe s besitzt, woraus sich als untere Schranke $R(s, s) > 2^{s/2}$ ergibt.

Das zweite Beispiel beschäftigt sich mit Kreisen und der chromatischen Zahl eines Graphen G. Ein Kreis ist ein Subgraph, dessen Knoten zyklisch durch Kanten verbunden sind. Die chromatische Zahl $\chi(G)$ ist definiert als die kleinste Zahl von Farben, die benötigt werden, um die

Knoten von G so zu färben, daß je zwei, die eine Kante bilden, verschieden gefärbt sind. Intuitiv scheint es einzuleuchten, daß die chromatische Zahl umso höher liegt, je „komplizierter" der Graph aussieht. Insofern mag es überraschen, daß es zu je zwei natürlichen Zahlen k und ℓ einen kleinsten Graphen $G(k, \ell)$ gibt, dessen chromatische Zahl mindestens k beträgt, der aber keinen Kreis mit weniger als ℓ Knoten enthält. $G(k, \ell)$ ist also ein Graph, der einerseits eine hohe globale Komplexität besitzt, andererseits lokal sehr einfach aussieht. Die Existenz eines solchen Graphen läßt sich ebenfalls mit Hilfe der Probabilistischen Methode zeigen. Dabei startet man mit $G_{n,p}$ und einem bestimmten $p = p(n)$. $G_{n,p}$ hat die erforderlichen Eigenschaften noch nicht, aber es läßt sich zeigen, daß man mit positiver Wahrscheinlichkeit einen Graphen mit den gewünschten Eigenschaften erhält, wenn man in $G_{n,p}$ alle kurzen Kreise löscht.

Erstaunlich an diesen beiden Beispielen ist, daß es trotz energischer Versuche noch keine konstruktiven Beweise gibt, die auch nur annähernd an die Schranken für $R(s, s)$ und $G(k, \ell)$ von Erdős heranreichen. Dies zeigt, daß zufällige Strukturen genau die Art von Regelmäßigkeit aufweisen, die man zur Lösung dieser und ähnlicher Probleme braucht, und das, obwohl Zufall ja häufig mit Chaos gleichgesetzt und als Gegenteil von Ordnung angesehen wird.

0-1-Gesetze, Phasenübergänge, Evolution. Zufällige Graphen traten erstmals um 1960 in einer Serie von wegweisenden Arbeiten von Paul Erdős und Alfred Rényi als eigenständiger Forschungsgegenstand auf. Die zentrale Frage – *Gegeben eine bestimmte Grapheneigenschaft $\mathcal{A}$, wie groß ist die Wahrscheinlichkeit* $\Pr(G_{n,p} \in \mathcal{A})$, *daß sie von einem zufälligen Graphen $G_{n,p}$ erfüllt wird?* – wird nun nicht mehr nur als Ansatz für Existenzbeweise gesehen, sondern als Selbstzweck untersucht. Unabhängig von den betrachteten Eigenschaften zeigen sich hier zwei fundamentale Erkenntnisse.

0-1-Gesetze: Für die meisten festgelegten Kantenwahrscheinlichkeiten $p = p(n)$ konvergiert $\Pr(G_{n,p} \in \mathcal{A})$ mit wachsendem n gegen 0 oder 1.

Phasenübergänge: Die meisten Grapheneigenschaften besitzen eine Schwellenwertfunktion $t(n)$ so, daß für wachsendes n

$$\Pr(G_{n,p} \in \mathcal{A}) \to 0, \qquad \text{wenn } p(n)/t(n) \to 0, \text{ und}$$

$$\Pr(G_{n,p} \in \mathcal{A}) \to 1, \qquad \text{wenn } p(n)/t(n) \to \infty.$$

Betrachtet man p als eine Art Zeitparameter, der von 0 bis 1 „läuft", dann wird die Eigenschaft $\mathcal{A}$ also zunächst *fast sicher nicht* und nach Überschreiten des Schwellenwerts *fast sicher* angenommen. In diesem Zusammenhang spricht man von der *Evolution*: $G_{n,p}$ entwickelt sich von einer stabilen Menge zu einer Clique auf n Knoten. Für konstante Kantenwahrscheinlichkeiten p läßt sich beispielsweise zeigen, daß jede Eigenschaft, die sich in der Logik erster Stufe über Graphen ausdrücken läßt, ein 0-1-Gesetz besitzt. Ferner besagt ein Satz von Béla Bollobás und Andrew Thomason, daß jede Grapheneigenschaft, die abgeschlossen bezüglich der Addition von Kanten ist, eine Schwellenwertfunktion besitzt.

Erdős und Rényi gaben für viele interessante Eigenschaften Schwellenwertfunktionen an. Für die Eigenschaft, ein Dreieck (d. h. eine Clique der Länge 3) zu enthalten, liegt diese bei $t(n) = 1/n$. Dies läßt sich anschaulich dadurch begründen, daß die durchschnittliche Anzahl von Dreiecken in $G_{n,p}$ durch $\binom{n}{3}p^3$ gegeben ist und daher mit wachsendem n gegen 0 oder ∞ strebt, je nach dem, ob $p/t = p \cdot n$ gegen 0 oder ∞ strebt. Wenn man mit der Dichte eines (Sub-)Graphen H das Verhältnis $|E(H)|/|V(H)|$ bezeichnet, dann ist der Schwellenwert für das Auftreten spezieller Subgraphen offensichtlich um so höher, je dichter der Subgraph ist. Beispielsweise liegt der Schwellenwert für die Eigenschaft, einen Kreis zu besitzen, auch bei $1/n$, und der Schwellenwert für das erste Auftreten einer Clique der Größe 4 bei $n^{-2/3}$. Allgemein bestimmt sich der Schwellenwert für die Eigenschaft, eine Kopie eines festgewählten Graphen H als Subgraph zu enthalten, durch die Dichte des dichtesten Subgraphen von H, nämlich als

$$t(n) = n^{-1/\varrho}, \quad \text{wobei } \varrho = \max_{H' \subseteq H} |E(H')|/|V(H')|.$$

Zwei weitere grundlegende Grapheneigenschaften und ihre Schwellenwerte beschreiben, wie $G_{n,p}$ im Laufe seiner Evolutionsgeschichte immer mehr zusammenwächst. Ein Graph heißt zusammenhängend, wenn man von jedem Knoten aus jeden Knoten über einen Weg – also eine Folge von sich berührenden Kanten – erreichen kann. Der Schwellenwert für diese Eigenschaft liegt bei $t(n) = \ln(n)/n$ und fällt interessanterweise mit dem Schwellenwert für die (offensichtlich notwendige) Eigenschaft, daß jeder Knoten in mindestens einer Kante liegt, zusammen. Nur wenig später wächst $G_{n,p}$ noch mehr zusammen: $t(n) = (\ln n + \ln \ln n)/n$ markiert das erste Auftreten eines Hamiltonkreises, also eines Kreises, der jeden Knoten des Graphen genau einmal enthält. Auch dies koinzidiert mit dem Schwellenwert eines anderen Ereignisses, nämlich dem, daß jeder Knoten in mindestens zwei Kanten liegt.

Im „Inneren" der Phasenübergänge. Was weiß man über das Verhalten der Wahrscheinlichkeit $\Pr(G_{n,p} \in \mathcal{A})$, wenn $p(n)$ von der gleichen Größenordnung ist wie $t(n)$, also die Definition des Schwellenwerts nicht greift? Hier sind zwei unterschiedliche Phänomene zu beobachten: unscharfe und scharfe Phasenübergänge. Einige Eigenschaften kommen (relativ) langsam zur Geltung, so wie beispielsweise für $p(n) = c/n$ gilt:

$$\Pr(G_{n,p} \text{ hat ein Dreieck}) \to 1 - e^{-c^3/6}.$$

Andere Eigenschaften treten schlagartig ein: Für jedes beliebige $\varepsilon > 0$ gilt, daß für

$$p(n) \leq (1 - \varepsilon) \ln(n)/n$$

der zufällige Graph $G_{n,p}$ fast sicher nicht zusammenhängend ist, während genau dies aber bereits für

$$p(n) \geq (1 + \varepsilon) \ln(n)/n$$

zutrifft. Ein Satz von Ehud Friedgut aus dem Jahre 1999 besagt, grob gesprochen, daß lokale Grapheneigenschaften (wie beispielsweise ein Dreieck zu besitzen) unscharfe Phasenübergange haben, während globale Eigenschaften (wie beispielsweise zusammenhängend zu sein) scharfe Phasenübergänge besitzen (siehe auch Abbildung 2).

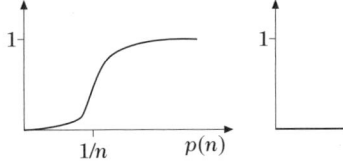 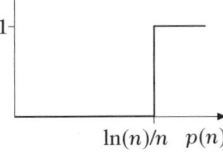

Abbildung 2: Phasenübergänge für die Eigenschaften „hat Dreieck" (links) und „ist zusammenhängend" (rechts)

Doch auch innerhalb scharfer Phasenübergänge läßt sich der Weg von der 0 zur 1 nachverfolgen – häufig besteht hier die Kunst in der Wahl der richtigen Parametrisierung, also eines passenden Vergrößerungsglases oder einer adäquaten Zeitlupe. Wählt man beispielsweise

$p(n) = \ln(n)/n + c/n$, dann läßt sich zeigen, daß

$$\Pr(G_{n,p} \text{ ist zusammenhängend}) \rightarrow e^{-e^{-c}}.$$

Das Paradebeispiel für die richtige Wahl der Zeitlupe ist der Phasen-übergang, den $G_{n,p}$ am Schwellenwert $t(n) = 1/n$ durchläuft. Bereits Erdős und Rényi konnten zeigen, daß $G_{n,p}$ für $p(n) = (1-\varepsilon)/n$ fast sicher aus Zusammenhangskomponenten der Größenordnung höchstens $\log n$ besteht, daß für $p(n) = 1/n$ bereits mehrere Komponenten der Größe $n^{2/3}$ existieren, und bei $p = (1 + \varepsilon)/n$ der Graph von einer einzigen großen Komponente beherrscht wird, die einen konstanten Anteil aller Knoten enthält. Mehr als 20 Jahre lang war jedoch die Frage offen, wel-che Kräfte und Mechanismen hier zu dem rasanten Zusammenwachsen während dieses sogenannten *double jump* beitragen, bevor sie in drei Arbeiten von Béla Bollobás, Tomasz Łuczak und Svante Janson et al. auf der Basis der Parametrisierung $p(n) = 1/n + \lambda/n^{4/3}$ beantwortet wurde.

Es werde angenommen, daß für ein gegebenes λ zwei Komponen-ten der Größe $c_1 n^{2/3}$ und $c_2 n^{2/3}$ existieren. Wenn man jetzt von λ zu $\lambda + d\lambda$ übergeht, beträgt die Wahrscheinlichkeit, daß die Komponenten verschmelzen, $c_1 c_2 d\lambda$. Sie besitzen insofern eine Art Anziehungskraft, als daß die Wahrscheinlichkeit zu verschmelzen proportional zu ihrer Größe ist. Gleichzeitig erhalten größere Komponenten mehr und mehr Kreise und „schlucken" einzelne Knoten. Eine sehr anschauliche Skizze findet sich in [1]: *With $\lambda = -10^6$, say, we have feudalism. Many small components (castles) are each vying to be the largest. As λ increases, the com-ponents (nations) emerge. An already large France has much better chances of becoming larger than a smaller Andorra. The largest components tend strongly to merge and by $\lambda = +10^6$, it is very likely that a giant component, Roman Empire, has emerged. With high probability, this component is nevermore challenged for supremacy but continues absorbing smaller components until full connectivity – One World – is achieved.*

Konzentration. Graphenparameter wie beispielsweise die chromatische Zahl $\chi(G)$ oder die Cliquenzahl $\omega(G)$ (d.h. die Kardinalität einer größ-ten Clique) werden, wenn angewendet auf $G_{n,p}$, zu Zufallsvariablen. Ein wichtiges Ziel der Theorie zufälliger Graphen ist es, nicht nur das durchschnittliche Verhalten dieser Zufallsvariablen zu bestimmen, son-dern auch zu zeigen, daß sie mit hoher Wahrscheinlichkeit um ihren Erwartungswert scharf konzentriert sind.

In der eingangs erwähnten Arbeit zeigte Erdős nicht nur, daß die Wahrscheinlichkeit $\Pr(\omega(G_{n,1/2}) < 2\log n)$ positiv ist, sondern auch, daß sie für wachsendes n sogar gegen 1 konvergiert. David Matula gelang es 1976 darüber hinaus, eine weitaus stärkere Konzentrationsaussage zu beweisen. Die Cliquenzahl ist fast immer auf zwei Werte konzentriert: Es gibt eine Funktion $\ell(n)$, die bis auf additive Konstanten die Größe $2\log n - 2\log\log n$ hat und

$$\Pr(\ell \leq \omega(G_{n,1/2}) \leq \ell + 1) \to 1$$

erfüllt. Dieses Ergebnis mußte lange Zeit auf ein Analogon für die chromatische Zahl und damit auf die Beantwortung einer Frage von Erdős und Rényi aus dem Jahre 1960 warten. Da offensichtlich auch die Kardinalität einer größten stabilen Menge (und damit jede Farbklasse in einer Färbung) fast sicher kleiner als $2\log n$ sein muß, ist es offensichtlich, daß fast sicher $\chi(G_{n,1/2}) \geq n/(2\log n)$ ist. Geoffrey Grimmett und Colin McDiarmid zeigten 1975 mit Hilfe eines einfachen Färbungsalgorithmus, daß fast sicher $\chi(G_{n,1/2}) \leq (1 + \varepsilon)n/\log n$ gilt. Eli Shamir und Joel Spencer konnten 1987 beweisen, daß $\chi(G_{n,1/2})$ in einem Intervall der Größenordnung $\sqrt{n}$ konzentriert ist, ohne jedoch eine Aussage darüber machen zu können, wo dieses Intervall genau liegt. Den Schlußpunkt setzte Bollobás mit dem Beweis, daß die untere Schranke von $n/(2\log n)$ tatsächlich asymptotisch erreicht wird.

Zufällige dreiecksfreie Graphen. Die Erforschung des $G_{n,p}$-Modells verdankt ihren Erfolg in erster Linie der Tatsache, daß sich der Wahrscheinlichkeitsraum durch unabhängige lokale Einzelexperimente modellieren läßt. Will man dagegen die Gleichverteilung auf einer Teilklasse aller Graphen untersuchen, die durch eine strukturelle Nebenbedingung charakterisiert sind, geht diese Unabhängigkeit verloren, und die Situation wird ungleich schwieriger. Als ein Beispiel betrachte man die Gleichverteilung auf der Klasse aller dreiecksfreier Graphen.

Wie sieht ein typischer dreiecksfreier Graph aus, welche chromatische Zahl hat er beispielsweise? Paul Erdős, Daniel Kleitman und Bruce Rothschild gaben auf diese Frage 1976 eine überraschende Antwort: Zwei! Sie bewiesen, daß der Anteil der zweifärbbaren Graphen innerhalb der Klasse der dreiecksfreien Graphen exponentiell schnell gegen 1 konvergiert. Die Beweismethodik ist wesentlich verschieden von den bisher angeführten Argumenten und folgt einer Strategie, die Kleitman und Rothschild kurz zuvor entwickelt hatten, um Strukturaussagen über zufällige partielle Ordnungen zu machen.

Das Resultat von Erdős, Kleitman und Rothschild wurde 1987 von Kolaitis, Prömel und Rothschild dahingehend verallgemeinert, daß für jedes festgewählte ℓ ein zufälliger Graph aus der Klasse aller Graphen, die keine Clique der Größe $\ell + 1$ besitzen, fast sicher mit ℓ Farben zu färben ist. Auf dieser Klasse stimmen also chromatische Zahl und Cliquenzahl fast sicher überein. Diese Aussage kann, wie man aus den bereits vorgestellten Ergebnissen bezüglich $\chi(G_{n,1/2})$ und $\omega(G_{n,1/2})$ sofort sieht, spätestens für $\ell = 2 \log n$ nicht mehr zutreffen. Die Frage von Erdős aus dem Jahre 1988, wie groß ℓ als Funktion von n werden kann, ohne die Aussage falsch werden zu lassen, ist nach wie vor offen.

Man betrachte nun das Resultat von Erdős, Kleitman und Rothschild von einem evolutionären Standpunkt aus. Wie groß ist die chromatische Zahl eines zufälligen dreiecksfreien Graphen G mit m Kanten? Osthus, Prömel und Taraz zeigten, daß hier gleich zwei Phasenübergänge stattfinden, die in Abbildung 3 dargestellt sind: Zunächst ist ein zufälliger dreiecksfreier Graph fast sicher zweifärbbar, dann fast sicher nicht, dann wieder fast sicher. Interessanterweise ist hier der erste Phasenübergang auf der linken Seite unscharf, der zweite jedoch scharf.

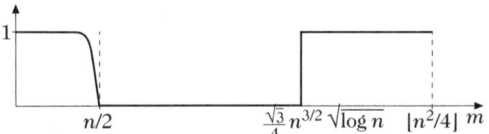

Abbildung 3: Die Wahrscheinlichkeit, daß ein zufälliger dreiecksfreier Graph mit n Knoten und m Kanten zweifärbbar ist.

Ausblick. Viele der Fragestellungen für zufällige Graphen übertragen sich in natürlicher Weise auf andere zufällige diskrete Strukturen. Naheliegende „Verwandte" sind beispielsweise zufällige Matrizen oder zufällige partielle Ordnungen. Letztere stellen, ähnlich wie die bereits erörterten dreiecksfreien Graphen, einen Spezialfall von Graphen dar, den man durch eine zusätzliche Nebenbedingung erhält, in diesem Fall durch die Transitivität.

Die Theorie zufälliger Graphen wird auf verschiedenen Gebieten angewendet. Sie eröffnet beispielsweise die Möglichkeit, komplexe real existierende Strukturen wie Bekanntschaftsnetzwerke (insbesondere das *world wide web*) zu simulieren und zu analysieren. Darüberhinaus schafft sie durch die Charakterisierung typischer Struktureigenschaften von Graphen die Grundlagen für die average-case Analyse von Graphenalgorithmen und den Entwurf randomisierter Verfahren.

[1] Alon, N., Spencer, J., Erdős, P.: The Probabilistic Method. Wiley & Sons New York, 2. Aufl. 2000.

[2] Bollobás, B.: Random Graphs. Academic Press London, 2. Aufl. 2001.

[3] Janson, S., Łuczak, T., Ruciński, A.: Random Graphs. Wiley-Interscience New York, 2000.

[4] Motwani, R., Raghavan, P.: Randomized Algorithms. Cambridge University Press, 1995.

Index